Differentialoperatoren

Differentialoperatoren

der mathematischen Physik

Eine Einführung

Von

Dr. rer. nat. Günter Hellwig
o. Professor an der Technischen Universität Berlin

Springer-Verlag

Berlin/Göttingen/Heidelberg

1964

ISBN-13:978-3-642-92885-7   e-ISBN-13:978-3-642-92884-0
DOI: 10.1007/978-3-642-92884-0

Titel-Nummer 1208

Franz Rellich

in memoriam

Vorwort

Dieses Buch will eine Einführung in das Gebiet der Differential-operatoren sein. Es sollte für Studierende der Mathematik und Physik in den mittleren Semestern bequem lesbar sein. Deshalb wurde eine Einführung in den HILBERTschen Raum und seine Operatoren aufgenommen.

Die Differentialoperatoren der Physik sind meistens partielle Differentialoperatoren. Unter diesen besteht das Interesse heute vornehmlich an solchen partiellen Differentialoperatoren, deren unabhängige Variablen $x_1, \ldots, x_n$ im gesamten $\Re_n$ variieren, weil die SCHRÖDINGER-Operatoren der Quantenmechanik diese Eigenschaft besitzen. Deshalb sind solche Operatoren gegenüber den klassischen Operatoren stets bevorzugt behandelt worden.

Im Kapitel I wird eine Einführung in den HILBERTschen Raum $\mathfrak{H}$ gegeben. Kapitel II beschäftigt sich mit den Operatoren in $\mathfrak{H}$, wobei als Beispiele für Symmetrie und Halbbeschränktheit nach unten solche partiellen Differentialoperatoren und vornehmlich SCHRÖDINGER-Operatoren herangezogen werden.

Das III. Kapitel bringt die Spektraltheorie vollstetiger Operatoren, die für die klassischen Differentialoperatoren ausreichend ist. Im IV. Kapitel wird die Spektraltheorie von SCHRÖDINGER-Operatoren entwickelt, wozu die Spektraltheorie von selbstadjungierten Operatoren in $\mathfrak{H}$ unerläßlich ist. Der zentrale Spektralsatz für solche selbstadjungierten Operatoren wird mit Erläuterungen bereitgestellt, nicht dagegen bewiesen. Solche Beweise sind heute in den meisten Lehrbüchern des HILBERTschen Raumes bequem zugänglich.

Das Kapitel V bringt die Spektraltheorie des WEYLschen Differentialoperators. Da es sich um einen gewöhnlichen Differentialoperator handelt, hat unsere Darstellung nur skizzenhaften Charakter. Dies konnte um so mehr geschehen, weil in den letzten Jahren zahlreiche ausgezeichnete Lehrbücher über diesen Gegenstand erschienen sind. Dagegen wird die Frage nach den zu stellenden Randbedingungen ausführlicher erörtert, weil die unmittelbar durch die Theorie gelieferten Randbedingungen für die Anwendungen wegen ihres komplizierten Charakters nicht eigentlich brauchbar sind. K. O. FRIEDRICHS und später F. RELLICH haben unter zusätzlichen Voraussetzungen bequem verwendbare Randbedingungen angegeben, die jedoch keinen Eingang in die Lehrbuchliteratur gefunden haben. Durch Bereitstellen von Beispielen wird gehofft, das Interesse für diese wichtige Frage zu beleben, die sich eigentlich schon bei sehr einfachen Differentialoperatoren (wie z. B. beim BESSELschen) stellt.

Die Frage nach der expliziten Berechnung des Spektrums eines Differentialoperators wird hier nicht behandelt, weil eine solche Berechnung im allgemeinen nur dann gelingt, wenn die Eigenwertgleichung des partiellen Differentialoperators durch Separation der Variablen auf solche für gewöhnliche Differentialgleichungen führt und für diese dann genügend Kenntnisse aus dem Gebiet der speziellen Funktionen vorhanden sind. Eine ausgezeichnete Behandlung dieses Problemkreises findet man in den Büchern von E. C. TITCHMARSH, wozu wesentlich mehr Hilfsmittel über gewöhnliche Differentialoperatoren (insbesondere die TITCHMARSHschen Formeln für die Spektralfunktionen) nötig sind, als in dieser Einführung bereitgestellt werden konnten.

Es bedarf kaum eines Hinweises, daß keinerlei Kenntnisse der Quantenmechanik vom Leser benötigt werden. Die gelegentlichen Hinweise darauf können ohne weiteres übergangen werden.

Das Literaturverzeichnis ist bewußt knapp gehalten, da ein Lehrbuch, welches im Umfange sehr beschränkt ist, nicht in der Lage ist, einen Literaturüberblick über diesen Gegenstand zu geben. Einen ausgezeichneten Überblick vermitteln die Bücher von DUNFORD und SCHWARTZ. Wir kommen auf diese und die anderen in der Einleitung nicht explizit genannten Werke im Text zurück.

Zu danken habe ich meiner Frau und Mitarbeiterin fil. kand. BIRGITTA HELLWIG für ihre Hilfe von der Planung bis zur Fertigstellung, die wesentlich dazu beigetragen hat, manches besser und einfacher zu gestalten. Desgleichen danke ich Herrn Dr. H.-W. ROHDE für seine gewissenhafte Hilfe bei den Korrekturen und dem Springer-Verlag für eine ausgezeichnete Zusammenarbeit.

Berlin, im April 1964	**G. Hellwig**

Inhaltsverzeichnis

I. Der Hilbertsche Raum

II. Lineare Operatoren in $\mathfrak{H}$

III. Spektraltheorie vollstetiger Operatoren

IV. Spektraltheorie selbstadjungierter Operatoren

V. Das Weyl-Stonesche Eigenwertproblem

I. Der Hilbertsche Raum

1. Der lineare, metrische und Banachsche Raum

1.1 Der lineare Raum

Definition 1: *Eine Menge $\mathfrak{L}$ von Elementen $u, v, w, \ldots$ wird ein linearer Raum genannt, wenn*

1. für je zwei Elemente $u \in \mathfrak{L}$, $v \in \mathfrak{L}$ ein Element $w = u + v \in \mathfrak{L}$ definiert ist, welches die Summe genannt wird,

2. für jede komplexe Zahl α und jedes Element $u \in \mathfrak{L}$ ein Element $z = \alpha u \in \mathfrak{L}$ definiert ist, welches das Produkt von α mit u genannt wird, und die folgenden Rechenregeln bestehen:

$3_1.$ $u + v = v + u$,

$3_2.$ $(u + v) + w = u + (v + w)$,

$3_3.$ *Zu je zwei Elementen $u \in \mathfrak{L}$, $v \in \mathfrak{L}$ gibt es wenigstens ein Element $z \in \mathfrak{L}$, so daß $u + z = v$ gilt,*

$3_4.$ $1u = u$,

$3_5.$ $\alpha(\beta u) = (\alpha\beta) u$ *für beliebige komplexe Zahlen α, β,*

$3_6.$ $(\alpha + \beta) u = \alpha u + \beta u$,

$3_7.$ $\alpha(u + v) = \alpha u + \alpha v$.

Läßt man für $\alpha, \beta, \ldots$ bei gleichen Rechenregeln nur reelle Zahlen zu, so heißt $\mathfrak{L}$ ein reeller linearer Raum.

Aus der elementaren Algebra ist wohlbekannt, daß aus obiger Definition die nachstehenden Folgerungen gezogen werden können:

$3_8.$ Es gibt genau ein Element $z \in \mathfrak{L}$, so daß $u + z = v$ besteht. z wird dann mit $v - u$ bezeichnet.

$3_9.$ $u - u$ ist unabhängig von u und wird mit Θ bezeichnet. Θ heißt das Nullelement. Für $\Theta - u$ wird $-u$ geschrieben.

$3_{10}.$ Für jedes $u \in \mathfrak{L}$ gilt $0u = \Theta$, und für jede komplexe Zahl α gilt $\alpha\Theta = \Theta$.

$3_{11}.$ Für jedes $u \in \mathfrak{L}$ und jede komplexe Zahl α gilt $(-\alpha) u = \alpha(-u) = -(\alpha u)$.

Definition 2: *Unter einer Linearkombination der Elemente $u_1, u_2, \ldots, u_p \in \mathfrak{L}$ versteht man einen Ausdruck der Gestalt*

$$\alpha_1 u_1 + \alpha_2 u_2 + \cdots + \alpha_p u_p$$

mit komplexen Zahlen $\alpha_1, \ldots, \alpha_p$. *Die Elemente* $u_1, u_2, \ldots, u_p$ *heißen linear unabhängig, wenn aus der Relation*

$$\alpha_1 u_1 + \alpha_2 u_2 + \cdots + \alpha_p u_p = \Theta$$

stets folgt $\alpha_1 = \alpha_2 = \cdots = \alpha_p = 0$. *Andernfalls heißen* $u_1, u_2, \ldots, u_p$ *linear abhängig.*

Definition 3: $\mathfrak{L}$ *heißt endlich dimensional, und zwar n-dimensional, wenn es in $\mathfrak{L}$ n linear unabhängige Elemente gibt und wenn je $n + 1$ Elemente stets linear abhängig sind. $\mathfrak{L}$ heißt unendlich dimensional, wenn es zu jeder natürlichen Zahl m stets m linear unabhängige Elemente gibt.*

Satz 1: *Hat $\mathfrak{L}$ die Dimension n und sind $u_1, u_2, \ldots, u_n$ linear unabhängig, so läßt sich jedes Element $u \in \mathfrak{L}$ in der Form*

$$u = \gamma_1 u_1 + \gamma_2 u_2 + \cdots + \gamma_n u_n \tag{1}$$

darstellen mit geeigneten komplexen Zahlen $\gamma_1, \ldots, \gamma_n$. *Diese Zahlen sind durch u eindeutig bestimmt.*

Beweis: Da $\mathfrak{L}$ die Dimension n hat, sind die Elemente $u_1, u_2, \ldots, u_n$, u linear abhängig. Daher gibt es Zahlen $\alpha_1, \ldots, \alpha_{n+1}$, die nicht sämtlich Null sind, so daß

$$\alpha_1 u_1 + \cdots + \alpha_n u_n + \alpha_{n+1} u = \Theta$$

gilt. Es ist $\alpha_{n+1} \neq 0$, denn wäre $\alpha_{n+1} = 0$, so würde aus dieser Relation $\alpha_1 = \alpha_2 = \cdots = \alpha_n = 0$ folgen, weil $u_1, \ldots, u_n$ linear unabhängig sind. Setzt man $\gamma_i = -\dfrac{\alpha_i}{\alpha_{n+1}}$, so erhält man die Darstellung (1). Würde eine weitere Darstellung

$$u = \tilde{\gamma}_1 u_1 + \tilde{\gamma}_2 u_2 + \cdots + \tilde{\gamma}_n u_n \tag{2}$$

bestehen, so liefert Subtraktion von (1) und (2)

$$\Theta = (\gamma_1 - \tilde{\gamma}_1)\, u_1 + (\gamma_1 - \tilde{\gamma}_2)\, u_2 + \cdots + (\gamma_n - \tilde{\gamma}_n)\, u_n. \tag{3}$$

Wegen der linearen Unabhängigkeit von $u_1, \ldots, u_n$ folgt daraus $\gamma_1 = \tilde{\gamma}_1$, $\gamma_2 = \tilde{\gamma}_2, \ldots, \gamma_n = \tilde{\gamma}_n$.

1.2 Der metrische Raum

Definition 1: *Eine Menge $\mathfrak{M}$ von Elementen u, v, w, $\ldots$ wird ein metrischer Raum genannt, wenn je zwei Elementen u und v eine reelle Zahl $\varrho\,(u, v)$, der Abstand von u und v, so zugeordnet werden kann, daß folgendes gilt:*

1. $\varrho\,(u, v) \geq 0$ und $\varrho\,(u, v) = 0$ genau dann, wenn $u = v$,

2. $\varrho\,(u, v) = \varrho\,(v, u)$,

3. $\varrho\,(u, v) + \varrho\,(v, w) \geq \varrho\,(u, w)$ (Dreiecksungleichung).

Beispiel A: Der n-dimensionale EUKLIDische Raum, bestehend aus den Punkten $P: (x_1, x_2, \ldots, x_n)$, werde mit $\mathfrak{R}_n$ bezeichnet. Die Punkte des $\mathfrak{R}_n$ werden wir meistens in der Vektorschreibweise darstellen, wobei $x = (x_1, x_2, \ldots, x_n)$ der den Punkt P repräsentierende Vektor sein soll. Die Komponenten $x_1, x_2, \ldots, x_n$ des Vektors sind dabei reelle Zahlen. Wir erklären die Addition $x + y$, die Multiplikation αx mit reellen Zahlen α und die Länge $|x|$ in der üblichen Weise durch

$$z = x + y \qquad \text{mit} \qquad z = (z_1, z_2, \ldots, z_n) \qquad \text{und} \qquad z_i = x_i + y_i;$$
$$y = \alpha x \qquad \text{mit} \qquad y = (y_1, y_2, \ldots, y_n) \qquad \text{und} \qquad y_i = \alpha x_i; \tag{1}$$

$$|x| = \sqrt{\sum_{j=1}^{n} x_j^2} \, .$$

Sind P, Q zwei Punkte des $\mathfrak{R}_n$, die durch die Vektoren x und y repräsentiert werden,

so gibt uns $|x - y| = \sqrt{\sum_{j=1}^{n} (x_j - y_j)^2}$ gerade den anschaulichen Abstand der

Punkte P und Q an. Setzt man nun

$$\varrho(x, y) = |x - y|, \tag{2}$$

so bildet die Gesamtheit solcher Vektoren mit dieser Abstandsdefinition einen metrischen Raum. Dazu hat man nur das Erfülltsein der für ϱ geforderten Eigenschaften nachzuweisen, was leicht geschehen kann.

Betrachtet man im $\mathfrak{R}_2$ irgend drei Punkte O, P, Q, von denen O im Koordinatenursprung liegen soll und O, P, Q durch die Vektoren $o = (0, 0)$, $x = (x_1, x_2)$, $y = (y_1, y_2)$ repräsentiert werden sollen, und nimmt man O, P, Q als Eckpunkte eines Dreiecks, so sind die Längen der Dreiecksseiten durch $|x - o| = |x|$, $|y - o| = |y|$ und $|x - y|$ gegeben. Für diese Längen besteht die Ungleichung

$$|x| + |y| \geq |x - y| \qquad \text{oder gleichwertig} \qquad \varrho(x, o) + \varrho(o, y) \geq \varrho(x, y). \tag{3}$$

Daraus wird ersichtlich, warum wir die in der Definition 1 geforderte Ungleichung gerade Dreiecksungleichung genannt haben.

Betrachtet man schließlich die Gesamtheit aller Vektoren $x = (x_1, x_2, \ldots, x_n)$ mit Komponenten, die komplexe Zahlen sind, und setzt man

$$\varrho(x, y) = \sqrt{\sum_{j=1}^{n} |x_j - y_j|^2} \, ,$$

so bildet diese Gesamtheit mit dieser Abstandsdefinition wieder einen metrischen Raum.

Besitzt man den Begriff des Abstandes mit den drei genannten Eigenschaften, so kann man darauf sofort die Definition der Konvergenz von Elementfolgen aufbauen.

Definition 2: *Eine Folge $u_1, u_2, \ldots$ von Elementen $u_j \in \mathfrak{M}$ heißt konvergent, wenn es zu jedem $\varepsilon > 0$ eine positive Zahl $N(\varepsilon)$ so gibt, daß mit einem geeigneten $u \in \mathfrak{M}$ gilt:*

$$\varrho(u_n, u) < \varepsilon \qquad \textit{für alle} \qquad n > N(\varepsilon).$$

u heißt dann Grenzelement der Folge $u_1, u_2, \ldots$, und man schreibt

$$\lim_{n \to \infty} u_n = u.$$

1*

Satz 1: *Eine konvergente Folge von Elementen $u_1, u_2, \ldots$ besitzt genau ein Grenzelement.*

Beweis: Es sei $\lim\limits_{n\to\infty} u_n = u$ und $\lim\limits_{n\to\infty} u_n = v$ mit $u \neq v$. Dann ist $\varrho(u, v) > 0$, also etwa $\varrho(u, v) = d$. Man hat mittels der Dreiecksungleichung

$$d = \varrho(u, v) \leq \varrho(u, u_n) + \varrho(u_n, v). \tag{4}$$

Nach Definition 2 hat man $\varrho(u_n, u) < \dfrac{d}{4}$ für alle $n > N\left(\dfrac{d}{4}\right)$ und $\varrho(u_n, v) < \dfrac{d}{4}$ für alle $n > \tilde{N}\left(\dfrac{d}{4}\right)$. Somit ist $\varrho(u, v) < \dfrac{d}{2}$, was ein Widerspruch ist.

Definition 3: *Eine Folge $u_1, u_2, \ldots$ von Elementen $u_j \in \mathfrak{M}$ heißt eine Fundamentalfolge, wenn es zu jedem $\varepsilon > 0$ eine positive Zahl $N(\varepsilon)$ so gibt, daß*

$$\varrho(u_n, u_m) < \varepsilon \text{ ist für alle } n, m > N(\varepsilon).$$

Satz 2: *Eine konvergente Folge von Elementen $u_1, u_2, \ldots$ ist eine Fundamentalfolge.*

Beweis: Man hat $\varrho(u_n, u) < \dfrac{\varepsilon}{2}$ für alle $n > \tilde{N}\left(\dfrac{\varepsilon}{2}\right)$ und somit

$$\varrho(u_n, u_m) \leq \varrho(u_n, u) + \varrho(u, u_m) < \varepsilon$$

für alle $n, m > N(\varepsilon)$ mit $N(\varepsilon) = \tilde{N}\left(\dfrac{\varepsilon}{2}\right)$.

Von großer Bedeutung ist die Frage, ob auch die Umkehrung von Satz 2 besteht. Leider ist dies zu verneinen.

Beispiel B: Die Gesamtheit $u, v, w, \ldots$ der rationalen Zahlen mit der üblichen Abstandsdefinition $\varrho(u, v) = |u - v|$ bildet einen metrischen Raum $\mathfrak{M}$. $u_1, u_2, \ldots$ mit $u_j = \left(1 + \dfrac{1}{j}\right)^j$ ist eine Fundamentalfolge, die nicht konvergent ist. Es gibt nämlich keine rationale Zahl u für die $\lim\limits_{n\to\infty} u_n = u$ gilt.

1.3 Vollständiger metrischer Raum

Definition 1: *$\mathfrak{M}$ heißt ein vollständiger metrischer Raum, wenn jede Fundamentalfolge in $\mathfrak{M}$ konvergent ist.*

Wir werden im folgenden zeigen, daß man jeden nicht vollständigen metrischen Raum $\mathfrak{M}$ durch Hinzunahme geeigneter Elemente zu einem vollständigen metrischen Raum erweitern kann. Das verwendete Verfahren ist der Erweiterung des Systems der rationalen Zahlen zum System der reellen Zahlen nach dem CANTORschen Verfahren nachgebildet.

Definition 2: $\mathfrak{T}$ *heißt eine dichte Teilmenge von* $\mathfrak{M}$, *wenn 1.* $\mathfrak{T}$ *Teilmenge (nicht notwendig eine echte Teilmenge) von* $\mathfrak{M}$ *ist, und es 2. zu jedem* $u \in \mathfrak{M}$ *eine Folge* $u_1, u_2, \ldots \in \mathfrak{T}$ *gibt mit* $\lim_{n \to \infty} u_n = u$.

Insbesondere ist $\mathfrak{T}$ stets dichte Teilmenge von $\mathfrak{T}$. Als Folge wähle man lediglich $u, u, u, \ldots$.

Definition 3: *Ist* $\mathfrak{M}$ *ein metrischer Raum mit den Elementen* $u, v, \ldots$ *und dem Abstand* $\varrho_{\mathfrak{M}}(u, v)$ *und* $\widetilde{\mathfrak{M}}$ *ein metrischer Raum mit den Elementen* $\tilde{u}, \tilde{v}, \ldots$ *und dem Abstand* $\varrho_{\widetilde{\mathfrak{M}}}(u, v)$, *besteht ferner zwischen den Elementen* $u, v, \ldots \in \mathfrak{M}$ *und den Elementen* $\tilde{u}, \tilde{v}, \ldots \in \widetilde{\mathfrak{M}}$ *eine eineindeutige Zuordnung* $u \leftrightarrow \tilde{u},\ v \leftrightarrow \tilde{v}, \ldots$ *derart, daß* $\varrho_{\mathfrak{M}}(u, v) = \varrho_{\widetilde{\mathfrak{M}}}(\tilde{u}, \tilde{v}), \ldots$ *gilt, so heißen* $\mathfrak{M}$ *und* $\widetilde{\mathfrak{M}}$ *isometrisch.*

Für alle Fragen, die nur mit dem Abstand der Elemente zusammenhängen, wie z. B. Konvergenz, Vollständigkeit usw. können wir isometrische Räume als gleich ansehen.

Satz 1: *Ist* $\mathfrak{M}$ *ein nicht vollständiger metrischer Raum, so kann* $\mathfrak{M}$ *durch Hinzunahme weiterer Elemente zu einem vollständigen metrischen Raum* $\overline{\mathfrak{M}}$ *so erweitert werden, daß* $\mathfrak{M}$ *in* $\overline{\mathfrak{M}}$ *eine dichte Teilmenge ist.*

Dabei ist $\mathfrak{M}$ nicht vollständig, wenn es wenigstens eine Fundamentalfolge gibt, die nicht konvergent ist.

Beweis: 1. Schritt: Ist $u_1, u_2, \ldots \in \mathfrak{M}$ eine Fundamentalfolge, so schreiben wir kurz $\{u_j\} \in \mathfrak{M}$. Mit $\overline{\mathfrak{M}}$ bezeichnen wir die Gesamtheit aller Fundamentalfolgen

$$\overline{u} = \{u_j\}, \ \overline{v} = \{v_j\}, \ldots \quad \text{mit } u_j, v_j, \ldots \in \mathfrak{M}. \tag{1}$$

In $\overline{\mathfrak{M}}$ sollen zwei Elemente $\overline{u}, \overline{v}$ genau dann als gleich angesehen werden, wenn

$$\lim_{n \to \infty} \varrho_{\mathfrak{M}}(u_n, v_n) = 0 \tag{2}$$

gilt. Dabei ist $\varrho_{\mathfrak{M}}(u, v)$ der Abstand der Elemente u und v in $\mathfrak{M}$. Den Abstand zweier Elemente $\overline{u}, \overline{v} \in \overline{\mathfrak{M}}$ wollen wir versuchsweise durch

$$\varrho_{\overline{\mathfrak{M}}}(\overline{u}, \overline{v}) = \lim_{n \to \infty} \varrho_{\mathfrak{M}}(u_n, v_n) \tag{3}$$

festlegen. Dieser Grenzwert existiert stets. Man hat nämlich

$$\varrho_{\mathfrak{M}}(u_n, v_n) \leq \varrho_{\mathfrak{M}}(u_n, u_m) + \varrho_{\mathfrak{M}}(u_m, v_m) + \varrho_{\mathfrak{M}}(v_m, v_n) \tag{4}$$

und somit

$$\varrho_{\mathfrak{M}}(u_n, v_n) - \varrho_{\mathfrak{M}}(u_m, v_m) \leq \varrho_{\mathfrak{M}}(u_n, u_m) + \varrho_{\mathfrak{M}}(v_m, v_n). \tag{5}$$

Vertauschung der Indizes ergibt

$$\varrho_{\mathfrak{M}}(u_m, v_m) - \varrho_{\mathfrak{M}}(u_n, v_n) \leq \varrho_{\mathfrak{M}}(u_m, u_n) + \varrho_{\mathfrak{M}}(v_n, v_m) \tag{6}$$

und aus (5) und (6) folgt

$$|\varrho_{\mathfrak{M}}(u_n, v_n) - \varrho_{\mathfrak{M}}(u_m, v_m)| \leq \varrho_{\mathfrak{M}}(u_n, u_m) + \varrho_{\mathfrak{M}}(v_n, v_m) < \varepsilon \tag{7}$$

für alle $n, m > N(\varepsilon)$. Daher ist die Zahlenfolge $a_n = \varrho_{\mathfrak{M}}(u_n, v_n)$ nach dem CAUCHYSchen Konvergenzkriterium konvergent.

Ferner ist zu zeigen, daß der Grenzwert in (3) nicht von der Auswahl der Fundamentalfolgen abhängt, die in $\overline{\mathfrak{M}}$ als gleich angesehen werden sollen. Sind $\{u_j\}, \{u_j'\}$; $\{v_j\}, \{v_j'\}$ Fundamentalfolgen in $\mathfrak{M}$ mit $\lim\limits_{n\to\infty} \varrho_{\mathfrak{M}}(u_n, u_n') = 0$ und $\lim\limits_{n\to\infty} \varrho_{\mathfrak{M}}(v_n, v_n') = 0$, so ist

$$\lim_{n\to\infty} \varrho_{\mathfrak{M}}(u_n, v_n) = \lim_{n\to\infty} \varrho_{\mathfrak{M}}(u_n', v_n') \tag{8}$$

zu zeigen. Aus

$$\varrho_{\mathfrak{M}}(u_n, v_n) \leq \varrho_{\mathfrak{M}}(u_n, u_n') + \varrho_{\mathfrak{M}}(u_n', v_n') + \varrho_{\mathfrak{M}}(v_n', v_n) \tag{9}$$

folgt

$$\lim_{n\to\infty} \varrho_{\mathfrak{M}}(u_n, v_n) \leq \lim_{n\to\infty} \varrho_{\mathfrak{M}}(u_n', v_n') \tag{10}$$

und aus

$$\varrho_{\mathfrak{M}}(u_n', v_n') \leq \varrho_{\mathfrak{M}}(u_n', u_n) + \varrho_{\mathfrak{M}}(u_n, v_n) + \varrho_{\mathfrak{M}}(v_n, v_n') \tag{11}$$

ergibt sich

$$\lim_{n\to\infty} \varrho_{\mathfrak{M}}(u_n', v_n') \leq \lim_{n\to\infty} \varrho_{\mathfrak{M}}(u_n, v_n). \tag{12}$$

(10) und (12) zusammen ergeben in der Tat (8).

2. Schritt: $\overline{\mathfrak{M}}$ mit dem Abstand $\varrho_{\overline{\mathfrak{M}}}(\bar{u}, \bar{v})$ ist ein metrischer Raum: Aus $\varrho_{\mathfrak{M}}(u_n, v_n) \geq 0$ folgt in (3) durch Grenzübergang $\varrho_{\overline{\mathfrak{M}}}(\bar{u}, \bar{v}) \geq 0$. $\varrho_{\overline{\mathfrak{M}}}(\bar{u}, \bar{v}) = 0$ bedeutet $\lim\limits_{n\to\infty} \varrho_{\mathfrak{M}}(u_n, v_n) = 0$. Nach unserer Festsetzung besteht diese Relation genau dann, wenn $\bar{u} = \bar{v}$ ist. Ferner ergibt sich aus $\varrho_{\mathfrak{M}}(u_n, v_n) = \varrho_{\mathfrak{M}}(v_n, u_n)$ auch $\varrho_{\overline{\mathfrak{M}}}(\bar{u}, \bar{v}) = \varrho_{\overline{\mathfrak{M}}}(\bar{v}, \bar{u})$. Die Dreiecksungleichung folgt aus

$$\varrho_{\mathfrak{M}}(u_n, v_n) \leq \varrho_{\mathfrak{M}}(u_n, w_n) + \varrho_{\mathfrak{M}}(w_n, v_n)$$

durch Grenzübergang

$$\varrho_{\overline{\mathfrak{M}}}(\bar{u}, \bar{v}) = \lim_{n\to\infty} \varrho_{\mathfrak{M}}(u_n, v_n) \leq \lim_{n\to\infty} \varrho_{\mathfrak{M}}(u_n, w_n) + \lim_{n\to\infty} \varrho_{\mathfrak{M}}(w_n, v_n)$$

$$= \varrho_{\overline{\mathfrak{M}}}(\bar{u}, \bar{w}) + \varrho_{\overline{\mathfrak{M}}}(\bar{w}, \bar{v}).$$

Deshalb ist $\overline{\mathfrak{M}}$ ein metrischer Raum.

Wir betrachten die Gesamtheit aller Fundamentalfolgen der Gestalt

$$\overline{u} = \{u, u, u, \ldots\} \quad \text{mit} \quad u \in \mathfrak{M}.$$

Sie heißen stationäre Fundamentalfolgen. Ihre Gesamtheit bildet eine Teilmenge $\overline{\mathfrak{T}}$ von $\overline{\mathfrak{M}}$. Sind $\overline{u}, \overline{v}$ zwei solche stationäre Fundamentalfolgen, so hat man mit (3)

$$\varrho_{\overline{\mathfrak{M}}}(\overline{u}, \overline{v}) = \lim_{n \to \infty} \varrho_{\mathfrak{M}}(u, v) = \varrho_{\mathfrak{M}}(u, v). \tag{13}$$

Zwischen den Elementen $\overline{u} \in \overline{\mathfrak{T}}$ und $u \in \mathfrak{M}$ besteht eine eineindeutige Zuordnung $\overline{u} = \{u, u, u, \ldots\} \leftrightarrow u$. Mit (13) sind $\overline{\mathfrak{T}}$ und $\mathfrak{M}$ isometrisch. Deshalb wollen wir fortan nicht mehr zwischen den Elementen u und den stationären Fundamentalfolgen unterscheiden. Dann kann $\mathfrak{M}$ als Teilmenge von $\overline{\mathfrak{M}}$ aufgefaßt werden, und mit dieser Festsetzung hat man für $\overline{u} \in \overline{\mathfrak{M}}$ und $v \in \mathfrak{M}$

$$\varrho_{\overline{\mathfrak{M}}}(\overline{u}, v) = \lim_{n \to \infty} \varrho_{\mathfrak{M}}(u_n, v) \quad \text{mit} \quad \overline{u} = \{u_1, u_2, \ldots\}.$$

3. Schritt: $\mathfrak{M}$ ist dicht in $\overline{\mathfrak{M}}$: Es sei $\overline{u} = \{u_1, u_2, \ldots\}$ eine beliebige Fundamentalfolge, also $\varrho_{\mathfrak{M}}(u_n, u_m) < \varepsilon$ für alle $n, m > N(\varepsilon)$, so ergibt sich aus der obigen Formel

$$\varrho_{\overline{\mathfrak{M}}}(\overline{u}, u_n) = \lim_{m \to \infty} \varrho_{\mathfrak{M}}(u_m, u_n) \leq \varepsilon \tag{14}$$

für alle $n > N(\varepsilon)$, so daß $\lim\limits_{n \to \infty} \varrho_{\overline{\mathfrak{M}}}(\overline{u}, u_n) = 0$ folgt. Zu jedem $\overline{u} \in \overline{\mathfrak{M}}$ gibt es daher eine Folge $u_1, u_2, \ldots \in \mathfrak{M}$, mit der $\lim\limits_{n \to \infty} u_n = \overline{u}$ gilt. Daher ist $\mathfrak{M}$ in $\overline{\mathfrak{M}}$ dicht.

4. Schritt: $\overline{\mathfrak{M}}$ ist vollständig: Es sei $\overline{u}_1, \overline{u}_2, \ldots$ eine beliebige Fundamentalfolge aus $\overline{\mathfrak{M}}$. Weil $\mathfrak{M}$ in $\overline{\mathfrak{M}}$ dicht ist, gibt es zu jedem $\overline{u}_j$ ein $u_j \in \mathfrak{M}$ so, daß

$$\varrho_{\overline{\mathfrak{M}}}(\overline{u}_j, u_j) < \frac{1}{j} \quad \text{für} \quad j = 1, 2, 3, \ldots \tag{15}$$

gilt. Für $\varrho_{\mathfrak{M}}(u_n, u_m)$ findet man die Abschätzung

$$\varrho_{\mathfrak{M}}(u_n, u_m) = \varrho_{\overline{\mathfrak{M}}}(u_n, u_m) \leq \varrho_{\overline{\mathfrak{M}}}(u_n, \overline{u}_n) + \varrho_{\overline{\mathfrak{M}}}(\overline{u}_n, \overline{u}_m)$$
$$+ \varrho_{\overline{\mathfrak{M}}}(\overline{u}_m, u_m) < \varepsilon \tag{16}$$

für alle $n, m > N(\varepsilon)$. Deshalb ist $\overline{u} = \{u_1, u_2, \ldots\}$ eine Fundamentalfolge und aus (14) folgt dann $\lim\limits_{n \to \infty} \varrho_{\overline{\mathfrak{M}}}(\overline{u}, u_n) = 0$. Zusammen mit (15) und der Dreiecksungleichung folgt schließlich

$$\varrho_{\overline{\mathfrak{M}}}(\overline{u}_n, \overline{u}) \leq \varrho_{\overline{\mathfrak{M}}}(\overline{u}_n, u_n) + \varrho_{\overline{\mathfrak{M}}}(u_n, \overline{u}) < \varepsilon \tag{17}$$

für alle $n > \overline{N}(\varepsilon)$. Damit ist $\lim\limits_{n\to\infty} \overline{u}_n = \overline{u}$ bewiesen, was die Vollständigkeit von $\overline{\mathfrak{M}}$ zeigt.

1.4 Der Banachsche Raum

Definition 1: *Ein linearer Raum $\mathfrak{B}$ heißt ein Banachscher Raum, wenn jedem $u \in \mathfrak{B}$ eine reelle Zahl $\|u\|$, die Norm von u, so zugeordnet werden kann, daß folgendes gilt:*

1. $\|u\| \geq 0$ und $\|u\| = 0$ genau dann, wenn $u = \Theta$,

2. $\|\alpha u\| = |\alpha|\,\|u\|$ für jede komplexe Zahl α,

3. $\|u + v\| \leq \|u\| + \|v\|$ (Dreiecksungleichung).

$\mathfrak{B}$ heißt ein reeller Banachscher Raum, wenn man von einem reellen linearen Raum ausgeht und 2. nur für reelle Zahlen α fordert.

Satz 1: *Setzt man $\varrho(u, v) = \|u - v\|$, so wird $\mathfrak{B}$ mit dieser Abstandsdefinition ein metrischer Raum.*

Beweis: $\|u - v\|$ hat die Eigenschaften 1. $\|u - v\| \geq 0$ und $\|u - v\| = 0$ genau dann, wenn $u = v$; 2. $\|u - v\| = \|v - u\|$; 3. $\|u - v\| \leq \|u - w\| + \|w - v\|$. Die Eigenschaften 1. und 2. sind offensichtlich, 3. folgt so:

$$\|u - v\| = \|u - w + w - v\| = \|(u - w) + (w - v\|$$
$$\leq \|u - w\| + \|w - v\|.$$

Deshalb erfüllt die obige Abstandsdefinition die Axiome des metrischen Raumes.

Da $\mathfrak{B}$ mit der Setzung $\varrho(u, v) = \|u - v\|$ zu einem metrischen Raum wird, bleibt alles über metrische Räume Gesagte auch hier gültig. Insbesondere stehen die Begriffe Konvergenz, Fundamentalfolge, Vollständigkeit, Teilmenge, dichte Teilmenge auch hier zur Verfügung. Dabei ist es zweckmäßig, ausschließlich die Norm und nicht mehr den Abstand zu verwenden, etwa: Eine Folge $u_1, u_2, \ldots$ von Elementen $u_j \in \mathfrak{B}$ heißt konvergent, wenn es zu jedem $\varepsilon > 0$ eine positive Zahl $N(\varepsilon)$ so gibt, daß mit einem geeigneten $u \in \mathfrak{B}$ gilt:

$$\|u_n - u\| < \varepsilon \qquad \text{für alle } n > N(\varepsilon).$$

u heißt dann wieder Grenzelement der Folge $u_1, u_2, \ldots$, und man schreibt $\lim\limits_{n\to\infty} u_n = u$.

Wir ergänzen unsere Überlegungen aus 1.2 durch

Satz 2: *Ist* $\lim\limits_{n\to\infty} u_n = u$, $\lim\limits_{n\to\infty} v_n = v$, *so folgt*

1. $\lim\limits_{n\to\infty} (\alpha u_n + \beta v_n) = \alpha u + \beta v$ *für beliebige komplexe Zahlen* α, β;

2. $\lim\limits_{n\to\infty} \|u_n\| = \|u\|$.

3. Es ist $\lim\limits_{n\to\infty} \alpha_n u = \alpha u$ *für jedes* $u \in \mathfrak{B}$, *falls* $\lim\limits_{n\to\infty} \alpha_n = \alpha$ *gilt.*

Beweis: 1. folgt aus

$$\|(\alpha u_n + \beta v_n) - (\alpha u + \beta v)\| \leq |\alpha|\,\|u_n - u\| + |\beta|\,\|v_n - v\|$$

und 3. aus

$$\|\alpha_n u - \alpha u\| = |\alpha_n - \alpha|\,\|u\|.$$

Für 2. verwenden wir die verschärfte Dreiecksungleichung

$$|\,\|u\| - \|v\|\,| \leq \|u - v\|,$$

die aus

$$\|u\| = \|v + (u - v)\| \leq \|v\| + \|u - v\|$$

und

$$\|v\| = \|u + (v - u)\| \leq \|u\| + \|v - u\| = \|u\| + \|u - v\|$$

folgt. Man hat dann $|\,\|u_n\| - \|u\|\,| \leq \|u_n - u\|$, woraus 2. abgelesen werden kann.

Die Definition 2 aus 1.3 ergänzen wir durch weitere Definitionen.

Definition 2: $\mathfrak{T}$ *heißt Teilraum von* $\mathfrak{B}$, *wenn* $\mathfrak{T}$ *Teilmenge von* $\mathfrak{B}$ *ist und mit jedem* u, $v \in \mathfrak{T}$ *auch* $\alpha u + \beta v \in \mathfrak{T}$ *gilt mit beliebigen komplexen Zahlen* α *und* β.

Insbesondere ist jeder Teilraum von $\mathfrak{B}$ wieder ein BANACHscher Raum.

Definition 3: $\mathfrak{T}$ *heißt dichter Teilraum von* $\mathfrak{B}$, *falls* $\mathfrak{T}$ *Teilraum und dichte Teilmenge von* $\mathfrak{B}$ *ist.*

Definition 4: $\mathfrak{T}$ *heißt abgeschlossener Teilraum von* $\mathfrak{B}$, *falls* $\mathfrak{T}$ *Teilraum von* $\mathfrak{B}$ *ist und mit jeder Folge* $u_1, u_2, \ldots \in \mathfrak{T}$, *die konvergent ist:* $\lim\limits_{n\to\infty} u_n = u$, *auch* $u \in \mathfrak{T}$ *gilt.*

Satz 3: *Ist* $\mathfrak{B}$ *ein nicht vollständiger Banachscher Raum, so kann* $\mathfrak{B}$ *durch Hinzunahme weiterer Elemente zu einem vollständigen Banachschen Raum* $\overline{\mathfrak{B}}$ *so erweitert werden, daß* $\mathfrak{B}$ *in* $\overline{\mathfrak{B}}$ *ein dichter Teilraum ist.*

Beweis: Zunächst ist $\mathfrak{B}$ insbesondere ein metrischer Raum mit dem Abstand $\varrho(u, v) = \|u - v\|$ für alle $u, v \in \mathfrak{B}$. Mit dem in 1.3 beschriebenen Verfahren werde $\mathfrak{B}$ zu einem vollständigen metrischen Raum

$\mathfrak{B}$ erweitert. Es verbleibt lediglich zu zeigen, daß die Addition $u + v$, die Multiplikation αu mit einer beliebigen komplexen Zahl α und die Norm $\|u\|$ von $\mathfrak{B}$ auf $\overline{\mathfrak{B}}$ so fortgesetzt werden können, daß $\overline{\mathfrak{B}}$ wieder ein BANACHscher Raum wird. Die Fortsetzung des Abstandes $\varrho(u, v)$ auf $\overline{\mathfrak{B}}$ ist bereits in 1.3 geschehen.

1. Schritt. Es seien u, v zwei Elemente aus $\overline{\mathfrak{B}}$

$$u = \{u_1, u_2, \ldots\}, \quad v = \{v_1, v_2, \ldots\}, \tag{1}$$

wobei $\{u_j\}$, $\{v_j\}$ Fundamentalfolgen in $\mathfrak{B}$ sind. Dann sind auch $\{\alpha u_j\}$ und $\{u_j + v_j\}$ Fundamentalfolgen, was man so erkennt:

$$\left.\begin{aligned}
\|\alpha u_n - \alpha u_m\| &= |\alpha| \, \|u_n - u_m\|, \\
\|(u_n + v_n) - (u_m + v_m)\| &= \|(u_n - u_m) + (v_n - v_m)\| \\
&\leq \|u_n - u_m\| + \|v_n - v_m\|.
\end{aligned}\right\} \tag{2}$$

Die durch sie definierten Elemente des Raumes $\overline{\mathfrak{B}}$ werden mit αu und $u + v$ bezeichnet[1]. Damit ist in $\overline{\mathfrak{B}}$ eine Addition und eine Multiplikation mit komplexen Zahlen definiert, von denen man leicht zeigt, daß $\overline{\mathfrak{B}}$ mit diesen Festsetzungen ein linearer Raum wird.

2. Schritt. Um die Norm auf $\overline{\mathfrak{B}}$ fortzusetzen, beachten wir zunächst, daß für alle $u, v, w \in \mathfrak{B}$ gilt

$$\begin{aligned}
\varrho(\alpha u, \alpha v) &= \|\alpha u - \alpha v\| = |\alpha| \, \|u - v\| = |\alpha| \, \varrho(u, v), \\
\varrho(u + w, v + w) &= \|(u + w) - (v + w)\| = \|u - v\| = \varrho(u, v).
\end{aligned} \tag{4}$$

Die Relationen $\varrho(\alpha u, \alpha v) = |\alpha| \, \varrho(u, v)$, $\varrho(u + w, v + w) = \varrho(u, v)$ lassen sich durch Grenzübergang sofort auf $\overline{\mathfrak{B}}$ übertragen. Wir setzen nun

$$\|u\| = \varrho(u, \Theta) \qquad \text{für alle } u \in \overline{\mathfrak{B}} \tag{5}$$

und sehen, daß die drei Axiome für die Norm erfüllt sind. Dies ist für die ersten beiden offensichtlich, die Dreiecksungleichung folgt so:

$$\begin{aligned}
\|u + v\| &= \varrho(u + v, \Theta) \leq \varrho(u + v, v) + \varrho(v, \Theta) \\
&= \varrho(u, \Theta) + \varrho(v, \Theta) = \|u\| + \|v\|.
\end{aligned} \tag{6}$$

Daher ist $\overline{\mathfrak{B}}$ ein vollständiger BANACHscher Raum, in dem $\mathfrak{B}$ ein dichter Teilraum ist.

Da in diesem Buche der BANACHsche Raum nicht im Vordergrund der Betrachtungen steht, sei lediglich das Standardwerk S. BANACH [*] erwähnt.

---

[1] Wie in 1.3 überzeugt man sich leicht, daß diese Definitionen unabhängig von der Auswahl der Fundamentalfolgen ist, die in $\overline{\mathfrak{B}}$ als gleich angesehen werden.

2. Der Hilbertsche Raum $\mathfrak{H}$

2.1 Definition des Hilbertschen Raumes

Definition 1: *Ein linearer Raum $\mathfrak{H}$ mit den Elementen u, v, w, ... heißt Hilbertscher Raum, wenn jedem Paar von Elementen u, $v \in \mathfrak{H}$ eine komplexe Zahl (u, v), das skalare Produkt von u und v, so zugeordnet werden kann, daß folgendes gilt:*

1. $(u, v) = \overline{(v, u)}$ und damit (u, u) reell[1];

2. $(u + v, w) = (u, w) + (v, w)$;

3. $(\alpha u, v) = \alpha (u, v)$ für jede komplexe Zahl α;

4. $(u, u) \geq 0$ und $= 0$ genau dann, wenn $u = \Theta$ ist[2].

Folgerungen daraus sind diese:

Satz 1: *5. $(u, v + w) = (u, v) + (u, w)$;*

         6. $(u, \alpha v) = \overline{\alpha}(u, v)$ für jede komplexe Zahl α;

         7. $(\alpha u, \alpha v) = |\alpha|^2 (u, v)$.

Beweis: Zu 5.: $(u, v + w) = \overline{(v + w, u)} = \overline{(v, u) + (w, u)}$
$$= \overline{(v, u)} + \overline{(w, u)} = (u, v) + (u, w).$$

    Zu 6.: $\quad (u, \alpha v) = \overline{(\alpha v, u)} = \overline{\alpha (v, u)} = \overline{\alpha}(u, v)$.

    Zu 7.: $\quad (\alpha u, \alpha v) = \alpha (u, \alpha v) = \alpha \overline{(\alpha v, u)} = |\alpha|^2 (u, v)$.

Entsprechend definiert man den reellen HILBERTschen Raum wie folgt:

Definition 2: *Ein reeller linearer Raum $\mathfrak{H}$ mit den Elementen u, v, w, ... heißt ein reeller Hilbertscher Raum, wenn jedem Paar von Elementen u, $v \in \mathfrak{H}$ eine reelle Zahl (u, v), das skalare Produkt von u und v, so zugeordnet werden kann, daß folgendes gilt:*

1. $(u, v) = (v, u)$;

2. $(u + v, w) = (u, w) + (v, w)$;

3. $(\alpha u, v) = \alpha (u, v)$ für jede reelle Zahl α;

4. $(u, u) \geq 0$ und $= 0$ genau dann, wenn $u = \Theta$ ist.

Die entsprechenden Folgerungen 5., 6., 7. für reelle HILBERTsche Räume können vom Leser leicht formuliert werden. Unsere weite-

---

[1] $\overline{(v, u)}$ bedeutet die zu (v, u) konjugiert komplexe Zahl.
[2] Ab I. 2.4 werden wir allerdings nur noch solche HILBERTsche Räume in unseren Betrachtungen zulassen, die zusätzlich vollständig und separabel sind.

ren Formulierungen betreffen stets den (komplexen) Hilbertschen Raum.

Der folgende Satz zeigt, daß man $\|u\| = \sqrt{(u, u)}$ setzen darf, wobei $\|u\|$ als Norm von u aufgefaßt werden kann. Deshalb wird der Hilbertsche Raum $\mathfrak{H}$ mit der Norm $\|u\| = \sqrt{(u, u)}$ ein Banachscher Raum.

Satz 2: *Mit der Setzung* $\|u\| = \sqrt{(u, u)}$ *gilt:*

1. $\|u\| \geq 0$ *und* $\|u\| = 0$ *genau dann, wenn* $u = \Theta$;

2. $\|\alpha u\| = |\alpha| \|u\|$ *für jede komplexe Zahl* α;

3. $\begin{cases} \|u + v\| \leq \|u\| + \|v\| \\ \|u - v\| \leq \|u - w\| + \|w - v\| \end{cases}$ *(Dreiecksungleichungen)*;

4. $|(u, v)| \leq \|u\| \|v\|$ *(Schwarzsche Ungleichung)*.

In der Schwarzschen Ungleichung steht das Gleichheitszeichen genau dann, wenn u und v linear abhängig sind.

Beweis: 1. ergibt sich sofort aus der Eigenschaft 4. des skalaren Produktes. 2. folgt aus der Eigenschaft 7. des skalaren Produktes.

Zu 4.: Ist $v = \Theta$, so ist die Schwarzsche Ungleichung richtig mit dem Gleichheitszeichen, da $(u, v) = 0$ und $\|u\| \|v\| = 0$ ist. Ferner ist $0u + 1v = \Theta$, also sind u, v linear abhängig. Es sei nun $v \neq \Theta$. Setzt man $w = u + \alpha v$ mit zunächst beliebigem komplexen α, so findet man

$$0 \leq (w, w) = (u + \alpha v, u + \alpha v) = (u, u) + \alpha (v, u) + \overline{\alpha} (u, v) + \alpha \overline{\alpha} (v, v).$$

Setzt man $\alpha = - \dfrac{(u, v)}{(v, v)}$, so findet man weiter

$$0 \leq (u, u) - \frac{(u, v)}{(v, v)} (v, u) - \frac{(v, u)}{(v, v)} (u, v) + \frac{(u, v) (v, u)}{(v, v) (v, v)} (v, v).$$

Indem man mit $(v, v) > 0$ multipliziert, ergibt sich

$$0 \leq (u, u) (v, v) - (u, v) \overline{(u, v)} \qquad \text{oder} \qquad 0 \leq \|u\|^2 \|v\|^2 - |(u, v)|^2.$$

Deshalb ist $|(u, v)| \leq \|u\| \|v\|$ bewiesen. Das Gleichheitszeichen steht genau dann, wenn $u - \dfrac{(u, v)}{(v, v)} v = \Theta$ ist, und diese Relation besteht bei $v \neq \Theta$ genau dann, wenn u, v linear abhängig sind.

Zu 3.: Ist $u + v = \Theta$, so ist $\|u + v\| \leq \|u\| + \|v\|$ erfüllt, weil doch $\|u\| \geq 0$, $\|v\| \geq 0$ gilt. Ist $u + v \neq \Theta$, so hat man mit 4.

$$\|u + v\|^2 = (u + v, u + v) = (u + v, u) + (u + v, v)$$
$$\leq |(u + v, u)| + |(u + v, v)| \leq \|u + v\| \|u\| + \|u + v\| \|v\|.$$

Dividiert man beide Seiten durch $\|u + v\|$, so ergibt sich die erste Ungleichung in 3.. Die zweite Ungleichung in 3. folgt so:

$$\|u - v\| = \|u - w + w - v\| \leq \|u - w\| + \|w - v\|.$$

Da $\mathfrak{H}$ mit der Setzung $\|u\| = \sqrt{(u, u)}$ zu einem Banachschen Raum wird, bleibt alles über Banachsche Räume Gesagte auch hier gültig. Insbesondere stehen die Begriffe Konvergenz, Fundamentalfolge, Vollständigkeit, Teilraum, dichter Teilraum, abgeschlossener Teilraum usw. auch hier zur Verfügung. Satz 2 aus 1.4 werde hier ergänzt durch

Satz 3: *Ist* $\lim\limits_{n \to \infty} u_n = u$, $\lim\limits_{n \to \infty} v_n = v$, *so folgt* $\lim\limits_{n \to \infty} (u_n, v_n) = (u, v)$
(Stetigkeit des skalaren Produktes).

Beweis: Es ist $\|v_n\| \leq C$ für alle n. Setzt man nämlich $\varepsilon = 1$, so hat man $\|v_n\| \leq \|v_n - v\| + \|v\| < 1 + \|v\|$ für alle $n > N(1)$. Erklärt man nun

$$C = \max \{ \|v_1\|, \|v_2\|, \ldots, \|v_K\|, 1 + \|v\| \},$$

wobei K die größte natürliche Zahl $\leq N(1)$ ist, so ergibt sich in der Tat $\|v_n\| \leq C$ für alle n. Damit hat man

$$|(u_n, v_n) - (u, v)| = |(u_n - u, v_n) + (u, v_n - v)|$$
$$\leq \|u_n - u\| \|v_n\| + \|u\| \|v_n - v\|$$
$$\leq C \|u_n - u\| + \|u\| \|v_n - v\| < \varepsilon$$

für alle $n > \tilde{N}(\varepsilon)$, was mit $\lim\limits_{n \to \infty} (u_n, v_n) = (u, v)$ gleichwertig ist. Setzt man $u_n = v_n$, so erhält man einen neuen Beweis für $\lim\limits_{n \to \infty} \|u_n\| = \|u\|$, welcher allerdings nur in $\mathfrak{H}$ gültig ist.

2.2 Vollständiger Hilbertscher Raum

Definition 1: $\mathfrak{H}$ *heißt ein vollständiger Hilbertscher Raum, wenn jede Fundamentalfolge in* $\mathfrak{H}$ *konvergent ist.*

Ähnlich wie im Banachschen Raum beweisen wir nun

Satz 1: *Ist* $\mathfrak{H}$ *ein nicht vollständiger Hilbertscher Raum, so kann* $\mathfrak{H}$ *durch Hinzunahme weiterer Elemente zu einem vollständigen Hilbertschen Raum* $\overline{\mathfrak{H}}$ *so erweitert werden, daß* $\mathfrak{H}$ *in* $\overline{\mathfrak{H}}$ *ein dichter Teilraum ist.*

Beweis: Weil $\mathfrak{H}$ mit $\|u\| = \sqrt{(u, u)}$ ein Banachscher Raum ist, kann er nach 1.4 durch Hinzunahme weiterer Elemente zu einem vollständigen Banachschen Raum $\overline{\mathfrak{H}}$ erweitert werden. Wir verwenden diese Erweiterung aus 1.4 und müssen zeigen, daß die in $\mathfrak{H}$ gegebene Definition des skalaren Produktes (u, v) so erweitert werden kann, daß sogar $\|u\| = \sqrt{(u, u)}$ für alle $u \in \overline{\mathfrak{H}}$ besteht und alle Rechenregeln für das skalare Produkt auch in $\overline{\mathfrak{H}}$ gelten.

Sind $\{u_j\}, \{v_j\}$ zwei Fundamentalfolgen aus $\mathfrak{H}$, so sind diese wegen der Vollständigkeit von $\overline{\mathfrak{H}}$ in $\overline{\mathfrak{H}}$ konvergent. Es sei also $\lim\limits_{n \to \infty} u_n = u$ und $\lim\limits_{n \to \infty} v_n = v$. Wir betrachten die Zahlenfolge $a_n = (u_n, v_n)$ und finden

$$|a_n - a_m| = |(u_n, v_n) - (u_m, v_m)| \tag{1}$$
$$= |(u_m, v_n - v_m) + (u_n - u_m, v_m) + (u_n - u_m, v_n - v_m)|$$
$$\leq \|u_m\| \|v_n - v_m\| + \|u_n - u_m\| \|v_m\| + \|u_n - u_m\| \|v_n - v_m\|.$$

Daraus erkennt man, daß $|a_n - a_m| < \varepsilon$ gilt für alle $n, m > N(\varepsilon)$. Nach dem CAUCHYSCHEN Konvergenzkriterium ist daher die Zahlenfolge $\{a_j\}$ konvergent: $\lim\limits_{n \to \infty} a_n = a$. Wir setzen

$$(u, v) = \lim_{n \to \infty} (u_n, v_n) \tag{2}$$

und zeigen, daß der Grenzwert nicht von der Auswahl der Fundamentalfolgen abhängt, die in $\overline{\mathfrak{H}}$ nach 1.3 als gleich anzusehen sind. Sind $\{u_j\}$, $\{u_j'\}$; $\{v_j\}, \{v_j'\}$ Fundamentalfolgen in $\mathfrak{H}$ mit $\lim\limits_{n \to \infty} \|u_n - u_n'\| = 0$ und $\lim\limits_{n \to \infty} \|v_n - v_n'\| = 0$, so zeigt man wie in (1) schnell, daß auch

$$\lim_{n \to \infty} (u_n, v_n) = \lim_{n \to \infty} (u_n', v_n') \tag{3}$$

gilt. Sei $\{w_j\}$ eine weitere Fundamentalfolge mit $\lim\limits_{n \to \infty} w_n = w$ und $w_j \in \mathfrak{H}$, $w \in \overline{\mathfrak{H}}$. Wir betrachten die Relationen

$$\left.\begin{array}{ll} (u_n, v_n) = \overline{(v_n, u_n)}, & (u_n + v_n, w_n) = (u_n, w_n) + (v_n, w_n), \\ (\alpha u_n, v_n) = \alpha(u_n, v_n), & \|u_n\| = \sqrt{(u_n, u_n)}. \end{array}\right\} \tag{4}$$

Geht man in diesen zur Grenze $\lim\limits_{n \to \infty}$ über, so findet man, daß das in (2) definierte skalare Produkt den Bedingungen 1., 2., 3., 4. in 2.1 genügt. Daß $\mathfrak{H}$ in $\overline{\mathfrak{H}}$ ein dichter Teilraum ist, folgt bereits aus 1.4 und 1.3.

Beispiel A: Wir betrachten die Menge aller Vektoren $u, v, w, \ldots$ mit $u = (u_1, u_2, \ldots)$, $v = (v_1, v_2, \ldots)$, $\ldots$, die abzählbar unendlich viele Komponenten besitzen, welche komplexe Zahlen sind und $\sum\limits_{j=1}^{\infty} |u_j|^2 < \infty$, $\sum\limits_{j=1}^{\infty} |v_j|^2 < \infty$, $\ldots$ erfüllen. Setzen wir $u + v$, αu, (u, v) in der folgenden Weise fest:

$$\left.\begin{array}{llll} w = u + v & \text{mit} & w = (w_1, w_2, \ldots) & \text{nnd} \quad w_i = u_i + v_i, \\ z = \alpha u & \text{mit} & z = (z_1, z_2, \ldots) & \text{und} \quad z_i = \alpha u_i, \\ & & (u, v) = \sum\limits_{j=1}^{\infty} u_j \bar{v}_j, & \end{array}\right\} \tag{5}$$

so folgt $\sum\limits_{j=1}^{\infty} |z_j|^2 < \infty$ und $\sum\limits_{j=1}^{\infty} |w_j|^2 < \infty$ wegen

$$|w_j|^2 = |u_j + v_j|^2 \leq 2|u_j|^2 + 2|v_j|^2. \tag{6}$$

Die Konvergenz der Reihe in (5) wird sichergestellt durch

$$|u_j \bar{v}_j| = |u_j|\,|v_j| \leq \frac{1}{2}\{|u_j|^2 + |v_j|^2\}. \tag{7}$$

Indem man die einzelnen Axiome verifiziert, stellt man leicht fest, daß die Gesamtheit dieser Vektoren mit den gegebenen Rechenregeln einen Hilbertschen Raum bildet. Der Nullvektor $(0, 0, \ldots)$ steht für das Nullelement Θ.

$\mathfrak{H}$ ist sogar vollständig. Sei $u^{(1)}, u^{(1)}, \ldots$ eine Fundamentalfolge aus $\mathfrak{H}$ mit

$$u^{(n)} = (u_1^{(n)}, u_2^{(n)}, u_3^{(n)}, \ldots), \tag{8}$$

dann ist

$$\|u^{(n)} - u^{(m)}\| = \sqrt{(u^{(n)} - u^{(m)}, u^{(n)} - u^{(m)})} = \sqrt{\sum_{j=1}^{\infty} |u_j^{(n)} - u_j^{(m)}|^2} < \varepsilon \tag{9}$$

für alle $n, m > N(\varepsilon)$. Aus (9) folgt insbesondere

$$|u_j^{(n)} - u_j^{(m)}| < \varepsilon \quad \text{für alle} \quad n, m > N(\varepsilon) \text{ und alle } j. \tag{10}$$

Halten wir j fest, so ergibt das Cauchysche Konvergenzkriterium, daß die Zahlenfolge $u_j^{(1)}, u_j^{(2)}, u_j^{(3)}, \ldots$ konvergent ist. Ihr Grenzwert sei mit u_j bezeichnet, also

$$\lim_{n \to \infty} u_j^{(n)} = u_j \quad \text{für} \quad j = 1, 2, \ldots \tag{11}$$

Für jede natürliche Zahl k ergibt sich aus (9) weiter

$$\sum_{j=1}^{k} |u_j^{(n)} - u_j^{(m)}|^2 < \varepsilon^2 \quad \text{für alle} \quad n, m > N(\varepsilon). \tag{12}$$

Für $m \to \infty$ folgt dann mit (11)

$$\sum_{j=1}^{k} |u_j^{(n)} - u_j|^2 \leq \varepsilon^2 \quad \text{für alle} \quad n > N(\varepsilon). \tag{13}$$

Für $k \to \infty$ ergibt sich abschließend

$$\sum_{j=1}^{\infty} |u_j^{(n)} - u_j|^2 \leq \varepsilon^2 \quad \text{für alle} \quad n > N(\varepsilon). \tag{14}$$

Erklären wir $u = (u_1, u_2, \ldots)$, so ist mit (14) $u - u^{(n)} \in \mathfrak{H}$ gezeigt. Deshalb ist auch $u = (u - u^{(n)}) + u^{(n)} \in \mathfrak{H}$, und (14) ergibt

$$\|u^{(n)} - u\| = \sqrt{\sum_{j=1}^{\infty} |u_j^{(n)} - u_j|^2} \leq \varepsilon \quad \text{für alle} \quad n > N(\varepsilon). \tag{15}$$

Damit ist die Vollständigkeit von $\mathfrak{H}$ gezeigt.

Die Schwarzsche Ungleichung $|(u, v)| \leq \|u\| \, \|v\|$ und die Dreiecksungleichung $\|u + v\| \leq \|u\| + \|v\|$ haben das Aussehen

$$\left| \sum_{j=1}^{\infty} u_j \, \bar{v}_j \right| \leq \sqrt{\sum_{j=1}^{\infty} |u_j|^2} \, \sqrt{\sum_{j=1}^{\infty} |v_j|^2} \, ,$$

$$\sqrt{\sum_{j=1}^{\infty} |u_j + v_j|^2} \leq \sqrt{\sum_{j=1}^{\infty} |u_j|^2} + \sqrt{\sum_{j=1}^{\infty} |v_j|^2} \, . \tag{16}$$

Beispiel B: G sei eine offene, zusammenhängende Punktmenge des $\mathfrak{R}_n$. Wir nennen G dann ein Gebiet des $\mathfrak{R}_n$. Oft wird G der gesamte $\mathfrak{R}_n$ sein oder eine Kugel im $\mathfrak{R}_n$ mit Mittelpunkt a und Radius $r > 0$. Denken wir uns die Punkte des $\mathfrak{R}_n$ wieder durch Vektoren beschrieben, und bezeichnen wir die Länge des Vektors $x = (x_1, \ldots, x_n)$ mit $|x| = \sqrt{\sum_{j=1}^{n} x_j^2}$, so wird obige Kugel K durch

$$K: \qquad |x - a| < r \qquad \text{mit} \qquad a = (a_1, \ldots, a_n) \tag{17}$$

beschrieben.

In G betrachten wir die Gesamtheit aller komplexwertigen stetigen Funktionen $u(x) = u(x_1, \ldots, x_n)$, $v(x) = v(x_1, \ldots, x_n)$, $\ldots$. Die Addition $u + v$ und die Multiplikation αu mit einer komplexen Zahl α werden wie üblich durch

$$u + v = u(x) + v(x), \qquad \alpha u = \alpha u(x) \tag{18}$$

festgelegt. Ferner sei $k(x) = k(x_1, \ldots, x_n)$ eine in G reellwertige, stetige Funktion mit $k(x) > 0$ in G. Die Festlegung eines skalaren Produktes versuchen wir durch

$$(u, v) = \int_G u(x) \, \overline{v(x)} \, k(x) \, dx. \tag{19}$$

Dabei bedeutet dx das Volumenelement im $\mathfrak{R}_n$: $dx = dx_1 \, dx_2 \ldots dx_n$ und $\int_G \ldots dx$ bedeutet das Volumenintegral über G:

$$\int_G \ldots dx \equiv \iint \ldots \int_G \ldots dx_1 \, dx_2 \ldots dx_n. \tag{20}$$

Da G eine offene Punktmenge ist, muß das Integral in (19) nicht existieren.

Deshalb betrachten wir nur die Gesamtheit aller komplexwertigen stetigen Funktionen $u(x), v(x), \ldots$, für die zusätzlich

$$\int_G |u(x)|^2 k(x) \, dx < \infty, \qquad \int_G |v(x)|^2 k(x) \, dx < \infty, \ldots$$

gilt. Diese Gesamtheit bildet mit den eingeführten Rechenregeln einen Hilbertschen Raum $\mathfrak{H}$: Wegen

$$|u(x) + v(x)|^2 k(x) \leq 2 \, \{|u(x)|^2 k(x) + |v(x)|^2 k(x)\} \tag{21}$$

ist mit $u(x) \in \mathfrak{H}$ und $v(x) \in \mathfrak{H}$ auch $u(x) + v(x) \in \mathfrak{H}$ und natürlich auch $\alpha u(x) \in \mathfrak{H}$. Schließlich sieht man die Existenz des Integrales in (19) so ein: Aus

$$\left(|u(x)| \, \sqrt{k(x)} - |v(x)| \, \sqrt{k(x)} \right)^2 \geq 0 \tag{22}$$

folgt

$$2 |u(x)| \, |v(x)| \, k(x) \leq |u(x)|^2 \, k(x) + |v(x)|^2 \, k(x) \tag{23}$$

und somit

$$\int\limits_G |\,u(x)\,v(x)\,|\,k(x)\,dx \;\leq\; \frac{1}{2}\int\limits_G |\,u(x)\,|^2\,k(x)\,dx + \frac{1}{2}\int\limits_G |\,v(x)\,|^2\,k(x)\,dx\,. \qquad (24)$$

Indem man die einzelnen Axiome von $\mathfrak{H}$ verifiziert, kann die Behauptung nun leicht bestätigt werden. Das Nullelement Θ wird hier die Funktion $u(x) \equiv 0$ in G.

Die Schwarzsche Ungleichung $|(u, v)| \leq \|u\|\,\|v\|$ und die Dreiecksungleichung $\|u + v\| \leq \|u\| + \|v\|$ haben hier das Aussehen

$$\left.\begin{aligned}
\left|\int\limits_G u(x)\,\overline{v(x)}\,k(x)\,dx\right| &\leq \sqrt{\int\limits_G |\,u(x)\,|^2\,k(x)\,dx}\;\;\sqrt{\int\limits_G |\,v(x)\,|^2\,k(x)\,dx}\,, \\[2mm]
\sqrt{\int\limits_G |\,u(x) + v(x)\,|^2\,k(x)\,dx} &\leq \sqrt{\int\limits_G |\,u(x)\,|^2\,k(x)\,dx} + \sqrt{\int\limits_G |\,v(x)\,|^2\,k(x)\,dx}\,.
\end{aligned}\right\} \qquad (25)$$

$u_1(x), u_2(x), \ldots \in \mathfrak{H}$ heißt hier Fundamentalfolge bzw. konvergente Folge, wenn

$$\|u_n - u_m\| = \sqrt{\int\limits_G |\,u_n(x) - u_m(x)\,|^2\,k(x)\,dx} < \varepsilon \qquad (26)$$

ür alle $n, m > N(\varepsilon)$ bzw.

$$\|u_n - u\| = \sqrt{\int\limits_G |\,u_n(x) - u(x)\,|^2\,k(x)\,dx} < \varepsilon \qquad (27)$$

für alle $n > N(\varepsilon)$ und geeignetes $u(x) \in \mathfrak{H}$ besteht.

$\mathfrak{H}$ wird im allgemeinen nicht vollständig sein, wie die folgende Aufgabe zeigt. Doch dürfen wir durch Hinzufügung weiterer Elemente, die wir hier „*ideale Funktionen*" nennen, stets ohne Beschränkung der Allgemeinheit annehmen, daß der so erweiterte Raum $\overline{\mathfrak{H}}$ vollständig ist. Diese idealen Funktionen können als Repräsentanten solcher Fundamentalfolgen (26) angesehen werden, für die es kein $u(x) \in \mathfrak{H}$ gibt, mit dem (27) gilt. Einige ideale Funktionen mögen sich dabei als in G stückweise stetige Funktionen ergeben, andere wiederum mögen sich als Funktionen in G ergeben, die andere Unstetigkeiten besitzen.

Es ist bekannt, daß alle idealen Funktionen sich darstellen lassen als komplexwertige Funktionen $u(x)$, die über G meßbar sind und für die $|\,u(x)\,|^2\,k(x)$ im Sinne von Lebesgue integrierbar ist über G. Dabei werden zwei Funktionen $u(x), v(x)$ als nicht verschieden angesehen, wenn sie nur auf einer Punktmenge in G vom (Lebesgueschen) Maß Null verschieden sind. Genauer gilt sogar, daß sich $\overline{\mathfrak{H}}$ als die Gesamtheit aller über G komplexwertigen, meßbaren Funktionen $u(x)$ ergibt, für die im Sinne von Lebesgue $\int\limits_G |\,u(x)\,|^2\,k(x)\,dx$ existiert. Das skalare Produkt wird mit diesem Integralbegriff wieder durch (19) gegeben.

Folgerungen daraus sind diese:

1. $\overline{\mathfrak{H}}$ ist vollständig.

2. $\mathfrak{H}$ ist dicht in $\overline{\mathfrak{H}}$, d. h. zu jedem $u(x) \in \overline{\mathfrak{H}}$ gibt es eine Folge $u_1(x), u_2(x), \ldots \in \mathfrak{H}$ mit $\lim\limits_{n\to\infty} u_n = u$. Gleichwertig damit ist: Zu jedem $u(x) \in \overline{\mathfrak{H}}$ und zu jedem $\varepsilon > 0$ gibt es eine Funktion $v(x) \in \mathfrak{H}$, mit der

$$\|u - v\| = \sqrt{\int\limits_G |\,u(x) - v(x)\,|^2\,k(x)\,dx} < \varepsilon$$

gilt.

Für das Weitere werden wir unter einem Hilbertschen Raum stets einen vollständigen Hilbertschen Raum verstehen. Als wichtigstes Beispiel haben wir die Gesamtheit aller komplexwertigen meßbaren Funktionen, für die $\int\limits_G |u(x)|^2 k(x)\, dx$ im Sinne von Lebesgue existiert[1].

Diesen Hilbertschen Raum werden wir in Abänderung der Bezeichnungsweise durch

$$\mathfrak{H} = \left\{ u(x)\,|\, \int\limits_G |u(x)|^2 k(x)\, dx < \infty \right\}, \qquad (u, v) = \int\limits_G u(x)\, \overline{v(x)}\, k(x)\, dx \tag{28}$$

bezeichnen, wobei $\{u(x)\,|\,*\}$ als die Gesamtheit aller $u(x)$ mit der Eigenschaft $*$ zu lesen ist. Die in Beispiel B mit $\mathfrak{H}$ bezeichnete Funktionenmenge wird dann ein dichter Teilraum von (28) sein. Da wir fast ausschließlich in dichten Teilräumen arbeiten werden, wird die Kenntnis des Lebesgueschen Integralbegriffes als nicht unbedingt notwendig für ein Verständnis dieses Buches angesehen.

Aufgabe 1: Betrachtet wird die Gesamtheit aller reellwertigen, in $-1 \leq x \leq 1$ stetigen Funktionen $u(x)$. Man zeige, daß diese Gesamtheit bei naheliegenden Rechenregeln mit dem skalaren Produkt $(u, v) = \int\limits_{-1}^{+1} u(x)\, v(x)\, dx$ einen nicht vollständigen reellen Hilbertschen Raum bildet. *Anleitung:* Die Folge $u_1(x)$, $u_2(x)$, ... mit

$$u_j(x) = \begin{cases} -1 & \text{in} \quad -1 \leq x \leq -\dfrac{1}{j}, \\[2mm] jx & \text{in} \quad -\dfrac{1}{j} \leq x \leq \dfrac{1}{j}, \\[2mm] 1 & \text{in} \quad \dfrac{1}{j} \leq x \leq 1 \end{cases}$$

ist eine Fundamentalfolge; es gibt aber keine in $-1 \leq x \leq 1$ stetige Funktion $u(x)$, mit der $\|u_n(x) - u(x)\| < \varepsilon$ ist für alle $n > N(\varepsilon)$. Dabei ist $\|u\| = \sqrt{(u, u)}$.

2.3 Separabler Hilbertscher Raum

Definition 1: $\mathfrak{H}$ *heißt ein separabler Hilbertscher Raum, wenn es eine Folge von Elementen* u_1, u_2, ... $\in \mathfrak{H}$ *derart gibt, daß zu jedem* $u \in \mathfrak{H}$ *und zu jedem* $\varepsilon > 0$ *ein Element* u_l *aus der Folge so gefunden werden kann, daß* $\|u - u_l\| < \varepsilon$ *gilt.*

Satz 1: $\mathfrak{H} = \left\{ u(x)\,|\, \int\limits_G |u(x)|^2 k(x)\, dx < \infty \right\}$ *mit*

$$(u, v) = \int\limits_G u(x)\, \overline{v(x)}\, k(x)\, dx \quad \text{ist separabel.}$$

Beweis: Wir betrachten alle achsenparallelen, n-dimensionalen, abgeschlossenen Quader Q, die ganz in G liegen:

$$Q: \quad a_j \leq x_j \leq b_j, \qquad b_j > a_j, \qquad j = 1, 2, \ldots, n. \tag{1}$$

Für solche Quader definieren wir die „charakteristische Funktion"

$$f_Q(x) = \begin{cases} 1 & \text{wenn} & x \in Q, \\ 0 & \text{wenn} & x \in G, \quad \text{aber} \quad x \notin Q. \end{cases}$$

Sind $Q_1, Q_2, \ldots, Q_K$ endlich viele solche Quader, die paarweise keine Punkte gemeinsam haben, so ist

$$f(x) = \sum_{\varkappa=1}^{K} \alpha_\varkappa f_{Q_\varkappa}(x) \tag{2}$$

für beliebige Wahl der komplexen Zahlen $\alpha_\varkappa$ eine Funktion aus $\mathfrak{H}$, die in G stückweise stetig ist. Nach 2.2 gibt es zu jedem $u(x) \in \mathfrak{H}$ und zu jedem $\varepsilon > 0$ eine in G stetige Funktion $v(x)$, mit der $\|u - v\| < \dfrac{\varepsilon}{3}$ gilt. Zu dieser stetigen Funktion $v(x)$ gibt es nun eine stückweise stetige Funktion $f(x)$ der Gestalt (2), so daß $\|v - f\| < \dfrac{\varepsilon}{3}$ ist. Lassen wir in (2) nur Quader zu, für die a_j und b_j rationale Zahlen sind, und nur solche komplexen Zahlen, deren Realteil und Imaginärteil rationale Zahlen sind, und bezeichnen die dann durch (2) dargestellten Funktionen mit $\tilde{f}(x)$, so bildet diese Gesamtheit aller solchen Funktionen eine abzählbare Funktionenmenge $\tilde{f}_1(x), \tilde{f}_2(x), \ldots$. In dieser Funktionenmenge finden wir eine Funktion $\tilde{f}_l(x)$ mit der $\|f - \tilde{f}_l\| < \dfrac{\varepsilon}{3}$ gilt. Zusammenfassend haben wir

$$\|u - \tilde{f}_l\| \leq \|u - v\| + \|v - f\| + \|f - \tilde{f}_l\| < \varepsilon. \tag{3}$$

Aufgabe 1: Man zeige, daß der durch Beispiel A in 2.2 gegebene Hilbertsche Raum separabel ist.

Weiterhin werden wir nur noch vollständige Hilbertsche Räume betrachten, die zusätzlich separabel sind.

2.4 Dichte Teilräume

Definition 1: *Zwei Elemente* $u, v, \in \mathfrak{H}$ *heißen orthogonal, wenn* $(u, v) = 0$ *ist.* $u \in \mathfrak{H}$ *heißt orthogonal zum Teilraum* $\mathfrak{T} \subseteq \mathfrak{H}$, *wenn* u *zu jedem* $v \in \mathfrak{T}$ *orthogonal ist.*

Satz 1: *Ist $\mathfrak{T}$ ein abgeschlossener Teilraum von $\mathfrak{H}$, so läßt sich jedes $u \in \mathfrak{H}$ eindeutig in der Form*

$$u = v + w \tag{1}$$

darstellen mit $v \in \mathfrak{T}$ und w orthogonal zu $\mathfrak{T}$.

Beweis: Ist $u \in \mathfrak{T}$, so gilt $u = u + \Theta$. Wir dürfen daher $u \notin \mathfrak{T}$ voraussetzen. Es sei $\underset{v' \varepsilon \mathfrak{T}}{\underline{\text{fin}}} \; \| u - v' \|^2 = d\,*$. Dann gibt es eine Folge $v_1, v_2, \ldots \in \mathfrak{T}$ mit $d_n = \| u - v_n \|^2$, so daß $\lim_{n \to \infty} d_n = d$ gilt. Weiter sei $V \in \mathfrak{T}$ ein beliebiges Element mit $V \neq \Theta$. Dann sind auch alle Elemente $v_n + \alpha V$ für beliebiges komplexes α in $\mathfrak{T}$ enthalten. Also ist

$$d \leq \| u - (v_n + \alpha V) \|^2 = \| u - v_n \|^2 - \alpha (V, u - v_n) \\ - \overline{\alpha}(u - v_n, V) + | \alpha |^2 \| V \|^2 . \tag{2}$$

Setzt man $\alpha = \dfrac{(u - v_n, V)}{\| V \|^2}$, so erhält man aus (2)

$$d \leq \| u - v_n \|^2 - \frac{|(v - v_n, V)|^2}{\| V \|^2} \tag{3}$$

und mit der obigen Abkürzung $d_n = \| u - v_n \|^2$

$$|(u - v_n, V)|^2 \leq \| V \|^2 (d_n - d), \tag{4}$$

woraus

$$|(u - v_n, V)| \leq \| V \| \sqrt{d_n - d} \tag{5}$$

folgt. Nun ist

$$|(v_n - v_m, V)| \leq |(v_n - u, V)| + |(u - v_m, V)| \\ \leq \| V \| \{ \sqrt{d_n - d} + \sqrt{d_m - d} \} . \tag{6}$$

Dabei sind (5), (6) auch für $V = \Theta$ gültig. Setzt man nun $V = v_n - v_m$, so hat man schließlich

$$\| v_n - v_m \| \leq \sqrt{d_n - d} + \sqrt{d_m - d}. \tag{7}$$

Daraus entnimmt man, daß $v_1, v_2, \ldots \in \mathfrak{T}$ eine Fundamentalfolge ist. Wegen der Vollständigkeit von $\mathfrak{H}$ gibt es ein $v \in \mathfrak{H}$ mit $\lim_{n \to \infty} v_n = v$. Weil $\mathfrak{T}$ abgeschlossen ist, gehört v zu $\mathfrak{T}$. Geht man in (5) zur Grenze über: $n \to \infty$, so erhält man

$$(u - v, V) = 0 \qquad \text{für alle} \qquad V \in \mathfrak{T}. \tag{8}$$

---

* Bezeichnungsweise: $\underline{\text{fin}}$ = untere Grenze, $\overline{\text{fin}}$ = obere Grenze.

Deshalb ist $u - v$ orthogonal auf $\mathfrak{T}$. Setzt man nun $u - v = w$, so ergibt sich die gewünschte Darstellung $u = v + w$.

Sei diese Darstellung nicht eindeutig, so hat man

$$u = v + w = v' + w' \quad \text{mit} \quad v, v' \in \mathfrak{T}; \quad w, w' \text{ orthogonal zu } \mathfrak{T}. \tag{9}$$

Man findet $v - v' = w' - w$ und

$$\|v - v'\|^2 = (v - v', v - v') = (v - v', w' - w) = 0, \tag{10}$$

weil $w' - w$ orthogonal zu $\mathfrak{T}$ ist. Deshalb ist $v = v'$ bewiesen. Dies zieht aber $w = w'$ nach sich.

Satz 2: *Der Teilraum $\mathfrak{T} \subseteq \mathfrak{H}$ ist dann und nur dann dicht in $\mathfrak{H}$, wenn es in $\mathfrak{H}$ außer dem Nullelement kein zu $\mathfrak{T}$ orthogonales Element gibt.*

Beweis: 1. $\mathfrak{T}$ sei dichter Teilraum, d. h. zu jedem $u \in \mathfrak{H}$ gibt es eine Folge $u_1, u_2, \ldots \in \mathfrak{T}$ mit $\lim\limits_{n \to \infty} u_n = u$. Es sei nun $U \in \mathfrak{H}$ ein Element, welches zu $\mathfrak{T}$ orthogonal ist. Dann ist $(v, U) = 0$ für alle $v \in \mathfrak{T}$. Zu diesem U gibt es eine Folge $U_1, U_2, \ldots \in \mathfrak{T}$ mit $\lim\limits_{n \to \infty} U_n = U$. Also hat man

$$0 = (U_n, U) \quad \text{und} \quad 0 = \lim_{n \to \infty} (U_n, U) = (U, U), \tag{11}$$

woraus $U = \Theta$ folgt.

2. Der Teilraum $\mathfrak{T}$ sei so beschaffen, daß es außer dem Element $u = \Theta$ kein Element aus $\mathfrak{H}$ gibt, welches zu $\mathfrak{T}$ orthogonal ist. Es ist zu zeigen, daß $\mathfrak{T}$ dicht in $\mathfrak{H}$ ist. Widerspruchsannahme: $\mathfrak{T}$ sei nicht dicht. Da $\mathfrak{H}$ ein vollständiger Hilbertscher Raum ist, ist jede Fundamentalfolge konvergent. Wir betrachten alle Fundamentalfolgen $u_1, u_2, \ldots \in \mathfrak{T}$ und erweitern $\mathfrak{T}$ durch Hinzunahme aller Grenzelemente solcher Fundamentalfolgen, die nicht schon in $\mathfrak{T}$ liegen. Dann entsteht ein abgeschlossener Teilraum $\overline{\mathfrak{T}}$, der nach unserer Widerspruchsannahme von $\mathfrak{H}$ verschieden sein muß. Es gibt daher wenigstens ein $u \in \mathfrak{H}$ mit $u \notin \overline{\mathfrak{T}}$. Nach Satz 1 kann dieses $u \in \mathfrak{H}$ durch $u = v + w$ dargestellt werden mit $v \in \overline{\mathfrak{T}}$ und w orthogonal zu $\overline{\mathfrak{T}}$. Weil $u \notin \overline{\mathfrak{T}}$ gilt, muß $w \neq \Theta$ sein. Also ist $(v, w) = 0$ für alle $v \in \overline{\mathfrak{T}}$ und erst recht für alle $v \in \mathfrak{T}$. Dies ist ein Widerspruch zu unseren Voraussetzungen.

Satz 3: *Es sei $\mathfrak{H}$ gegeben durch*

$$\mathfrak{H} = \left\{ u(x) \,\Big|\, \int\limits_G |u(x)|^2 \, k(x) \, dx < \infty \right\}, \quad (u, v) = \int\limits_G u(x) \, \overline{v(x)} \, k(x) \, dx.$$

Dabei ist $k(x) \in C^0(G)$, reellwertig und $k(x) > 0$ in G. Mit $\mathfrak{T}$ bezeichnen wir die Gesamtheit aller komplexwertigen Funktionen $u(x)$, die in G un-*

---

* Bezeichnungsweise: Ist $u(x)$ in G stetig, so schreiben wir $u(x) \in C^0(G)$ (vom lateinischen continuus), existieren in G alle j-ten partiellen Ableitungen von $u(x)$ und sind dort stetig, so bringen wir dies durch $u(x) \in C^j(G)$ zum Ausdruck.

endlich oft differenzierbar sind und die außerhalb einer individuellen (d. h. von $u(x)$ abhängigen), abgeschlossenen, beschränkten, ganz in G enthaltenen Punktmenge identisch verschwinden. Dann ist $\overset{\circ}{\mathfrak{T}}$ ein in $\mathfrak{H}$ dichter Teilraum.

Beweis: Nach den Ausführungen in 2.3 kann jedes $u \in \mathfrak{H}$ beliebig genau durch Funktionen der Gestalt

$$f(x) = \sum_{\varkappa=1}^{K} \alpha_\varkappa f_Q(x) \tag{12}$$

im Sinne der Norm approximiert werden. Dabei ist $f_Q(x)$ die charakteristische Funktion für den Quader Q: $a_j \leq x_j \leq b_j$, $j = 1, \ldots, n$, nämlich

$$f_Q(x) = \begin{cases} 1 & \text{wenn} \quad x \in Q, \\ 0 & \text{wenn} \quad x \in G \quad \text{aber} \quad x \notin Q. \end{cases} \tag{13}$$

Deshalb genügt es, eine Funktionenfolge $u_1(x), u_2(x), \ldots \in \mathfrak{H}$ mit den folgenden Eigenschaften anzugeben:

1. $u_l(x)$, $l = 1, 2, \ldots$, beliebig oft differenzierbar in Q;

2. zu jedem $u_l(x)$ gibt es Zahlen α_{jl}, β_{jl} mit $a_j < \alpha_{jl} < \beta_{jl} < b_j$ derart, daß $u_l(x)$ in $a_j \leq x_j \leq \alpha_{jl}$ und in $\beta_{jl} \leq x_j \leq b_j$ identisch verschwindet;

3. es gilt $\lim\limits_{l \to \infty} \int\limits_Q |u_l(x) - 1|^2\, k(x)\, dx = 0$.

Eine solche Funktionenfolge $u_1(x), u_2(x), \ldots$ kann explizit konstruiert werden. Wir setzen

$$\begin{aligned} u_l(x) &= u_l(x_1, x_2, \ldots, x_n) \\ &= v_{l1}(x_1)\, v_{l2}(x_2)\, v_{l3}(x_3) \ldots v_{ln}(x_n) \end{aligned} \tag{14}$$

für $l = 1, 2, \ldots$ und wählen $v_{lj}(x_j)$ so, daß $v_{lj}(x_j)$ in $a_j \leq x_j \leq b_j$ unendlich oft differenzierbar ist und

$$v_{lj}(x_j) = \begin{cases} 0 & \text{in} \quad a_j \leq x_j \leq a_j + \dfrac{1}{l} \quad \text{und} \quad \text{in } b_j - \dfrac{1}{l} \leq x_j \leq b_j, \\[2mm] 1 & \text{in} \quad a_j + \dfrac{2}{l} \leq x_j \leq b_j - \dfrac{2}{l}, \\[2mm] \text{monoton wachsend in} & a_j + \dfrac{1}{l} \leq x_j \leq a_j + \dfrac{2}{l}, \\[2mm] \text{monoton fallend in} & b_j - \dfrac{2}{l} \leq x_j \leq b_j + \dfrac{1}{l} \end{cases} \tag{15}$$

ist. Dabei wurde $b_j - a_j \geq 4$ für $j = 1, 2, \ldots, n$ vorausgesetzt. Ist $\min\limits_{j} (b_j - a_j) = d < 4$, so betrachte man die Folge $u_\sigma(x), u_{\sigma+1}(x), \ldots$ mit einer natürlichen Zahl $\sigma > \dfrac{4}{d}$.

Zur Konstruktion solcher $v_{lj}(x_j)$ erinnern wir uns, daß die Funktion

$$f(t) = \begin{cases} e^{-\frac{1}{t}} & \text{in } \ 0 < t < \infty \\ 0 & \text{in } \ -\infty < t \leq 0 \end{cases} \tag{16}$$

in $-\infty < t < \infty$ unendlich oft differenzierbar ist.

Wir setzen daher

$$v_{lj}(x_j) = \begin{cases} 0 \text{ in } a_j \leq x_j \leq a_j + \dfrac{1}{l}, \\[2ex] \dfrac{\displaystyle\int\limits_{a_j+\frac{1}{l}}^{x_j} e^{-\frac{1}{t-\left(a_j+\frac{1}{l}\right)} + \frac{1}{t-\left(a_j+\frac{2}{l}\right)}} \, dt}{\displaystyle\int\limits_{a_j+\frac{1}{l}}^{a_j+\frac{2}{l}} e^{-\frac{1}{t-\left(a_j+\frac{1}{l}\right)} + \frac{1}{t-\left(a_j+\frac{2}{l}\right)}} \, dt} \quad \text{in } a_j + \dfrac{1}{l} \leq x_j \leq a_j + \dfrac{2}{l} \\[2ex] 1 \text{ in } a_j + \dfrac{2}{l} \leq x_j \leq b_j - \dfrac{2}{l} \\[2ex] 1 - \dfrac{\displaystyle\int\limits_{b_j-\frac{2}{l}}^{x_j} e^{-\frac{1}{t-\left(b_j-\frac{2}{l}\right)} + \frac{1}{t-\left(b_j-\frac{1}{l}\right)}} \, dt}{\displaystyle\int\limits_{b_j-\frac{2}{l}}^{b_j-\frac{1}{l}} e^{-\frac{1}{t-\left(b_j-\frac{2}{l}\right)} + \frac{1}{t-\left(b_j-\frac{1}{l}\right)}} \, dt} \quad \text{in } b_j - \dfrac{2}{l} \leq x_j \leq b_j - \dfrac{1}{l} \\[2ex] 0 \text{ in } b_j - \dfrac{1}{l} \leq x_j \leq b_j. \end{cases}$$

Aufgabe 1: Man bestätige, daß $v_{lj}(x_j)$ und $u_l(x)$ die gewünschten Eigenschaften besitzen.

3. Orthonormalsysteme in $\mathfrak{H}$

3.1 Definition und Besselsche Ungleichung

Definition 1: *Eine endliche oder unendliche Folge von Elementen $u_1, u_2, \ldots, u_n, \ldots \in \mathfrak{H}$ heißt ein Orthonormalsystem in $\mathfrak{H}$, wenn*

$$(u_j, u_k) = \delta_{j,k} = \begin{cases} 1 & wenn \ \ j = k \\ 0 & wenn \ \ j \neq k \end{cases}$$

gilt. Ist $u \in \mathfrak{H}$ ein beliebiges Element, so nennt man die Zahlen $a_j = (u, u_j)$ die Fourierkoeffizienten von u bezüglich des Orthonormalsystems $u_1, u_2, \ldots$.

Satz 1: *Ist $u_1, u_2, \ldots$ ein solches Orthonormalsystem und sind $\alpha_1, \alpha_2, \ldots$ beliebige komplexe Zahlen, so gilt für ein beliebiges $u \in \mathfrak{H}$*

$$\left\| u - \sum_{j=1}^{N} a_j u_j \right\| \le \left\| u - \sum_{j=1}^{N} \alpha_j u_j \right\|, \qquad N = 1, 2, \ldots,$$

und das Gleichheitszeichen steht genau dann, wenn $\alpha_j = a_j$, $j = 1, 2, \ldots, N$ ist. Dabei sind a_j die Fourierkoeffizienten von u.

Beweis: Man hat

$$\left\| u - \sum_{j=1}^{N} \alpha_j u_j \right\|^2 = \left(u - \sum_{j=1}^{N} \alpha_j u_j, \, u - \sum_{k=1}^{N} \alpha_k u_k \right)$$

$$= (u, u) - \sum_{j=1}^{N} \alpha_j (u_j, u) - \sum_{k=1}^{N} \overline{\alpha_k} \, (u, u_k) + \sum_{j, k=1}^{N} \alpha_j \overline{\alpha_k} \, (u_j, u_k)$$

$$= (u, u) - \sum_{j=1}^{N} \alpha_j \overline{(u, u_j)} - \sum_{j=1}^{N} \overline{\alpha_j} \, (u, u_j) + \sum_{j=1}^{N} |\alpha_j|^2 \tag{1}$$

$$= (u, u) - \sum_{j=1}^{N} \alpha_j \overline{a_j} - \sum_{j=1}^{N} \overline{\alpha_j} a_j + \sum_{j=1}^{N} |\alpha_j|^2$$

und mit (1), indem man $\alpha_j = a_j$ setzt,

$$\left\| u - \sum_{j=1}^{N} a_j u_j \right\|^2 = (u, u) - \sum_{j=1}^{N} |a_j|^2. \tag{2}$$

Mit (1) und (2) besteht die Darstellung

$$\left\| u - \sum_{j=1}^{N} \alpha_j u_j \right\|^2 = (u, u) - \sum_{j=1}^{N} |a_j|^2 + \sum_{j=1}^{N} |a_j - \alpha_j|^2$$

$$= \left\| u - \sum_{j=1}^{N} a_j u_j \right\|^2 + \sum_{j=1}^{N} |a_j - \alpha_j|^2, \tag{3}$$

woraus die Behauptung abgelesen werden kann.

Satz 2: *Ist $u_1, u_2, \ldots$ ein Orthonormalsystem, so gilt für jedes $u \in \mathfrak{H}$ die Besselsche Ungleichung*

$$\sum_{j=1}^{N} |(u, u_j)|^2 \le (u, u) \quad \text{für} \quad N = 1, 2, \ldots.$$

Enthält das Orthonormalsystem unendlich viele Elemente, so ist $\sum_{j=1}^{\infty} |(u, u_j)|^2$ konvergent, und es besteht die Besselsche Ungleichung

$$\sum_{j=1}^{\infty} |(u, u_j)|^2 \le (u, u).$$

Beweis: Aus (2) folgt $0 \leq (u, u) - \sum\limits_{j=1}^{N} |a_j|^2$, woraus die Behauptung abgelesen werden kann.

Definition 2: *Ist* u_1, u_2, ... *eine unendliche Folge in* $\mathfrak{H}$, *so heißt die unendliche Reihe* $\sum\limits_{j=1}^{\infty} \alpha_j u_j$ *konvergent und das Element* $s \in \mathfrak{H}$ *ihre Summe, falls die Elementfolge der Teilsummen* s_1, s_2, ... *mit* $s_n = \sum\limits_{j=1}^{n} \alpha_j u_j$ *konvergent ist und* s *als Grenzelement besitzt.*

Nach unseren früheren Erörterungen heißt dies: Zu jedem $\varepsilon > 0$ gibt es eine positive Zahl $N(\varepsilon)$, mit der $\|s_n - s\| < \varepsilon$ gilt für alle $n > N(\varepsilon)$. Man schreibt dann natürlich wieder $\lim\limits_{n \to \infty} s_n = s$. Weil aber $\mathfrak{H}$ vollständig ist, ist die obige Definition gleichwertig damit, daß die Elementfolge s_1, s_2, ... eine Fundamentalfolge ist.

Satz 3: *Ist* u_1, u_2, ... *ein unendliches Orthonormalsystem in* $\mathfrak{H}$, *so ist* $\sum\limits_{j=1}^{\infty} \alpha_j u_j$ *dann und nur dann konvergent, wenn die Zahlenreihe* $\sum\limits_{j=1}^{\infty} |\alpha_j|^2$ *konvergent ist.*

Beweis: Die Behauptung kann aus

$$\|s_n - s_m\|^2 = (s_n - s_m, s_n - s_m) = \left(\sum_{j=m+1}^{n} \alpha_j u_j, \sum_{k=m+1}^{n} \alpha_k u_k \right)$$
$$= \sum_{j,\,k=m+1}^{n} \alpha_j \overline{\alpha}_k (u_j, u_k) = \sum_{j=m+1}^{n} |\alpha_j|^2 = t_n - t_m \tag{4}$$

sofort abgelesen werden. Dabei ist t_1, t_2, ... die Folge der Teilsummen von der Zahlenreihe $\sum\limits_{j=1}^{\infty} |\alpha_j|^2$, also $t_n = \sum\limits_{j=1}^{n} |\alpha_j|^2$. Ferner haben wir ohne Beschränkung der Allgemeinheit $m < n$ angenommen.

3.2 Vollständige Orthonormalsysteme

Definition 1: *Eine Teilmenge*[1] $\mathfrak{M}$ *von Elementen eines Hilbertschen Raumes* $\mathfrak{H}$ *heißt vollständig, wenn es zu jedem* $u \in \mathfrak{H}$ *und jedem* $\varepsilon > 0$ *Elemente* $v_1, v_2, ..., v_N \in \mathfrak{M}$ *und komplexe Zahlen* $\alpha_1, ..., \alpha_N$ *so gibt, daß* $\left\| u - \sum\limits_{j=1}^{N} \alpha_j v_j \right\| < \varepsilon$ *wird.*

Man wolle diesen Begriff nicht mit dem Begriff „vollständiger Raum" verwechseln. Wir wenden diese Definition jetzt auf Teilmengen an, die Orthonormalsysteme sind. Dabei wollen wir stets annehmen, daß

---

[1] Da wir uns nicht mehr mit allgemeinen metrischen Räumen beschäftigen, mag das Symbol $\mathfrak{M}$ seiner früheren Bedeutung beraubt sein.

solche Orthonormalsysteme abzählbar unendlich viele Elemente besitzen, obgleich alle Sätze auch für endliche Orthonormalsysteme richtig bleiben.

Satz 1: *Das Orthonormalsystem $u_1, u_2, \ldots \in \mathfrak{H}$ ist dann und nur dann vollständig, wenn für jedes $u \in \mathfrak{H}$ die Parsevalsche Gleichung*

$$\sum_{j=1}^{\infty} |(u, u_j)|^2 = (u, u) \tag{1}$$

besteht.

Beweis: 1. Ist $u_1, u_2, \ldots$ vollständig, so folgt mit Satz 1 aus 3.1 und (2) aus 3.1

$$\varepsilon^2 > \left\| u - \sum_{j=1}^{N} \alpha_j u_j \right\|^2 \geq \left\| u - \sum_{j=1}^{N} a_j u_j \right\|^2 = (u, u) - \sum_{j=1}^{N} |a_j|^2. \tag{2}$$

Dabei ist $a_j = (u, u_j)$. Daher ist

$$\varepsilon^2 > (u, u) - \sum_{j=1}^{N} |(u, u_j)|^2 \geq 0 \tag{3}$$

gezeigt, woraus (1) für $N \to \infty$ folgt.

2. (1) ist gleichwertig mit

$$0 = \lim_{n \to \infty} \left\{ (u, u) - \sum_{j=1}^{n} |(u, u_j)|^2 \right\}. \tag{4}$$

Nun ist $(u, u) - \sum\limits_{j=1}^{n} |(u, u_j)|^2 = \left\| u - \sum\limits_{j=1}^{n} a_j u_j \right\|^2$ mit $a_j = (u, u_j)$. Deshalb hat man

$$0 = \lim_{n \to \infty} \left\| u - \sum_{j=1}^{n} a_j u_j \right\|, \tag{5}$$

und dies heißt: Zu jedem $u \in \mathfrak{H}$ und jedem $\varepsilon > 0$ kann man ein N so finden, daß $\left\| u - \sum\limits_{j=1}^{N} a_j u_j \right\| < \varepsilon$ ist. Somit ist $u_1, u_2, \ldots$ vollständig.

Satz 2: *Ist $u_1, u_2, \ldots$ ein Orthonormalsystem, so sind folgende Aussagen gleichwertig:*

1. $u_1, u_2, \ldots$ ist vollständig;

2. für jedes $u \in \mathfrak{H}$ gilt: $u = \sum\limits_{j=1}^{\infty} a_j u_j$ mit $a_j = (u, u_j)$;

3. es gibt kein vom Nullelement verschiedenes Element, welches auf allen $u_1, u_2, \ldots$ orthogonal ist; d. h. ein vollständiges Orthonormalsystem kann nicht durch Hinzunahme weiterer Elemente zu einem umfassenderen Orthonormalsystem erweitert werden.

Beweis: Die Aussage 1. ist nach Satz 1 mit $(u, u) = \sum\limits_{j=1}^{\infty} |(u, u_j)|^2$ gleichwertig. Die Formel (2) aus 3.1 lautet

$$\left\| u - \sum_{j=1}^{N} a_j u_j \right\|^2 = (u, u) - \sum_{j=1}^{N} |a_j|^2, \tag{6}$$

woraus

$$\lim_{N \to \infty} \left\| u - \sum_{j=1}^{N} a_j u_j \right\| = 0 \qquad \text{oder} \qquad u = \sum_{j=1}^{\infty} a_j u_j \tag{7}$$

folgt. Hat man umgekehrt $u = \sum\limits_{j=1}^{\infty} a_j u_j$ für jedes $u \in \mathfrak{H}$ mit $a_j = (u, u_j)$, so findet man

$$(u, u) = \left(\sum_{j=1}^{\infty} a_j u_j, \, u \right) = \sum_{j=1}^{\infty} a_j (u_j, u) = \sum_{j=1}^{\infty} a_j \overline{(u, u_j)}$$

$$= \sum_{j=1}^{\infty} a_j \overline{a_j} = \sum_{j=1}^{\infty} |a_j|^2. \tag{8}$$

Damit ist die zweite Aussage mit der ersten gleichwertig.

Ist $u_1, u_2, \ldots$ vollständig in $\mathfrak{H}$ und $u \in \mathfrak{H}$ ein Element, welches auf allen $u_1, u_2, \ldots$ orthogonal ist: $(u, u_j) = 0$ für $j = 1, 2, \ldots$, so ist

$$(u, u) = \sum_{j=1}^{\infty} |(u, u_j)|^2 = 0, \tag{9}$$

also $\|u\|^2 = 0$, woraus $u = \Theta$ folgt.

Für die Umkehrung weiß man, daß aus $(v, u_j) = 0$ für $j = 1, 2, \ldots$ folgt $v = \Theta$. Das Element

$$v = u - \sum_{j=1}^{\infty} a_j u_j \tag{10}$$

hat wegen

$$(v, u_l) = (u, u_l) - \sum_{j=1}^{\infty} a_j (u_j, u_l) = (u, u_l) - a_l = 0 \tag{11}$$

für $l = 1, 2, \ldots$ diese Eigenschaft, also ist $v = \Theta$ und $u = \sum\limits_{j=1}^{\infty} a_j u_j$ bewiesen für jedes $u \in \mathfrak{H}$ mit $a_j = (u, u_j)$. Damit ist alles bewiesen.

Mit Satz 2 aus 2.4 kann die 3. Aussage auch so formuliert werden.

Satz 3: *Das Orthonormalsystem $u_1, u_2, \ldots$ ist dann und nur dann vollständig, wenn der Teilraum $\mathfrak{T}$, dessen Elemente Linearkombinationen $\sum\limits_{j=1}^{n} \alpha_j u_j$ mit beliebigen komplexen Zahlen $\alpha_1, \alpha_2, \ldots$ sind, in $\mathfrak{H}$ dicht ist.*

Aufgabe 1: Es sei $\mathfrak{H} = \left\{ u(x) \mid \int\limits_0^m |u(x)|^2\, dx < \infty \right\}$. Man zeige, daß

$$u_j(x) = \frac{1}{\sqrt{m}}\, e^{2\pi i j \frac{x}{m}}, \quad j = 0, \pm 1, \pm 2, \ldots$$

ein vollständiges Orthonormalsystem in $\mathfrak{H}$ ist. (Anleitung: Man verwende etwa den Fejérschen Approximationssatz: Ist $f(x)$ in $0 \le x \le 2\pi$ reellwertig und stetig, $f(0) = f(2\pi)$ und $s_n(x)$ die n-te Teilsumme der zu $f(x)$ gehörigen formalen Fourierschen Reihe:

$$s_n(x) = \frac{a_0}{2} + \sum_{k=1}^n a_k \cos kx + b_k \sin kx, \quad \begin{matrix} a_k \\ b_k \end{matrix} = \frac{1}{\pi} \int\limits_0^{2\pi} f(x) \begin{matrix} \cos kx \\ \sin kx \end{matrix}\, dx,$$

$\sigma_n(x)$ das arithmetische Mittel: $\sigma_n(x) = \dfrac{s_0(x) + \cdots + s_{n-1}(x)}{n}$, so gilt für jedes $\varepsilon > 0$: $|f(x) - \sigma_n(x)| < \varepsilon$ für alle $n > N(\varepsilon)$ und alle x aus $0 \le x \le 2\pi$.

Wichtig für viele Anwendungen ist der folgende

Satz 4: *Im $\mathfrak{R}_n$ sei Q ein n-dimensionaler Quader, der durch Q:*

$$x_1 \in \{l_1, m_1\}, \quad x_2 \in \{l_2, m_2\}, \ldots, \quad x_n \in \{l_n, m_n\}$$

gegeben ist. Dabei steht $\{l_j, m_j\}$ für eines der Intervalle $l_j \le x_j \le m_j$, $l_j \le x_j < m_j$, $l_j < x_j \le m_j$, $l_j < x_j < m_j$. Ist das Intervall links bzw. rechts offen, so ist stets $l_j = -\infty$ bzw. $m_j = +\infty$ zugelassen. Es sei

$$\mathfrak{H} = \left\{ u(x) \mid \int\limits_Q |u(x)|^2\, dx < \infty \right\},$$

$$\mathfrak{H}^{(k)} = \left\{ u^{(k)}(x_k) \mid \int\limits_{l_k}^{m_k} |u^{(k)}(x_k)|^2\, dx_k < \infty \right\},$$

$k = 1, 2, \ldots, n$. Es sei ferner $u_j^{(k)}(x_k)$, $j = 1, 2, \ldots$ ein vollständiges Orthonormalsystem in $\mathfrak{H}^{(k)}$. Dann ist

$$u_{j_1}^{(1)}(x_1)\, u_{j_2}^{(2)}(x_2) \ldots u_{j_n}^{(n)}(x_n) \quad mit \quad j_1, j_2, \ldots, j_n = 1, 2, 3, \ldots$$

ein vollständiges Orthonormalsystem in $\mathfrak{H}$.

Beweis: Ohne Beschränkung darf man $n = 2$ annehmen. Wir weisen das Erfülltsein der Definition 1 nach. Nach Satz 3 aus 2.4 darf man sich auf alle unendlich oft differenzierbaren Funktionen $u(x) = u(x_1, x_2) \in \mathfrak{H}$ beschränken, die außerhalb $\alpha_j \le x_j \le \beta_j$ mit $l_j < \alpha_j < \beta_j < m_j$ verschwinden, wobei α_j, β_j von u abhängig sind.

Nun gibt es zu jedem solchen $u(x_1, x_2)$ und zu jedem $\varepsilon > 0$ in $\alpha_j \le x_j \le \beta_j$ stetige Funktionen $f_j^{(1)}(x_1), f_j^{(2)}(x_2)$, so daß

$$\left\| u(x_1, x_2) - \sum_{j=1}^N f_j^{(1)}(x_1)\, f_j^{(2)}(x_2) \right\| < \frac{\varepsilon}{2} \tag{12}$$

ausfällt. Man braucht dazu nur dieses $u(x_1, x_2)$ in eine zweidimensionale FOURIERsche Reihe zu entwickeln und diese bei genügend vielen Gliedern abzubrechen. Diese FOURIERsche Reihe hat nämlich das formale Aussehen $\sum\limits_{j=1}^{\infty} f_j^{(1)}(x_1)\, f_j^{(2)}(x_2)$, wobei $f_j^{(1)}(x_1)$, $f_j^{(2)}(x_2)$ Funktionen sind, die sich aus trigonometrischen Funktionen aufbauen. Man setzt diese Funktionen $f_j^{(1)}(x_1)$, $f_j^{(2)}(x_2)$ auf $\{l_j, m_j\}$ fort, indem man sie außerhalb $\alpha_j \leq x_j \leq \beta_j$ Null setzt. Dann gilt $f_j^{(1)}(x_1) \in \mathfrak{H}^{(1)}$, $f_j^{(2)}(x_2) \in \mathfrak{H}^{(2)}$.

Die Norm in $\mathfrak{H}^{(k)}$ bezeichnen wir mit $\|\ \|^{(k)}$. Dann gibt es eine Zahl c so, daß $\|f_j^{(k)}(x_k)\|^{(k)} \leq c$ ist für $j = 1, 2, \ldots, N$ und $k = 1, 2$. Wir erinnern uns nun, daß $u_j^{(k)}(x_k)$ in $\mathfrak{H}^{(k)}$ vollständige Orthonormalsysteme sind. Deshalb lassen sich $f_j^{(k)}(x_k)$, $k = 1, 2$; $j = 1, \ldots, N$, durch endliche Linearkombinationen

$$v_j^{(k)}(x_k) = \sum_{\sigma=1}^{\mu} c_\sigma^{(k)}\, u_\sigma^{(k)}(x_k)$$

beliebig genau approximieren. Mit $g_j^{(k)}(x_k) = f_j^{(k)}(x_k) - v_j^{(k)}(x_k)$ läßt sich deshalb erreichen, daß

$$\|g_j^k(x_k)\|^{(k)} \leq \eta \qquad \text{ist mit} \qquad \eta = \min\left\{c + 1, \frac{\varepsilon}{2}\,\frac{1}{(3c+1)}\,\frac{1}{N}\right\}.$$

Es wird dann

$$\|f_j^{(1)}(x_1)\, f_j^{(2)}(x_2) - v_j^{(1)}(x_1)\, v_j^{(2)}(x_2)\| = \|f_j^{(1)} f_j^{(2)} - (f_j^{(1)} - g_j^{(1)})(f_j^{(2)} - g_j^{(2)})\|$$

$$= \|f_j^{(1)} g_j^{(2)} + f_j^{(2)} g_j^{(1)} - g_j^{(1)} g_j^{(2)}\| \leq \|f_j^{(1)} g_j^{(2)}\| + \|f_j^{(2)} g_j^{(1)}\| + \|g_j^{(1)} g_j^{(2)}\|$$

$$= \|f_j^{(1)}\|^{(1)} \|g_j^{(2)}\|^{(2)} + \|f_j^{(2)}\|^{(2)} \|g_j^{(1)}\|^{(1)} + \|g_j^{(1)}\|^{(1)} \|g_j^{(2)}\|^{(2)}$$

$$\leq c\eta + c\eta + \eta^2 = \eta\{2c + \eta\} \leq \eta\{2c + c + 1\} \leq \frac{\varepsilon}{2}\,\frac{1}{N}.$$

Abschließend hat man mit (12)

$$\left\|u(x_1, x_2) - \sum_{j=1}^{N} v_j^{(1)} v_j^{(2)}\right\| \leq \left\|u - \sum_{j=1}^{N} f_j^{(1)} f_j^{(2)}\right\|$$

$$+ \left\|\sum_{j=1}^{N} f_j^{(1)} f_j^{(2)} - v_j^{(1)} v_j^{(2)}\right\| < \varepsilon.$$

Beachtet man noch

$$\int\limits_{Q} u_{j_1}^{(1)} u_{j_2}^{(2)} u_{i_1}^{(1)} u_{i_2}^{(2)}\, dx = \int\limits_{l_1}^{m_1} u_{j_1}^{(1)} u_{i_1}^{(1)}\, dx_1 \int\limits_{l_2}^{m_2} u_{j_2}^{(2)} u_{i_2}^{(2)}\, dx_2 = \delta_{j_1, i_1}\, \delta_{j_2, i_2},$$

so ist der Satz bewiesen.

3.3 Das E. Schmidtsche Orthogonalisierungsverfahren

Definition 1: *Zwei Teilmengen $\mathfrak{M}$ und $\mathfrak{N}$ von $\mathfrak{H}$ heißen äquivalent, wenn jedes Element einer dieser Mengen als Linearkombination von endlich vielen Elementen der anderen Menge darstellbar ist.*

Satz 1 *(E. Schmidtsches Orthogonalisierungsverfahren): Es sei v_1, v_2, ... eine endliche oder unendliche Folge von Elementen aus $\mathfrak{H}$ und für jedes $n \geq 1$ (welches nicht größer als die Anzahl der Elemente der Folge ist) seien v_1, v_2, ..., v_n linear unabhängig. Dann gibt es ein endliches oder unendliches Orthonormalsystem u_1, u_2, ... $\in \mathfrak{H}$, welches mit v_1, v_2, ... äquivalent ist.*

Beweis: Zunächst sind alle Elemente v_1, v_2, ... vom Nullelement verschieden. Würde nämlich $v_j = \Theta$ sein, so setzen wir $n = j$ und bemerken, daß die Relation

$$0 v_1 + 0 v_2 + \cdots 0 v_{j-1} + 1 v_j = \Theta \tag{1}$$

besteht, welche aussagt, daß v_1, ..., v_j linear abhängig sind.

Wir setzen $u_1 = \dfrac{v_1}{\| v_1 \|}$, und es ist $(u_1, u_1) = 1$. u_2 konstruieren wir in zwei Schritten. Wir setzen

$$\tilde{u}_2 = v_2 - (v_2, u_1) u_1 \tag{2}$$

und bemerken, daß $(\tilde{u}_2, u_1) = 0$ gilt. u_2 erhalten wir aus $\tilde{u}_2$ durch

$$u_2 = \frac{\tilde{u}_2}{\| \tilde{u}_2 \|} \cdot \tag{3}$$

Es muß $\tilde{u}_2 \neq \Theta$ sein, denn sonst würde mit (2)

$$\Theta = v_2 - \frac{(v_2, u_1)}{\| v_1 \|} v_1 \tag{4}$$

bestehen, welches aussagt, daß v_1, v_2 linear abhängig sind. Es ist $(u_j, u_k) = \delta_{j,k}$ mit $j, k = 1, 2$.

Durch Fortsetzung des Verfahrens nehmen wir an, daß u_1, u_2, ..., u_n mit $(u_j, u_k) = \delta_{j,k}$, $j, k = 1, 2, ..., n$ schon konstruiert sind. Wir setzen dann

$$\tilde{u}_{n+1} = v_{n+1} - \sum_{j=1}^{n} (v_{n+1}, u_j) u_j \tag{5}$$

und bemerken, daß $(\tilde{u}_{n+1}, u_k) = 0$ ist für $k = 1, 2, ..., n$. Setzt man nun

$$u_{n+1} = \frac{\tilde{u}_{n+1}}{\| \tilde{u}_{n+1} \|}, \tag{6}$$

wobei wieder $\tilde{u}_{n+1} \neq \Theta$ ist, so ist $(u_j, u_k) = \delta_{j,k}$ für $j, k = 1, 2, ...,$ $n + 1$. Die Behauptung des Satzes kann aus diesem Verfahren sofort abgelesen werden.

Satz 2: *In jedem Hilbertschen Raum $\mathфrak{H}$ gibt es ein vollständiges Orthonormalsystem.*

Beweis: Da $\mathfrak{H}$ separabel ist, gibt es eine Folge $w_1, w_2, \ldots \in \mathfrak{H}$ derart, daß zu jedem $u \in \mathfrak{H}$ und zu jedem $\varepsilon > 0$ ein Element w_l aus der
Folge so gefunden werden kann, daß $\|u - w_l\| < \varepsilon$ ist. Aus der Folge
$w_1, w_2, \ldots$ lassen wir sukzessive jedes w_n weg, welches von $w_1, w_2, \ldots,$
w_{n-1} linear abhängig ist[1]. Dann bekommen wir eine Folge $v_1, v_2, \ldots,$
welche die Eigenschaft besitzt, daß man zu jedem $u \in \mathfrak{H}$ und zu jedem
$\varepsilon > 0$ Elemente $v_1, \ldots, v_N$ und komplexe Zahlen $\alpha_1, \ldots, \alpha_N$ so finden
kann, daß $\left\| u - \sum_{j=1}^{N} \alpha_j v_j \right\| < \varepsilon$ wird. Deshalb ist $v_1, v_2, \ldots$ eine voll-
ständige Teilmenge in $\mathfrak{H}$. Durch Verwendung des Orthogonalisierungs-
verfahrens bekommt man ein Orthonormalsystem $u_1, u_2, \ldots$, welches
in $\mathfrak{H}$ vollständig ist.

Als grundlegende Zusammenfassungen, die Anlaß zur Einführung des HILBERT-
schen Raumes und seiner Operatoren gaben, sind u. a. zu nennen: D. HILBERT [*],
E. HELLINGER — O. TOEPLITZ [*]. Als erste Bücher über den HILBERTschen Raum,
die zugleich bis heute modern und grundlegend geblieben sind, seien J. v. NEUMANN
[*] und M. H. STONE [*] genannt. Weitere Werke in deutscher Sprache sind:
N. J. ACHIESER — I. M. GLASMANN [*], F. RIESZ — B. SZ.-NAGY [*], W. SCHMEID-
LER [*], W. I. SMIRNOW [**], B. SZ.-NAGY [*]. Umfangreiche Literaturübersichten
enthalten F. RIESZ — B. SZ.-NAGY [*] (ohne spezielle Literatur über Differentialoperatoren) und N. DUNFORD — J. T. SCHWARTZ [*], [**] (einschließlich Literatur über Differentialoperatoren).

In diesem Zusammenhange ist u. a. noch das Buch von A. WINTNER [*] zu
nennen, welches Einfluß auf die Spektraltheorie im HILBERTschen Raum hatte.

II. Lineare Operatoren in $\mathfrak{H}$

1. Eigenwert und reziproker Operator

1.1 Definitionen und Problemstellungen

Es sei $\mathfrak{H}$ ein HILBERTscher Raum und $\mathfrak{A}$ ein Teilraum von $\mathfrak{H}$. Erinnert
sei an unsere Vereinbarung, daß wir $\mathfrak{H}$ vollständig und separabel voraussetzen.

Definition 1: *Unter einem linearen Operator A in $\mathfrak{A}$ versteht man eine
Vorschrift, durch die jedem $u \in \mathfrak{A}$ eindeutig ein Element $A u \in \mathfrak{H}$ zugeordnet wird, und zwar so, daß*

$$A (\alpha u + \beta v) = \alpha A u + \beta A v \tag{1}$$

gilt für alle $u, v \in \mathfrak{A}$ und beliebige komplexe Zahlen α, β.

---

[1] d. h. w_n ist Linearkombination von $w_1, \ldots, w_{n-1}$. Ist $w_1 = \Theta$, so ist dieses
wegzulassen.

Man nennt $\mathfrak{A}$ den *Definitionsbereich* von A und die Teilmenge $\{Au\}$ den *Wertebereich* $\mathfrak{W}_A$ des Operators. $\mathfrak{W}_A$ besteht aus allen Elementen $f = Au$, wobei u ganz $\mathfrak{A}$ durchläuft. $\mathfrak{W}_A$ ist, wie man sofort feststellt, nicht nur Teilmenge, sondern Teilraum von $\mathfrak{H}$. Man schreibt besonders einprägsam: $\mathfrak{W}_A = A\,\mathfrak{A}$. Im folgenden werden nur solche linearen Operatoren betrachtet, so daß der Zusatz linear unterbleibt.

Definition 2: *Zwei Operatoren A in $\mathfrak{A}$ und B in $\mathfrak{B}$ heißen gleich, falls 1. $\mathfrak{A} = \mathfrak{B}$ und 2. $Au = Bu$ für alle $u \in \mathfrak{A} = \mathfrak{B}$.*

Definition 3: *B in $\mathfrak{B}$ heißt eine Fortsetzung von A in $\mathfrak{A}$, wenn $1.\,\mathfrak{A} \subseteq \mathfrak{B}$ und 2. $Au = Bu$ für alle $u \in \mathfrak{A}$. Man spricht von einer echten Fortsetzung, wenn $\mathfrak{A} \subset \mathfrak{B}$.*

Ist $Eu = u$ für alle $u \in \mathfrak{H}$, so heißt E der Einheitsoperator. Ist schließlich $Ou = \Theta$ für alle $u \in \mathfrak{H}$, so heißt O der Nulloperator.

Summe und Produkt von zwei Operatoren wird in ganz naheliegender Weise eingeführt:

Sind A in $\mathfrak{A}$ und B in $\mathfrak{B}$ zwei Operatoren, so versteht man unter der Summe $A + B$ den neuen Operator C in $\mathfrak{C}$ mit

$$\mathfrak{C} = \mathfrak{A} \cap \mathfrak{B} \quad \text{und} \quad Cu = Au + Bu \quad \text{für alle} \quad u \in \mathfrak{C}. \tag{2}$$

Es ist $A + B = B + A$ und $A_1 + (A_2 + A_3) = (A_1 + A_2) + A_3$, sowie $A + O = A$. Dabei bedeutet $\mathfrak{A} \cap \mathfrak{B}$ den Durchschnitt von $\mathfrak{A}$ mit $\mathfrak{B}$.

Unter dem Produkt αA des Operators A in $\mathfrak{A}$ mit der komplexen Zahl α versteht man den neuen Operator C in $\mathfrak{C}$ mit

$$\mathfrak{C} = \mathfrak{A} \quad \text{und} \quad Cu = \alpha(Au) \quad \text{für alle} \quad u \in \mathfrak{C} = \mathfrak{A}. \tag{3}$$

Wieder bestehen eine Reihe von Rechenregeln, die wegen ihres offensichtlichen Charakters nicht aufgezählt werden müssen.

Unter dem Produkt AB der Operatoren A in $\mathfrak{A}$ und B in $\mathfrak{B}$ versteht man den neuen Operator C in $\mathfrak{C}$, dessen Definitionsbereich $\mathfrak{C}$ genau aus denjenigen Elementen $u \in \mathfrak{B}$ besteht, für die $Bu \in \mathfrak{A}$ gilt, und für den $Cu = A(Bu)$ ist für alle $u \in \mathfrak{C}$. Es bestehen dann in naheliegender Weise die Rechenregeln $A_1(A_2 A_3) = (A_1 A_2) A_3$ und $(A_1 + A_2) A_3 = A_1 A_3 + A_2 A_3$.

Definition 4: *Die komplexe Zahl λ heißt Eigenwert von A in $\mathfrak{A}$, wenn es wenigstens ein Element $\varphi \in \mathfrak{A}$ mit $\varphi \neq \Theta$ so gibt, daß*

$$A\varphi = \lambda\varphi \tag{4}$$

gilt. φ heißt dann ein Eigenelement zum Eigenwert λ.

Gibt es s, aber nicht $s+1$ linear unabhängige Elemente $\varphi_1, \ldots, \varphi_s \in \mathfrak{A}$, mit denen $A\varphi_j = \lambda\varphi_j$, $j = 1, \ldots, s$ gilt, so heißt λ ein s-facher Eigenwert.

Unter dem Punktspektrum von A in $\mathfrak{A}$ versteht man die Gesamtheit der Eigenwerte.

Insbesondere ist $\lambda = 0$ kein Eigenwert, wenn aus $Au = \Theta$ folgt $u = \Theta$.

Verbindet man mit einem solchen Operator A in $\mathfrak{A}$ zugleich die Beschreibung eines Naturphänomens (wie dies geschieht, soll später diskutiert werden), so zeigt sich, daß die Eigenwerte eine unmittelbare physikalische Bedeutung haben und sie Größen sind, die durch das Experiment ermittelt werden können. Deshalb wird man von Operatoren A in $\mathfrak{A}$, die für die Naturbeschreibung Bedeutung haben, fordern müssen, daß ihre Eigenwerte stets reell ausfallen. Aus solchen Gründen ist es auch vielfach erforderlich, zu fordern, daß die Eigenwerte nicht nach $-\infty$ reichen, d. h. daß $\lambda \geq a$ ausfällt für jeden Eigenwert λ und feste Zahl a. Dafür kann man sagen, daß das Punktspektrum von A in $\mathfrak{A}$ nicht nach $-\infty$ reichen soll. Diese Forderung besteht für sämtliche Operatoren der klassischen Physik und Technik. Sie besteht aber auch für viele Operatoren der Quantenmechanik, nämlich für alle Operatoren, die „Energieoperatoren" sind (vgl. 3.1, 3.2).

Eine weitere zentrale Problemstellung der Analysis ist die Frage nach der Reziproken eines Operators.

Definition 5: *A in $\mathfrak{A}$ habe die Eigenschaft, daß jedem $f \in \mathfrak{W}_A$ genau ein Element $u \in \mathfrak{A}$ entspricht. Betrachtet man die Vorschrift, die jedem $f \in \mathfrak{W}_A$ dieses entsprechende $u \in \mathfrak{A}$ zuordnet, so entsteht ein (linearer) Operator A^{-1} mit Definitionsbereich $\mathfrak{A}^{-1} = \mathfrak{W}_A$ und $\mathfrak{W}_{A^{-1}} = \mathfrak{A}$. A^{-1} in $\mathfrak{A}^{-1}$ wird reziproker Operator oder Reziproke von A in $\mathfrak{A}$ genannt.*

Es ist dann $A^{-1}Au = u$ für alle $u \in \mathfrak{A}$ und $AA^{-1}f = f$ für alle $f \in \mathfrak{A}^{-1}$. Die Linearität von A^{-1} ist leicht einzusehen.

Satz 1: *A in $\mathfrak{A}$ besitzt dann und nur dann einen reziproken Operator A^{-1}, wenn $\lambda = 0$ nicht Eigenwert von A in $\mathfrak{A}$ ist.*

Beweis: 1. A^{-1} in $\mathfrak{A}^{-1} = \mathfrak{W}_A$ existiere. Ist $u \in \mathfrak{A}$ ein Element mit $Au = \Theta$, so ist $A^{-1}Au = \Theta$ und $A^{-1}Au = u$. Also folgt $u = \Theta$ und $\lambda = 0$ ist kein Eigenwert.

2. $\lambda = 0$ sei kein Eigenwert: Jedem $f \in \mathfrak{A}^{-1} = \mathfrak{W}_A$ entspricht genau ein Element $u \in \mathfrak{A}$ so, daß $Au = f$ gilt. Würden diesem f nämlich die Elemente $u_1, u_2 \in \mathfrak{A}$ entsprechen, so wäre $Au_1 = f$, $Au_2 = f$ oder $A(u_1 - u_2) = \Theta$. Weil $\lambda = 0$ nicht Eigenwert ist, folgt $u_1 - u_2 = \Theta$, also $u_1 = u_2$.

Dieser Satz liefert zwar ein Kriterium für die Existenz von A^{-1}, für die Anwendungen braucht man aber eine genaue Angabe von $\mathfrak{A}^{-1}$. Diese wird uns nicht mit diesem Satz gegeben, da zwar $\mathfrak{A}^{-1} = \mathfrak{W}_A$ ist, aber auch $\mathfrak{W}_A$ im allgemeinen nicht einfach charakterisiert werden kann.

1.2 Der Sturm-Liouvillesche Operator im $\mathfrak{R}_1$

Wir betrachten die Differentialgleichung

$$(p(x)u')' + (\lambda k(x) - q(x))u = 0 \qquad \text{in} \qquad l \leq x \leq m \qquad (1)$$

mit $l < m$ und machen die

Voraussetzung: 1. $p,\ p',\ q,\ k$ reellwertig und stetig in $l \leq x \leq m$;

                     2. $p(x) > 0,\ \ k(x) > 0$ in $l \leq x \leq m$;

                     3. λ ist eine komplexe Zahl.

Um zu einem linearen Operator A in $\mathfrak{A}$ zu kommen, setzen wir folgendes fest. Es sei

$$\mathfrak{H} = \left\{ u(x) \,\Big|\, \int\limits_l^m |u(x)|^2\, k(x)\, dx < \infty \right\};\ (u, v) = \int\limits_l^m u(x)\, \overline{v(x)}\, k(x)\, dx. \qquad (2)$$

A in $\mathfrak{A}$ werde erklärt durch

$$Au = \frac{1}{k(x)}\left\{ -(p(x)u')' + q(x)u \right\} \qquad \text{für alle} \qquad u \in \mathfrak{A}. \qquad (3)$$

Dabei bestehe $\mathfrak{A}$ aus allen komplexwertigen Funktionen $u(x)$, die in $l \leq x \leq m$ zweimal stetig differenzierbar sind und die folgenden Randbedingungen erfüllen: Sind $\alpha_{11}, \ldots, \alpha_{14};\ \alpha_{21}, \ldots, \alpha_{24}$ gegebene reelle Zahlen mit

$$\text{Rang} \begin{pmatrix} \alpha_{11}, & \alpha_{12}, & \alpha_{13}, & \alpha_{14} \\ \alpha_{21}, & \alpha_{22}, & \alpha_{23}, & \alpha_{24} \end{pmatrix} = 2, \qquad (4)$$

so sollen die Randbedingungen lauten:

$$\left. \begin{aligned} \alpha_{11}u(l) + \alpha_{12}u'(l) + \alpha_{13}u(m) + \alpha_{14}u'(m) &= 0, \\ \alpha_{21}u(l) + \alpha_{22}u'(l) + \alpha_{23}u(m) + \alpha_{24}u'(m) &= 0. \end{aligned} \right\} \qquad (5)$$

Kürzt man die linken Seiten in (5) mit $R_1 u$ bzw. $R_2 u$ ab, so kann $\mathfrak{A}$ durch

$$\mathfrak{A} = \{ u(x) \,|\, u \in C^2(l \leq x \leq m);\ R_1 u = 0,\ R_2 u = 0 \} \qquad (6)$$

charakterisiert werden. Wir nennen A in $\mathfrak{A}$ den allgemeinen STURM-LIOUVILLEschen Operator im $\mathfrak{R}_1$.

In der Tat ist $\mathfrak{A}$ ein Teilraum von $\mathfrak{H}$, da mit $u(x) \in \mathfrak{A}$, $v(x) \in \mathfrak{A}$ auch $\alpha u(x) + \beta v(x) \in \mathfrak{A}$ gilt bei beliebigen komplexen Zahlen α, β. Ferner ist A in $\mathfrak{A}$ ein linearer Operator. Er wird Differentialoperator genannt, weil A in seinem Aufbau Differentiationen der Funktion $u(x)$ enthält. Ein solcher Operator heißt reell, falls mit $u(x) \in \mathfrak{A}$ auch $\bar{u}(x) \in \mathfrak{A}$ und $\overline{Au} = A\bar{u}$ gilt. Auch diese Eigenschaft hat unser A in $\mathfrak{A}$.

Der Begriff des Eigenwertes kann für unser Beispiel auch so gefaßt werden: Zu der Zahl λ werden Lösungen $u(x) \in C^2 (l \leq x \leq m)$ der homogenen, linearen Differentialgleichung $Au = \lambda u$ oder umgeschrieben:

$$u''(x) + \frac{p'(x)}{p(x)} u'(x) + \frac{\lambda k(x) - q(x)}{p(x)} u(x) = 0 \tag{7}$$

gesucht, die überdies die Randbedingungen $R_1 u = 0$, $R_2 u = 0$ erfüllen und nicht identisch in $l \leq x \leq m$ verschwinden. Gibt es solche Lösungen, so heißt λ Eigenwert.

Im folgenden benutzten wir einfache Grundbegriffe aus dem Gebiet der gewöhnlichen Differentialgleichungen zweiter Ordnung. Die dabei verwendeten Definitionen und Sätze sind, um den Zusammenhang hier nicht zu unterbrechen, im Anhang I zusammengestellt.

Satz 1: *Ist $u_1(x, \lambda)$, $u_2(x, \lambda)$ ein Fundamentalsystem von* (7), *so ist λ dann und nur dann Eigenwert von A in $\mathfrak{A}$, wenn λ Wurzel der Gleichung*

$$\Delta(\lambda) \equiv \begin{vmatrix} R_1 u_1, & R_1 u_2 \\ R_2 u_1, & R_2 u_2 \end{vmatrix} = 0 \tag{8}$$

ist.

Beweis: 1. λ sei Eigenwert. Jede Lösung u von $Au = \lambda u$ läßt sich in der Form $u = c_1 u_1 + c_2 u_2$ schreiben. Damit dieses u die Randbedingungen erfüllt, muß gelten:

$$\begin{aligned} R_1 u &= c_1 R_1 u_1 + c_2 R_1 u_2 = 0, \\ R_2 u &= c_1 R_2 u_1 + c_2 R_2 u_2 = 0. \end{aligned} \tag{9}$$

Weil λ Eigenwert ist, gibt es wenigstens eine Lösung $u \not\equiv 0$, die (9) erfüllt. Deshalb muß das homogene Gleichungssystem (9) für die Unbekannten c_1, c_2 Lösungen mit $|c_1| + |c_2| > 0$ zulassen. Deshalb ist (8) erfüllt.

2. Ist $\Delta(\lambda) = 0$, dann hat das homogene Gleichungssystem (9) Lösungen $\bar{c}_1, \bar{c}_2$ mit $|\bar{c}_1| + |\bar{c}_2| > 0$. $u = \bar{c}_1 u_1 + \bar{c}_2 u_2$ ist $\not\equiv 0$ und erfüllt $Au = \lambda u$; $R_1 u = 0$, $R_2 u = 0$.

Die folgende Aufgabe dient dazu, einen Überblick über die verschiedenen Möglichkeiten zu geben.

Aufgabe 1: Es ist $Au = -u''$ (also $p(x) = 1$, $k(x) = 1$, $q(x) = 0$) in $0 \leq x \leq \pi$. Die Randbedingungen $R_1 u = 0$, $R_2 u = 0$ seien gegeben durch

$$\alpha)\ u(0) + u(\pi) = 0, \quad u'(0) - u'(\pi) = 0$$

oder $\quad \beta)\ u(0) + 2u(\pi) = 0, \quad u'(0) - 2u'(\pi) = 0$

oder $\quad \gamma)\ u(0) - u(\pi) = 0, \quad u'(0) - u'(\pi) = 0$

oder $\quad \delta)\ u(0) = 0, \qquad\qquad u(\pi) = 0.$

3*

Man bestimme von A in $\mathfrak{A}$ sämtliche Eigenwerte. (*Lösung:* Bei den Randbedingungen α): jede komplexe Zahl λ ist Eigenwert; bei β): es gibt keine Eigenwerte; bei γ): sämtliche Eigenwerte sind die Zahlen 0 und $4j^2$ mit $j = 1, 2, 3, \ldots$; bei δ): sämtliche Eigenwerte sind die Zahlen j^2 mit $j = 1, 2, 3, \ldots$).

Die Durchführung der Rechnung möge bei δ) skizziert werden:

1. $\lambda = 0$ ist nicht Eigenwert, weil ein Fundamentalsystem von $-u'' = 0$ die Gestalt $u_1 = 1$, $u_2 = x$ hat. Die Berechnung von (8) ergibt

$$\Delta(0) = \begin{vmatrix} 1 & 0 \\ 1 & \pi \end{vmatrix} = \pi \neq 0.$$

2. $\lambda \neq 0$. Ein Fundamentalsystem von $-u'' = \lambda u$ ist $u_1 = e^{\sqrt{-\lambda}x}$, $u_2 = e^{-\sqrt{-\lambda}x}$ $\sqrt{-\lambda}$ sei dabei so erklärt, daß $\sqrt{-\lambda}$ reell und positiv ausfällt, falls $-\lambda$ reell und positiv ist. Die Berechnung von $\Delta(\lambda)$ in (8) ergibt

$$\Delta(\lambda) = \begin{vmatrix} 1 & , & 1 \\ e^{\sqrt{-\lambda}\pi}, & & e^{-\sqrt{-\lambda}\pi} \end{vmatrix} = e^{-\sqrt{-\lambda}\pi} - e^{\sqrt{-\lambda}\pi}.$$

$\Delta(\lambda) = 0$ bedeutet $e^{-\sqrt{-\lambda}\pi} - e^{\sqrt{-\lambda}\pi} = 0$ oder $e^{2\sqrt{-\lambda}\pi} = 1$. Wegen $e^{2j\pi i} = 1$ genau für $j = 0, \pm 1, \pm 2, \ldots$, folgt $\sqrt{-\lambda} = ji$ für $j = \pm 1, \pm 2, \ldots$, da $j = 0$ wegen $\lambda \neq 0$ auszuschließen ist. Alle Eigenwerte sind damit durch $\lambda_j = j^2$ mit $j = 1, 2, \ldots$ gegeben.

Zur Berechnung der Eigenelemente (bei Differentialoperatoren spricht man meist konkreter von Eigenfunktionen) beachten wir, daß $\Delta(\lambda_j) = 0$ ist. Das Gleichungssystem (9) wird

$$\begin{aligned} c_1 + \quad c_2 &= 0 \\ e^{ij\pi} c_1 + e^{-ij\pi} c_2 &= 0 \end{aligned} ,$$

woraus $c_1 = -c_2$ folgt. Die zu λ_j gehörigen Eigenelemente (= Eigenfunktionen) sind

$$u_j(x) = c_1 \left(e^{ijx} - e^{-ijx} \right) = c \sin jx, \qquad j = 1, 2, \ldots, \tag{10}$$

mit $c = 2ic_1$ und einer neuen willkürlichen komplexen Zahl c. Zu jedem Eigenwert gibt es nicht mehr als eine linear unabhängige Eigenfunktion, deshalb sind alle Eigenwerte einfach. Wählt man c so, daß $\|u_j\| = 1$ ausfällt, so findet man $c = \sqrt{\dfrac{2}{\pi}}\, e^{i\gamma}$. Will man reelle Eigenfunktionen, so wählt man $\gamma = 0$ und erhält

$$\varphi_j(x) = \sqrt{\frac{2}{\pi}} \sin jx, \qquad j = 1, 2, \ldots. \tag{11}$$

Aufgabe 2: Man zeige, daß in der Aufgabe 1 mit den Randbedingungen γ A in $\mathfrak{A}$ den einfachen Eigenwert $\lambda = 0$ und die zweifachen Eigenwerte $4j^2$, $j = 1, 2, \ldots$ besitzt.

Aufgabe 3: Wir betrachten wieder die Gleichung

$$(p(x)\, u')' + (\lambda k(x) - q(x))\, u = 0 \text{ in } l \leq x \leq m \tag{12}$$

und machen hier die

Voraussetzung: 1. $p(x)$, $k(x)$, $q(x)$ in $l \leq x \leq m$ reellwertig;

2. $p(x)$, $p'(x)$, $k(x)$, $q(x)$, $(p(x)\,k(x))''$ stetig;

3. $p(x) > 0$, $k(x) > 0$ in $l \leq x \leq m$;

4. λ ist eine komplexe Zahl.

Unter diesen Voraussetzungen kann die obige Gleichung wesentlich durch die LIOUVILLEsche Transformation vereinfacht werden.

Es sei x_0 ein beliebiger Punkt aus dem Intervall $l \leq x \leq m$. Führt man anstelle von x die neue unabhängige Variable $y = \int\limits_{x_0}^{x} \sqrt{\dfrac{k(t)}{p(t)}}\, dt$ ein, wobei die Umkehrfunktion $x = \varphi(y)$ wegen des streng monotonen Wachsens des Integrals bezüglich x existiert, führt man ferner anstelle von u die neue Funktion

$$v(y) = u(x)\,\sqrt[4]{k(x)\,p(x)} = u(\varphi(y))\,\sqrt[4]{k(\varphi(y))\,p(\varphi(y))}$$

ein, so erscheint die Gleichung (12) in der Gestalt

$$v'' + (\lambda - Q(y))\,v = 0 \quad \text{mit} \quad v' \equiv \frac{dv}{dy}.$$

Sie ist in $l^* \leq y \leq m^*$ zu betrachten. Dabei ist

$$l^* = \int\limits_{x_0}^{l} \sqrt{\frac{k(t)}{p(t)}}\, dt, \quad m^* = \int\limits_{x_0}^{m} \sqrt{\frac{k(t)}{p(t)}}\, dt,$$

$$Q(y) = \frac{f''(y)}{f(y)} + \frac{q(\varphi(y))}{k(\varphi(y))}, \quad f(y) = \sqrt[4]{k(\varphi(y))\,p(\varphi(y))}.$$

Man bestätige diese Angaben.

Man darf daher unter den obigen Voraussetzungen ohne Beschränkung der Allgemeinheit gleich von Beginn an in (12) $p(x) \equiv 1$, $k(x) \equiv 1$ setzen.

Aufgabe 4: Es sei A in $\mathfrak{A}$ gegeben durch

$$A u = \frac{1}{k(x)} \left\{ - \left(\frac{1}{k(x)}\, u' \right)' \right\},$$

$$\mathfrak{A} = \{u(x) \mid u \in C^2\,(l \leq x \leq m); \quad u'(l) = 0,\ u(m) = 0\}$$

mit k, k' stetig und $k > 0$ in $l \leq x \leq m$. Man bestimme alle Eigenwerte von A in $\mathfrak{A}$. (*Anleitung:* LIOUVILLEsche Transformation.)

Beispiel A (Der Entwicklungssatz): Es sei A in $\mathfrak{A}$ gegeben durch

$$A u = -u'', \quad \mathfrak{A} = \{u(x) \mid u \in C^2\,(0 \leq x \leq \pi); \quad u(0) = 0,\ u(\pi) = 0\}.$$

Nach Aufgabe 1 sind die Eigenwerte und Eigenfunktionen durch $\lambda_j = j^2$, $\varphi_j(x) = \sqrt{\dfrac{2}{\pi}}\, \sin jx$ mit $j = 1, 2, \ldots$ gegeben. Es sei $u(x) \in \mathfrak{A}$ eine beliebige reellwertige Funktion. Wir erklären $U(x)$ in $-\infty < x < \infty$ durch

$$U(x) = \begin{cases} u(x) & \text{in } \ 0 \leq x \leq \pi \\ -u(-x) & \text{in } -\pi \leq x \leq 0 \end{cases}, \quad U(x + 2\pi) = U(x).$$

Es ist $U(x)$ periodisch mit der Periode 2π, ungerade und $U(x)$ stetig, $U'(x)$ stückweise stetig in $-\infty < x < \infty$. Deshalb kann $U(x)$ in eine gleichmäßig konvergente FOURIERsche Reihe entwickelt werden:

$$U(x) = \sum_{j=1}^{\infty} b_j \sin jx, \quad b_j = \frac{1}{\pi} \int_{-\pi}^{+\pi} U(x) \sin jx \, dx = \frac{2}{\pi} \int_{0}^{\pi} U(x) \sin jx \, dx.$$

Diese Entwicklung kann in $0 \le x \le \pi$ wie folgt geschrieben werden:

$$u(x) = \sum_{j=1}^{\infty} a_j \varphi_j(x), \quad a_j = \int_{0}^{\pi} u(x)\varphi_j(x) \, dx = (u, \varphi_j).$$

Damit ist gezeigt, daß eine beliebige reelle Funktion aus $\mathfrak{A}$ in eine gleichmäßig konvergente Reihe nach den Eigenfunktionen entwickelt werden kann. Die Entwicklungskoeffizienten a_j sind dabei die skalaren Produkte (u, φ_j). Einen solchen Entwicklungssatz für sehr allgemeine Eigenwertprobleme zu erlangen, wird eines unserer Hauptanliegen sein.

Wir wenden uns jetzt dem zweiten wichtigen Begriff aus 1.1 zu und versuchen, von A in $\mathfrak{A}$ die Reziproke zu ermitteln. Wir verallgemeinern diese Aufgabe, indem wir mit einem geeigneten komplexen Parameter μ den Operator $\tilde{A} = A - \mu E$ betrachten. Nach 1.1 hat $\tilde{A}$ in $\mathfrak{A}$ dann und nur dann einen reziproken Operator $\tilde{A}^{-1}$ in $\mathfrak{W}_{\tilde{A}}$, falls $\lambda = 0$ nicht Eigenwert von $\tilde{A}$ in $\mathfrak{A}$ ist. Offensichtlich ist $\lambda = 0$ dann und nur dann Eigenwert von $\tilde{A}$ in $\mathfrak{A}$, wenn μ Eigenwert von A in $\mathfrak{A}$ ist.

Satz 2: $\tilde{A}^{-1} = (A - \mu E)^{-1}$ *existiert dann und nur dann, wenn μ nicht Eigenwert von A in $\mathfrak{A}$ ist. Ist μ nicht Eigenwert, so ist*

$$\mathfrak{W}_{\tilde{A}} = \{f(x) \mid f \in C^0 (l \le x \le m)\}. \tag{13}$$

Beweis: Für den zweiten Teil ist zu zeigen, daß jedem $f \in \mathfrak{W}_{\tilde{A}}$ genau ein $u \in \mathfrak{A}$ entspricht mit $\tilde{A}u = f$. $\tilde{A}u = f$ bedeutet ausgeschrieben

$$u'' + \frac{p'(x)}{p(x)} u' + \frac{\mu k(x) - q(x)}{p(x)} u = -\frac{k(x) f(x)}{p(x)}. \tag{14}$$

Es sei $u_1(x, \mu)$, $u_2(x, \mu)$ ein Fundamentalsystem von $\tilde{A}u = 0$, d. h. von der homogenen Gleichung (14) mit $f(x) = 0$. Dann läßt sich bekanntlich jede Lösung von (14) in der Form schreiben:

$$u(x, \mu) = c_1 u_1(x, \mu) + c_2 u_2(x, \mu) + u_I(x, \mu) \tag{15}$$

mit

$$u_I(x, \mu) = -\int_{l}^{x} \frac{u_1(x, \mu) u_2(y, \mu) - u_2(x, \mu) u_1(y, \mu)}{W(y, \mu)} \left(-\frac{k(y) f(y)}{p(y)}\right) dy. \tag{16}$$

Dabei ist $W(y, \mu)$ die WRONSKI-Determinante. Sie genügt der Gleichung $W' + \dfrac{p'(x)}{p(x)}\, W = 0$, so daß $p(x)\, W(x, \mu) = \text{const}$ folgt bezüglich x. Deshalb darf in (16) $p(y)\, W(y, \mu) = p(l)\, W(l, \mu)$ gesetzt werden. In (15) müssen die Konstanten c_1, c_2 so bestimmt werden, daß $R_1 u = 0$, $R_2 u = 0$ gilt. Dies liefert für c_1, c_2 das inhomogene Gleichungssystem

$$\begin{aligned}
c_1 R_1 u_1 + c_2 R_1 u_2 &= -R_1 u_I, \\
c_1 R_2 u_1 + c_2 R_2 u_2 &= -R_2 u_I.
\end{aligned} \tag{17}$$

Weil μ nicht Eigenwert von A in $\mathfrak{A}$ ist, gilt

$$\Delta(\mu) \equiv \begin{vmatrix} R_1 u_1, & R_1 u_2 \\ R_2 u_1, & R_2 u_2 \end{vmatrix} \neq 0. \tag{18}$$

Deshalb ist (17) eindeutig lösbar. Sind $\tilde{c}_1$, $\tilde{c}_2$ diese Lösungen, so stellt $u(x, \mu) = \tilde{c}_1 u_1(x, \mu) + \tilde{c}_2 u_2(x, \mu) + u_I(x, \mu)$ ein Element aus $\mathfrak{A}$ dar mit der Eigenschaft, daß $A u = f$ gilt, und es gibt keine weiteren.

Obgleich dieser Satz $\mathfrak{W}_{\tilde{A}}$ genau charakterisiert, ist dennoch $\tilde{A}^{-1}$ noch nicht explizit aufgefunden. Dies leistet

Satz 3: *Ist μ nicht Eigenwert von A in $\mathfrak{A}$, so ist $\tilde{A}^{-1} = (A - \mu E)^{-1}$ für alle $f \in \mathfrak{W}_{\tilde{A}}$ gegeben durch*

$$\tilde{A}^{-1} f \equiv (A - \mu E)^{-1} f = \int_l^m g(x, y, \mu) f(y)\, k(y)\, dy \tag{19}$$

mit

$$g(x, y, \mu) = \frac{1}{\Delta(\mu)} \begin{vmatrix} u_1(x, \mu), & u_2(x, \mu), & \gamma(x, y, \mu) \\ R_1 u_1, & R_1 u_2, & R_1 \gamma \\ R_2 u_1, & R_2 u_2, & R_2 \gamma \end{vmatrix}. \tag{20}$$

Dabei ist wieder u_1, u_2 ein Fundamentalsystem von $\tilde{A} u = 0$ und

$$W(x, \mu) = \begin{vmatrix} u_1(x, \mu), & u_2(x, \mu) \\ u_1'(x, \mu), & u_2'(x, \mu) \end{vmatrix}, \quad \Delta(\mu) = \begin{vmatrix} R_1 u_1, & R_1 u_2 \\ R_2 u_1, & R_2 u_2 \end{vmatrix}, \tag{21}$$

$$\gamma(x, y, \mu) = \pm \frac{1}{2 p(l)\, W(l, \mu)} \begin{vmatrix} u_1(x, \mu), & u_2(x, \mu) \\ u_1(y, \mu), & u_2(y, \mu) \end{vmatrix}$$

$$\text{mit} \begin{cases} + \ \text{für} \ \ l \leq y \leq x \leq m, \\ - \ \text{für} \ \ l \leq x \leq y \leq m. \end{cases} \tag{22}$$

Dabei heißt $\gamma(x, y, \mu)$ Grundlösung von $\tilde{A} u = 0$ und $g(x, y, \mu)$ GREENsche Funktion. Die Bildung $R_j \gamma$ in (20) ist bezüglich x zu verstehen.

Beweis: Jede Lösung von (14) läßt sich in der Form

$$u(x, \mu) = c_1' u_1(x, \mu) + c_2' u_2(x, \mu)$$

$$+ \int\limits_l^x \frac{u_1(x, \mu)\, u_2(y, \mu) - u_2(x, \mu)\, u_1(y, \mu)}{p(l)\, W(l, \mu)}\, f(y)\, k(y)\, dy \qquad (23)$$

schreiben mit geeigneten Konstanten c_1', c_2'. Entsprechend läßt sich diese Lösung von (14) auch in der Form

$$u(x, \mu) = c_1'' u_1(x, \mu) + c_2'' u_2(x, \mu)$$

$$- \int\limits_x^m \frac{u_1(x, \mu)\, u_2(y, \mu) - u_2(x, \mu)\, u_1(y, \mu)}{p(l)\, W(l, \mu)}\, f(y)\, k(y)\, dy \qquad (24)$$

mit geeigneten Konstanten c_1'', c_2'' schreiben. Addition von (23) und (24)
mit $\quad c_1 = \dfrac{c_1' + c_1''}{2}, \quad c_2 = \dfrac{c_2' + c_2''}{2}\quad$ ergibt mit (22)

$$u(x, \mu) = c_1 u_1(x, \mu) + c_2 u_2(x, \mu) + \int\limits_l^m \gamma(x, y, \mu)\, f(y)\, k(y)\, dy. \qquad (25)$$

Dieses u erfüllt $\tilde{A} u = f$. Damit $u \in \mathfrak{A}$ gilt, müssen die Konstanten c_1, c_2
so bestimmt werden, daß $R_1 u = 0$, $R_2 u = 0$ gilt. Dies liefert

$$\left.\begin{aligned}
c_1 R_1 u_1 + c_2 R_1 u_2 &= - \int\limits_l^m (R_1 \gamma(x, y, \mu))\, f(y)\, k(y)\, dy, \\[2ex]
c_1 R_2 u_1 + c_2 R_2 u_2 &= - \int\limits_l^m (R_2 \gamma(x, y, \mu))\, f(y)\, k(y)\, dy\, *.
\end{aligned}\right\} \qquad (26)$$

Es ist $\Delta(\mu) \neq 0$, und die Auflösung liefert

$$\left.\begin{aligned}
c_1 &= \frac{(R_1 u_2) \int\limits_l^m f k R_2 \gamma\, dy - (R_2 u_2) \int\limits_l^m f k R_1 \gamma\, dy}{\Delta(\mu)} \\[3ex]
c_2 &= \frac{(R_2 u_1) \int\limits_l^m f k R_1 \gamma\, dy - (R_1 u_1) \int\limits_l^m f k R_2 \gamma\, dy}{\Delta(\mu)}
\end{aligned}\right\} \qquad (27)$$

---

* Der Nachweis von $R_j \int\limits_l^m \gamma(x, y, \mu)\, f(y)\, k(y)\, dy = \int\limits_l^m (R_j \gamma(x, y, \mu))\, f(y)\, k(y)\, dy$
erfordert einigen Rechenaufwand, der dem Leser überlassen bleibe. Die Definition
von $\gamma(x, y, \mu)$ ist dabei genauestens zu beachten.

Setzt man diese Werte für c_1, c_2 in (25) ein, so ist $u \in \mathfrak{A}$, $\tilde{A}u = f$, und (25) erhält die Gestalt (19), wobei $g(x, y, \mu)$ durch (20) gegeben ist.

Selbstverständlich ist die GREENsche Funktion durch (19) eindeutig festgelegt. Sei nämlich neben (19) auch

$$\tilde{A}^{-1}f = \int\limits_{l}^{m} \tilde{g}(x, y, \mu)\, f(y)\, k(y)\, dy$$

erfüllt für jedes $f \in \mathfrak{W}_{\tilde{A}}$, so folgt

$$\int\limits_{l}^{m} \{g(x, y, \mu) - \tilde{g}(x, y, \mu)\}\, f(y)\, k(y)\, dy = 0$$

für jede stetige Funktion $f(x)$, was $\{\ldots\} = 0$ zur Folge hat.

Bemerkt sei noch, daß A in $\mathfrak{A}$ die Reziproke A^{-1} in $\mathfrak{A}^{-1}$ besitzt, die durch

$$A^{-1}f = \int\limits_{l}^{m} g(x, y, 0)\, f(y)\, k(y)\, dy \tag{28}$$

gegeben ist, falls $\lambda = 0$ nicht Eigenwert von A in $\mathfrak{A}$ ist. Dabei ist $\mathfrak{A}^{-1} = \mathfrak{W}_{\tilde{A}}$, weil $\mathfrak{W}_{\tilde{A}}$ nicht von μ abhängt.

Spezialisiert man die Randbedingungen (5), indem man $\alpha_{11} = a_{11}$, $\alpha_{12} = a_{12}$, $\alpha_{23} = a_{21}$, $\alpha_{24} = a_{22}$ und $\alpha_{13} = \alpha_{14} = \alpha_{21} = \alpha_{22} = 0$ setzt, so kommt man zu

$$\left. \begin{array}{l} R_1 u = a_{11} u(l) + a_{12} u'(l) = 0, \\ R_2 u = a_{21} u(m) + a_{22} u'(m) = 0. \end{array} \right\} \tag{29}$$

Damit (4) erfüllt ist, muß ferner $a_{11}^2 + a_{12}^2 > 0$ und $a_{21}^2 + a_{22}^2 > 0$ gefordert werden. Mit diesen speziellen Randbedingungen kann die Reziproke von $\tilde{A}$ in $\mathfrak{A}$ wesentlich einfacher berechnet werden. Man nennt dann A in $\mathfrak{A}$ mit diesen vereinfachten Randbedingungen den STURM-LIOUVILLEschen Operator im $\mathfrak{R}_1$.

Satz 4: *Ist μ nicht Eigenwert des Sturm-Liouvilleschen Operators A in $\mathfrak{A}$, so kann die Greensche Funktion $g(x, y, \mu)$ wesentlich einfacher wie folgt berechnet werden: Sind $u_1(x, \mu)$, $u_2(x, \mu)$ Lösungen von $\tilde{A}u = 0$ mit $u_1 \not\equiv 0$, $u_2 \not\equiv 0$ und $R_1 u_1 = 0$, $R_2 u_2 = 0$, so gilt*

$$g(x, y, \mu) = \begin{cases} - \dfrac{u_2(x, \mu)\, u_1(y, \mu)}{p(l)\, W(l, \mu)} & \text{für} \quad l \leq y \leq x \leq m, \\[2ex] - \dfrac{u_1(x, \mu)\, u_2(y, \mu)}{p(l)\, W(l, \mu)} & \text{für} \quad l \leq x \leq y \leq m. \end{cases} \tag{30}$$

Beweis: $u_1(x, \mu)$, $u_2(x, \mu)$ bilden ein Fundamentalsystem. Wären sie nämlich linear abhängig, so würde eine Relation der Form $C_1 u_1 + C_2 u_2$

$= 0$ in $l \leq x \leq m$ bestehen mit Konstanten C_1, C_2 und $|C_1| + |C_2|$ > 0. Ohne Beschränkung darf $C_1 \neq 0$ angenommen werden. Dann ist

$$u_1(x, \mu) = - \frac{C_2}{C_1} u_2(x, \mu) \quad \text{und} \quad R_2 u_1 = - \frac{C_2}{C_1} R_2 u_2 = 0.$$

Damit ist $\tilde{A} u_1 = A u_1 - \mu u_1 = 0$ und $u_1 \in \mathfrak{A}$ und $u_1 \not\equiv 0$ gezeigt. Soweit ist μ Eigenwert und $u_1(x, \mu)$ dazugehörige Eigenfunktion. Dies ist ein Widerspruch zu unserer Annahme. Somit ist die aus u_1, u_2 gebildete WRONSKI-Determinante $W(x, \mu) \neq 0$ und wieder $p(x)\, W(x, \mu)$ $= \text{const}$ bezüglich x. Jede Lösung $u(x, \mu)$ von $\tilde{A} u = f$ mit $f \in \mathfrak{W}_{\tilde{A}}$ erscheint in der Gestalt

$$u(x, \mu) = c_1 u_1(x, \mu) + c_2 u_2(x, \mu) + u_I(x, \mu), \tag{31}$$

$$u_I(x, \mu) = \int\limits_l^x \frac{u_1(x, \mu)\, u_2(y, \mu) - u_2(x, \mu)\, u_1(y, \mu)}{p(l)\, W(l, \mu)} f(y)\, k(y) dy. \tag{32}$$

Damit $u \in \mathfrak{A}$ gilt, müssen die Konstanten c_1, c_2 so bestimmt werden, daß $R_1 u = 0$, $R_2 u = 0$ ist. Dies bedeutet

$$\left. \begin{aligned} c_1 R_1 u_1 + c_2 R_1 u_2 &= - R_1 u_I, \\ c_1 R_2 u_1 + c_2 R_2 u_2 &= - R_2 u_I. \end{aligned} \right\} \tag{33}$$

Nun ist $R_1 u_1 = 0$, $R_2 u_2 = 0$ und $R_1 u_I = 0$. Letzteres ist vom Leser durch sorgfältiges Nachrechnen zu bestätigen. Deshalb folgt $c_2 = 0$ und

$$c_1 = - \frac{R_2 u_I}{R_2 u_1} = - \int\limits_l^m \frac{u_2(y, \mu)}{p(l) W(l, \mu)} f(y)\, k(y)\, dy. \tag{34}$$

Die letzte Gleichung erfordert wieder etwas Zwischenrechnung, wobei $R_2 u_2 = 0$ zu beachten ist. Mit diesen Werten der Konstanten ergibt (31)

$$\begin{aligned} u(x, \mu) &= - \int\limits_l^m \frac{u_1(x, \mu)\, u_2(y, \mu)}{p(l)\, W(l, \mu)} f(y)\, k(y)\, dy + u_I(x, \mu) \\[2mm] &= - \int\limits_x^m \frac{u_1(x, \mu)\, u_2(y, \mu)}{p(l)\, W(l, \mu)} f(y)\, k(y)\, dy \\[2mm] &\quad - \int\limits_l^x \frac{u_2(x, \mu)\, u_1(y, \mu)}{p(l)\, W(l, \mu)} f(y)\, k(y)\, dy \\[2mm] &= \int\limits_l^m g(x, y, \mu)\, f(y)\, k(y)\, dy. \end{aligned} \tag{35}$$

Wegen der Eindeutigkeit der GREENschen Funktion ist der Satz bewiesen.

Beispiel B: Es sei A in $\mathfrak{A}$ gegeben durch:

$$Au = -u'', \quad \mathfrak{A} = \{u(x) \mid u \in C^2(0 \leq x \leq 1); \; u(0) = 0, \; u(1) = 0\}. \qquad (36)$$

Sämtliche Eigenwerte von A in $\mathfrak{A}$ sind $\lambda_j = j^2 \pi^2$ mit $j = 1, 2, \ldots$ (Nachweis!).

1. $\mu = 0$. Ein Fundamentalsystem mit $R_1 u_1 = 0$, $R_2 u_2 = 0$ ist $u_1(x, 0) = x$, $u_2(x, 0) = 1 - x$. Deshalb wird

$$g(x, y, 0) = \begin{cases} (1 - x)\,y & \text{für} \quad 0 \leq y \leq x \leq 1 \\ x(1 - y) & \text{für} \quad 0 \leq x \leq y \leq 1 \end{cases}$$

$$= -\frac{1}{2}\,|x - y| - xy + \frac{1}{2}\,(x + y).$$

$A^{-1}f$ ist gegeben durch $A^{-1}f = \int\limits_0^1 g(x, y, 0)\, f(y)\, dy$.

2. $\mu \neq 0$, $\mu \neq j^2\pi^2$, $j = 1, 2, \ldots$. Ein Fundamentalsystem mit $R_1 u_1 = 0$, $R_2 u_2 = 0$ ist

$$\begin{cases} u_1(x, \mu) = e^{\sqrt{-\mu}\,x} - e^{-\sqrt{-\mu}\,x} \\ u_2(x, \mu) = e^{\sqrt{-\mu}\,x} - e^{2\sqrt{-\mu}}\, e^{-\sqrt{-\mu}\,x}. \end{cases}$$

Bei Beachtung von $\sinh z = \dfrac{1}{2}\,(e^z - e^{-z})$ erhält man

$$g(x, y, \mu) = \begin{cases} \dfrac{\sinh\{\sqrt{-\mu}\,(1 - x)\}\,\sinh\{\sqrt{-\mu}\,y\}}{\sqrt{-\mu}\,\sinh\sqrt{-\mu}} & \text{für } 0 \leq y \leq x \leq 1, \\[2ex] \dfrac{\sinh\{\sqrt{-\mu}\,x\}\,\sinh\{\sqrt{-\mu}\,(1 - y)\}}{\sqrt{-\mu}\,\sinh\sqrt{-\mu}} & \text{für } 0 \leq x \leq y \leq 1. \end{cases}$$

Dabei sei $\sqrt{-\mu}$ reell und positiv, falls $-\mu$ reell und positiv ausfällt. Man erkennt, daß $g(x, y, \mu)$ für $\mu = j^2\pi^2$ nicht existiert, weil $\sinh\sqrt{-j^2\pi^2} = 0$ ist.

Aufgabe 5: Es sei A in $\mathfrak{A}$ gegeben durch:

$$Au = -u'', \quad \mathfrak{A} = \{u(x) \mid u \in C^2(0 \leq x \leq 1); \; u(0) = 0, \; u'(1) = 0\}. \qquad (37)$$

Man bestimme sämtliche Eigenwerte von A in $\mathfrak{A}$ und berechne $\widetilde{A}^{-1}f$ für $f \in \mathfrak{W}_{\widetilde{A}}$ und alle μ, die nicht Eigenwert sind.

Wir zählen jetzt die wichtigsten Eigenschaften der GREENschen Funktion $g(x, y, \mu)$ auf. Sie gelten sowohl für die allgemeinen wie für die speziellen Randbedingungen und können unmittelbar aus (20) bzw. (30) abgelesen werden.

1. $g(x, y, \mu)$ existiert für alle komplexen Zahlen μ, die nicht Eigenwerte von A in $\mathfrak{A}$ sind.

2. $g(x, y, \mu)$ ist stetig in dem Quadrat $l \leq x \leq m$, $l \leq y \leq m$.

3. Es ist (bezüglich x gemeint) $R_1 g = 0$, $R_2 g = 0$.

4. Ist $x \neq y$, so erfüllt g die Relation $\tilde{A}g = 0$.

5. $g(x, y, \mu) = g(y, x, \mu)$ (Symmetrieeigenschaft).

6. $\lim\limits_{\substack{x \to y \\ x > y}} g_x(x, y, \mu) - \lim\limits_{\substack{x \to y \\ x < y}} g_x(x, y, \mu) = -\dfrac{1}{p(y)}$ für $l < y < m$.

Die Eigenschaft 6. ist aus (20) nicht einfach abzulesen. Sie wird von uns ferner jedoch nicht benötigt, so daß es genügt, 6. für die GREENsche Funktion bei den speziellen Randbedingungen zu bestätigen. Wir benutzen dann die Darstellung (30) und finden

$$
\begin{aligned}
&\lim_{\substack{x \to y \\ x > y}} g_x(x, y, \mu) - \lim_{\substack{x \to y \\ x < y}} g_x(x, y, \mu) \\[2mm]
&= \lim_{\substack{x \to y \\ x > y}} -\frac{u_2'(x, \mu)u_1(y, \mu)}{p(l)\, W(l, \mu)} - \lim_{\substack{x \to y \\ x < y}} -\frac{u_1'(x, \mu)\, u_2(y, \mu)}{p(l)\, W(l, \mu)} \qquad (38) \\[2mm]
&= -\frac{1}{p(y)} \frac{p(y)\, \{u_1(y, \mu)\, u_2'(y, \mu) - u_2(y, \mu)\, u_1'(y, \mu)\}}{p(l)\, W(l, \mu)} = -\frac{1}{p(y)}\,,
\end{aligned}
$$

weil der Zähler $p(y)\, W(y, \mu) = \text{const}$ bezüglich y ist.

Eine wichtige Eigenschaft, die A in $\mathfrak{A}$ bei den speziellen Randbedingungen (29), aber nicht A in $\mathfrak{A}$ bei den allgemeinen Randbedingungen (5) besitzt, ist die, daß die Eigenwerte von A in $\mathfrak{A}$ sämtlich einfach sind.

Sei nämlich λ ein zweifacher Eigenwert mit den linear unabhängigen Eigenfunktionen $\varphi_\lambda(x)$, $\psi_\lambda(x)$, so ist

$$
W(x, \lambda) = \begin{vmatrix} \varphi_\lambda(x), & \psi_\lambda(x) \\ \varphi_\lambda'(x), & \psi_\lambda'(x) \end{vmatrix} \neq 0. \qquad (39)
$$

Ferner bestehen wegen φ_λ, $\psi_\lambda \in \mathfrak{A}$ die Relationen

$$
\begin{aligned}
a_{11}\varphi_\lambda(l) + a_{12}\varphi_\lambda'(l) &= 0, \\
a_{11}\psi_\lambda(l) + a_{12}\psi_\lambda'(l) &= 0,
\end{aligned}
$$

woraus wegen (39) $a_{11} = a_{12} = 0$ folgt, was ein Widerspruch ist. Aufgabe 2 zeigt, daß bei den allgemeinen Randbedingungen mehrfache Eigenwerte tatsächlich auftreten können.

1.3 Hilfsmittel aus den partiellen Differentialgleichungen

Mit $\mathfrak{R}_n$ bezeichnen wir den n-dimensionalen EUKLIDischen Raum. Die Punkte des $\mathfrak{R}_n$ denken wir uns durch die Vektorschreibweise gegeben: $x = (x_1, \ldots, x_n)$. Eine offene, einfach-zusammenhängende, beschränkte Punktmenge des $\mathfrak{R}_n$ wird ein *Normalgebiet* G genannt, falls G

die Anwendung des *Gaußschen Integralsatzes* gestattet. Damit ist genau folgendes gemeint:

Auf den Randpunkten $x \in \partial G$ mit $\overline{G} = G + \partial G$ (Vereinigungsmenge von G und ∂G) gibt es ein reellwertiges Vektorfeld

$$v(x) = \big(v_1(x), \ldots, v_n(x)\big) \qquad \text{mit} \qquad |v| = \sqrt{\sum_{j=1}^{n} \big(v_j(x)\big)^2} = 1 \,, \qquad (1)$$

so daß für alle komplexwertigen $u(x) = u(x_1, \ldots, x_n) \in C^1(\overline{G})$ gilt:

$$\int_G u_{x_i}(x)\, dx = \int_{\partial G} u(x)\, v_i(x)\, do\,, \qquad i = 1, 2, \ldots, n\,. \qquad (2)$$

Bekanntlich ist dann das Vektorfeld $v(x)$ so beschaffen, daß $v(x)$ in allen Punkten $x \in \partial G$, in denen $\overline{G}$ eine eindeutige äußere (Einheits-)Normale besitzt, mit dieser zusammenfällt. Dabei ist in (2) $dx = dx_1\, dx_2 \ldots dx_n$ das Volumenelement (also kein Vektor!) und do das zu ∂G gehörige Oberflächenelement[1].

Ist G nicht mehr einfach zusammenhängend und besteht dann ∂G aus mehreren punktfremden, abgeschlossenen Bestandteilen $\partial G = \sum_{j=1}^{N} \partial G_j$, so gilt auch dann der GAUSZsche Satz, falls jedes G_j mit der Berandung ∂G_j ein Normalgebiet ist. In diesem Falle hat man

$$\int_G u_{x_i}(x)\, dx = \sum_{j=1}^{N} \int_{\partial G_j} u(x)\, v_i^{(j)}(x)\, do^{(j)}\,. \qquad (3)$$

Dabei ist $v^{(j)}$ die äußere Normale von G auf ∂G_j und $do^{(j)}$ das zu ∂G_j gehörige Oberflächenelement.

Besonders wichtig für das Folgende sind die Formeln für partielle Integration und die GREENschen Formeln. Setzt man in (2) $u(x) = v(x)\, w(x)$, so erhält man

$$\int_G v(x)\, w_{x_i}(x)\, dx = \int_{\partial G} v(x)\, w(x)\, v_i(x)\, do - \int_G v_{x_i}(x)\, w(x)\, dx\,. \qquad (4)$$

---

[1] Ist $u = (u_1(x), \ldots, u_n(x))$ ein Vektorfeld mit $u_j(x) \in C^1(\overline{G})$ und erklärt man die Divergenz von u durch $\operatorname{div} u = \sum_{j=1}^{n} u_{jx_j}(x) \equiv \sum_{j=1}^{n} \dfrac{\partial u_j(x)}{\partial x_j}$, so erhält man die dem Physiker vertraute Form von (2), nämlich

$$\int_G \operatorname{div} u\, dx = \sum_{j=1}^{n} \int_G u_{jx_j}\, dx = \sum_{j=1}^{n} \int_{\partial G} u_j(x)\, v_j(x)\, do = \int_{\partial G} (u, v)\, do\,.$$

Um zu den GREENschen Formeln zu kommen, vereinbart man die Setzungen

$$\left.\begin{aligned}
u_\nu(x) &= \sum_{j=1}^n u_{x_j}(x)\, \nu_j(x) \qquad \text{für} \qquad x \in \partial G, \\
\Delta_n u &= \sum_{j=1}^n u_{x_j x_j}(x), \qquad \text{grad } u = (u_{x_1}(x), \ldots, u_{x_n}(x)).
\end{aligned}\right\} \tag{5}$$

Für $u(x) \in C^1(\overline{G})$, $v(x) \in C^2(\overline{G})$ lautet die *1. Greensche Formel*

$$\int_G u(x)\, \overline{\Delta_n v(x)}\, dx = \int_{\partial G} u(x)\, \overline{v_\nu(x)}\, do - \sum_{j=1}^n \int_G u_{x_j}(x)\, \overline{v_{x_j}(x)}\, dx \tag{6}$$

$$= \int_{\partial G} u(x)\, \overline{v_\nu(x)}\, do - \int_G (\text{grad } u,\, \text{grad } v)\, dx,$$

die man sofort aus (4) gewinnt. Mit $u(x), v(x) \in C^2(\overline{G})$ lautet die *2. Greensche Formel*

$$\int_G \{\, u(x)\, \overline{\Delta_n v(x)} - \overline{v(x)}\, \Delta_n u(x)\, \}\, dx = \int_{\partial G} (u(x)\, \overline{v_\nu(x)} - u_\nu(x)\, \overline{v(x)})\, do, \tag{7}$$

die durch Vertauschung von u und v aus (6) folgt.

Ist G ein solches Normalgebiet, so gilt (2) bekanntlich sogar für alle komplexwertigen $u(x) \in C^0(\overline{G})$, $\in C^1(G)$, für die zusätzlich $\int_G u_{x_i}(x)\, dx$ existiert. Dabei wird dieses Integral im allgemeinen ein uneigentliches Integral sein, weil z. B. u_{x_i} auf ∂G unendlich werden mag. Entsprechend hat man die 1. GREENsche Formel sogar für alle $u(x), v(x) \in C^1(\overline{G})$, $v(x) \in C^2(G)$ zur Verfügung, für die noch $\int_G u\, \overline{\Delta_n v}\, dx$ existiert. Analog können auch die Voraussetzungen für die 2. GREENsche Formel abgeschwächt werden zu: $u(x), v(x) \in C^1(\overline{G})$, $\in C^2(G)$ und $\int_G u\, \overline{\Delta_n v}\, dx$, $\int_G \overline{v}\, \Delta_n u\, dx$ existieren.

Besonders wichtige Lösungen von $\Delta_n u = 0$ sind für $|x| \neq 0$ die Funktionen $|x|^{2-n}$ für $n > 2$ und $\log|x|$ für $n = 2$. Entsprechend sind für $x \neq a$ die Funktionen

$$s(a, x) = \begin{cases} \dfrac{1}{(n-2)\,\omega_n}\, |a - x|^{2-n} & \text{für} \quad n > 2, \\[2ex] -\dfrac{1}{2\pi} \log|a - x| & \text{für} \quad n = 2 \end{cases} \tag{8}$$

Lösungen von $\Delta_n u = 0$. Da sie für $a = x$ singulär sind, werden sie *Singularitätenfunktionen* genannt. ω_n bezeichnet dabei die Oberfläche der n-dimensionalen Einheitskugel.

Definition 1: *Für einen festen Punkt $a \in G$ heißt die für $x \in \overline{G}$, $x \neq a$ erklärte reelle Funktion*

$$\gamma(a,x) = s(a,x) + \Phi(x) \quad mit \quad \Phi(x) \in C^1(\overline{G}), \ \in C^2(G), \ \Delta_n \Phi = 0 \ in \ G \quad (9)$$

eine Grundlösung bezüglich G.
Für diese gilt der

Satz 1: *Ist $u(x) \in C^1(\overline{G})$, $\in C^2(G)$ eine Lösung von $\Delta_n u = f(x)$ mit $f(x) \in C^0(\overline{G})$, so gilt in einem beliebigen Punkt $x \in G$ die Darstellung*

$$u(x) = \int\limits_{\partial G} \{ \gamma(x,y) u_\nu(y) - u(y) \gamma_\nu(x,y) \} \, do - \int\limits_{G} \gamma(x,y) f(y) \, dy. \quad (10)$$

Beweis: Da $\gamma(x,y)$ für $y = x$ singulär wird, schneiden wir die Kugel $\overline{K}: |y - x| \leq \varrho$ mit hinreichend kleinem ϱ aus G aus. Die Anwendung der 2. GREENschen Formel auf das zweifach zusammenhängende Gebiet $G - \overline{K}$ ergibt

$$\int\limits_{G-\overline{K}} \{ \gamma(x,y) \Delta_n u(y) - u(y) \Delta_n \gamma(x,y) \} \, dy$$
$$= \int\limits_{\partial G + \partial K} \{ \gamma(x,y) u_\nu(y) - u(y) \gamma_\nu(x,y) \} \, do. \quad (11)$$

Das Integral über ∂K läßt sich wegen (9) in zwei Integrale aufspalten, nämlich

$$\int\limits_{\partial K} \{ \gamma u_\nu - u \gamma_\nu \} \, do = \int\limits_{\partial K} (s u_\nu - u s_\nu) \, do + \int\limits_{\partial K} (\Phi u_\nu - u \Phi_\nu) \, do. \quad (12)$$

Das letzte Integral hat für $\varrho \to 0$ den Limes Null. Setzt man $\mu = -\nu$, so ist μ die äußere Normale von ∂K und ∂K kann durch $y = x + \mu \varrho$ beschrieben werden. Wegen $do = \varrho^{n-1} d\omega$ und $d\omega =$ Oberflächenelement der Einheitskugel erhält man (wobei wir zunächst $n > 2$ voraussetzen)

$$\int\limits_{\partial K} (s u_\nu - u s_\nu) \, do = \frac{\varrho^{n-1}}{(n-2) \omega_n} \int\limits_{|\mu|=1} \{ u(x + \mu \varrho) (\varrho^{2-n})_\mu - \varrho^{2-n} u_\mu(x + \mu \varrho) \} \, d\omega. \quad (13)$$

Wegen $(\varrho^{2-n})_\mu = (\varrho^{2-n})_\varrho = (2 - n) \varrho^{1-n}$ hat man

$$\lim\limits_{\varrho \to 0} \int\limits_{\partial K} (s u_\nu - u s_\nu) \, do = -u(x). \quad (14)$$

Der Limes $\varrho \to 0$ auf der linken Seite in (11) liefert $\int\limits_{G} \gamma(x, y)\, f(y)\, dy$, so daß für $n > 2$ alles bewiesen ist. Für $n = 2$ verläuft der Beweis analog.

Eine für uns wichtige Anwendung ist

Satz 2: *Es sei* $\varphi(t) \in C^2(0 \leq t \leq 1)$ *und* $\varphi(t) \equiv 1$ *in* $0 \leq t \leq \dfrac{1}{3}$, $\varphi(t) \equiv 0$ *in* $\dfrac{2}{3} \leq t \leq 1$, $0 \leq \varphi(t) \leq 1$ *in* $\dfrac{1}{3} \leq t \leq \dfrac{2}{3}$. *Ist dann* $u(x) \in C^2(\mathfrak{R}_n)$, *so gilt für jedes* $x \in \mathfrak{R}_n$ *die Darstellung*

$$u(x) = \frac{1}{\omega_n} \sum_{j=1}^{n} \int\limits_{|y-x| \leq R} \frac{x_j - y_j}{|x-y|^n} \left(u(y)\, \varphi\left(\frac{|y-x|}{R} \right) \right)_{y_j} dy, \qquad (15)$$

gültig für beliebiges R mit $0 < R < \infty$.

Beweis: Als $\overline{G}$ wählen wir die Kugel $|y - x| \leq R$ mit x als Mittelpunkt. Die Funktion $v(y) = u(y)\, \varphi\left(\dfrac{|y-x|}{R} \right)$ hat die Eigenschaft $v(y) \in C^2(|y-x| \leq R)$ und erfüllt $\Delta_n v = f$ mit $f = \Delta_n v$. Weil v, v_ν auf $|y - x| = R$ verschwinden, ergibt (10) mit $v(x) = u(x)\,\varphi(0) = u(x)$

$$u(x) = - \int\limits_{|y-x| \leq R} \gamma(x,y)\, \Delta_n \left(u(y)\, \varphi\left(\frac{|y-x|}{R} \right) \right) dy. \qquad (16)$$

Setzt man in der Grundlösung $\Phi \equiv 0$, so daß $\gamma(x, y) = s(x, y)$ gilt, und führt man eine partielle Integration bezüglich y_j durch bei Beachtung des Umstandes, daß keine Oberflächenintegrale auftreten, so erhält man

$$u(x) = \sum_{j=1}^{n} \int\limits_{|y-x| \leq R} s_{y_j}(x, y) \left\{ u(y)\, \varphi\left(\frac{|y-x|}{R} \right) \right\}_{y_j} dy. \qquad (17)$$

Beachtet man $s_{y_j}(x, y) = \dfrac{1}{\omega_n} \dfrac{x_j - y_j}{|x-y|^n}$ für $n \geq 2$, so ist (15) bewiesen.

In der Darstellung (10) trat das Integral $\int\limits_{G} \gamma(x, y)\, f(y)\, dy$ auf, welches ein uneigentliches Integral ist, denn es enthält z. B. für $n > 2$ den Bestandteil

$$\int\limits_{G} s(x, y)\, f(y)\, dy = \frac{1}{(n-2)\,\omega_n} \int\limits_{G} \frac{f(y)}{|x-y|^{n-2}}\, dy. \qquad (18)$$

Seine Existenz haben wir allerdings in Satz 1 mitbewiesen. Im folgenden ist die Abschätzung solcher uneigentlicher Volumenintegrale wichtig.

Dies leistet der

Satz 3: $\int\limits_G \dfrac{1}{|x-y|^\alpha}\, dy \le \dfrac{\omega_n}{n-\alpha} \left(\dfrac{n\,V(G)}{\omega_n}\right)^{1-\frac{\alpha}{n}}$

für $n \ge 2$, $0 < \alpha < n$ und alle $x \in \Re_n$. ω_n ist die Oberfläche der Einheitskugel im $\Re_n$ und $V(G)$ das Volumen des Gebietes G: $V(G) = \int\limits_G dx$.

Beweis: Um den beliebigen Punkt $x \in \Re_n$ wird eine Kugel K gelegt, die das gleiche Volumen wie G hat, so daß sich ihr Radius R zu

$R = \left(\dfrac{n\,V(G)}{\omega_n}\right)^{\frac{1}{n}}$ ergibt. Man hat dann

$$\int\limits_K |x-y|^{-\alpha} dy = \int\limits_{K\cap G} |x-y|^{-\alpha}\, dy + \int\limits_{K-(K\cap G)} |x-y|^{-\alpha}\, dy$$

$$\ge \int\limits_{K\cap G} |x-y|^{-\alpha}\, dy + R^{-\alpha}(V(G) - V(K\cap G)), \qquad (19)$$

wobei $V(K\cap G)$ das Volumen von $K\cap G$ bedeutet. Ferner ist

$$\int\limits_G |x-y|^{-\alpha} dy = \int\limits_{K\cap G} |x-y|^{-\alpha}\, dy + \int\limits_{G-(K\cap G)} |x-y|^{-\alpha}\, dy$$

$$\le \int\limits_{K\cap G} |x-y|^{-\alpha}\, dy + R^{-\alpha}(V(G) - V(K\cap G)). \qquad (20)$$

Mit (19) kann das letzte Integral in (20) nach oben abgeschätzt werden. Man findet dann

$$\int\limits_G |x-y|^{-\alpha}\, dy \le \int\limits_K |x-y|^{-\alpha}\, dy = \int\limits_0^R \left(\int\limits_{|y-x|=\varrho} |x-y|^{-\alpha}\, do \right) d\varrho$$

$$= \int\limits_0^R (\varrho^{-\alpha} \varrho^{n-1}\, \omega_n)\, d\varrho = \omega_n \frac{R^{n-\alpha}}{n-\alpha}, \qquad (21)$$

was das gewünschte Ergebnis ist.

Setzt man in (9) $\Phi(y) \equiv 0$, so wird in (10) $\gamma(x, y) = s(x, y)$, und es ist zu vermuten, daß die durch $-\int\limits_G s(x, y)\, f(y)\, dy$ erzeugte Funktion eine Lösung von $\Delta_n u = f(x)$ ist.

Satz 4: *1. Ist $f(x)$ über G integrabel und beschränkt, so ist*

$$u(x) = -\int\limits_G s(x, y)\, f(y)\, dy$$

$\in C^1(\overline{G})$.

2. Ist zusätzlich $f(x) \in C^1(\overline{G})$, so ist $u(x) \in C^1(\overline{G})$, $\in C^2(G)$ und erfüllt $\Delta_n u = f(x)$ in G.

Zusatz: Die Voraussetzung $f(x) \in C^1(\overline{G})$ *kann bei gleicher Behauptung abgeschwächt werden zu:* $f(x)$ *hölderstetig in* $\overline{G}$, *d. h.*

$$|f(x_1) - f(x_2)| \leq H\,|x_1 - x_2|^\alpha \qquad \text{für alle} \qquad x_1, x_2 \in \overline{G}$$

mit festen von x_1, x_2 *unabhängigen Zahlen* H *und* α *mit* $0 < \alpha < 1$*.

Auf einen Beweis dieses Satzes, der aus den Elementen der Potentialtheorie stammt, soll hier verzichtet werden. In der Literatur macht man bei 1. im allgemeinen die Voraussetzung $f(x) \in C^0(\overline{G})$, doch verändert die obige schwächere Voraussetzung nichts an den bekannten Beweisen.

Definition 2: *Ist* $\gamma(x, y)$ *bei festem* $x \in G$ *bezüglich* $y \in \overline{G}$ *eine Grundlösung mit der Zusatzeigenschaft* $\gamma(x, y) = 0$ *für* $y \in \partial G$, *so heißt sie Greensche Funktion und wird mit* $g(x, y)$ *bezeichnet.*

Mit einer solchen GREENschen Funktion wird die Formel (10)

$$u(x) = -\int\limits_{\partial G} g_\nu(x, y)\,u(y)\,do - \int\limits_{G} g(x, y)\,f(y)\,dy. \qquad (22)$$

Sind $f(x)$ in $\overline{G}$ und $\varphi(x)$ auf ∂G gegebene Funktionen und ist $u(x)$ eine Lösung von $\Delta_n u = f(x)$ mit $u(x) = \varphi(x)$ für $x \in \partial G$, so erscheint (22) in der Form

$$u(x) = -\int\limits_{\partial G} g_\nu(x, y)\,\varphi(y)\,do - \int\limits_{G} g(x, y)\,f(y)\,dy. \qquad (23)$$

Die rechte Seite ist damit bekannt, und man darf vermuten, daß die durch (23) erzeugte Funktion $u(x)$ eine Lösung des Problems sein wird, ein $u(x) \in C^1(\overline{G})$, $\in C^2(G)$ mit $\Delta_n u = f$ in G, $u = \varphi$ auf ∂G zu finden. Dies ist der Fall, wenn $f(x) \in C^1(\overline{G})$ (oder hölderstetig), $\varphi(x) \in C^0(\partial G)$ und G so beschaffen ist, daß eine solche GREENsche Funktion existiert*.

Die Lehrbücher der Potentialtheorie und der partiellen Differentialgleichungen geben dazu explizite Voraussetzungen über ∂G an. Vgl. etwa R. COURANT-D. HILBERT [**], [$\overset{*}{\underset{*}{*}}$], G. HELLWIG [*], O. D. KELLOGG [*].

1.4 Der Sturm-Liouvillesche Operator im $\mathfrak{R}_n$

Wir betrachten die Differentialgleichung

$$\sum_{j=1}^{n} (p(x)\,u_{x_j})_{x_j} + (\lambda k(x) - q(x))\,u = 0 \qquad (1)$$

in einem Normalgebiet G des $\mathfrak{R}_n$ und machen die

Voraussetzung: 1. $p(x), q(x), k(x)$ reellwertig;

         2. $p(x) \in C^3(\overline{G})$; $q(x), k(x) \in C^1(\overline{G})$;

         3. $p(x) > 0$, $k(x) > 0$ in $\overline{G}$;

         4. λ ist eine komplexe Zahl.

---

* Die Stetigkeit von $f(x)$ ist hierfür jedoch nicht ausreichend.

Setzt man $v(x) = \sqrt{p(x)}\, u(x)$, so entsteht aus (1) die Gleichung

$$\Delta_n v + (\lambda \tilde{k}(x) - \tilde{q}(x))\, v = 0 \tag{2}$$

mit

$$\tilde{k}(x) = \frac{k(x)}{p(x)}, \qquad \tilde{q}(x) = \frac{q(x)}{p(x)} + \frac{\Delta_n p}{2\,p(x)} - \frac{|\operatorname{grad} p(x)|^2}{4\,p^2(x)}. \tag{3}$$

Man darf daher ohne Beschränkung der Allgemeinheit in (1) $p(x) = 1$ annehmen, was wir weiterhin tun werden.

Um zu einem linearen Operator A in $\mathfrak{A}$ zu kommen, setzen wir fest:

$$\mathfrak{H} = \left\{ u(x) \,\Big|\, \int\limits_G |u(x)|^2\, k(x)\, dx < \infty \right\}, \quad (u, v) = \int\limits_G u(x)\, \overline{v(x)}\, k(x)\, dx. \tag{4}$$

A in $\mathfrak{A}$ werde erklärt durch

$$A u = \frac{1}{k(x)} \left\{ -\Delta_n u + q(x)\, u \right\}, \tag{5}$$

$$\mathfrak{A} = \{ u(x) \,|\, u \in C^1(\overline{G}),\ \in C^2(G),\ A u \in \mathfrak{H};\ u = 0 \ \text{ für } \ x \in \partial G \}. \tag{6}$$

Würde man $A u \in \mathfrak{H}$ nicht fordern, so müßte A in $\mathfrak{A}$ kein Operator sein, weil aus $u \in C^2(G)$ nicht $A u \in \mathfrak{H}$ folgt. Hätte man dagegen $u \in C^2(\overline{G})$ gefordert, so ist $A u \in \mathfrak{H}$ selbstverständlich erfüllt.

Wir nennen A in $\mathfrak{A}$ einen STURM-LIOUVILLEschen Operator im $\mathfrak{R}_n$, jedoch werden wir später sowohl (1) als auch die Randbedingung $u = 0$ auf ∂G wesentlich verallgemeinern. Wieder ist A in $\mathfrak{A}$ reell, weil mit $u(x) \in \mathfrak{A}$ auch $\overline{u(x)} \in \mathfrak{A}$ und $\overline{A u} = A \bar{u}$ gilt. λ heißt hier Eigenwert, falls es ein $\varphi(x) \in \mathfrak{A}$ mit $\varphi(x) \not\equiv 0$ so gibt, daß $A \varphi = \lambda \varphi$ besteht.

Beispiel A: $A u = -\Delta_2 u$, $\quad G:\ 0 < x_1 < a,\ 0 < x_2 < b$. Lösungen von $A u = \lambda u$ sind

$$\begin{aligned} &C \cos \alpha x_1 \cos \beta x_2, \quad C \sin \alpha x_1 \sin \beta x_2, \\ &C \cos \alpha x_1 \sin \beta x_2, \quad C \sin \alpha x_1 \cos \beta x_2 \end{aligned} \quad \text{mit } \alpha^2 + \beta^2 = \lambda. \tag{7}$$

Damit $u \in \mathfrak{A}$ gilt, kommen wegen $u = 0$ für $x_1 = 0$ und $x_2 = 0$ nur sin-Funktionen in Betracht. Damit diese bei $x_1 = a$ und $x_2 = b$ verschwinden, muß $\alpha a = j\pi$ und $\beta l = l\pi$ sein mit $j, l = \pm 1, \pm 2, \ldots$. Deshalb sind die Zahlen

$$\lambda_{j,\,l} = \frac{j^2 \pi^2}{a^2} + \frac{l^2 \pi^2}{b^2} \quad j, l = 1, 2, \ldots \tag{8}$$

Eigenwerte und

$$\varphi_{j,\,l}(x) = \frac{2}{\sqrt{ab}} \sin \frac{j\pi}{a} x_1 \sin \frac{l\pi}{b} x_2 \tag{9}$$

dazu gehörige Eigenfunktionen, die so normiert sind, daß $\|\varphi_{j,\,l}(x)\| = 1$ ist.

A^{-1} in $\mathfrak{A}^{-1} = \mathfrak{W}_A$ von A in $\mathfrak{A}$ existiert dann und nur dann, wenn $\lambda = 0$ nicht Eigenwert von A in $\mathfrak{A}$ ist. In 2.3 werden wir zeigen, daß für $q(x) \geq 0$ $\lambda = 0$ kein Eigenwert ist. Deshalb machen wir für das Weitere diese zusätzliche Voraussetzung. Die genaue Charakterisierung von $\mathfrak{A}^{-1} = \mathfrak{W}_A$ macht hier Schwierigkeiten. Jedenfalls ist $\mathfrak{A}^{-1} = \{f(x) \mid f \in \, \in C^0(\overline{G})\}$ nicht richtig, wie die Erörterungen in 1.3 zeigen, weil man zu einem solchen f im allgemeinen kein $u \in \mathfrak{A}$ findet mit $A u = f$. Für den Fall $q(x) \equiv 0$ erklären wir daher A^{-1} in $\mathfrak{B}$ mit

$$A^{-1}f = \int_G g(x, y)\, f(y)\, k(y)\, dy, \tag{10}$$

$$\mathfrak{B} = \{f(x) \mid f \in C^1(\overline{G}) \ \text{oder}\ f\ \text{hölderstetig in}\ \overline{G}\} \tag{11}$$

und sind sicher, daß $u = A^{-1}f$ mit $f \in \mathfrak{B}$ die Eigenschaft $u \in \mathfrak{A}$, $A u = f$ besitzt. Deshalb ist $\mathfrak{B} \subseteq \mathfrak{W}_A$.

Ein Konstruktionsverfahren für A^{-1} im allgemeinen Falle $q(x) \geq 0$ sei nur skizziert[1]: Man definiert eine Funktionenfolge $u_0(x), u_1(x), \ldots \in \mathfrak{A}$ durch

$$\left. \begin{aligned} u_0(x) &= \int_G g(x, y)\, f(y)\, k(y)\, dy, \\ u_j(x) &= \int_G g(x, y)\, \{f(y)\, k(y) - q(y)\, u_{j-1}(y)\}\, dy \end{aligned} \right\} \tag{12}$$

für $j = 1, 2, \ldots$. Es ist dann mit 1.3

$$\frac{1}{k(x)}\, \{- \varDelta_n u_0\} = f(x)\,, \qquad \frac{1}{k(x)}\, \{- \varDelta_n u_j + q(x)\, u_{j-1}\} = f(x) \tag{13}$$

für $j = 1, 2, \ldots$. Setzt man weiter

$$\left. \begin{aligned} \bar{g}_0(x, y) &= g(x, y), \\ \bar{g}_j(x, y) &= \bar{g}_0(x, y) - \int_G \bar{g}_0(x, z)\, \bar{g}_{j-1}(z, y)\, q(z)\, dz \end{aligned} \right\} \tag{14}$$

für $j = 1, 2, \ldots$, so findet man für (12) die Darstellung

$$u_j(x) = \int_G \bar{g}_j(x, y)\, f(y)\, k(y)\, dy \quad \text{für} \quad j = 0, 1, 2, \ldots. \tag{15}$$

In der Tat gilt mit der durch (15) definierten Funktion

$$u_j(x) =$$

$$= \int_G \bar{g}_0(x, y)\, f(y)\, k(y)\, dy - \int_G \left(\int_G \bar{g}_0(x, z)\, \bar{g}_{j-1}(z, y)\, q(z)\, dz \right) f(y)\, k(y)\, dy$$

$$= \int_G \bar{g}_0(x, y)\, f(y)\, k(y)\, dy - \int_G \bar{g}_0(x, z)\, q(z) \left(\int_G \bar{g}_{j-1}(z, y)\, f(y)\, k(y)\, dy \right) dz$$

$$= \int_G \bar{g}_0(x, y)\, f(y)\, k(y)\, dy - \int_G \bar{g}_0(x, z)\, q(z)\, u_{j-1}(z)\, dz,$$

---

[1] E. C. Titchmarsh [**].

was mit (12) übereinstimmt. Die dabei vorgenommene Vertauschung der Integrationsreihenfolge ist leicht zu rechtfertigen. Kann man nun zeigen, daß $\lim_{j\to\infty} u_j(x) = u(x)$ existiert, und ist dabei $u(x) \in \mathfrak{A}$, so erhält man aus (12), falls der Limes noch unter dem Integral durchgeführt werden kann

$$u(x) = \lim_{j\to\infty} u_j(x) = \int_G g(x, y) \{f(y)\, k(y) - q(y)\, u(y)\}\, dy \qquad (16)$$

oder gleichwertig

$$\frac{1}{k(x)} \{-\Delta_n u + q(x)\, u\} = f(x) \quad \text{in } G. \qquad (17)$$

Ist ferner $\tilde{g}_j(x, y) - \tilde{g}_0(x, y)$ für $j \to \infty$ in $\overline{G}$ gleichmäßig konvergent und bezeichnen wir die Grenzfunktion mit $\tilde{g}(x, y) - \tilde{g}_0(x, y)$, so folgt aus (14) und (15)

$$u(x) = A^{-1}f = \int_G \tilde{g}(x, y)\, f(y)\, k(y)\, dy, \qquad (18)$$

$$\tilde{g}(x, y) = g(x, y) - \int_G g(x, z)\, \tilde{g}(z, y)\, q(z)\, dz. \qquad (19)$$

Damit ist A^{-1} konstruiert und hat den gleichen Definitionsbereich $\mathfrak{A}^{-1}$ wie in (11). Ferner ist $\tilde{g}(x, y) = \tilde{g}(y, x)$.

2. Symmetrische und halbbeschränkte Operatoren

2.1 Definitionen

Definition 1: *A in $\mathfrak{A}$ heißt symmetrisch, falls 1. $\mathfrak{A}$ in $\mathfrak{H}$ dicht ist und 2.*

$$(A u, v) = (u, A v) \qquad \text{für alle} \qquad u, v \in \mathfrak{A} \qquad (1)$$

gilt.

Satz 1: *Ist A in $\mathfrak{A}$ symmetrisch, so gilt:*

1. $(A u, u)$ ist reell für jedes $u \in \mathfrak{A}$;

2. Falls A in $\mathfrak{A}$ Eigenwerte besitzt, sind diese reell;

3. Eigenelemente zu verschiedenen Eigenwerten sind orthogonal.

Beweis: Zu 1. $(A u, u) = (u, A u) = \overline{(A u, u)}$.

Zu 2. Es sei $A\varphi = \lambda\varphi$ mit $\varphi \neq \Theta$, dann ist $\lambda(\varphi, \varphi) = (\lambda\varphi, \varphi) = (A\varphi, \varphi)$ reell. Weil (φ, φ) ebenfalls reell und $\neq 0$ ist, erhält man $\lambda = \dfrac{(A\varphi, \varphi)}{(\varphi, \varphi)}$, und somit ist λ reell.

Zu 3. λ_1, λ_2 seien zwei Eigenwerte mit $\lambda_1 \neq \lambda_2$ und φ_1, φ_2 dazugehörige Eigenelemente, also: $A\varphi_1 = \lambda_1\varphi_1$, $\varphi_1 \neq \Theta$; $A\varphi_2 = \lambda_2\varphi_2$, $\varphi_2 \neq \Theta$. Es folgt

$$(A\varphi_1, \varphi_2) = (\lambda_1\varphi_1, \varphi_2) = \lambda_1(\varphi_1, \varphi_2),$$

$$(A\varphi_1, \varphi_2) = (\varphi_1, A\varphi_2) = (\varphi_1, \lambda_2\varphi_2) = \overline{\lambda}_2(\varphi_1, \varphi_2) = \lambda_2(\varphi_1, \varphi_2),$$

somit $\lambda_1(\varphi_1, \varphi_2) = \lambda_2(\varphi_1, \varphi_2)$ oder $(\lambda_1 - \lambda_2)(\varphi_1, \varphi_2) = 0$, woraus $(\varphi_1, \varphi_2) = 0$ folgt.

Satz 2: *A in $\mathfrak{A}$ ist dann und nur dann symmetrisch, falls 1. A in $\mathfrak{A}$ dicht und 2. (Au, u) reell ist für jedes $u \in \mathfrak{A}$.*

Beweis: 1. Ist A in $\mathfrak{A}$ symmetrisch, so folgt nach Satz 1, daß (Au, u) reell ist.

2. Es sei (Au, u) reell. Durch Nachrechnen verifiziert man für beliebige $u, v \in \mathfrak{A}$

$$4(Au, v) = (A(u + v), u + v) - (A(u - v), u - v)$$
$$+ i(A(u + iv), u + iv) - i(A(u - iv), u - iv), \qquad (2)$$

$$4(u, Av) = (u + v, A(u + v)) - (u - v, A(u - v))$$
$$+ i(u + iv, A(u + iv)) - i(u - iv, A(u - iv)). \qquad (3)$$

Da (Au, u) reell ausfällt, hat man für alle $u \in \mathfrak{A}$ $(u, Au) = \overline{(Au, u)} = (Au, u)$. Damit werden die rechten Seiten in (2) und (3) gleich und (2) und (3) ergibt $4(Au, v) = 4(u, Av)$ für alle $u, v \in \mathfrak{A}$.

Der Beweis zeigt, daß Satz 2 nicht für reelle HILBERTsche Räume gilt, weil die Multiplikation von Elementen mit der Zahl i wesentlich benutzt worden ist.

Definition 2: *Ein symmetrischer Operator A in $\mathfrak{A}$ heißt halbbeschränkt nach unten, wenn es eine reelle Zahl a so gibt, daß*

$$(Au, u) \geq a(u, u) \qquad \textit{für alle} \qquad u \in \mathfrak{A} \qquad (4)$$

gilt. A in $\mathfrak{A}$ heißt positiv, falls $a \geq 0$ ausfällt. A in $\mathfrak{A}$ heißt streng positiv, wenn sogar $a > 0$ ist.

Satz 3: *Ist A in $\mathfrak{A}$ symmetrisch und halbbeschränkt nach unten, so gilt für jeden Eigenwert λ von A in $\mathfrak{A}$ die Abschätzung $\lambda \geq a$.*

Beweis: Es sei φ ein zum Eigenwert λ gehöriges Eigenelement, so ist

$$\lambda(\varphi, \varphi) = (\lambda\varphi, \varphi) = (A\varphi, \varphi) \geq a(\varphi, \varphi) \qquad \text{oder} \qquad \lambda \geq a.$$

Satz 4: *Ist A in $\mathfrak{A}$ streng positiv, so existiert A^{-1} in $\mathfrak{A}^{-1} = \mathfrak{W}_A$.*

Beweis: Die möglichen Eigenwerte erfüllen $\lambda \geq a > 0$, so daß $\lambda = 0$ nicht Eigenwert sein kann. Nach Satz 1 aus 1.1 existiert A^{-1} in $\mathfrak{A}^{-1} = \mathfrak{W}_A$.

Damit sind die in 1.1 gewünschten Klassen von Operatoren angegeben. Die symmetrischen Operatoren besitzen, wenn überhaupt, so nur reelle Eigenwerte. Die symmetrischen und nach unten halbbeschränkten Operatoren besitzen ein Punktspektrum — welches auch leer sein mag —, das nicht nach $-\infty$ reicht.

Aufgabe 1: Es sei

$$\mathfrak{H} = \left\{ u(x) \mid \int\limits_0^1 |u(x)|^2 \, dx < \infty \right\}, \quad (u, v) = \int\limits_0^1 u(x) \overline{v(x)} \, dx. \tag{5}$$

A in $\mathfrak{A}$ sei gegeben durch $A u = -u''$ und

$$\mathfrak{A} = \{u(x) \mid u \in C^2 (0 \leq x \leq 1); \; u(0) = u'(0) = u(1) = u'(1) = 0\}. \tag{6}$$

Man zeige, daß A in $\mathfrak{A}$ symmetrisch und positiv ist und keinen Eigenwert besitzt. (Anleitung: Für den Nachweis, daß $\mathfrak{A}$ in $\mathfrak{H}$ dicht ist, benutze man Satz 3 aus I.2.4 in einer Dimension.)

2.2 Symmetrie und Halbbeschränktheit
des Sturm-Liouvilleschen Operators im $\mathfrak{R}_1$

Es sei

$$\mathfrak{H} = \left\{ u(x) \mid \int\limits_l^m |u(x)|^2 \, k(x) \, dx < \infty \right\}; \quad (u, v) = \int\limits_l^m u(x) \, \overline{v(x)} \, k(x) \, dx. \tag{1}$$

Der allgemeine STURM-LIOUVILLEsche Operator A in $\mathfrak{A}$ werde wie in 1.2 erklärt durch

$$A u = \frac{1}{k(x)} \{ -(p(x) \, u')' + q(x) \, u \} \quad \text{für alle} \quad u \in \mathfrak{A}; \tag{2}$$

$$\mathfrak{A} = \{u(x) \mid u \in C^2 (l \leq x \leq m); \; R_1 u = 0, \; R_2 u = 0\}. \tag{3}$$

Bezüglich p, q, k werden die gleichen Voraussetzungen wie in 1.2 gemacht. $R_1 u = 0$, $R_2 u = 0$ sind die allgemeinen Randbedingungen aus 1.2:

$$R_j u = \alpha_{j1} u(l) + \alpha_{j2} u'(l) + \alpha_{j3} u(m) + \alpha_{j4} u'(m), \quad j = 1, 2. \tag{4}$$

Dabei sind $\alpha_{11}, \ldots, \alpha_{24}$ reelle Zahlen mit

$$\text{Rang} \begin{pmatrix} \alpha_{11}, \, \alpha_{12}, \, \alpha_{13}, \, \alpha_{14} \\ \alpha_{21}, \, \alpha_{22}, \, \alpha_{23}, \, \alpha_{24} \end{pmatrix} = 2. \tag{5}$$

Satz 1: *A in $\mathfrak{A}$ ist dann und nur dann symmetrisch, falls gilt*

$$p(l) \{\alpha_{13} \alpha_{24} - \alpha_{14} \alpha_{23}\} = p(m) \{\alpha_{11} \alpha_{22} - \alpha_{12} \alpha_{21}\}. \tag{6}$$

Beweis: Es soll hier nur gezeigt werden, daß die Bedingung (6) hinreichend für die Symmetrie von A in $\mathfrak{A}$ ist. Daß (6) auch notwendig ist, ist für die Zwecke des Buches ohne Interesse.

Zunächst ist $\mathfrak{A}$ in $\mathfrak{H}$ dicht. Dies ist eine unmittelbare Folge des Satzes 3 aus I.2.4, wenn man ihn für eine Dimension benutzt. Danach ist

$$\dot{\mathfrak{T}} = \{u(x) \mid u \in C^\infty(l \leq x \leq m), \quad u \equiv 0 \text{ in } l \leq x \leq l_1, \quad m_1 \leq x \leq m$$
$$\text{mit } l_1 > l, \ m_1 < m \ \text{ und } l_1, \ m_1 \text{ von } u \text{ abhängig}\}$$

dicht in $\mathfrak{H}$. Nun ist $\mathfrak{H} \supset \mathfrak{A} \supset \dot{\mathfrak{T}}$, so daß erst recht $\mathfrak{A}$ in $\mathfrak{H}$ dicht ist.

Für $u, v \in \mathfrak{A}$ ergibt partielle Integration

$$(Au, v) - (u, Av) = \int\limits_l^m \{-(pu')'\,\bar{v} + (p\bar{v}')'\,u\}\,dx \tag{7}$$

$$= p(m)\,\{u(m)\,\bar{v}'(m) - u'(m)\,\bar{v}(m)\} - p(l)\,\{u(l)\,\bar{v}'(l) - u'(l)\,\bar{v}(l)\}.$$

Mit $u, v \in \mathfrak{A}$ sind auch $u, \bar{v} \in \mathfrak{A}$. Also erfüllen auch $u, \bar{v}$ die Randbedingungen. Deshalb hat man

$$\begin{vmatrix} \alpha_{11}u(l) + \alpha_{12}u'(l), & \alpha_{11}\bar{v}(l) + \alpha_{12}\bar{v}'(l) \\ \alpha_{21}u(l) + \alpha_{22}u'(l), & \alpha_{21}\bar{v}(l) + \alpha_{22}\bar{v}'(l) \end{vmatrix}$$

$$= \begin{vmatrix} \alpha_{13}u(m) + \alpha_{14}u'(m), & \alpha_{13}\bar{v}(m) + \alpha_{14}\bar{v}'(m) \\ \alpha_{23}u(m) + \alpha_{24}u'(m), & \alpha_{23}\bar{v}(m) + \alpha_{24}\bar{v}'(m) \end{vmatrix}.$$

Mittels elementarer Umformung kann man dafür auch

$$\begin{vmatrix} \alpha_{11}, \alpha_{12} \\ \alpha_{21}, \alpha_{22} \end{vmatrix} \begin{vmatrix} u(l), \bar{v}(l) \\ u'(l), \bar{v}'(l) \end{vmatrix} = \begin{vmatrix} \alpha_{13}, \alpha_{14} \\ \alpha_{23}, \alpha_{24} \end{vmatrix} \begin{vmatrix} u(m), \bar{v}(m) \\ u'(m), \bar{v}'(m) \end{vmatrix} \tag{8}$$

schreiben.

1. Fall: $\begin{vmatrix} \alpha_{11}, \alpha_{12} \\ \alpha_{21}, \alpha_{22} \end{vmatrix} \neq 0$. Wegen (6) folgt dann $\begin{vmatrix} \alpha_{13}, \alpha_{14} \\ \alpha_{23}, \alpha_{24} \end{vmatrix} \neq 0$.

Dividiert man die linke Seite in (8) durch $p(m) \begin{vmatrix} \alpha_{11}, \alpha_{12} \\ \alpha_{21}, \alpha_{22} \end{vmatrix}$ und die rechte Seite in (8) durch $p(l) \begin{vmatrix} \alpha_{13}, \alpha_{14} \\ \alpha_{23}, \alpha_{24} \end{vmatrix}$ — beide Ausdrücke sind nach (6) gleich —, so ergibt (8) sofort

$$p(l) \begin{vmatrix} u(l), \bar{v}(l) \\ u'(l), \bar{v}'(l) \end{vmatrix} = p(m) \begin{vmatrix} u(m), \bar{v}(m) \\ u'(m), \bar{v}'(m) \end{vmatrix}.$$

Mit (7) ist $(A\,u, v) = (u, A\,v)$ gezeigt.

2. Fall: $\begin{vmatrix} \alpha_{11}, & \alpha_{12} \\ \alpha_{21}, & \alpha_{22} \end{vmatrix} = 0$. Wegen (6) folgt dann $\begin{vmatrix} \alpha_{13}, & \alpha_{14} \\ \alpha_{23}, & \alpha_{24} \end{vmatrix} = 0$.

Wir bilden nun $\alpha_{24} R_1 u - \alpha_{14} R_2 u$ und erhalten

$$R\,u\,(l) + S\,u'\,(l) = 0 \quad \text{mit} \quad R = \begin{vmatrix} \alpha_{11}, & \alpha_{14} \\ \alpha_{21}, & \alpha_{24} \end{vmatrix}, \quad S = \begin{vmatrix} \alpha_{12}, & \alpha_{14} \\ \alpha_{22}, & \alpha_{24} \end{vmatrix}. \quad (9)$$

Entsprechend bilden wir $\alpha_{23} R_1 u - \alpha_{13} R_2 u$ und erhalten

$$T\,u\,(l) + U\,u'\,(l) = 0 \quad \text{mit} \quad T = \begin{vmatrix} \alpha_{11}, & \alpha_{13} \\ \alpha_{21}, & \alpha_{23} \end{vmatrix}, \quad U = \begin{vmatrix} \alpha_{12}, & \alpha_{13} \\ \alpha_{22}, & \alpha_{23} \end{vmatrix}. \quad (10)$$

Die Gleichungen (9) und (10) werden entsprechend auch von $\bar{v}(l)$, $\bar{v}'(l)$ erfüllt. Also hat man die Relationen

$$\begin{aligned} R\,u\,(l) + S\,u'\,(l) &= 0 \\ R\,\bar{v}\,(l) + S\,\bar{v}'\,(l) &= 0 \\ T\,u\,(l) + U\,u'\,(l) &= 0 \\ T\,\bar{v}\,(l) + U\,\bar{v}'\,(l) &= 0 \end{aligned}$$

welche man als ein Gleichungssystem für R, S, T, U auffassen kann. Wegen (5) muß wenigstens eine der Unbekannten R, S, T, U von Null verschieden ausfallen, so daß die Koeffizientendeterminante des obigen Gleichungssystem verschwinden muß. Deshalb ist $\begin{vmatrix} u\,(l), & u'\,(l) \\ \bar{v}\,(l), & \bar{v}'\,(l) \end{vmatrix}^2 = 0$.

Analog gewinnt man am rechten Rande $\begin{vmatrix} u\,(m), & u'\,(m) \\ \bar{v}\,(m), & \bar{v}'\,(m) \end{vmatrix}^2 = 0$. Mit (7) ist somit $(A\,u, v) = (u, A\,v)$ gezeigt.

Die hier betrachteten Operatoren A in $\mathfrak{A}$ gehören der klassischen Physik an. Deshalb wäre es ausreichend gewesen, die bisherigen Betrachtungen in reellen HILBERTschen Räumen durchzuführen.

Auch wenn man dies nicht tut, kann man sich in den Beweisführungen auf reellwertige $u(x) \in \mathfrak{A}$ beschränken. Setzt man nämlich $u(x) = u_1(x) + i u_2(x)$, so gilt wieder $u_1 \in \mathfrak{A}$, $u_2 \in \mathfrak{A}$, und sämtliche angestellte Überlegungen können sowohl für den Real- als auch für den Imaginärteil durchgeführt werden.

Obgleich wir nicht den Nachweis erbracht haben, daß der allgemeine symmetrische STURM-LIOUVILLEsche Operator halbbeschränkt nach unten ist, können wir trotzdem zeigen, daß sein Punktspektrum nicht nach $-\infty$ reicht.

Satz 2: *Es sei A in $\mathfrak{A}$ symmetrisch. Dann gibt es eine Zahl a so, daß die Zahlen $\lambda < a$ nicht Eigenwerte von A in $\mathfrak{A}$ sein können.*

Beweis: In unseren Betrachtungen dürfen wir uns auf reellwertige Funktionen $u(x) \in \mathfrak{A}$ beschränken. Wir wählen die Zahl $\lambda_0 < 0$ so stark negativ, daß $\min\limits_{l \leq x \leq m} \dfrac{q(x)}{k(x)} > \lambda_0$ gilt. Für alle Zahlen $\lambda \leq \lambda_0$ gilt dann

$$q(x) - \lambda k(x) > 0 \qquad \text{für} \qquad l \leq x \leq m. \tag{11}$$

Ist eine solche Zahl λ Eigenwert und $\varphi(x) \in \mathfrak{A}$ die zugehörige Eigenfunktion, so hat man $A\varphi = \lambda \varphi$ und deswegen

$$(p\varphi\varphi')' = p\varphi'^2 + \varphi(p\varphi')' = p\varphi'^2 + (q - \lambda k)\,\varphi^2 > 0. \tag{12}$$

Deshalb ist $p\varphi\varphi'$ streng monoton wachsend in $l \leq x \leq m$. Da $p(x) > 0$ gilt, kann $\varphi\varphi'$ in $l \leq x \leq m$ höchstens eine (einfache) Nullstelle besitzen.

Seien nun $\varphi(x)$, $\varphi^*(x)$ zwei Eigenfunktionen zu den Eigenwerten λ, λ^* mit $\lambda \neq \lambda^*$ und $\lambda \leq \lambda_0$, $\lambda^* \leq \lambda_0$. Da A in $\mathfrak{A}$ symmetrisch ist, sind φ, φ^* orthogonal:

$$(\varphi, \varphi^*) \equiv \int_l^m \varphi(x)\,\varphi^*(x)\,k(x)\,dx = 0. \tag{13}$$

Aus (13) folgt dann, daß 1. wenigstens φ oder φ^* eine Nullstelle besitzen müssen und daß 2. φ und φ^* nicht dieselbe Nullstelle besitzen können — falls beide eine Nullstelle haben —, weil dann $\varphi\varphi^*$ in $l \leq x \leq m$ immer dasselbe Vorzeichen besitzen würde, was mit (13) unverträglich ist.

Wir nehmen jetzt an, daß für $\lambda \leq \lambda_0$ drei Eigenfunktionen $\varphi_1(x)$, $\varphi_2(x)$, $\varphi_3(x)$ mit den verschiedenen Eigenwerten λ_1, λ_2, λ_3 vorliegen. Ihre einzigen Nullstellen seien x_1, x_2, x_3 mit $x_1 > x_3 > x_2$, also $\varphi_1(x_1) = \varphi_2(x_2) = \varphi_3(x_3) = 0$. Weil $\varphi_i\varphi_i'$ höchstens eine einfache Nullstelle besitzen kann, können $\varphi_1'(x)$, $\varphi_2'(x)$, $\varphi_3'(x)$ keine Nullstellen haben. Deshalb sind $\varphi_1(x)$, $\varphi_2(x)$, $\varphi_3(x)$ streng monotone Funktionen in $l \leq x \leq m$. Mit diesen bilden wir

$$u(x) = \varphi_2(x_3)\,\varphi_1(x) - \varphi_1(x_3)\,\varphi_2(x) \tag{14}$$

und unterscheiden zwei Fälle.

1. Fall: $\varphi_1(x)$, $\varphi_2(x)$ streng monoton wachsend oder fallend. Dann ergibt sich $u(x)$ als streng monoton wachsend.

2. Fall: $\varphi_1(x)$ streng monoton wachsend und $\varphi_2(x)$ streng monoton fallend oder umgekehrt. Dann ergibt sich $u(x)$ als streng monoton fallend.

Da in allen Fällen $u(x)$ streng monoton ist und $u(x_3) = 0$ gilt, hat $u(x)\,\varphi_3(x)$ in $l \leq x \leq m$ immer dasselbe Vorzeichen. Deshalb ist

$$(u, \varphi_3) \equiv \int_l^m u(x)\,\varphi_3(x)\,k(x)\,dx \neq 0. \tag{15}$$

Aus $(\varphi_1, \varphi_3) = 0$, $(\varphi_2, \varphi_3) = 0$ folgt aber $(u, \varphi_3) = 0$, was zu (15) ein Widerspruch ist.

Zusammenfassend ist damit gezeigt, daß es höchstens drei verschiedene Eigenwerte $\mu_1, \mu_2, \mu_3 \leq \lambda_0$ gibt, nämlich höchstens zwei Eigenwerte, deren zugehörige Eigenfunktionen eine Nullstelle besitzen und höchstens einen Eigenwert, deren zugehörige Eigenfunktionen keine Nullstelle besitzen. Setzt man $\min \{\lambda_0, \mu_1, \mu_2, \mu_3\} = a$, so ist der Satz bewiesen.

2.3 Symmetrie und Halbbeschränktheit des Sturm-Liouvilleschen Operators im $\Re_n$

Es sei G ein Normalgebiet im $\Re_n$ mit Berandung ∂G. Die Bezeichnungen aus 1.3 werden hier benutzt.

Da die hier zu betrachtenden Operatoren wieder der klassischen Physik angehören, werden wir uns auf reelle HILBERTsche Räume beschränken. Es sei also

$$\mathfrak{H} = \left\{ u(x) \mid u \text{ reellwertig}, \quad \int_G (u(x))^2 \, k(x) \, dx < \infty \right\} \qquad (1)$$

mit $(u, v) = \int_G u(x) \, v(x) \, k(x) \, dx$.

A in $\mathfrak{A}_1$ werde erklärt durch

$$A u = \frac{1}{k(x)} \left\{ - \sum_{i,j=1}^{n} (p_{ij}(x) \, u_{x_j})_{x_i} + q(x) \, u \right\} \qquad \text{für alle} \quad u \in \mathfrak{A}_1; \qquad (2)$$

$$\mathfrak{A}_1 = \{ u(x) \mid u \in C^2(\overline{G}), \quad u = 0 \quad \text{für} \quad x \in \partial G \}^1. \qquad (3)$$

Die ständigen Voraussetzungen an die Koeffizienten sind:

Voraussetzungen: 1. $p_{ji}(x)$, $k(x)$, $q(x)$ reellwertig, $p_{ij} = p_{ji}$;

2. $p_{ij}(x) \in C^1(\overline{G})$; $k(x)$, $q(x) \in C^0(\overline{G})$;

3. $k(x) > 0$ für $x \in \overline{G} = G + \partial G$;

4. $\sum_{i,j=1}^{n} p_{ij}(x) \, \xi_i \xi_j \geq c_0 \sum_{i=1}^{n} \xi_i^2$ für alle $x \in \overline{G}$

und beliebige reelle Zahlen $\xi_1, \ldots, \xi_n$. $c_0 > 0$ ist eine feste von $\xi_1, \ldots, \xi_n$ unabhängige Konstante.

---

[1] Ganz analog kann auch A in dem größeren Definitionsbereich $\widetilde{\mathfrak{A}}_1$ mit

$$\widetilde{\mathfrak{A}}_1 = \{ u(x) \mid u \in C^1(\overline{G}), \ \in C^2(G), \ A u \in \mathfrak{H}; \ u = 0 \text{ für } x \in \partial G \}$$

betrachtet werden.

Wir betrachten A ferner in den Teilräumen $\mathfrak{A}_2$, $\mathfrak{A}_3$.

$$\mathfrak{A}_2 = \left\{ u(x) \,|\, u \in C^2(\overline{G}); \quad Ru \equiv \sum_{i,j=1}^{n} p_{ij}(x)\, u_{x_j} \nu_i(x) = 0 \text{ für } x \in \partial G \right\}, \quad (4)$$

$$\mathfrak{A}_3 = \{ u(x) \,|\, u \in C^2(\overline{G}); Ru + \sigma(x)\,u = 0 \text{ für } x \in \partial G \text{ mit } \sigma(x) \in C^0(\partial G) \}. \quad (5)$$

Auch hier kann die Betrachtung in den entsprechenden Definitionsbereichen $\widetilde{\mathfrak{A}}_2$, $\widetilde{\mathfrak{A}}_3$ geschehen.

Selbstverständlich ist A in $\mathfrak{A}_1$ von A in $\mathfrak{A}_2$ verschieden. Dazu hat man sich nur an die Definition des Gleichseins zweier Operatoren zu erinnern.

Satz 1: *Die Operatoren A in $\mathfrak{A}_1$, A in $\mathfrak{A}_2$, A in $\mathfrak{A}_3$ sind symmetrisch.*

Beweis: Man hat in allen Fällen mittels partieller Integration

$$(Au, v) - (u, Av) \equiv \int\limits_{G} \sum_{i,j=1}^{n} \{ -(p_{ij} u_{x_j})_{x_i}\, v + (p_{ij} v_{x_j})_{x_i}\, u \}\, dx$$

$$= \int\limits_{\partial G} \sum_{i,j=1}^{n} p_{ij} \nu_i (v_{x_j} u - u_{x_j} v)\, do + \int\limits_{G} \sum_{i,j=1}^{n} p_{ij} (u_{x_j} v_{x_i} - v_{x_j} u_{x_i})\, dx. \quad (6)$$

Wegen $p_{ij} = p_{ji}$ verschwindet das letzte Integral, und man erhält

$$(Au, v) - (u, Av) = \int\limits_{\partial G} (u\, Rv - v\, Ru)\, do = 0 \quad (7)$$

für alle $u, v \in \mathfrak{A}_1, \mathfrak{A}_2, \mathfrak{A}_3$. Offensichtlich liegen mit Satz 3 aus I.2.4 $\mathfrak{A}_1$, $\mathfrak{A}_2$, $\mathfrak{A}_3$ dicht in $\mathfrak{H}$, denn es ist $\overset{\circ}{\mathfrak{T}} \subset \mathfrak{A}_i \subset \mathfrak{H}$. Damit ist alles bewiesen.

Zum Nachweis der Halbbeschränktheit nach unten wird eine zentrale Ungleichung benötigt.

Satz 2: *Ist $\Phi(x) \in C^1(\overline{G})$ und reellwertig, so gilt*

$$\int\limits_{G} \Phi^2(x)\, dx \leq 4\mu^2 \int\limits_{G} \sum_{i=1}^{n} (\Phi_{x_i}(x))^2\, dx + 2\mu \int\limits_{\partial G} \Phi^2(x)\, do \quad (8)$$

mit $\mu = \max\limits_{x \in \overline{G}} |x_1|$.

Beweis: Mittels des Gaußschen Satzes hat man

$$\int\limits_{G} (x_1 \Phi^2(x))_{x_1}\, dx = \int\limits_{\partial G} x_1 \Phi^2(x)\, \nu_1(x)\, do \quad (9)$$

oder

$$\int\limits_{G} \Phi^2(x)\, dx = \int\limits_{\partial G} x_1\, \Phi^2(x)\, \nu_1(x)\, do - \int\limits_{G} 2x_1\, \Phi(x)\, \Phi_{x_1}(x)\, dx. \qquad (10)$$

Für beliebige reelle Zahlen α, β, γ mit $\gamma > 0$ gilt nun die Ungleichung

$$|\alpha\beta| \leq \frac{\gamma}{2}\, \alpha^2 + \frac{1}{2\gamma}\, \beta^2, \qquad (11)$$

die sofort aus $0 \leq \left(\sqrt{\gamma}\, |\alpha| - \dfrac{1}{\sqrt{\gamma}}\, |\beta|\right)^2$ folgt. Setzt man $\gamma = \dfrac{1}{2\mu}$ und wendet man (11) auf $|\Phi(x)\, \Phi_{x_1}(x)|$ an, so folgt

$$|-2x_1\, \Phi\, \Phi_{x_1}| \leq 2\mu\, |\Phi\, \Phi_{x_1}| \leq 2\mu \left\{\frac{1}{4\mu}\, \Phi^2 + \mu(\Phi_{x_1})^2\right\}, \qquad (12)$$

und somit wird aus (10) wegen $|\nu_1(x)| \leq 1$

$$\int\limits_{G} \Phi^2(x)\, dx \leq \mu \int\limits_{\partial G} \Phi^2(x)\, do + \frac{1}{2} \int\limits_{G} \Phi^2(x)\, dx + 2\mu^2 \int\limits_{G} (\Phi_{x_1})^2\, dx. \qquad (13)$$

Endgültig hat man

$$\int\limits_{G} \Phi^2(x)\, dx \leq 4\mu^2 \int\limits_{G} \sum_{i=1}^{n} (\Phi_{x_i}(x))^2\, dx + 2\mu \int\limits_{\partial G} \Phi^2(x)\, do. \qquad (14)$$

Satz 3: *Die Operatoren A in $\mathfrak{A}_1$, A in $\mathfrak{A}_2$ und A in $\mathfrak{A}_3$ mit $\sigma(x) \geq 0$ sind halbbeschränkt nach unten.*

Beweis: Man hat

$$(A u, u) = \int\limits_{G} \left\{-\sum_{i,j=1}^{n} (p_{ij}(x)\, u_{x_j})_{x_i} + q(x)\, u\right\} u\, dx. \qquad (15)$$

Wegen

$$\int\limits_{\partial G} p_{ij}\, u_{x_j}\, u\, \nu_i\, do = \int\limits_{G} (p_{ij}\, u_{x_j})_{x_i}\, u\, dx + \int\limits_{G} p_{ij}\, u_{x_j}\, u_{x_i}\, dx \qquad (16)$$

erhält man aus (15) und mit Voraussetzung 4.

$$(A u, u) = \int\limits_{G} \left\{\sum_{i,j=1}^{n} p_{ij}\, u_{x_i}\, u_{x_j} + q u^2\right\} dx - \int\limits_{\partial G} u\, R u\, do$$

$$\geq c_0 \int\limits_{G} \sum_{i=1}^{n} (u_{x_i})^2\, dx + \int\limits_{G} q u^2\, dx - \int\limits_{\partial G} u R u\, do. \qquad (17)$$

Betrachtet man A in $\mathfrak{A}_1$, so hat man mit Satz 2 und $u = 0$ auf ∂G

$$(A u, u) \geq \int\limits_{G} \frac{1}{k(x)} \left\{ \frac{c_0}{4\mu^2} + q(x) \right\} u^2(x)\, k(x)\, dx \geq a(u, u) \qquad (18)$$

mit $a = \min\limits_{x \in \overline{G}} \frac{1}{k(x)} \left\{ \frac{c_0}{4\mu^2} + q(x) \right\}$.

Betrachtet man A in $\mathfrak{A}_2$, so hat man mit (17) wegen $Ru = 0$

$$(A u, u) \geq \int\limits_{G} \frac{1}{k(x)}\, q(x)\, u^2(x)\, k(x)\, dx \geq a(u, u) \qquad (19)$$

mit $a = \min\limits_{x \in \overline{G}} \frac{q(x)}{k(x)}$.

Betrachtet man A in $\mathfrak{A}_3$, so hat man mit (17) und $Ru + \sigma u = 0$

$$(A u, u) \geq c_0 \int\limits_{G} \sum_{i=1}^{n} (u_{x_i})^2\, dx + \int\limits_{G} q u^2\, dx + \int\limits_{\partial G} \sigma u^2\, do. \qquad (20)$$

Setzen wir $\min\limits_{x \in \partial G} \sigma(x) = \sigma_0$ und $\min\{\sigma_0, c_0\} = \gamma_0$, so wird

$$(A u, u) \geq \gamma_0 \left\{ \int\limits_{G} \sum_{i=1}^{n} (u_{x_i})^2\, dx + \int\limits_{\partial G} u^2\, do \right\} + \int\limits_{G} q u^2\, dx. \qquad (21)$$

Aus Satz 2 bekommen wir mit $\delta = \max\{4\mu^2, 2\mu\}$ die Ungleichung

$$\int\limits_{G} u^2\, dx \leq \delta \left\{ \int\limits_{G} \sum_{i=1}^{n} (u_{x_i})^2\, dx + \int\limits_{\partial G} u^2\, do \right\}, \qquad (22)$$

so daß endlich

$$(A u, u) \geq \int\limits_{G} \frac{1}{k(x)} \left\{ \frac{\gamma_0}{\delta} + q(x) \right\} u^2\, k(x)\, dx \geq a(u, u) \qquad (23)$$

folgt mit $a = \min\limits_{x \in \overline{G}} \frac{1}{k(x)} \left\{ \frac{\gamma_0}{\delta} + q(x) \right\}$.

Aus diesem Beweis liest man die Behauptung des nächsten Satzes ab.

Satz 4: *1. A in $\mathfrak{A}_1$ ist streng positiv, falls $q(x) \geq 0$ in $\overline{G}$ gilt.*

2. A in $\mathfrak{A}_2$ ist streng positiv, falls $q(x) > 0$ in $\overline{G}$ gilt.

3. A in $\mathfrak{A}_3$ ist streng positiv, falls $\sigma(x) > 0$ für $x \in \partial G$ und $q(x) \geq 0$ für $x \in \overline{G}$ oder $\sigma(x) \geq 0$ für $x \in \partial G$ und $q(x) > 0$ für $x \in \overline{G}$ gilt.

Aufgabe 1 (Der Operator der Plattengleichung im $\mathfrak{R}_2$):

$$\mathfrak{H} = \left\{ u(x) \mid u \text{ reellwertig}, \int_G (u(x))^2 \, dx < \infty \right\}.$$

A im $\mathfrak{A}$ werde erklärt durch

$$A u = u_{x_1 x_1 x_1 x_1} + u_{x_2 x_2 x_2 x_2} + 2 \, u_{x_1 x_1 x_2 x_2},$$

$$\mathfrak{A} = \{ u(x) \mid u \in C^4(\overline{G}), \quad u = 0, \ u_\nu = 0 \quad \text{für} \quad x \in \partial G \}.$$

Man beweise, daß A in $\mathfrak{A}$ symmetrisch und streng positiv ist.

Für den Nachweis, daß A in $\mathfrak{A}_3$ halbbeschränkt nach unten ist, wurde die zusätzliche Annahme benötigt, daß $\sigma(x) \geq 0$ auf ∂G ist. Sie ist jedoch überflüssig, wie der folgende Satz zeigt.

Satz 5: *A in $\mathfrak{A}_3$ ist halbbeschränkt nach unten.*

Beweis: Ersetzt man zunächst in (17) Ru durch $-\sigma u$, so findet man

$$(A u, u) \geq c_0 \int_G \sum_{i=1}^n (u_{x_i})^2 \, dx + \int_G q u^2 \, dx + \int_{\partial G} \sigma u^2 \, do. \tag{24}$$

Mit $\max\limits_{x \in \partial G} |\sigma(x)| = \sigma_1$ erhält man dann aus (24) die Ungleichung

$$(A u, u) \geq c_0 \int_G \sum_{i=1}^n (u_{x_i})^2 \, dx + \int_G q u^2 \, dx - \sigma_1 \int_{\partial G} u^2 \, do. \tag{25}$$

Wir wählen nun Hilfsfunktionen $\alpha_i(x)$ so, daß $\alpha_i(x) \in C^1(\overline{G})$ und $\alpha_i(x) = \nu_i(x)$ für $x \in \partial G$ gilt. Dies ist jedenfalls sicher möglich, wenn G eine hinreichend glatte Berandung ∂G besitzt. Mit dieser über den Begriff Normalgebiet hinausgehenden Annahme erhalten wir

$$\int_{\partial G} u^2 \, do = \int_{\partial G} \sum_{i=1}^n (\nu_i(x))^2 \, u^2 \, do = \int_{\partial G} \sum_{i=1}^n \nu_i(x) \, \alpha_i(x) \, u^2 \, do$$

$$= \int_G \sum_{i=1}^n (\alpha_i(x))_{x_i} \, u^2 \, dx + \int_G \sum_{i=1}^n 2 \alpha_i(x) \, u \, u_{x_i} \, dx. \tag{26}$$

Wir setzen $\gamma_0 = \max\limits_{x \in \overline{G}} \left| \sum_{i=1}^n (\alpha_i(x))_{x_i} \right|$, $\gamma_1 = \max\limits_{i=1,2\dots,n} \left(\max\limits_{x \in \overline{G}} |\alpha_i(x)| \right)$ und erhalten mittels der Abschätzung (11), die wir hier so schreiben

$$|2 \alpha \beta| \leq \varepsilon \alpha^2 + \frac{1}{\varepsilon} \beta^2, \tag{27}$$

die Abschätzung des letzten Termes in (26) in der Form

$$\left| \sum_{i=1}^{n} 2\alpha_i(x)\, u\, u_{x_i} \right| \le 2\gamma_1\, |u| \sum_{i=1}^{n} |u_{x_i}| \le \gamma_1 \left\{ \varepsilon \left(\sum_{i=1}^{n} |u_{x_i}| \right)^2 + \frac{1}{\varepsilon}\, u^2 \right\}$$

$$\le \gamma_1 \left\{ n\varepsilon \sum_{i=1}^{n} (u_{x_i})^2 + \frac{1}{\varepsilon}\, u^2 \right\}, \qquad (28)$$

gültig für jedes $\varepsilon > 0$. Dabei haben wir zuletzt die SCHWARZsche Ungleichung für Summen $\left(\sum_{i=1}^{n} 1 \cdot |u_{x_i}| \right)^2 \le \left(\sum_{i=1}^{n} 1 \right) \left(\sum_{i=1}^{n} (u_{x_i})^2 \right)$ benutzt. Mit (25) finden wir nunmehr

$$(A\,u,\, u) \ge (c_0 - \sigma_1\gamma_1 n\varepsilon) \int\limits_{G} \sum_{i=1}^{n} (u_{x_i})^2\, dx$$

$$+ \int\limits_{G} \left(q(x) - \sigma_1\gamma_0 - \frac{\sigma_1\gamma_1}{\varepsilon} \right) u^2\, dx. \qquad (29)$$

Wählen wir $\varepsilon > 0$ so klein, daß $c_0 - \sigma_1\gamma_1 n\varepsilon \ge 0$ ausfällt, so erhalten wir die endgültige Abschätzung

$$(A\,u,\, u) \ge a(u,\, u) \quad \text{mit} \quad a = \min_{x \in \overline{G}} \frac{1}{k(x)} \left(q(x) - \sigma_1\gamma_0 - \frac{\sigma_1\gamma_1}{\varepsilon} \right), \quad (30)$$

welche zeigt, daß A in $\mathfrak{A}_3$ halbbeschränkt nach unten ist.

Die hier bewiesenen Sätze lassen sich auch für den STURM-LIOUVILLE-schen Operator in $\mathfrak{R}_1$ interpretieren. Dabei wird $\overline{G}$ das Intervall $l \le x \le m$ und ∂G besteht aus den Punkten $x = l$ und $x = m$. Die äußere Normale von $\overline{G}$ auf ∂G ergibt sich hier zu $\nu(m) = 1$, $\nu(l) = -1$.

Satz 5 liefert dann im $\mathfrak{R}_1$ den

Satz 6: *Es sei* $\mathfrak{H} = \left\{ u(x) \mid u \quad \text{reellwertig}, \int\limits_{l}^{m} (u(x))^2\, k(x)\, dx < \infty \right\}$.

A in $\mathfrak{A}$ *werde gegeben durch* $A\,u = \dfrac{1}{k(x)} \left\{ -(p(x)\, u')' + q(x)\, u \right\}$,

$\mathfrak{A} = \{ u(x) \mid u \in C^2\,(l \le x \le m);\ a_{11} u(l) - u'(l) = 0,$

$a_{21} u(m) + u'(m) = 0 \quad mit\ a_{11},\, a_{21}\ beliebige\ reelle\ Zahlen \}$.

Dann ist A in $\mathfrak{A}$ *halbbeschränkt nach unten.*

Die Frage nach der Halbbeschränktheit eines Differentialoperators nach unten wurde zuerst von K. O. FRIEDRICHS [1], [2], [3] untersucht. Die Ungleichung des Satzes 2 wird deshalb auch FRIEDRICHSsche Ungleichung genannt. In der Darstellung folgten wir teilweise mit Vereinfachungen S. G. MICHLIN [*].

2.4 Ein nicht-halbbeschränkter Sturm-Liouvillescher Operator im $\Re_2$

Die bisherigen Überlegungen haben gezeigt, daß unser Operator A höchstens dann nicht halbbeschränkt nach unten ausfallen kann, wenn $\sigma(x)$ auf ∂G unstetig wird. Dabei sollen allerdings die Voraussetzungen über die Koeffizienten beibehalten werden. Wir werden zeigen, daß eine Unstetigkeit von $\sigma(x)$ tatsächlich dafür ausreichend ist.

In der (x, y)-Ebene wird das folgende Gebiet G betrachtet: G sei die Vereinigungsmenge der beiden Kreisscheiben $(x + 1)^2 + (y - 1)^2 < 1$ und $(x - 1)^2 + (y - 1)^2 < 1$ und des Quadrates $-1 < x < 1$, $0 < y < 2$. Der Rand ∂G von G enthält daher das Geradenstück $-1 \leq x \leq 1$, $y = 0$, welches mit Γ bezeichnet wird.

$$\mathfrak{H} = \left\{ u(x, y) \mid u \text{ reellwertig}, \iint\limits_G (u(x, y))^2 \, dx \, dy < \infty \right\}, \tag{1}$$

$$(u, v) = \iint\limits_G u(x, y) \, v(x, y) \, dx \, dy. \tag{2}$$

A in $\mathfrak{A}$ werde erklärt durch

$$A u = -\Delta_2 u \equiv -(u_{xx} + u_{yy}), \tag{3}$$

$\mathfrak{A} = \{u(x, y) \mid$

1. $u(x, y) \in C^1(\overline{G})$, die zweiten partiellen Ableitungen von $u(x, y)$ seien stückweise stetig in jedem abgeschlossenen Teilgebiet von G, $A u \in \mathfrak{H}$, $\qquad\qquad$ (4)

2. $u \equiv 0$ in einer von u abhängigen Umgebung des Punktes $(0, 0)$,

3. $u_\nu - \sigma(x, y) u = 0$ für $(x, y) \in \partial G\}$.

Dabei ist $\sigma(x, y) \in C^0(\partial G)$ mit Ausnahme des Punktes $(0, 0)$. Auf Γ ist $\sigma(x, 0) = \dfrac{x}{|x|^3}$. u_ν bedeutet die Ableitung in Richtung der äußeren Normalen auf ∂G.

Satz 1: A in $\mathfrak{A}$ *ist symmetrisch und nicht-halbbeschränkt nach unten.*

Beweis: Der Nachweis der Symmetrie macht keine Schwierigkeiten. Die Nicht-Halbbeschränktheit nach unten ist gezeigt, wenn es gelingt, eine Folge $u_k(x, y) \in \mathfrak{A}$, $k = 1, 2, \ldots$, anzugeben mit den Eigenschaften

$$(u_k, u_k) \leq c, \quad (A u_k, u_k) \to -\infty \qquad \text{für } k \to \infty. \tag{5}$$

Dazu führen wir in der (x, y)-Ebene Polarkoordinaten r, φ ein und setzen $v(r, \varphi) = e^{-\frac{\varphi}{r}}$ in $0 \leq \varphi < 2\pi$, $0 < r < \infty$. Ferner erklären wir für $k = 1, 2, \ldots$

$$u_k(x, y) = a_k(r) \, v(r, \varphi) \quad \text{mit } a_k(r) = \begin{cases} k^{3/2} \sin^2(2\pi k r - \pi) \text{ in } \dfrac{1}{2k} \leq r \leq \dfrac{1}{k}, \\ 0 \text{ sonst.} \end{cases} \tag{7}$$

Wir zeigen, daß $u_k(x, y) \in \mathfrak{A}$ gilt. Zunächst ist $u_k(x, y) \equiv 0$ in einer Umgebung des Punktes $(0, 0)$, weil $a_k \equiv 0$ in $0 \leq r \leq \dfrac{1}{2k}$ gilt. Ferner ist auf Γ $\dfrac{\partial u_k}{\partial \nu} = -\dfrac{\partial u_k}{\partial y}$ und

$\dfrac{\partial u_k}{\partial y} = \dfrac{\partial u_k}{\partial r}\dfrac{\partial r}{\partial y} + \dfrac{\partial u_k}{\partial \varphi}\dfrac{\partial \varphi}{\partial y}$. Wegen $\dfrac{\partial r}{\partial y} = \dfrac{y}{\sqrt{x^2 + y^2}}$ verschwindet für $y = 0$ der

erste Ausdruck. Weil $\varphi = \text{arctg}\,\dfrac{y}{x}$ ist, ergibt sich $\dfrac{\partial \varphi}{\partial y} = \dfrac{x}{x^2 + y^2}$. Auf

$-1 \leq x \leq 1$, $y = 0$, aber $x \neq 0$ wird somit

$$\frac{\partial u_k}{\partial \nu} = -\frac{\partial u_k}{\partial \varphi}\frac{\partial \varphi}{\partial y} = a_k(r)\,\frac{1}{r}\,\frac{x}{x^2}\,e^{-\frac{\varphi}{r}} = a_k(r)\,\frac{1}{|x|}\,\frac{x}{x^2}\,e^{-\frac{\varphi}{r}}$$

$$= a_k(r)\,\frac{x}{|x|^3}\,e^{-\frac{\varphi}{r}} = \sigma(x, 0)\,u_k, \tag{8}$$

wobei für $0 < x \leq 1$ $\varphi = 0$ und für $-1 \leq x < 0$ $\varphi = \pi$ zu setzen ist. Deshalb ist auf $\varGamma$ die Randbedingung erfüllt. Auf $\partial G - \varGamma$ ist sie auch erfüllt, weil in einer Umgebung von $\partial G - \varGamma$ $u_k(x, y) = 0$ gilt. Zudem erfüllen die $u_k(x, y)$ die gewünschten Differenzierbarkeitsforderungen. Es ist ferner

$$(u_k, u_k) = \int\limits_{\frac{1}{2k}}^{\frac{1}{k}} a_k^2(r)\left\{\int\limits_0^\pi v^2(r, \varphi)\,d\varphi\right\} r\,dr = \frac{1}{2}\int\limits_{\frac{1}{2k}}^{\frac{1}{k}} r^2 a_k^2(r)\left\{\int\limits_0^\pi e^{-\frac{2\varphi}{r}}\frac{2}{r}\,d\varphi\right\} dr$$

$$\leq \frac{1}{2}\int\limits_{\frac{1}{2k}}^{\frac{1}{k}} r^2 a_k^2(r)\,dr \leq \frac{k}{2}\int\limits_{\frac{1}{2k}}^{\frac{1}{k}} \sin^4(2\pi k r - \pi)\,dr \leq \frac{k}{2}\,\frac{1}{2k} = \frac{1}{4}\,. \tag{9}$$

Aus der 1. Greenschen Formel folgt

$$(A\,u_k, u_k) = \iint\limits_G |\text{grad}\,u_k|^2\,dx\,dy - \int\limits_\varGamma \sigma(x, 0)\,u_k^2\,dx. \tag{10}$$

Nun ist $|\text{grad}\,u_k|^2 = \left(\dfrac{\partial u_k}{\partial r}\right)^2 + \dfrac{1}{r^2}\left(\dfrac{\partial u_k}{\partial \varphi}\right)^2$ und

$$\iint\limits_G |\text{grad}\,u_k|^2\,dx\,dy = \int\limits_{\frac{1}{2k}}^{\frac{1}{k}}\left(\int\limits_0^\pi |\text{grad}\,u_k|^2\,d\varphi\right) r\,dr$$

$$= \int\limits_{\frac{1}{2k}}^{\frac{1}{k}}\left(\int\limits_0^\pi \left[\left\{a_k' + \frac{\varphi}{r^2}\,a_k\right\}^2 + \frac{1}{r^4}\,a_k^2\right] e^{-\frac{2\varphi}{r}}\,d\varphi\right) r\,dr, \tag{11}$$

$$(A u_k, u_k) = \int\limits_{\frac{1}{2k}}^{\frac{1}{k}} \frac{r^2 a_k'^2}{2} \left(\int\limits_0^\pi e^{-\frac{2\varphi}{r}} \frac{2}{r}\, d\varphi \right) dr + \int\limits_{\frac{1}{2k}}^{\frac{1}{k}} \frac{r a_k a_k'}{2} \left(\int\limits_0^\pi e^{-\frac{2\varphi}{r}} \frac{4\varphi}{r^2}\, d\varphi \right) dr$$

$$+ \int\limits_{\frac{1}{2k}}^{\frac{1}{k}} \frac{a_k^2}{4} \left(\int\limits_0^\pi e^{-\frac{2\varphi}{r}} \frac{4\varphi^2}{r^3}\, d\varphi \right) dr + \int\limits_{\frac{1}{2k}}^{\frac{1}{k}} \frac{a_k^2}{r^2} \left(\frac{1}{2} \int\limits_0^\pi e^{-\frac{2\varphi}{r}} \frac{2}{r}\, d\varphi - 1 \right) dr$$

$$+ \int\limits_{\frac{1}{2k}}^{\frac{1}{k}} \frac{a_k^2 e^{-\frac{2\pi}{r}}}{r^2}\, dr. \tag{12}$$

Wir betrachten erst die Integrale nach φ. Es gilt

$$\int\limits_0^\pi \frac{4\varphi^2}{r^3} e^{-\frac{2\varphi}{r}}\, d\varphi = - \frac{2\varphi^2}{r^2} e^{-\frac{2\varphi}{r}} \Bigg|_0^\pi + \int\limits_0^\pi \frac{4\varphi}{r^2} e^{-\frac{2\varphi}{r}}\, d\varphi$$

$$\leq \int\limits_0^\pi \frac{4\varphi}{r^2} e^{-\frac{2\varphi}{r}}\, d\varphi$$

und analog durch eine weitere partielle Integration

$$\leq \int\limits_0^\pi \frac{2}{r} e^{-\frac{2\varphi}{r}}\, d\varphi = 1 - e^{-\frac{2\pi}{r}} \tag{13}$$

und

$$\frac{1}{2} \int\limits_0^\pi \frac{2}{r} e^{-\frac{2\varphi}{r}}\, d\varphi - 1 = - \frac{1}{2} \left(e^{-\frac{2\pi}{r}} + 1 \right). \tag{14}$$

Bezeichnen wir die Integrale in (12) auf der rechten Seite mit $I_1, I_2, \ldots, I_5$, so erhalten wir bei Beachtung, daß die Länge des Integrationsweges $\frac{1}{2k}$ ist,

$$I_1 + I_2 + I_3 \leq \text{const} \left\{ \frac{1}{k} \frac{1}{k^2} k^5 + \frac{1}{k} \frac{1}{k} k^{3/2} k^{5/2} + \frac{1}{k} k^3 \right\} = \text{const}\, k^2, \tag{15}$$

5*

$$I_4 = -\frac{1}{2} \int\limits_{\frac{1}{2k}}^{\frac{1}{k}} \frac{a_k^2}{r^2} \left\{ 1 + e^{-\frac{2\pi}{r}} \right\} dr \leq -\frac{1}{2} \int\limits_{\frac{1}{2k}}^{\frac{1}{k}} \frac{k^3}{r^2} \sin^4(2\pi k r - \pi)\, dr$$

$$\leq -\frac{1}{2}\, k^3 k^2 \int\limits_{\frac{1}{2k}}^{\frac{1}{k}} \sin^4(2\pi k r - \pi)\, dr = -\frac{1}{4\pi}\, k^4 \int\limits_0^{\pi} \sin^4 t\, dt = c\, k^4 \qquad (16)$$

mit $c < 0$.

$$I_5 \leq \frac{1}{2k}\, (2k)^2\, k^3\, e^{-2\pi k} = 2k^4\, e^{-2\pi k} \to 0 \qquad \text{für} \qquad k \to \infty. \qquad (17)$$

Aus (15), (16), (17) liest man $(A u_k, u_k) \to -\infty$ für $k \to \infty$ ab.

Man kann sogar schärfer zeigen, daß bei der Setzung $\sigma(x, 0) = \dfrac{x}{|x|^\alpha}$ auf ΓA in $\mathfrak{A}$ halbbeschränkt nach unten ist, falls $\alpha < 2$ und nicht halbbeschränkt nach unten ist, falls $\alpha > 2$ gilt.

Dieses Beispiel gab H. O. Cordes [1]. Dort findet man auch die obigen Angaben bewiesen.

3. Schrödinger-Operatoren

3.1 Einige Prinzipien der Quantenmechanik

In der klassischen Mechanik beschreibt man den Zustand eines mechanischen Systems meistens dadurch, daß man die Werte der $2n$ Hamiltonschen Variablen $q_1, q_2, \ldots, q_n$; $p_1, p_2, \ldots, p_n$ angibt. Dabei sind $q_1, \ldots, q_n$ die Lagekoordinaten und $p_1, p_2, \ldots, p_n$ die Impulskoordinaten.

Diese Zustandsbeschreibung versagt im allgemeinen bei der Untersuchung sehr kleiner Teilchen, wie Elektronen und auch bei komplizierteren Objekten wie Atomen und Molekülen. Solche Objekte nennt man *quantenmechanische Systeme*. Der Zustand eines solchen Systems wird durch eine im allgemeinen komplexwertige Funktion $u(q) = u(q_1, q_2, \ldots, q_n)$ der Lagekoordinaten beschrieben, die man zunächst ohne ausreichende Begründung „*Wellenfunktion*" nennt. Im allgemeinen wird u noch Funktion der Zeit t sein: $u = u(q, t)$, doch ist bemerkenswert, daß u keine Abhängigkeit von den Impulskoordinaten besitzt. Wir beschränken uns hier nur auf solche Vorgänge, bei denen die Zeit t in u nicht auftritt.

Durch die Angabe von $u(q)$ werden in der Quantenmechanik nicht die Werte der einzelnen mechanischen Größen wie Ort oder Impuls usw. bestimmt, sondern nur ihr Verteilungsgesetz. Kennt man die Wellenfunktion $u(q)$, so kann man für jede mechanische Größe a (etwa Orts- bzw. Impulskoordinate) die Wahrscheinlichkeit für das Bestehen der

Ungleichung $\alpha \leq a \leq \beta$, angeben, wobei α, β beliebige reelle Zahlen mit $\alpha \leq \beta$ sind. Nur in dem Spezialfalle, daß das für die Größe a erhaltene Verteilungsgesetz nur einen Wert zuläßt, kann gesagt werden, daß die Größe a im Zustand $u(q)$ einen bestimmten Wert besitzt.

Befindet sich das System im Zustand $u(q)$, so ist die Wahrscheinlichkeit dafür, daß die Werte der Größen $q_1, q_2, \ldots, q_n$ in einem Gebiet G des Koordinatenraumes $\mathfrak{K}$ liegen durch die Formel

$$\frac{\int\limits_{G} |u(q)|^2 \, dq}{\int\limits_{\mathfrak{K}} |u(q)|^2 \, dq} \qquad \text{mit } dq = \text{Volumenelement} \tag{1}$$

gegeben. Sind insbesondere die Lagekoordinaten durch $x_1, \ldots, x_n$ gegeben, so geht (1) in

$$\frac{\int\limits_{G} |u(x)|^2 \, dx}{\int\limits_{\mathfrak{R}_n} |u(x)|^2 \, dx} \qquad \text{mit } dx = dx_1 \, dx_2 \ldots dx_n \tag{2}$$

über. Es ist nun offensichtlich, daß bei dieser Deutung für jede Wellenfunktion $\int\limits_{\mathfrak{K}} |u(q)|^2 \, dq < \infty$ ausfallen muß, so daß $u(q)$ Element eines geeigneten Hilbertschen Raumes ist. Weil (1) ungeändert bleibt, wenn man $u(q)$ durch $c\,u(q)$ mit komplexer Zahl c ersetzt, darf stets $\int\limits_{\mathfrak{K}} |u(q)|^2 \, dq = 1$ angenommen werden. Mit dem skalaren Produkt $(u, v) = \int\limits_{\mathfrak{K}} u(q) \, \overline{v(q)} \, dq$ kann dies auch durch $\|u\| = 1$ ausgedrückt werden.

Wir brauchen nun Vorschriften, die es gestatten, aus der Wellenfunktion $u(q)$ die Statistik der mechanischen Größe a zu bestimmen, die nur von den Lagekoordinaten $q_1, \ldots, q_n$ abhängig sein darf. Dies leisten die Axiome (oder Postulate) der Quantenmechanik, die nicht eigentlich beweisbar sind.

1. Axiom: *Der mechanischen Größe a wird ein symmetrischer Operator A in $\mathfrak{A} \subseteq \mathfrak{H}$ eindeutig zugeordnet, der überdies noch selbstadjungiert zu sein hat.*

Der Begriff „selbstadjungierter Operator" wird später (vgl. IV) diskutiert. Schon hier sei ausdrücklich bemerkt, daß die Symmetrie allein den quantenmechanischen Bedürfnissen nicht ohne weiteres gerecht wird. Die Gründe werden ebenfalls später angegeben.

Diese Zuordnung wird durch

$$a \leftrightarrow A \text{ in } \mathfrak{A} \tag{3}$$

beschrieben.

Sind q_k, p_k die k-te Lagekoordinate bzw. Impulskoordinate, so werden diese Zuordnungen durch

$$q_k \leftrightarrow Q_k \text{ in } \mathfrak{Q}_k \qquad \text{mit} \qquad Q_k u = q_k u$$

$$p_k \leftrightarrow P_k \text{ in } \mathfrak{P}_k \qquad \text{mit} \qquad P_k u = \frac{h}{2\pi i}\frac{\partial u}{\partial q_k} \tag{4}$$

beschrieben. Hier ist $h > 0$ das PLANCKsche Wirkungsquantum und $i = \sqrt{-1}$. Dabei müssen $\mathfrak{Q}_k$ und $\mathfrak{P}_k$ geeignet festgelegt werden, nämlich so, daß Q_k in $\mathfrak{Q}_k$, P_k in $\mathfrak{P}_k$ symmetrisch und überdies selbstadjungiert ausfallen. Hat man zusätzlich $\mathfrak{W}_{Q_k} \subseteq \mathfrak{P}_k$ und $\mathfrak{W}_{P_k} \subseteq \mathfrak{Q}_k$, so folgt für alle $u \in \mathfrak{Q}_k \cap \mathfrak{P}_k$

$$P_k Q_k u - Q_k P_k u = \frac{h}{2\pi i}\left\{\frac{\partial(q_k u)}{\partial q_k} - q_k \frac{\partial u}{\partial q_k}\right\} = \frac{h}{2\pi i}\,u. \tag{5}$$

Sind A in $\mathfrak{A}$ und B in $\mathfrak{B}$ zwei symmetrische Operatoren mit $\mathfrak{W}_A \subseteq \mathfrak{B}$ und $\mathfrak{W}_B \subseteq \mathfrak{A}$, die eine Relation der Form

$$ABu - BAu = \frac{h}{2\pi i}\,u \qquad \text{für alle} \qquad u \in \mathfrak{A} \cap \mathfrak{B} \tag{6}$$

erfüllen, so sagt man A und B genügen der *Heisenbergschen Vertauschungsrelation*.

2. Axiom: *Gilt $a \leftrightarrow A$ in $\mathfrak{A}$, so ist die mathematische Erwartung*[1] $\mathfrak{E}_u a$ *dieser Größe a im Zustand u mit $\|u\| = 1$ gegeben durch*

$$\mathfrak{E}_u a = (A u, u). \tag{7}$$

Weil A in $\mathfrak{A}$ symmetrisch ist, ist $(A u, u)$ in' der Tat reell.

Wir führen noch die *Dispersion* der Größe a von dem Wert α ($=$ reelle Zahl) im Zustand u durch

$$\mathfrak{D}_u a = \mathfrak{E}_u (a - \alpha)^2 = ((A - \alpha E)^2 u, u) \tag{8}$$

$$= ((A - \alpha E) u, (A - \alpha E) u) = \|(A - \alpha E) u\|^2$$

ein. Dabei ist vorauszusetzen, daß $\mathfrak{W}_A \subseteq \mathfrak{A}$[2]. Ferner haben wir von der Symmetrie Gebrauch gemacht und von der Schreibweise

$$((A - \alpha E)^2 u, u) = ((A - \alpha E)(A - \alpha E) u, u).$$

Soll die Größe a im Zustand u mit $\|u\| = 1$ einen genauen Wert α besitzen, so muß $\mathfrak{D}_u a = 0$, also

$$\|(A - \alpha E) u\| = 0 \qquad \text{oder} \qquad A u = \alpha u \tag{9}$$

---

[1] Führt man die Messung der mechanischen Größe a an sehr vielen gleichartigen Systemen, die sich alle im Zustand u befinden, durch und bildet man das Mittel über alle Meßresultate, so erhält man im Limes die Erwartung $\mathfrak{E}_u a$.

[2] Dabei wurde die Zuordnung $(a - \alpha)^2 \leftrightarrow (A - \alpha E)^2$ in $\mathfrak{A}$ gemacht.

gelten. Dies bedeutet, daß α Eigenwert von A in $\mathfrak{A}$ ist. Wie man sofort aus (8) sieht, ist auch die Umkehrung richtig.

Von Wichtigkeit ist schließlich die spezielle Dispersion der Größe a von ihrem Erwartungswert $\alpha = \mathfrak{E}_u a = (Au, u)$. Man findet mit (9)

$$\mathfrak{D}_u a = \|(A - \alpha E)\, u\|^2 = ((A - \alpha E)\, u,\, (A - \alpha E)\, u) \tag{10}$$
$$= (Au, Au) - \alpha(u, Au) - \alpha(Au, u) + \alpha^2(u, u)$$
$$= (Au, Au) - 2\alpha(Au, u) + \alpha^2$$
$$= \|Au\|^2 - 2\{(Au, u)\}^2 + \{(Au, u)\}^2 = \|Au\|^2 - \{(Au, u)\}^2.$$

Sind a, b zwei mechanische Größen und A in $\mathfrak{A}$, B in $\mathfrak{B}$ die ihnen nach Axiom 1 zugeordneten Operatoren, die überdies noch der Heisenbergschen Vertauschungsrelation genügen sollen, so besteht eine wesentliche Erkenntnis unserer Naturbeschreibung in dem Umstand, daß die Dispersionen $\mathfrak{D}_u a$, $\mathfrak{D}_u b$ nicht gleichzeitig beliebig klein gemacht werden können.

Zu diesem Zwecke beweisen wir die folgende Ungleichung.

Satz 1: *A in $\mathfrak{A}$, B in $\mathfrak{B}$ seien symmetrisch mit $\mathfrak{W}_A \subseteq \mathfrak{B}$, $\mathfrak{W}_B \subseteq \mathfrak{A}$. Ferner bestehe die Heisenbergsche Vertauschungsrelation*

$$ABu - BAu = \frac{h}{2\pi i}\, u \quad \text{für alle} \quad u \in \mathfrak{A} \cap \mathfrak{B} \quad \text{mit} \quad \|u\| = 1. \tag{11}$$

Dann gilt $\|Au\|\, \|Bu\| \geq \dfrac{h}{4\pi}$, und das Gleichheitszeichen steht dann und nur dann, wenn $Au = i\gamma Bu$ gilt mit $\gamma = \gamma(u) > 0$.

Beweis: Die komplexe Zahl (Au, Bu) werde mit $\eta + i\zeta$ bezeichnet. Dann ist $(Bu, Au) = \overline{(Au, Bu)} = \eta - i\zeta$ und

$$2i\zeta = (Au, Bu) - (Bu, Au) \tag{12}$$
$$2\zeta = \frac{1}{i}\{(Au, Bu) - (Bu, Au)\} = -i\{(BAu, u) - (ABu, u)\}$$
$$= i\{(ABu - BAu, u)\} = i\left(\frac{h}{2\pi i}\, u,\, u\right) = \frac{h}{2\pi}(u, u) = \frac{h}{2\pi}. \tag{13}$$

Also folgt aus (13)

$$1 = \|u\|^2 = \frac{4\pi\zeta}{h} = \frac{4\pi}{h}\, \mathrm{Im}\,(Au, Bu) \leq \frac{4\pi}{h}\, |(Au, Bu)|$$
$$\leq \frac{4\pi}{h}\, \|Au\|\, \|Bu\|, \tag{14}$$

letzteres mittels der Schwarzschen Ungleichung. Aus (14) folgt insbesondere

$$\mathrm{Im}\,(Au, Bu) = \frac{h}{4\pi} > 0. \tag{15}$$

In der Schwarzschen Ungleichung steht das Gleichheitszeichen genau dann, wenn Au, Bu linear abhängig sind, also $Au = cBu$ mit einer

komplexen Zahl $c = c(u)$. Das Gleichheitszeichen in der vorangegangenen Ungleichung in (14) steht genau dann, wenn $\mathrm{Re}\,(Au, Bu) = 0$
ist. Setzt man $c = c_1 + ic_2$, so folgt aus (15)

$$\mathrm{Im}\,(c\,Bu, Bu) = \mathrm{Im}\,c\,\|Bu\|^2 = c_2\,\|Bu\|^2 > 0, \tag{16}$$

so daß $c_2 > 0$, $\|Bu\| > 0$ sein müssen. Ferner ergibt sich

$$0 = \mathrm{Re}\,(Au, Bu) = \mathrm{Re}\,c(Bu, Bu) = c_1\,\|Bu\|^2. \tag{17}$$

Hier muß $c_1 = 0$ sein. Setzt man $c_2(u) = \gamma(u)$, so ist alles bewiesen.

Zusätzlich kann man noch eine Parameterdarstellung für die Normen
$\|Au\|$ und $\|Bu\|$ finden, wenn in der Ungleichung das Gleichheitszeichen
steht. Da $\|Au\|\,\|Bu\| = \gamma\,\|Bu\|^2 = \dfrac{h}{4\pi}$ gilt, hat man

$$\|Bu\| = \sqrt{\frac{h}{4\pi\gamma}}, \quad \|Au\| = \gamma\,\|Bu\| = \sqrt{\frac{h\,\gamma}{4\pi}} \text{ mit } 0 < \gamma < \infty. \tag{18}$$

Satz 2 *(Heisenbergsche Unschärferelation): Erklären wir unter den
Voraussetzungen des Satzes 1 mit (8)*

$$\mathfrak{D}_u a = \|(A - \alpha E)\,u\|^2, \; \mathfrak{D}_u b = \|(A - \beta E)\,u\|^2; \; \alpha, \beta \text{ reell}, \tag{19}$$

so gilt $\mathfrak{D}_u a \cdot \mathfrak{D}_u b \geq \dfrac{h^2}{16\pi^2}.$

Beweis: Setzt man $A' = A - \alpha E$, $B' = B - \beta E$, so erfüllen auch
A', B', wie man sofort nachrechnet, die Relation (11). Deshalb ist mit
Satz 1

$$\mathfrak{D}_u a \cdot \mathfrak{D}_u b = \|A'u\|^2\,\|B'u\|^2 \geq \frac{h^2}{16\pi^2}. \tag{20}$$

Der Beweis der HEISENBERGschen Unschärferelation geschah in Anlehnung an
J. v. NEUMANN [*]. Darstellungen der Quantenmechanik, die sich ganz besonders
auch mit mathematischen Belangen beschäftigen, sind u. a. J. v. NEUMANN [*],
E. C. KEMBLE [*] und G. LUDWIG [*].

3.2 Energie-Operatoren

Wir haben bisher in einem quantenmechanischem System nur den
Lage- und Impulskoordinaten mit Axiom 1 geeignete Operatoren zugeordnet. Besteht unser System aus einem Teilchen mit der Masse m,
so würde für die Bewegung dieses Teilchens nach den Gesetzen der
klassischen Mechanik in einem Kraftfeld, das sich aus einem zeitunab-
hängigen Potential $Q(x) = Q(x_1, x_2, x_3)$ herleitet, der Energiesatz
gelten:

$$\frac{m}{2}\,(\dot{x}_1^2 + \dot{x}_2^2 + \dot{x}_3^2) + Q(x_1, x_2, x_3) = \Lambda. \tag{1}$$

Dabei ist Λ die Gesamtenergie. Führt man den Impuls $p = (p_1, p_2, p_3)$ mit $p_i = m\dot{x}_i$ ein, so gilt für die *Hamiltonsche Funktion* $s(x, p)$

$$s(x, p) \equiv \frac{1}{2\,m}\,(p_1^2 + p_2^2 + p_3^2) + Q(x) = \Lambda. \tag{2}$$

Nach dem Axiom 1 hat man die p_k durch P_k in $\mathfrak{P}_k$ zu ersetzen. Der Hamiltonschen Funktion s wird dann der Hamiltonsche oder Schrödingersche Operator S in $\mathfrak{S}$ zugeordnet mit

$$\begin{aligned} Su &= \frac{1}{2\,m}\,(P_1^2 u + P_2^2 u + P_3^2 u) + Q(x)\,u \\ &= \frac{1}{2\,m}\left(\frac{h}{2\pi i}\right)^2 (u_{x_1 x_1} + u_{x_2 x_2} + u_{x_3 x_3}) + Q(x)\,u \\ &= -\frac{h^2}{8\pi^2 m}\,\Delta_3 u + Q(x)\,u. \end{aligned} \tag{3}$$

Unsere erste Aufgabe besteht darin einen Teilraum $\mathfrak{S} \subset \mathfrak{H}$ so aufzufinden, daß S in $\mathfrak{S}$ dort symmetrisch und selbstadjungiert wird. Außerdem führt die Aufgabe, genaue Werte zu suchen, zu dem Eigenwertproblem

$$Su = \Lambda u \qquad \text{mit} \qquad u \in \mathfrak{S}. \tag{4}$$

Dabei wird man mit 3.1 $\mathfrak{H}$ wie folgt festzulegen haben:

$$\mathfrak{H} = \left\{ u(x)\,\Big|\, \int\limits_{\mathfrak{R}_3} |u(x)|^2\,dx < \infty \right\}. \tag{5}$$

Setzt man in (4) noch $\frac{8\pi^2\,m}{h^2}\,\Lambda = \lambda$, $\frac{8\pi^2\,m}{h^2}\,Q(x) = q(x)$, so kommt man zu

$$Au = \lambda u \qquad \text{mit} \qquad Au = -\Delta_n u + q(x)\,u \tag{6}$$

und $n = 3$. Für Mehrteilchenprobleme ergibt sich n zu $6, 9, 12, \ldots$, so daß es notwendig ist, (6) für beliebiges n zu betrachten. Solche Schrödinger-Operatoren heißen auch *Energieoperatoren*, weil sie aus dem Energiesatz (1) gewonnen worden sind.

Hat man den Spezialfall

$$q(x) = q(x_1, x_2, x_3) = q_1(x_1) + q_2(x_2) + q_3(x_3), \tag{7}$$

so bekommt man mit dem Ansatz für die Wellenfunktion

$$u(x) = u(x_1, x_2, x_3) = u_1(x_1)\,u_2(x_2)\,u_3(x_3) \tag{8}$$

$$\begin{aligned} -\Delta_3 u + q(x)u &= -u_1'' u_2 u_3 - u_1 u_2'' u_3 - u_1 u_2 u_3'' \\ &\quad + (q_1 + q_2 + q_3)\,u_1 u_2 u_3 = \lambda u_1 u_2 u_3 \end{aligned} \tag{9}$$

oder, falls $u_1 \neq 0,\ u_2 \neq 0,\ u_3 \neq 0$ ausfällt,

$$-\frac{u_1''}{u_1} - \frac{u_2''}{u_2} - \frac{u_3''}{u_3} + q_1 + q_2 + q_3 = \lambda. \tag{10}$$

Da nun $-\dfrac{u_1''}{u_1} + q_1,\ -\dfrac{u_2''}{u_2} + q_2,\ -\dfrac{u_3''}{u_3} + q_3$ nur Funktionen von x_1 bzw. x_2 bzw. x_3 sind, müssen sie einzeln konstant sein, etwa gleich λ_1, bzw. λ_2, bzw. λ_3 mit $\lambda = \lambda_1 + \lambda_2 + \lambda_3$. Also folgt etwa

$$-u_1'' + q_1(x_1)\, u_1 = \lambda_1 u_1 \qquad \text{in} \qquad -\infty < x_1 < \infty, \tag{11}$$

was zu einem *Weyl-Stoneschen Eigenwertproblem* Anlaß geben wird (vgl. V). Durch (11) wird man zu der Betrachtung von SCHRÖDINGER-Operatoren in $\mathfrak{R}_1$ der Gestalt

$$A u = -u'' + q(x)\, u \qquad \text{mit} \qquad -\infty < x < \infty \tag{12}$$

geführt.

3.3 Symmetrie von Schrödinger-Operatoren

Der Nachweis der Symmetrie von solchen Operatoren ist schwierig, wenn man den quantenmechanischen Bedürfnissen Rechnung trägt. Deshalb mögen zunächst einige Bemerkungen vorausgeschickt werden.

Wir betrachten als Gebiet G den gesamten $\mathfrak{R}_n$. Es sei

$$\mathfrak{H} = \left\{ u(x) \,\Big|\, \int_{\mathfrak{R}_n} |u(x)|^2\, dx < \infty \right\}, \qquad (u, v) = \int_{\mathfrak{R}_n} u(x)\, \overline{v(x)}\, dx. \tag{1}$$

Aus $\displaystyle\int_{\mathfrak{R}_n} |u(x)|^2\, dx < \infty$ wird mitunter geschlossen, daß dann $|u(x)|$ für $|x| \to \infty$ verschwinden muß. Daß dem nicht so ist, wird erledigt durch

Aufgabe 1: Man gebe im $\mathfrak{R}_1$ in $-\infty < x < \infty$ eine reellwertige, stetige Funktion $u(x)$ an mit den Eigenschaften: 1. $u(x) > 0$ in $-\infty < x < \infty$, 2. $u^2(x)$ nicht beschränkt in $-\infty < x < \infty$, 3. $\displaystyle\int_{-\infty}^{+\infty} u^2(x)\, dx < \infty$.

Lösung: $g(x) = e^{-x^2}$ hat die Eigenschaften $g(x) > 0$, $\displaystyle\int_{-\infty}^{+\infty} g(x)\, dx < \infty$. Eine in $-\infty < x < \infty$ stetige Funktion $h(x)$ werde festgelegt durch 1. $h(x) = h(-x)$, 2. $h(x) = 0$ in $0 \leq x \leq 1$ und 3. mit $j = 2, 3, \ldots$

$$h(x) = \begin{cases} 0 \text{ in } j - 1 \leq x \leq \dfrac{2j-1}{2} - \dfrac{1}{j^3} \\[2ex] j^4 \left(x - \dfrac{2j-1}{2} + \dfrac{1}{j^3} \right) \text{ in } \dfrac{2j-1}{2} - \dfrac{1}{j^3} \leq x \leq \dfrac{2j-1}{2} \\[2ex] -j^4 \left(x - \dfrac{2j-1}{2} - \dfrac{1}{j^3} \right) \text{ in } \dfrac{2j-1}{2} \leq x \leq \dfrac{2j-1}{2} + \dfrac{1}{j^3} \\[2ex] 0 \text{ in } \dfrac{2j-1}{2} + \dfrac{1}{j^3} \leq x \leq j. \end{cases} \tag{2}$$

Es ist $h(x) \geq 0$, $\max\limits_{j-1 \leq x \leq j} h(x) = j$ und $\int\limits_{j-1}^{j} h(x)\, dx = \dfrac{1}{j^2}$, so daß $h(x)$ in $-\infty < x$

$< \infty$ nicht beschränkt ist und $\int\limits_{-\infty}^{\infty} h(x)\, dx = 2 \sum\limits_{j=2}^{\infty} \dfrac{1}{j^2}$ existiert.

Erklärt man $f(x) = \max\,\{g(x), h(x)\}$, so leistet $u(x) = \sqrt{f(x)}$ das Gewünschte.

Eine andere Schwierigkeit, die bei den bisherigen klassischen Operatoren kaum auftritt (vgl. 1.4), ist die folgende: $\mathfrak{H}$ sei durch (1) gegeben. Wir betrachten den Schrödinger-Operator A in $\mathfrak{A}$ mit reellwertigem $q(x) \in C^0(\mathfrak{R}_n)$ und

$$A u = -\Delta_n u + q(x)\, u \qquad \text{für alle } u(x) \in \mathfrak{A}, \tag{3}$$

$$\mathfrak{A} = \{u(x) \mid u \in C^2(\mathfrak{R}_n);\ |u(x)| \to 0,\ |u_{x_i}(x)| \to 0 \qquad \text{für } |x| \to \infty \tag{4}$$

und zwar so stark, daß in den folgenden Rechnungen die Oberflächenintegrale für $|x| \to \infty$ Null sind$\}$.

Bildet man $(A u, v) - (u, A v)$, so findet man

$$(A u, v) - (u, A v) = \int\limits_{\mathfrak{R}_n} \Big\{ (-\Delta_n u)\, \overline{v} + (\overline{\Delta_n v})\, u + q u \overline{v} - q u \overline{v} \Big\}\, dx$$

$$= \lim_{r \to \infty} \int\limits_{|x| \leq r} \Big\{ (-\Delta_n u)\, \overline{v} + (\overline{\Delta_n v})\, u \Big\}\, dx. \tag{5}$$

Nach der 1. Greenschen Formel aus 1.3 folgt

$$\int\limits_{|x| \leq r} (-\Delta_n u)\, \overline{v}\, dx = -\int\limits_{|x| = r} u_\nu \overline{v}\, do + \int\limits_{|x| \leq r} \sum_{j=1}^{n} u_{x_j} \overline{v}_{x_j}\, dx. \tag{6}$$

Indem man u, v vertauscht und zum Konjugierten übergeht erhält man

$$\int\limits_{|x| \leq r} (\overline{-\Delta_n v})\, u\, dx = -\int\limits_{|x| = r} \overline{v}_\nu u\, do + \int\limits_{|x| \leq r} \sum_{j=1}^{n} \overline{v}_{x_j} u_{x_j}\, dx. \tag{7}$$

Da für $r \to \infty$ die Oberflächenintegrale Null ergeben und dann die rechten Seiten gleich sind in (6) und (7), hat sich $(A u, v) - (u, A v) = 0$ ergeben. Offensichtlich ist diese Schlußweise falsch, weil nicht einmal sicher gestellt worden ist, daß A in $\mathfrak{A}$ Operator ist. Es muß nämlich keineswegs $A u \in \mathfrak{H}$ sein, so daß im allgemeinen weder $(A u, v)$, noch $(u, A v)$, noch $(A u, v) - (u, A v)$ überhaupt einen Sinn haben. Auch wenn man $A u \in \mathfrak{H}$ zusätzlich fordert für alle $u \in \mathfrak{A}$, ist $\mathfrak{A}$ kein eigentlich brauchbarer Definitionsbereich, weil die Angaben über das Verschwinden von u und u_{x_i} für $|x| \to \infty$ viel zu unbestimmt sind.

Wir beginnen unsere Erörterungen mit dem Impulsoperator im $\mathfrak{R}_1$. Es sei

$$\mathfrak{H} = \left\{ u(x) \mid \int\limits_{-\infty}^{+\infty} |u(x)|^2\, dx < \infty \right\}, \qquad (u, v) = \int\limits_{-\infty}^{+\infty} u(x)\, \overline{v(x)}\, dx. \tag{8}$$

Der Teilraum $\mathfrak{A} \subset \mathfrak{H}$ und der Operator A in $\mathfrak{A}$ seien erklärt durch

$$A u = \frac{h}{2\pi i}\, u', \tag{9}$$

$$\mathfrak{A} = \{u(x)\,|\, u \in C^1(-\infty < x < \infty) \cap \mathfrak{H},\, A u \in \mathfrak{H}\}. \tag{10}$$

Satz 1: *A in $\mathfrak{A}$ ist symmetrisch.*

Beweis: Für $u(x),\, v(x) \in \mathfrak{A}$ hat man

$$(A u, v) - (u, A v) = \frac{h}{2\pi i}\left\{ \int\limits_{-\infty}^{+\infty} u'\,\bar v\, dx + \int\limits_{-\infty}^{+\infty} u\,\bar v'\, dx \right\}. \tag{11}$$

Beide Integrale existieren, weil nach der SCHWARZschen Ungleichung

$$\left| \int\limits_{-\infty}^{+\infty} |u'\,\bar v|\, dx \right|^2 \leq \int\limits_{-\infty}^{+\infty} |u'|^2\, dx \int\limits_{-\infty}^{+\infty} |v|^2\, dx < \infty$$

und Analoges für das zweite Integral gilt. Mittels partieller Integration hat man

$$(A u, v) - (u, A v) = \lim_{\alpha \to -\infty} \lim_{\beta \to \infty} \frac{h}{2\pi i}\left\{ \int\limits_{\alpha}^{\beta} u'\,\bar v\, dx + u\bar v \Big|_{\alpha}^{\beta} - \int\limits_{\alpha}^{\beta} u'\,\bar v\, dx \right\}$$

$$= \lim_{\alpha \to -\infty} \lim_{\beta \to \infty} \frac{h}{2\pi i}\left\{ u(\beta)\,\overline{v(\beta)} - u(\alpha)\,\overline{v(\alpha)} \right\}. \tag{12}$$

Nun ist mit $|u(x)|^2 = u(x)\,\overline{u(x)}$ und $\beta > 0$

$$\left| u(\beta) \right|^2 = \int\limits_{0}^{\beta} (u\bar u)'\, dx + \left| u(0) \right|^2. \tag{13}$$

Wegen $\int\limits_{0}^{\beta} (u\,\bar u)'\, dx = \int\limits_{0}^{\beta} (u\bar u' + u'\bar u)\, dx$ und

$$\left(\int\limits_{0}^{\beta} |u\bar u'|\, dx \right)^2 = \left(\int\limits_{0}^{\beta} |u'\bar u|\, dx \right)^2 \leq \int\limits_{0}^{\infty} |u'|^2\, dx \int\limits_{0}^{\infty} |u|^2\, dx < \infty \tag{14}$$

existiert $\lim\limits_{\beta \to \infty} \int\limits_{0}^{\beta} (u\bar u)'\, dx$. Deshalb existiert wegen (13) auch $\lim\limits_{\beta \to \infty} u(\beta)$. Es muß $\lim\limits_{\beta \to \infty} u(\beta) = 0$ sein, weil für $\lim\limits_{\beta \to \infty} |u(\beta)| = \gamma \neq 0$ das Integral

$\int\limits_{0}^{\infty} |u(x)|^2\, dx$ nicht existieren könnte[1]. Analog zeigt man die Existenz von $\lim\limits_{\alpha\to-\infty} u(\alpha)$ für alle $u \in \mathfrak{A}$. Weil auch $\int\limits_{-\infty}^{0} |u(x)|^2\, dx$ existiert, muß $\lim\limits_{\alpha\to-\infty} u(\alpha) = 0$ sein für alle $u \in \mathfrak{A}$. Deshalb ist mit (12) $(Au, v) = (u, Av)$ bewiesen. Da $\mathfrak{A}$ mit Satz 3 aus I.2.4 dicht liegt, ist alles gezeigt.

Die Übertragung auf den $\mathfrak{R}_n$ ist selbstverständlich, da in $P_k u = \dfrac{h}{2\pi i} \dfrac{\partial u(x)}{\partial x_k}$ die Variablen $x_1, \ldots, x_{k-1}, x_{k+1}, \ldots, x_n$ nur die Rolle von Parametern spielen.

Für allgemeine Schrödinger-Operatoren betrachten wir

$$\mathfrak{H} = \left\{ u(x) \Big| \int\limits_{\mathfrak{R}_n} |u(x)|^2\, dx < \infty \right\}, \quad (u, v) = \int\limits_{\mathfrak{R}_n} u(x)\,\overline{v(x)}\, dx \qquad (15)$$

und

$$A u = -\Delta_n u + q(x) u \qquad \text{für alle} \qquad u \in \mathfrak{A} \qquad (16)$$

mit

$$\mathfrak{A} = \{ u(x) \,|\, u \in C^2(\mathfrak{R}_n) \cap \mathfrak{H}, \, Au \in \mathfrak{H} \}. \qquad (17)$$

Satz 2: *Ist $q(x) \in C^0(\mathfrak{R}_n)$ und reellwertig und genügt $q(x)$ für hinreichend große $|x|$ der Abschätzung $q(x) \geq -q_0\,|x|^2$ mit einer positiven Zahl q_0, so ist A in $\mathfrak{A}$ symmetrisch*[2].

Beweis:

1. Schritt: Ist $\psi(r)$ in $r_0 \leq r < \infty$ stetig und existiert $\lim\limits_{r\to\infty} \psi(r)$, so gilt für festes $r_1 \geq r_0$

$$\lim_{r\to\infty} \frac{1}{r} \int\limits_{r_1}^{r} \psi(\varrho)\, d\varrho = \lim_{r\to\infty} \psi(r).$$

Zum Beweis wähle man r so groß, daß $\sqrt{r} > r_1$ gilt. Man hat dann mit dem Mittelwertsatz der Integralrechnung

$$\frac{1}{r} \int\limits_{r_1}^{r} \psi(\varrho)\, d\varrho = \frac{1}{r} \int\limits_{r_1}^{\sqrt{r}} \psi(\varrho)\, d\varrho + \frac{1}{r} \int\limits_{\sqrt{r}}^{r} \psi(\varrho)\, d\varrho$$

$$= \frac{\sqrt{r} - r_1}{r}\, \psi\big(r_1 + \Theta\,(\sqrt{r} - r_1)\big) + \frac{r - \sqrt{r}}{r}\, \psi\big(r + \overline{\Theta}\,(r - \sqrt{r})\big). \qquad (18)$$

---

[1] Ist $\lim\limits_{\beta\to\infty} |u(\beta)| = \gamma \neq 0$, so existiert zu jedem solchen $u(x)$ eine Zahl $X_u > 0$ so, daß $|u(x)| \geq \dfrac{\gamma}{2}$ ist für alle $x \geq X_u$. Man hat dann mit $a > X_u$

$$\int\limits_{0}^{a} |u(x)|^2\, dx \geq \int\limits_{X_u}^{a} |u(x)|^2\, dx \geq \int\limits_{X_u}^{a} \frac{\gamma^2}{4}\, dx \to \infty \quad \text{für } a \to \infty.$$

Deshalb würde $\int\limits_{0}^{\infty} |u(x)|^2\, dx$ nicht existieren.

[2] E. Wienholtz [2]. Der dort gegebene Beweis macht ausgiebig von Teilfolgen Gebrauch. Der hier gegebene Beweis stammt von B. Hellwig. Der Spezialfall $q(x) \geq -q_0\,|x|$ für $n = 2$ findet sich auch bei E. C. Titchmarsh [**].

Dabei ist $0 \leq \Theta, \ \overline{\Theta} \leq 1$. Aus (18) kann die Behauptung abgelesen werden.

2. Schritt: Für die Beweisführung setzen wir $n > 1$ voraus, obgleich jeder Schritt auch für $n = 1$ interpretiert werden kann. $u(x)$, $v(x)$ seien zwei beliebige Funktionen aus $\mathfrak{A}$. Dabei genügt es, sich wieder auf reellwertige Funktionen zu beschränken. Für das Gebiet $|x| \leq r$ verwenden wir die zweite GREENsche Formel und erhalten

$$\int\limits_{|x|\leq r} \{u(x)\, \Delta_n\, v(x) - v(x)\, \Delta_n\, u(x)\}\, dx = \int\limits_{|x|=r} \{u(x)v_\nu(x) - v(x)\, u_\nu(x)\}\, do. \tag{19}$$

Die rechte Seite werde mit $\psi(r)$ abgekürzt. Ist $d\omega$ das Oberflächenelement der Einheitskugel, so ist $do = r^{n-1}\, d\omega$, und es wird mit $x = r\nu$, $\nu = (\nu_1, \nu_2, \ldots, \nu_n)$, $|\nu| = 1$

$$\psi(r) = r^{n-1}\int\limits_{|\nu|=1} \{u(r\nu)\, v_r(r\nu) - v(r\nu)\, u_r(r\nu)\}\, d\omega. \tag{20}$$

Aus (19) wird nun

$$\int\limits_{|x|\leq r} \{-\Delta_n u + qu\}\, v\, dx - \int\limits_{|x|\leq r} \{-\Delta_n v + qv\}\, u\, dx = \psi(r). \tag{21}$$

Weil $u, v \in \mathfrak{A}$ ist, gilt

$$\int\limits_{\mathfrak{R}_n} |-\Delta_n u + qu|^2\, dx < \infty, \qquad \int\limits_{\mathfrak{R}_n} |u|^2\, dx < \infty, \tag{22}$$

so daß nach der SCHWARZschen Ungleichung $\lim\limits_{r\to\infty}$ für die linke Seite in (21) existiert. Deshalb existiert $\lim\limits_{r\to\infty} \psi(r)$. Unsere Aufgabe besteht darin, $\lim\limits_{r\to\infty} \psi(r) = 0$ nachzuweisen. Ist dies geschehen, so ist mit (21)

$$\int\limits_{\mathfrak{R}_n} \{-\Delta_n u + qu\}\, v\, dx - \int\limits_{\mathfrak{R}_n} \{-\Delta_n v + qv\}\, u\, dx = 0 \tag{23}$$

nachgewiesen. Dies bedeutet aber $(A u, v) - (u, A v) = 0$ für alle reellen $u, v \in \mathfrak{A}$. Da $\mathfrak{A}$ offensichtlich dicht in $\mathfrak{H}$ ist, wäre der Satz bewiesen. Wir machen die

Widerspruchsannahme: $\lim\limits_{r\to\infty} |\psi(r)| = \psi_0 > 0$.

3. Schritt: Setzt man $\varphi(r) = \int\limits_{|\nu|=1} u^2(r\nu)\, d\omega$, so findet man

$$\int\limits_0^r \varphi(\varrho)\varrho^{n-1}\, d\varrho = \int\limits_0^r \varrho^{n-1}\left(\int\limits_{|\nu|=1} u^2(\varrho\nu)\, d\omega \right) d\varrho = \int\limits_0^r \left(\int\limits_{|x|=\varrho} u^2(x)\, do \right) d\varrho$$

$$= \int\limits_{|x|\leq r} u^2(x)\, dx, \tag{24}$$

$$\varphi'(r) = 2 \int\limits_{|v|=1} u(rv)\, u_r(rv)\, d\omega. \tag{25}$$

Da $\varphi(r) \geq 0$ ist, ergibt sich die Ungleichung

$$(r^{n-1}\varphi(r))' = r^{n-1}\varphi'(r) + (n-1)r^{n-2}\varphi(r) \geq r^{n-1}\varphi'(r). \tag{26}$$

4. Schritt: Nach der 1. Greenschen Formel hat man

$$\int\limits_{r_0 \leq |x| \leq r} u(x)\, \Delta_n u\, dx = r^{n-1} \int\limits_{|v|=1} u(rv)\, u_r(rv)\, d\omega$$
$$- r_0^{n-1} \int\limits_{|v|=1} u(r_0 v)\, u_r(r_0 v)\, d\omega - \int\limits_{r_0 \leq |x| \leq r} |\operatorname{grad} u|^2\, dx,$$

also

$$\int\limits_{r_0 \leq |x| \leq r} |\operatorname{grad} u|^2\, dx = \int\limits_{r_0 \leq |x| \leq r} -qu^2\, dx + \int\limits_{r_0 \leq |x| \leq r} (-\Delta_n u + qu)\, u\, dx$$
$$+ r^{n-1} \int\limits_{|v|=1} u(rv)\, u_r(rv)\, d\omega - r_0^{n-1} \int\limits_{|v|=1} u(r_0 v)\, u_r(r_0 v)\, d\omega. \tag{27}$$

Nach Voraussetzung ist für hinreichend großes r_0

$$\int\limits_{r_0 \leq |x| \leq r} -qu^2\, dx \leq q_0 \int\limits_{r_0 \leq |x| \leq r} |x|^2 u^2\, dx \leq q_0 r^2 \int\limits_{\Re_n} u^2\, dx = K r^2, \tag{28}$$

wo K von r_0 unabhängig ist. Aus $u \in \mathfrak{A}$ folgt weiter

$$\left\{ \int\limits_{r_0 \leq |x| \leq r} (-\Delta_n u + qu)\, u\, dx \right\}^2 \leq \int\limits_{\Re_n} (-\Delta_n u + qu)^2\, dx \int\limits_{\Re_n} u^2\, dx = C^2 \tag{29}$$

mit $C \geq 0$ und unabhängig von r_0. Aus (27) folgt unter Benutzung des 3. Schrittes

$$\int\limits_{r_0 \leq |x| \leq r} |\operatorname{grad} u|^2\, dx \leq K r^2 + C + \frac{1}{2}\, r^{n-1}\varphi'(r) - \frac{1}{2}\, r_0^{n-1}\varphi'(r_0). \tag{30}$$

5. Schritt: Mit (20) finden wir

$$\left(\int\limits_{r_0}^{r} |\psi(\varrho)|\, d\varrho \right)^2 \leq \left(\int\limits_{r_0}^{r} \varrho^{n-1} \int\limits_{|v|=1} \{|u(\varrho v)\, v_\varrho(\varrho v)| + |v(\varrho v)\, u_\varrho(\varrho v)|\}\, d\omega\, d\varrho \right)^2$$
$$= \left(\int\limits_{r_0 \leq |x| \leq r} \left| u\, \frac{\partial v}{\partial |x|} \right|\, dx + \int\limits_{r_0 \leq |x| \leq r} \left| v\, \frac{\partial u}{\partial |x|} \right|\, dx \right)^2$$
$$\leq 2 \left(\int\limits_{r_0 \leq |x| \leq r} \left| u\, \frac{\partial v}{\partial |x|} \right|\, dx \right)^2 + 2 \left(\int\limits_{r_0 \leq |x| \leq r} \left| v\, \frac{\partial u}{\partial |x|} \right|\, dx \right)^2.$$

Wegen $\dfrac{\partial v}{\partial |x|} = v_{x_1}\dfrac{x_1}{|x|} + \cdots + v_{x_n}\dfrac{x_n}{|x|}$ folgt mit der Schwarzschen Un-gleichung für Summen: $\left(\sum\limits_{k=1}^{n} a_k b_k\right)^2 \leq \sum\limits_{k=1}^{n} a_k^2 \sum\limits_{k=1}^{n} b_k^2$

$$\left(\frac{\partial v}{\partial |x|}\right)^2 \leq \sum_{k=1}^{n}(v_{x_k})^2 \sum_{k=1}^{n}\frac{x_k^2}{|x|^2} = \sum_{k=1}^{n}(v_{x_k})^2 = |\operatorname{grad} v|^2. \tag{31}$$

Deshalb bekommen wir mit der Schwarzschen Ungleichung

$$\left(\int\limits_{r_0}^{r} |\psi(\varrho)|\, d\varrho\right)^2 \leq 2\left\{\int\limits_{r_0\leq|x|\leq r} u^2\, dx \int\limits_{r_0\leq|x|\leq r}|\operatorname{grad} v|^2\, dx + \int\limits_{r_0\leq|x|\leq r} v^2\, dx \int\limits_{r_0\leq|x|\leq r}|\operatorname{grad} u|^2\, dx\right\}.$$

Weil $\int\limits_{\mathfrak{R}_n} u^2\, dx < \infty$ ausfällt, existiert auch $\int\limits_{r_0\leq|x|<\infty} u^2\, dx = \varepsilon(r_0)$, und es ist $\lim\limits_{r_0\to\infty}\varepsilon(r_0) = 0$. Entsprechend folgt aus $\int\limits_{\mathfrak{R}_n} v^2\, dx < \infty$ mit $\int\limits_{r_0\leq|x|<\infty} v^2\, dx$

$= \tilde{\varepsilon}(r_0)$ auch $\lim\limits_{r_0\to\infty}\tilde{\varepsilon}(r_0) = 0$. Im folgenden werden wir Größen, die sich auf v beziehen, stets durch $\sim$ kennzeichnen. Als Beispiel aus dem 3. Schritt sei $\tilde{\varphi}(r) = \int\limits_{|v|=1} v^2(rv)\, d\omega$ erwähnt.

Setzen wir nun $\delta(r_0) = \max\{2\varepsilon(r_0),\, 2\tilde{\varepsilon}(r_0)\}$, so erhalten wir

$$\left(\int\limits_{r_0}^{r}|\psi(\varrho)|\, d\varrho\right)^2 \leq \delta(r_0)\left\{\int\limits_{r_0\leq|x|\leq r}|\operatorname{grad} u|^2\, dx + \int\limits_{r_0\leq|x|\leq r}|\operatorname{grad} v|^2\, dx\right\}$$

und mit (30), unserer obigen Vereinbarung über die Schreibweise und $K + \tilde{K} = B,\ C + \tilde{C} = D$

$$\leq \delta(r_0)\left\{Br^2 + D + \frac{1}{2}r^{n-1}(\varphi'(r) + \tilde{\varphi}'(r)) - \frac{1}{2}r_0^{n-1}(\varphi'(r_0) + \tilde{\varphi}'(r_0))\right\}.$$

Abschließend folgt

$$\frac{\left(\int\limits_{r_0}^{r}|\psi(\varrho)|\, d\varrho\right)^2}{r^2} \leq \delta(r_0)\left\{B + \frac{D}{r^2} + \frac{r^{n-1}(\varphi'(r) + \tilde{\varphi}'(r))}{2r^2}\right. \tag{32}$$

$$\left. - \frac{r_0^{n-1}(\varphi'(r_0) + \tilde{\varphi}'(r_0))}{2r^2}\right\}.$$

Weil $\lim\limits_{r_0\to\infty}\delta(r_0) = 0$ ist, wählen wir nun r_0 so groß, daß

$$\delta(r_0) \leq 1 \quad\text{und}\quad B\delta(r_0) \leq \frac{\psi_0^2}{8} \tag{33}$$

gilt. Dabei war nach Widerspruchsannahme $\psi_0 > 0$.

Nach dem 1. Schritt und der Widerspruchsannahme ist

$$\lim_{r \to \infty} \frac{1}{r^2} \left(\int_{r_0}^{r} |\psi(\varrho)| \, d\varrho \right)^2 = \psi_0^2. \tag{34}$$

Nachdem r_0 festgelegt ist, wählen wir r_1 so groß, daß für alle $r \geq r_1$

$$\left. \begin{aligned} \frac{1}{r^2} \left(\int_{r_0}^{r} |\psi(\varrho)| \, d\varrho \right)^2 &\geq \frac{\psi_0^2}{2}, \quad \frac{D}{r^2} \leq \frac{\psi_0^2}{8} \\ - \frac{r_0^{n-1}(\varphi'(r_0) + \tilde{\varphi}'(r_0))}{r^2} &\leq \frac{\psi_0^2}{8} \end{aligned} \right\} \tag{35}$$

ist. Dann gilt für alle $r \geq r_1$ mit (32)

$$\frac{\psi_0^2}{2} \leq \frac{\psi_0^2}{8} + \frac{\psi_0^2}{8} + \frac{r^{n-1}(\varphi'(r) + \tilde{\varphi}'(r))}{2r^2} + \frac{\psi_0^2}{8}, \tag{36}$$

also

$$\frac{\psi_0^2}{4} \, r^2 \leq r^{n-1}(\varphi'(r) + \tilde{\varphi}'(r)) \tag{37}$$

und nach dem 3. Schritt

$$\frac{\psi_0^2}{4} r^2 \leq \{ r^{n-1}(\varphi(r) + \tilde{\varphi}(r)) \}'. \tag{38}$$

Integration zwischen r_1 und r ergibt

$$r^{n-1}(\varphi(r) + \tilde{\varphi}(r)) \geq r_1^{n-1}(\varphi(r_1) + \tilde{\varphi}(r_1)) + \frac{\psi_0^2}{12} \, r^3 - \frac{\psi_0^2}{12} \, r_1^3. \tag{39}$$

Integriert man nochmals zwischen r_1 und r, so ergibt sich mit (24)

$$\int_{r_1}^{r} \varrho^{n-1}(\varphi(\varrho) + \tilde{\varphi}(\varrho)) \, d\varrho = \int_{r_1 \leq |x| \leq r} \{ u^2(x) + v^2(x) \} \, dx \tag{40}$$

und schließlich

$$\begin{aligned} \int_{r_1 \leq |x| \leq r} \{ u^2(x) + v^2(x) \} \, dx &\geq \frac{\psi_0^2}{48} \, r^4 - \frac{\psi_0^2}{48} \, r_1^4 - \frac{\psi_0^2}{12} \, r_1^3(r - r_1) \\ &\quad + r_1^{n-1}(\varphi(r_1) + \tilde{\varphi}(r_1)) \, (r - r_1). \end{aligned} \tag{41}$$

Hält man r_1 fest und bildet $r \to \infty$, so folgt

$$\int_{r_1 \leq |x| \leq r} \{ u^2(x) + v^2(x) \} \, dx \to \infty \quad \text{für} \quad r \to \infty. \tag{42}$$

Da $u, v \in \mathfrak{H}$ ist, gilt aber

$$\int_{r_1 \leq |x| \leq r} \{u^2(x) + v^2(x)\}\, dx \leq \int_{\mathfrak{R}_n} u^2(x)\, dx + \int_{\mathfrak{R}_n} v^2(x)\, dx < \infty. \qquad (43)$$

(42) stellt den gewünschten Widerspruch dar. Es ist daher $\lim\limits_{r \to \infty} \psi(r) = 0$, und alles ist bewiesen.

Einige einfache, aber dennoch wichtige Folgerungen aus Satz 2 sind die folgenden Sätze:

Satz 3: *Ist* $q(x) \in C^0(\mathfrak{R}_n)$, *reellwertig und* $q(x) \geq 0$, *so existiert für alle* $u(x) \in \mathfrak{A}$ *das Integral* $\int_{\mathfrak{R}_n} |\operatorname{grad} u|^2\, dx$, *und A in* $\mathfrak{A}$ *ist positiv.*

Beweis: Nach Satz 2 folgt die Symmetrie von A in $\mathfrak{A}$. Für das Folgende genügt es wieder, $u \in \mathfrak{A}$ und reell anzunehmen. Mit der ersten GREENschen Formel hat man

$$\int_{|x| \leq r} (-\Delta_n u)\, u\, dx = -\int_{|x| = r} u(x)\, u_\nu(x)\, do + \int_{|x| \leq r} |\operatorname{grad} u|^2\, dx. \qquad (44)$$

Daraus folgt

$$\int_{|x| \leq r} (-\Delta_n u + qu)\, u\, dx = -\int_{|x| = r} u u_\nu\, do + \int_{|x| \leq r} \{|\operatorname{grad} u|^2 + q(x)\, u^2\}\, dx. \quad (45)$$

Da $u \in \mathfrak{A}$ ist, existiert $\int_{\mathfrak{R}_n} (-\Delta_n u + qu)\, u\, dx$. Führt man die Funktion

$$\varphi(r) = \int_{|\nu| = 1} u^2(r\nu)\, d\omega \quad \text{ein, so erscheint (45) in der Gestalt}$$

$$\int_{|x| \leq r} (-\Delta_n u + qu)\, u\, dx = -\frac{r^{n-1}\, \varphi'(r)}{2} + \int_{|x| \leq r} \{|\operatorname{grad} u|^2 + q(x)\, u^2\}\, dx. \qquad (46)$$

Ferner ist $\int_{|x| \leq r} u^2(x)\, dx = \int_0^r \varrho^{n-1}\, \varphi(\varrho)\, d\varrho$.

1. Fall: $\lim\limits_{r \to \infty} \int_{|x| \leq r} \{|\operatorname{grad} u|^2 + q(x)\, u^2\}\, dx = \infty$.

Weil der Limes der linken Seite in (46) existiert, muß $\lim\limits_{r \to \infty} r^{n-1} \varphi'(r) = \infty$ gelten. Deshalb ist $\varphi'(r) > 0$ in $r \geq r_0$ und somit $\varphi(r)$ in $r \geq r_0$ streng monoton wachsend. Wegen $\varphi(r) \geq 0$ hat man zusätzlich $\varphi(r) > 0$ in $r > r_0$. Daraus folgt $\lim\limits_{r \to \infty} \int_0^r \varrho^{n-1} \varphi(\varrho)\, d\varrho = \infty$, was zu $\int_{\mathfrak{R}_n} u^2(x)\, dx < \infty$ im Widerspruch steht. Deshalb kann der 1. Fall nicht auftreten.

2. Fall: $\lim\limits_{r \to \infty} \int_{|x| \leq r} \{|\operatorname{grad} u|^2 + q(x)\, u^2\}\, dx = \gamma < \infty$.

Wegen $q(x) \geq 0$ ist $\gamma \geq 0$, und es existiert $\lim\limits_{r\to\infty} \int\limits_{|x|\leq r} |\operatorname{grad} u|^2 dx$. Deshalb existiert nach (46) auch $\lim\limits_{r\to\infty} \dfrac{r^{n-1}\varphi'(r)}{2}$. Würde dieser Limes von Null verschieden sein, so würde $\lim\limits_{r\to\infty} \int\limits_0^r \dfrac{\varrho^{n-1}\varphi'(\varrho)}{2}\, d\varrho = \infty$ gelten. Nun ist aber

$$\left| \int\limits_0^r \frac{\varrho^{n-1}\varphi'(\varrho)}{2}\, d\varrho \right|^2 = \left| \int\limits_0^r \left(\int\limits_{|x|=\varrho} u(\varrho\nu)\, u_\varrho(\varrho\nu)\, do \right) d\varrho \right|^2$$

$$= \left| \int\limits_{|x|\leq r} u(x)\, \frac{\partial u(x)}{\partial |x|}\, dx \right|^2 \leq \int\limits_{|x|\leq r} u^2(x)\, dx \int\limits_{|x|\leq r} \left(\frac{\partial u(x)}{\partial |x|} \right)^2 dx$$

$$\leq \int\limits_{|x|\leq r} u^2(x)\, dx \int\limits_{|x|\leq r} |\operatorname{grad} u|^2\, dx \leq C \qquad \text{für} \quad r \to \infty.$$

Daher ist in (45) $\lim\limits_{r\to\infty} \int\limits_{|x|=r} u u_r\, do = 0$ nachgewiesen, und es folgt

$$(A u, u) = \int\limits_{\Re_n} \{|\operatorname{grad} u|^2 + q(x)\, |u|^2\}\, dx \geq 0. \tag{47}$$

Satz 4: *Es sei* $\mathfrak{H} = \left\{ u(x) \mid \int\limits_{\Re_n} |u|^2\, dx < \infty \right\}$, $(u, v) = \int\limits_{\Re_n} u\, \bar{v} dx$. *A in $\mathfrak{A}$ sei gegeben durch*

$$A u = -\Delta_n u, \quad \mathfrak{A} = \{u(x) \mid u \in C^2(\Re_n) \cap \mathfrak{H}, A u \in \mathfrak{H}\}. \tag{48}$$

Das Punktspektrum von A in $\mathfrak{A}$ ist leer.

Beweis: Da A in $\mathfrak{A}$ symmetrisch ist, können nur reelle Zahlen λ Eigenwerte sein. Da ferner A in $\mathfrak{A}$ positiv ist, kommen dafür nur die Zahlen $\lambda \geq 0$ in Frage.

1. $\lambda = 0$ ist nicht Eigenwert. Aus (47) folgt für $A u = 0$

$$0 = (A u, u) = \int\limits_{\Re_n} |\operatorname{grad} u|^2\, dx \qquad \text{oder} \qquad u(x) = \text{const}. \tag{49}$$

Da ferner $u \in \mathfrak{H}$, folgt $u \equiv 0$, welches zeigt, daß $\lambda = 0$ nicht Eigenwert ist.

2. $\lambda > 0$. Wir setzen $\lambda = k^2$ mit $k > 0$. Sei $\lambda = k^2$ Eigenwert und $\varphi \in \mathfrak{A}$ mit $\varphi \not\equiv 0$ Eigenfunktion, so gilt

$$-\Delta_n \varphi(x) = k^2 \varphi(x). \tag{50}$$

Für das Weitere benutzen wir das

6*

Lemma *(Mittelwertsatz für Lösungen von* $\Delta_3 u + k^2 u = 0$ *mit* $k > 0$ *und* $k = \mathrm{const})$*: Ist* $u(x) \in C^2(\mathfrak{R}_3)$ *eine Lösung von* $\Delta_3 u + k^2 u = 0$, *so erfüllt* $u(x)$ *die Mittelwertrelation*

$$u(x_0) \frac{\sin k\sigma}{k\sigma} = \frac{1}{4\pi\sigma^2} \int\limits_{|x-x_0|=\sigma} u(x)\, do \tag{51}$$

für jedes $\sigma > 0$ *und jedes* $x_0 \in \mathfrak{R}_3$.

Eine analoge Formel gilt auch im $\mathfrak{R}_n$[1]. Sie lautet

$$\left. \begin{aligned} u(x_0)\, J_0(k\sigma) &= \frac{1}{2\pi\sigma} \int\limits_{|x-x_0|=\sigma} u(x)\, do \quad \text{für} \quad n = 2, \\[2em] u(x_0)\, \frac{\Gamma\!\left(\dfrac{n}{2}\right) \dfrac{J_{\frac{n-2}{2}}(k\sigma)}{\left(\dfrac{k\sigma}{2}\right)^{\frac{n-2}{2}}}}{} &= \frac{1}{\omega_n \sigma^{n-1}} \int\limits_{|x-x_0|=\sigma} u(x)\, do \quad \text{für} \quad n > 3. \end{aligned} \right\} \tag{51a}$$

Dabei sind $J_\mu(x)$ BESSEL-Funktionen, und $\Gamma(x)$ ist die Gamma-Funktion. Wir wollen die Verwendung von BESSEL-Funktionen hier vermeiden und beschränken uns daher auf den Fall $n = 3$.

Da $\varphi(x) \not\equiv 0$, gibt es eine Stelle $x_0 \in \mathfrak{R}_3$ mit $\varphi(x_0) \neq 0$. Der Mittelwertsatz liefert für (50)

$$\varphi(x_0) \frac{\sin k\sigma}{k\sigma} = \frac{1}{4\pi\sigma^2} \int\limits_{|x-x_0|=\sigma} \varphi(x)\, do \tag{52}$$

oder

$$\left| \int\limits_{|x-x_0|=\sigma} \varphi(x)\, do \right|^2 = \frac{16\pi^2 \sigma^2}{k^2}\, |\varphi(x_0)|^2 \sin^2 k\sigma. \tag{53}$$

Benutzen wir die SCHWARZsche Ungleichung

$$\left| \int\limits_{|x-x_0|=\sigma} \varphi(x)\, do \right|^2 \le 4\pi\sigma^2 \int\limits_{|x-x_0|=\sigma} |\varphi(x)|^2\, do, \tag{54}$$

so erhalten wir aus (53)

$$\int\limits_{|x-x_0|=\sigma} |\varphi|^2\, do \ge \frac{1}{4\pi\sigma^2} \left| \int\limits_{|x-x_0|=\sigma} \varphi\, do \right|^2 = \frac{4\pi\, |\varphi(x_0)|^2}{k^2} \sin^2 k\sigma. \tag{55}$$

Integration ergibt $\tag{56}$

$$\int\limits_{|x-x_0|\le\varrho} |\varphi(x)|^2\, dx = \int\limits_0^\varrho \left(\int\limits_{|x-x_0|=\sigma} |\varphi(x)|^2\, do \right) d\sigma \ge \frac{2\pi\, |\varphi(x_0)|^2}{k^2} \left\{ \varrho - \frac{\sin 2k\varrho}{2k} \right\}$$

---

[1] Man findet sie in R. COURANT—D. HILBERT [**] und [$^{**}_{**}$].

gültig für jedes $\varrho > 0$. Deshalb existiert $\lim\limits_{\varrho \to \infty} \int\limits_{|x-x_0| \leq \varrho} |\varphi(x)|^2\, dx$ nicht, so daß auch $\int\limits_{\mathfrak{R}_3} |\varphi(x)|^2\, dx \geq \int\limits_{|x-x_0| \leq \varrho} |\varphi(x)|^2\, dx$ nicht existieren kann. Deshalb ist φ nicht aus $\mathfrak{H}$ und erst recht nicht aus $\mathfrak{A}$, was der gewünschte Widerspruch ist.

Beweis des Lemmas: Sucht man von $\Delta_3 u + k^2 u = 0$ Lösungen $u(r)$, die nur von $r = |x - x_0|$ abhängig sind, so vereinfacht sich die Gleichung zu $u'' + \dfrac{2}{r}\, u' + k^2 u = 0$ mit $u' = \dfrac{du}{dr}$. Sie kann auf die Gestalt $(ru)'' + k^2(ru) = 0$ gebracht werden. Lösungen sind $\dfrac{\cos kr}{r}, \dfrac{\sin kr}{r}$, wobei die erste in $r = 0$ singulär wird, während die zweite keine Singularität besitzt, wenn man den Wert von $\dfrac{\sin kr}{r}$ für $r = 0$ zu k festlegt. Nunmehr wenden wir die zweite GREENsche Formel auf das Gebiet $0 < \tau \leq |x - x_0| \leq \sigma$ mit $\tau < \sigma$ an und verwenden dabei für $u(x)$ eine Lösung von $\Delta_3 u + k^2 u = 0$ und setzen

$$v(x) = \frac{\cos k\,|x-x_0|}{|x - x_0|} \sin k\sigma - \frac{\sin k\,|x - x_0|}{|x - x_0|} \cos k\sigma.$$

Man erhält

$$\int\limits_{|x-x_0|=\sigma} (v u_\nu - u v_\nu)\, do + \int\limits_{|x-x_0|=\tau} (v u_\nu - u v_\nu)\, do$$
$$= \int\limits_{\tau \leq |x-x_0| \leq \sigma} \{v(\Delta_3 u + k^2 u) - u(\Delta_3 v + k^2 v)\}\, dx. \tag{57}$$

Dabei ist ν die äußere Normale auf der Berandung von $\tau \leq |x - x_0| \leq \sigma$. Das Volumenintegral ist Null. Ferner ist $v = 0$ und $v_\nu = -\dfrac{k}{\sigma}$ auf $|x - x_0| = \sigma$. Eine leichte Rechnung ergibt

$$\lim\limits_{\tau \to 0} \int\limits_{|x-x_0|=\tau} (v u_\nu - u v_\nu)\, do = -4\pi u(x_0) \sin k\sigma. \tag{58}$$

Deshalb geht für $\tau \to 0$ (57) über in

$$\frac{k}{\sigma} \int\limits_{|x-x_0|=\sigma} u(x)\, do - 4\pi u(x_0) \sin k\sigma = 0, \tag{59}$$

was mit (51) gleichwertig ist.

Aufgabe 1: Ist $u(x) \in C^2(\mathfrak{R}_n)$ eine Lösung von $\Delta_n u = 0$, so erfüllt $u(x)$ die Mittelwertrelation

$$u(x_0) = \frac{1}{\omega_n \sigma^{n-1}} \int\limits_{|x-x_0|=\sigma} u(x)\, do \tag{60}$$

für jedes $\sigma > 0$ und beliebiges $x_0 \in \mathfrak{R}_n$. ω_n ist die Oberfläche der n-dimensionalen Einheitskugel: $|x| \leq 1$.

Aufgabe 2 (Koordinatenoperator im $\mathfrak{R}_1$): Es sei

$$\mathfrak{H} = \left\{ u(x) \mid \int_{-\infty}^{+\infty} |u(x)|^2\, dx < \infty \right\}, \qquad (u, v) = \int_{-\infty}^{+\infty} u(x)\, \overline{v(x)}\, dx.$$

A in $\mathfrak{A}$ sei gegeben durch: $Au = xu$, $\mathfrak{A} = \{u(x) \mid u \in \mathfrak{H}, Au \in \mathfrak{H}\}$. Man zeige, daß A in $\mathfrak{A}$ symmetrisch ist.

3.4 Halbbeschränktheit von Schrödinger-Operatoren

Wir betrachten wieder den HILBERTschen Raum

$$\mathfrak{H} = \left\{ u(x) \mid \int_{\mathfrak{R}_n} |u(x)|^2\, dx < \infty \right\}, \qquad (u, v) = \int_{\mathfrak{R}_n} u(x)\, \overline{v(x)}\, dx \qquad (1)$$

und den SCHRÖDINGER-Operator A in $\overset{\circ}{\mathfrak{A}}$ mit

$$Au = -\Delta_n u + q(x) u, \qquad (2)$$

$\overset{\circ}{\mathfrak{A}} = \{u(x) \mid u \in C^2(\mathfrak{R}_n), \quad u \equiv 0$ außerhalb einer individuellen (also von u abhängigen) abgeschlossenen, beschränkten Punktmenge des $\mathfrak{R}_n\}$. $\qquad (3)$

Dies hat den entscheidenden Vorteil, daß der Nachweis der Symmetrie von A in $\overset{\circ}{\mathfrak{A}}$ bei stetigem $q(x)$ keine Schwierigkeiten macht. Jedoch sollen neue Schwierigkeiten dadurch entstehen, daß Singularitäten von $q(x)$ zugelassen werden. Dies erweist sich als notwendig, wenn man den SCHRÖDINGER-Operator des quantenmechanischen Systems betrachten will, welches aus einem Atomkern und s Elektronen besteht. Die entsprechenden Potentiale sollen COULOMB-Potentiale sein, wobei die Wechselwirkung zwischen den Elektronen berücksichtigt werden soll. Nehmen wir den Atomkern im Koordinatenursprung an und habe das k-te Elektron die Koordinaten $x_{3k-2}, x_{3k-1}, x_{3k}$, so sind die Entfernung des k-ten Teilchens zum Kern und die Entfernung des k-ten Teilchens zum j-ten Teilchen gegeben durch

$$r_{0k} = \{x_{3k-2}^2 + x_{3k-1}^2 + x_{3k}^2\}^{1/2}, \qquad k = 1, 2, \ldots, s, \qquad (4)$$

$$r_{jk} = \{(x_{3j-2} - x_{3k-2})^2 + (x_{3j-1} - x_{3k-1})^2 + (x_{3j} - x_{3k})^2\}^{\frac{1}{2}}, \qquad (5)$$

und das Potential $q(x)$ kann beschrieben werden durch

$$q(x) = \frac{1}{2} \sum_{\substack{j,\, k=0 \\ j \neq k}}^{s} \frac{e_{jk}}{r_{jk}} \qquad (6)$$

mit irgendwelchen reellen Zahlen e_{jk}, die sich aus den jeweiligen Ladungen ergeben. x steht dabei für $x_1, x_2, \ldots, x_n$ mit $n = 3s$.

Wir werden im folgenden wesentlich allgemeinere Potentiale $q(x)$ als die in (6) zulassen.

Für das Weitere benötigen wir zwei Hilfssätze.

Hilfssatz 1: $\displaystyle \int\limits_G \frac{1}{|x-y|^\alpha}\,dy \leq \frac{\omega_n}{n-\alpha}\left(\frac{n\,V(G)}{\omega_n}\right)^{1-\frac{\alpha}{n}}$

für $n \geq 2$, $0 < \alpha < n$ und alle $x \in \Re_n$. ω_n ist die Oberfläche der Einheitskugel im $\Re_n$ und $V(G)$ das Volumen des Gebietes G.

Hilfssatz 2: *Es sei* $\varphi(t) \in C^2(0 \leq t \leq 1)$ *und* $\varphi(t) \equiv 1$ *in* $0 \leq t \leq \frac{1}{3}$, $\varphi(t) \equiv 0$ *in* $\frac{2}{3} \leq t \leq 1$, $0 \leq \varphi(t) \leq 1$ *in* $0 \leq t \leq 1$. *Ist* $u(x) \in C^2(\Re_n)$, *so gilt für jedes* $x \in \Re_n$ *die Darstellung*

$$u(x) = \frac{1}{\omega_n}\sum_{i=1}^{n}\int\limits_{|y-x|\leq R} \frac{x_i-y_i}{|x-y|^n}\left(u(y)\varphi\left(\frac{|x-y|}{R}\right)\right)_{y_i} dy \tag{7}$$

für beliebiges R mit $0 < R < \infty$.

Beide Hilfssätze sind in 1.3 bewiesen.

Satz 1: *Ist $q(x)$ reellwertig im $\Re_n$ und*

$$\int\limits_{|y-x|\leq R} \frac{q^2(y)}{|x-y|^{n-4+\alpha}}\,dy \leq M \tag{8}$$

für alle $x \in \Re_n$ und alle R mit $0 < R < 1$ und festen Konstanten M und α mit $0 < \alpha < 4$, so ist A in $\mathfrak{A}$ symmetrisch und halbbeschränkt nach unten.

Beweis: Ist $\gamma > 0$, so liefert der Hilfssatz 2 für $u(x) \in \overset{\circ}{\mathfrak{A}}$ die Darstellung

$$u(x) = \frac{1}{\omega_n}\int\limits_{|y-x|\leq R} \frac{1}{|x-y|^{\frac{n}{2}-\frac{\gamma}{2}}} \cdot \frac{\sum_{i=1}^{n}(x_i-y_i)\left[u(y)\varphi\left(\frac{|x-y|}{R}\right)\right]_{y_i}}{|x-y|^{\frac{n}{2}+\frac{\gamma}{2}}}\,dy. \tag{9}$$

Wählt man $0 < \gamma < 2$, so ergibt die Schwarzsche Ungleichung

$$|u(x)|^2 \leq \frac{1}{\omega_n^2}\int\limits_{|y-x|\leq R}\frac{dy}{|x-y|^{n-\gamma}} \cdot \int\limits_{|y-x|\leq R}\frac{1}{|x-y|^{n+\gamma}}\left|\sum_{i=1}^{n}(x_i-y_i)[\cdots]_{y_i}\right|^2 dy. \tag{10}$$

Beide Integrale existieren: Beim ersten folgt es nach Hilfssatz 1 sofort. Beim zweiten beachtet man, daß $[\cdots]_{y_i}$ keine Singularitäten besitzt.

Wendet man auf die Summe die entsprechende SCHWARZsche Ungleichung an, so erhält man

$$\left| \sum_{i=1}^{n} (x_i - y_i) \, [\cdots]_{y_i} \right|^2 \leq |x - y|^2 \sum_{i=1}^{n} |[\cdots]_{y_i}|^2 .$$

Deshalb kann das letzte Integral in (10) nach oben durch

$$\int\limits_{|y-x|\leq R} \frac{1}{|x - y|^{n+\gamma-2}} \sum_{i=1}^{n} |[\cdots]_{y_i}|^2 \, dy$$

abgeschätzt werden. Nach Hilfssatz 1 existiert dieses für $\gamma < 2$. Das erste Integral in (10) kann mit Hilfssatz 1 durch $\frac{\omega_n}{\gamma} R^\gamma$ nach oben abgeschätzt werden. Dies ist sogar der exakte Wert des Integrals. Beachtet man, daß stets $0 \leq \varphi \leq 1$ gilt und daß man

$$\varphi_{y_i}\left(\frac{|x - y|}{R}\right) \equiv 0 \qquad \text{in einer Umgebung von } y = x,$$

$$\varphi_{y_i}\left(\frac{|x - y|}{R}\right) = \varphi'\left(\frac{|x - y|}{R}\right) \frac{1}{R} \frac{(y_i - x_i)}{|x - y|} \quad \text{für} \quad y \neq x$$

hat, so findet man mit $|a + b|^2 \leq 2|a|^2 + 2|b|^2$ die Abschätzung

$$\sum_{i=1}^{n} |[\cdots]_{y_i}|^2 \leq 2 \sum_{i=1}^{n} |u_{y_i}|^2 + 2 |u|^2 \sum_{i=1}^{n} \left\{ \varphi_{y_i}\left(\frac{|x - y|}{R}\right) \right\}^2$$

$$\leq 2 \, |\mathrm{grad}\, u|^2 + c_1 \, |u|^2 \, \frac{1}{R^2} .$$

Im folgenden sollen mit $c_1, c_2, \ldots$ stets geeignete positive Konstanten bezeichnet werden, die nicht von R und von $u(x)$, dagegen aber von α und γ usw. abhängen dürfen. Mit (10) erhält man dann die Abschätzung

$$|u(x)|^2 \leq c_2 R^\gamma \int\limits_{|y-x|\leq R} \frac{|\mathrm{grad}\, u|^2}{|x - y|^{n+\gamma-2}} \, dy + c_3 R^{\gamma-2} \int\limits_{|y-x|\leq R} \frac{|u|^2}{|x - y|^{n+\gamma-2}} \, dy . \tag{11}$$

Daraus erhält man, wenn man mit ϱ eine positive Zahl bezeichnet, für die wir später den Grenzübergang $\varrho \to \infty$ vornehmen werden,

$$\int\limits_{|x|\leq\varrho} |q(x)| \, |u(x)|^2 \, dx \leq c_2 R^\gamma \int\limits_{|x|\leq\varrho} |q(x)| \left(\int\limits_{|y-x|\leq R} \frac{|\mathrm{grad}\, u|^2}{|x - y|^{n+\gamma-2}} \, dy \right) dx$$

$$+ c_3 R^{\gamma-2} \int\limits_{|x|\leq\varrho} |q(x)| \left(\int\limits_{|y-x|\leq R} \frac{|u|^2}{|x - y|^{n+\gamma-2}} \, dy \right) dx . \tag{12}$$

Hier wollen wir die Integrationsreihenfolge vertauschen. Die Vertauschbarkeit selbst kann mit den folgenden Rechnungen leicht erbracht werden. Bei der Vertauschung muß das Integrationsgebiet entsprechend neu ausgeschöpft werden. Weil wir nur an einer Abschätzung nach oben interessiert sind, können wir das Integrationsgebiet entsprechend vergrößern. Wegen

$$|y| = |y - x + x| \leq |y - x| + |x| \leq R + \varrho$$

erhalten wir aus (12), indem wir noch $\gamma = \dfrac{\alpha}{4}$ setzen,

$$\int\limits_{|x| \leq \varrho} |q(x)|\,|u(x)|^2\,dx$$

$$\leq c_2 R^{\frac{\alpha}{4}} \int\limits_{|y| \leq R+\varrho} |\operatorname{grad} u(y)|^2 \left(\int\limits_{|y-x| \leq R} \frac{|q(x)|}{|x - y|^{n + \frac{\alpha}{4} - 2}}\,dx \right) dy$$

$$+ c_3 R^{\frac{\alpha}{4} - 2} \int\limits_{|y| \leq R+\varrho} |u(y)|^2 \left(\int\limits_{|y-x| \leq R} \frac{|q(x)|}{|x - y|^{n + \frac{\alpha}{4} - 2}}\,dx \right) dy. \tag{13}$$

Zur Abschätzung des Ausdruckes in den runden Klammern gehen wir so vor: Nach Voraussetzung (8) ist

$$\int\limits_{|y-x| \leq R} \left\{ \frac{|q(x)|}{|x - y|^{\frac{n}{2} + \frac{\alpha}{2} - 2}} \right\}^2 dx \leq M. \tag{14}$$

Die Schwarzsche Ungleichung liefert

$$\left(\int\limits_{|y-x| \leq R} \frac{|q(x)|}{|x - y|^{n + \frac{\alpha}{4} - 2}}\,dx \right)^2$$

$$= \left(\int\limits_{|y-x| \leq R} \frac{|q(x)|}{|x - y|^{\frac{n}{2} + \frac{\alpha}{2} - 2}} \frac{1}{|x - y|^{\frac{n}{2} - \frac{\alpha}{4}}}\,dx \right)^2 \tag{15}$$

$$\leq \int\limits_{|y-x| \leq R} \frac{(q(x))^2}{|x - y|^{n+\alpha-4}}\,dx \cdot \int\limits_{|y-x| \leq R} \frac{1}{|x - y|^{n - \frac{\alpha}{2}}}\,dx \leq c_4 M R^{\frac{\alpha}{2}}.$$

Aus (13) bekommen wir dann

$$\int\limits_{|x| \leq \varrho} |q(x)|\,|u(x)|^2\,dx \leq c_5 R^{\frac{\alpha}{2}} \int\limits_{|y| \leq R+\varrho} |\operatorname{grad} u(y)|^2\,dy + c_6 R^{\frac{\alpha}{2} - 2} \int\limits_{|y| \leq R+\varrho} |u(y)|^2\,dy. \tag{16}$$

Da wegen $u \in \overset{\circ}{\mathfrak{A}}$ für $\varrho \to \infty$ keine Konvergenzschwierigkeiten auftreten, können wir (16) auch in der Form

$$\int\limits_{\mathfrak{R}_n} |q(x)| \, |u(x)|^2 \, dx \leq c_5 R^{\frac{\alpha}{2}} \int\limits_{\mathfrak{R}_n} |\operatorname{grad} u|^2 \, dy + c_6 R^{\frac{\alpha}{2} - 2} \int\limits_{\mathfrak{R}_n} |u|^2 \, dy \quad (17)$$

schreiben. Mit dieser Formel ist der Nachweis der Halbbeschränktheit von A in $\overset{\circ}{\mathfrak{A}}$ überaus einfach. Hätte man $Au \in \mathfrak{H}$ gezeigt, so folgt

$$(Au, u) = \int\limits_{\mathfrak{R}_n} (-\Delta_n u + q(x)u) \, \overline{u} \, dx$$

$$= \int\limits_{\mathfrak{R}_n} \{-(\Delta_n u)\overline{u} + q(x) \, |u|^2\} \, dx. \quad (18)$$

Die 1. GREENsche Formel liefert $\;-\int\limits_{\mathfrak{R}_n} (\Delta_n u) \, \overline{u} \, dx = \int\limits_{\mathfrak{R}_n} |\operatorname{grad} u|^2 \, dx$, weil Oberflächenintegrale nicht auftreten. Deshalb gilt

$$(Au, u) = \int\limits_{\mathfrak{R}_n} |\operatorname{grad} u|^2 \, dx + \int\limits_{\mathfrak{R}_n} q(x) \, |u|^2 \, dx$$

$$\geq \int\limits_{\mathfrak{R}_n} |\operatorname{grad} u|^2 \, dx - \int\limits_{\mathfrak{R}_n} |q(x)| \, |u|^2 \, dx. \quad (19)$$

Verwendung von (17) liefert schließlich

$$(Au, u) \geq \left(1 - c_5 R^{\frac{\alpha}{2}}\right) \int\limits_{\mathfrak{R}_n} |\operatorname{grad} u|^2 \, dx - c_6 R^{\frac{\alpha}{2} - 2} \int\limits_{\mathfrak{R}_n} |u|^2 \, dy. \quad (20)$$

Wir wählen nun R mit $0 < R < 1$ so klein, daß $1 - c_5 R^{\frac{\alpha}{2}} \geq 0$ ausfällt. Nach dieser Wahl ist R fest und (20) ergibt

$$(Au, u) \geq a(u, u) \quad \text{mit} \quad a = -c_6 R^{\frac{\alpha}{2} - 2}. \quad (21)$$

(21) zeigt gleichzeitig, daß (Au, u) reell ist für jedes $u \in \overset{\circ}{\mathfrak{A}}$. Der Satz 2 aus 2.1 liefert dann, daß A in $\overset{\circ}{\mathfrak{A}}$ symmetrisch ist.

$Au \in \mathfrak{H}$ folgt so: Zu jedem $u(x) \in \overset{\circ}{\mathfrak{A}}$ gibt es ein endliches Gebiet G_u außerhalb dessen $u(x) \equiv 0$ gilt. Zu G_u gibt es Punkte $\xi_1, \ldots, \xi_K$ derart, daß die Vereinigungsmenge der Kreisscheiben: $|x - \xi_j| < \frac{1}{4}$, $j = 1, \ldots, K$, ganz G_u überdecken. Man hat dann

$$\int\limits_{\mathfrak{R}_n} |-\Delta_n u + q(x) \, u|^2 \, dx \leq 2 \int\limits_{\mathfrak{R}_n} |\Delta_n u|^2 \, dx + 2 \int\limits_{\mathfrak{R}_n} q^2(x) \, |u(x)|^2 \, dx$$

$$\leq \text{const} + \text{const} \sum_{j=1}^{K} \int\limits_{|x - \xi_j| < \frac{1}{4}} q^2(x) \, dx.$$

Ist $n - 4 + \alpha \geq 0$, so gilt

$$\int\limits_{|x-\xi_j|<\frac{1}{4}} q^2(x)\, dx \leq \int\limits_{|x-\xi_j|<\frac{1}{4}} \frac{q^2(x)}{|x-\xi_j|^{n-4+\alpha}}\, dx \leq M.$$

Ist $n - 4 + \alpha < 0$, so wählt man zu ξ_j ein y_j mit $|\,y_j - \xi_j\,| = \dfrac{3}{4}$. Man hat dann

$$M \geq \int\limits_{|x-y_j|<1} \frac{q^2(x)}{|x-y_j|^{n-4+\alpha}}\, dx \geq \left(\frac{1}{2}\right)^{4-\alpha-n} \int\limits_{|x-\xi_j|<\frac{1}{4}} q^2(x)\, dx.$$

Damit ist $A\,u \in \mathfrak{H}$ gezeigt, und alles ist bewiesen.

Der Nachweis, daß sämtliche COULOMB-Potentiale mit Wechselwirkung die Voraussetzungen unseres Satzes befriedigen, soll in IV.4.2 geschehen.

Der Beweis folgte einer Mitteilung von E. WIENHOLTZ. Spezialfälle des Satzes sind wohlbekannt. Siehe R. COURANT—D. HILBERT [*], [**] und F. RELLICH [1] (Mitteilung IV).

III. Spektraltheorie vollstetiger Operatoren

1. Vollstetige und beschränkte Operatoren

1.1 Definitionen

Es soll eine Klasse von Operatoren angegeben werden, deren Punktspektrum nicht nur nicht leer, sondern so umfassend ist, daß der gewünschte Entwicklungssatz bewiesen werden kann. Dies ist möglich für die Klasse der symmetrischen und vollstetigen Operatoren.

Definition 1: *A in $\mathfrak{A}$ heißt vollstetig, wenn 1. $\mathfrak{A}$ in $\mathfrak{H}$ dicht ist und 2. jede beschränkte unendliche Folge $u_1, u_2, \ldots \in \mathfrak{A}$ mit $\|u_j\| \leq K$, $j = 1, 2, \ldots$ eine unendliche Teilfolge $v_1, v_2, \ldots$ enthält, für die $\lim\limits_{j\to\infty} A v_j = u$ gilt für geeignetes $u \in \mathfrak{A}$. Dabei ist $\mathfrak{A} = \mathfrak{H}$ stets zugelassen.*

Definition 2: *A in $\mathfrak{A}$ heißt beschränkt, wenn 1. $\mathfrak{A}$ in $\mathfrak{H}$ dicht ist und es 2. eine Zahl $a \geq 0$ so gibt, daß $\|A\,u\| \leq a\,\|u\|$ für alle $u \in \mathfrak{A}$ gilt.*

Die kleinste Zahl a, für die $\|A\,u\| \leq a\,\|u\|$ für alle $u \in \mathfrak{A}$ besteht heißt die Norm von A und wird mit $\|A\|$ bezeichnet.

Es ist also

$$\|A\,u\| \leq \|A\|\,\|u\| \qquad \text{für alle} \qquad u \in \mathfrak{A}. \tag{1}$$

$\|A\|$ hat ferner die Eigenschaft, daß es zu jedem $\varepsilon > 0$ ein Element $u_\varepsilon \in \mathfrak{A}$ gibt mit dem

$$\|A u_\varepsilon\| > (\|A\| - \varepsilon)\,\|u_\varepsilon\| \tag{2}$$

gilt.

Satz 1: *Ist A in $\mathfrak{A}$ beschränkt, so ist* $\|A\| = \overline{\operatorname{fin}}_{\|u\|=1} \|A u\|$.[1]

Beweis: 1. Ist $\|u\| = 1$, so folgt $\|A u\| \leq \|A\|\,\|u\| = \|A\|$.

2. Zu jedem $\varepsilon > 0$ gibt es ein $u_\varepsilon \in \mathfrak{A}$ so, daß (2) gilt. Da jedenfalls $\|u_\varepsilon\| \neq 0$ ist, setzen wir $v_\varepsilon = \dfrac{u_\varepsilon}{\|u_\varepsilon\|}$. Dann ist $\|v_\varepsilon\| = 1$ und $v_\varepsilon \in \mathfrak{A}$, sowie

$$\|A v_\varepsilon\| = \left\| A\,\frac{u_\varepsilon}{\|u_\varepsilon\|} \right\| = \frac{\|A u_\varepsilon\|}{\|u_\varepsilon\|} > \|A\| - \varepsilon. \tag{3}$$

Da $v_\varepsilon \in \mathfrak{A}$ und $\|v_\varepsilon\| = 1$ ist, folgt jedenfalls

$$\overline{\operatorname{fin}}_{\|u\|=1} \|A u\| \geq \|A v_\varepsilon\| > \|A\| - \varepsilon \qquad \text{für jedes} \qquad \varepsilon > 0. \tag{4}$$

Deshalb hat man $\overline{\operatorname{fin}}_{\|u\|=1} \|A u\| \geq \|A\|$. Nach 1. ist aber stets $\|A u\| \leq \|A\|$, so daß $\overline{\operatorname{fin}}_{\|u\|=1} \|A u\| = \|A\|$ folgt.

Satz 2: *Ist A in $\mathfrak{A}$ vollstetig, so ist A in $\mathfrak{A}$ beschränkt.*

Beweis: Wäre A in $\mathfrak{A}$ nicht beschränkt, so gibt es eine Folge $u_1, u_2, \ldots \in \mathfrak{A}$ mit $\|u_j\| = 1$ und $\|A u_j\| > j$ für $j = 1, 2, \ldots$ Diese Folge kann aber keine Teilfolge $v_1, v_2, \ldots$ enthalten, für die $\lim_{j \to \infty} A v_j$ existiert. Widerspruch.

Satz 3: *Ist A in $\mathfrak{A}$ beschränkt: $\|A u\| \leq a\,\|u\|$ für alle $u \in \mathfrak{A}$, so gibt es einen Operator B in $\mathfrak{H}$, der Fortsetzung von A in $\mathfrak{A}$ ist und $\|B u\| \leq a\,\|u\|$ für alle $u \in \mathfrak{H}$ erfüllt. Diese Fortsetzung ist überdies eindeutig, d.h.: sind B_1 in $\mathfrak{H}$, B_2 in $\mathfrak{H}$ zwei Operatoren mit $\|B_1 u\| \leq a_1\,\|u\|$, $\|B_2 u\| \leq a_2\,\|u\|$ für alle $u \in \mathfrak{H}$ und ist $B_1 u = B_2 u = A u$ für alle $u \in \mathfrak{A}$, so ist $B_1 u = B_2 u$ für alle $u \in \mathfrak{H}$.*

Beweis: 1. Schritt: Es sei $u \in \mathfrak{H}$ ein beliebiges Element. Da $\mathfrak{A}$ in $\mathfrak{H}$ dicht ist, gibt es eine Folge $u_1, u_2, \ldots \in \mathfrak{A}$ mit $\lim_{n \to \infty} \|u_n - u\| = 0$. Dann ist $u_1, u_2, \ldots$ auch Fundamentalfolge. Da $\|A u\| \leq a\,\|u\|$ für alle $u \in \mathfrak{A}$ ist, folgt weiter für jedes $\varepsilon > 0$

$$\|A u_n - A u_m\| = \|A(u_n - u_m)\| \leq a\,\|u_n - u_m\| < \varepsilon \tag{5}$$

---

[1] $\overline{\operatorname{fin}}_{\|u\|=1} \|A u\| =$ obere Grenze der Zahlenmenge $\|A u\|$ für alle $u \in \mathfrak{A}$ mit $\|u\| = 1$.

für alle $n, m > N(\varepsilon)$. Deshalb ist auch $A u_1, A u_2, \ldots$ eine Fundamentalfolge in $\mathfrak{H}$. Da $\mathfrak{H}$ vollständig ist, gibt es ein Element $f \in \mathfrak{H}$, so daß $\lim_{n \to \infty} \| A u_n - f \| = 0$ gilt.

2. Schritt: Wir versuchen durch $B u = f$ einen Operator B in $\mathfrak{H}$ zu erklären. Natürlich würde dann $B u = A u$ sein für alle $u \in \mathfrak{A}$. Wir müssen aber nachweisen, daß diese Erklärung unabhängig ist von der speziellen Wahl der Folge $u_1, u_2, \ldots \in \mathfrak{A}$ mit $\lim_{n \to \infty} u_n = u$. Sei $\hat{u}_1, \hat{u}_2, \ldots \in \mathfrak{A}$ eine weitere Folge mit $\lim_{n \to \infty} \hat{u}_n = u$, für die $\lim_{n \to \infty} B \hat{u}_n = \hat{f}$ ist, so würde gelten

$$\| \hat{f} - f \| = \lim_{n \to \infty} \| B \hat{u}_n - B u_n \|, \tag{6}$$

$$\| B \hat{u}_n - B u_n \| \leq a \| \hat{u}_n - u_n \| \leq a \{ \| \hat{u}_n - u \| + \| u_n - u \| \} < \varepsilon$$
$$\text{für alle} \quad n, m > \hat{N}(\varepsilon). \tag{7}$$

Aus (6) folgt dann $\hat{f} = f$. Somit ist $B u = f$ eindeutig erklärt für alle $u \in \mathfrak{H}$, und zwar, wie man leicht sieht, als linearer Operator mit den Eigenschaften $B u = A u$ für alle $u \in \mathfrak{H}$ und $\| B u \| \leq a \| u \|$.

3. Schritt: Es sei wieder $u \in \mathfrak{H}$ ein beliebiges Element und $u_1, u_2, \ldots \in \mathfrak{A}$ eine Folge mit $\lim_{n \to \infty} u_n = u$. Man hat dann

$$\| B_1 u - B_1 u_n \| \leq a_1 \| u - u_n \| \to 0 \quad \text{für} \quad n \to \infty,$$
also
$$\lim_{n \to \infty} B_1 u_n = B_1 u \quad \text{und analog} \quad \lim_{n \to \infty} B_2 u_n = B_2 u. \tag{8}$$

Nun ist aber $B_1 u_n = B_2 u_n = A u_n$, weil $u_n \in \mathfrak{A}$, so daß

$$B_1 u = \lim_{n \to \infty} B_1 u_n = \lim_{n \to \infty} B_2 u_n = B_2 u \quad \text{für} \quad \text{alle} \quad u \in \mathfrak{H} \tag{9}$$

folgt.

Mit diesem Satz dürfen wir bei einem Operator A in $\mathfrak{A}$, der beschränkt ist, in Zukunft, wenn dies uns passend erscheint, ohne Beschränkung der Allgemeinheit stets annehmen, daß A sogar in $\mathfrak{H}$ gegeben ist.

Dieser Sachverhalt läßt aber die Vermutung aufkommen, daß die in der Physik auftretenden Operatoren keine solchen beschränkten Operatoren sind, denn wie sollen Operatoren, die Differentiationen (wie etwa der SCHRÖDINGER-Operator $A u = -\Delta_n u + q(x) u$) enthalten, für alle $u \in \mathfrak{H}$ erklärt werden können?

Beispiel A (spezieller STURM-LIOUVILLEscher Operator im $\mathfrak{R}_1$):

$$\mathfrak{H} = \left\{ u(x) \,\Big|\, \int_0^1 |u|^2 \, dx < \infty \right\}, \qquad (u, v) = \int_0^1 u(x) \overline{v(x)} \, dx.$$

A in $\mathfrak{A}$ ist gegeben durch

$$Au = -u'', \quad \mathfrak{A} = \{u(x) \mid u \in C^2 (0 \le x \le 1); \quad u(0) = u(1) = 0\}. \tag{10}$$

Wäre A in $\mathfrak{A}$ beschränkt, so müßte $\|Au\| \le a \|u\|$ für alle $u \in \mathfrak{A}$ gelten. Es ist $u_n = \sin n\pi x \in \mathfrak{A}$ für $n = 1, 2, 3, \ldots$ und

$$\|Au_n\| = \|-u_n''\| = \|n^2\pi^2 \sin n\pi x\| = n^2\pi^2 \|u_n\|. \tag{11}$$

Deshalb müßte $n^2\pi^2 \le a$ gelten für $n = 1, 2, \ldots$, welches für hinreichend großes n sicher falsch ist. Deshalb ist A in $\mathfrak{A}$ nicht beschränkt.

Beispiel B (Operatoren der Quantenmechanik): Diese Operatoren zeichnen sich durch eine große Vielfalt aus. Sie enthalten keineswegs alle Differentiationen, wie schon der Koordinatenoperator $Q_k u = x_k u$ zeigt. Viele Operatoren der Quantenmechanik haben auch die Gestalt von Matrizen, wie die PAULISchen Spinmatrizen. Es wäre daher nicht effektiv, wollte man die Nichtbeschränktheit eines einzelnen zeigen. Die Quantenmechanik fordert jedoch, daß je zwei passend gewählte Operatoren der HEISENBERGschen Vertauschungsrelation genügen. Deshalb wäre es effektiv, könnte man zeigen, daß diese Vertauschungsrelation für beschränkte Operatoren nicht bestehen kann[1].

Satz 4: *Sind A in $\mathfrak{A}$ und B in $\mathfrak{B}$ zwei beschränkte Operatoren mit $\mathfrak{W}_A \subseteq \mathfrak{B}$, $\mathfrak{W}_B \subseteq \mathfrak{A}$ und $\mathfrak{A} \cap \mathfrak{B}$ dicht in $\mathfrak{H}$, so kann die Heisenbergsche Vertauschungsrelation*

$$ABu - BAu = \frac{h}{2\pi i}\, u \quad \text{für alle} \quad u \in \mathfrak{A} \cap \mathfrak{B} \tag{12}$$

nicht bestehen.

Beweis: Wir dürfen annehmen, daß sogar A in $\mathfrak{H}$ und B in $\mathfrak{H}$ beschränkt sind. Dann ist automatisch $\mathfrak{W}_A \subseteq \mathfrak{H}$, $\mathfrak{W}_B \subseteq \mathfrak{H}$ erfüllt, und (12) darf als bestehend für alle $u \in \mathfrak{H}$ angenommen werden.

Wir verstehen unter $B^n u$ folgendes:

$$B^n u = B(B^{n-1}u) \quad n = 2, 3, \ldots \quad \text{mit} \quad B^1 u = Bu.$$

1. Schritt: Widerspruchsannahme: Es sei

$$AB - BA = \frac{h}{2\pi i}\, E. \tag{13}$$

Es folgt dann für $k = 0, 1, \ldots, n-1$

$$B^k A B^{n-k} = B^k(AB)B^{n-k-1} = B^k \left(BA + \frac{h}{2\pi i}\, E\right) B^{n-k-1}$$

$$= B^{k+1} A B^{n-k-1} + \frac{h}{2\pi i}\, B^{n-1} \tag{14}$$

oder

$$\frac{h}{2\pi i}\, B^{n-1} = B^k A B^{n-k} - B^{k+1} A B^{n-k-1}. \tag{15}$$

---

[1] H. WIELANDT [1]. Für andere Fragen (Eindeutigkeit) siehe F. RELLICH [2].

Durch Summation ergibt sich dann mit $B^0 = E$

$$\frac{nh}{2\pi i} B^{n-1} = \sum_{k=0}^{n-1} \frac{h}{2\pi i} B^{n-1} = \sum_{k=0}^{n-1} (B^k A B^{n-k} - B^{k+1} A B^{n-k-1}) \tag{16}$$

$$= A B^n + \sum_{k=1}^{n-1} B^k A B^{n-k} - B^n A - \sum_{k=0}^{n-2} B^{k+1} A B^{n-k-1}$$

$$= A B^n - B^n A + \sum_{k=1}^{n-1} B^k A B^{n-k} - \sum_{v=1}^{n-1} B^v A B^{n-v}$$

mit $k + 1 = v$, so daß aus (16)

$$\frac{nh}{2\pi i} B^{n-1} = A B^n - B^n A \tag{17}$$

folgt.

2. Schritt: Man hat $\|Au\| \leq \|A\| \|u\|$, $\|Bu\| \leq \|B\| \|u\|$ und damit

$$\left\| \frac{nh}{2\pi i} B^{n-1} \right\| = \|A B^n - B^n A\| \leq \|A B^n\| + \|B^n A\| \tag{18}$$

$$\leq \|A\| \|B\| \|B^{n-1}\| + \|B\| \|B^{n-1}\| \|A\|.$$

Dabei haben wir die einfachen Rechenregeln für die Norm

$$\|\alpha A\| = |\alpha| \|A\|, \quad \|A + B\| \leq \|A\| + \|B\|, \quad \|AB\| \leq \|A\| \|B\|$$

benutzt, die man leicht beweist. Insbesondere ist $\|A^n\| \leq \|A\|^n$.

Nun ist $\|A\| \neq 0$, $\|B\| \neq 0$, weil sonst A, B Nulloperatoren wären, und für solche ist (13) nicht erfüllbar. Man hat in (18) weiter $\left\| \frac{nh}{2\pi i} B^{n-1} \right\| = \frac{nh}{2\pi} \|B^{n-1}\|$, und falls $\|B^{n-1}\| \neq 0$ ausfällt, folgt aus (18)

$$\frac{nh}{2\pi} \leq \|A\| \|B\| + \|A\| \|B\| = 2 \|A\| \|B\|, \tag{19}$$

was für $n = 1, 2, 3, \ldots$ gilt. (19) enthält für hinreichend große n einen Widerspruch. Deshalb verbleibt $B^{n-1} =$ Nulloperator. Aus (17) erhält man

$$\frac{(n-1)h}{2\pi i} B^{n-2} = A B^{n-1} - B^{n-1} A, \tag{20}$$

so daß auch $B^{n-2} =$ Nulloperator ist. So fortfahrend, erhält man schließlich $B^1 = B =$ Nulloperator, was ebenfalls mit (12) zu einem Widerspruch führt. Deshalb ist alles bewiesen.

Aufgabe 1: Man gebe zwei Operatoren A in $\mathfrak{A}$, B in $\mathfrak{B}$ mit $\mathfrak{W}_A \subseteq \mathfrak{B}$, $\mathfrak{W}_B \subseteq \mathfrak{A}$ so an, daß (12) für $u \in \mathfrak{A} \cap \mathfrak{B}$ besteht und A in $\mathfrak{A}$ nichtbeschränkt und symmetrisch, B in $\mathfrak{B}$ beschränkt und symmetrisch ist.

Anleitung: Man versuche etwa:

$$\mathfrak{H} = \left\{ u(x) \,\Big|\, \int_0^1 |u(x)|^2\, dx < \infty \right\}, \qquad (u, v) = \int_0^1 u(x) \, \overline{v(x)} \, dx;$$

$$Au = \frac{h}{2\pi i} u', \quad \mathfrak{A} = \{u(x) \,|\, u \in C^1 (0 \leq x \leq 1), \quad u(0) = u(1) = 0\};$$

$Bu = xu$, $\mathfrak{B} = \mathfrak{H}$. Dann ändere man $\mathfrak{A}$, $\mathfrak{B}$ so ab, daß $\mathfrak{W}_A \subseteq \mathfrak{B}$, $\mathfrak{W}_B \subseteq \mathfrak{A}$ gilt.

1.2 Der Entwicklungssatz für vollstetige, symmetrische Operatoren

Wir werden uns hier mit Operatoren A in $\mathfrak{A}$ beschäftigen, die symmetrisch und vollstetig sind. Insbesondere ist dann A in $\mathfrak{A}$ beschränkt und kann mit der in 1.1 beschriebenen Fortsetzung auf ganz $\mathfrak{H}$ fortgesetzt werden. Es ist jedoch nicht unmittelbar klar, daß bei der Fortsetzung die Eigenschaft der Symmetrie erhalten bleibt. Dies gewährleistet jedoch

Satz 1: *Es sei A in $\mathfrak{A}$ beschränkt und symmetrisch und B in $\mathfrak{H}$ die in 1.1 beschriebene Fortsetzung von A in $\mathfrak{A}$. Dann ist B in $\mathfrak{H}$ wieder symmetrisch.*

Beweis: Nach 1.1 weiß man mit $u_1, u_2, \ldots \in \mathfrak{A}$ und $\lim\limits_{n\to\infty} u_n = u$, $u \in \mathfrak{H}$, daß $Bu = Au$ gilt für $u \in \mathfrak{A}$ und $Bu = \lim\limits_{n\to\infty} Au_n$ für $u \in \mathfrak{H}$. Nun ist wegen der Symmetrie $(Au_n, v_n) = (u_n, Av_n)$ für $v_1, v_2, \ldots \in \mathfrak{A}$ mit $\lim\limits_{n\to\infty} v_n = v$, $v \in \mathfrak{H}$. Da A und B in $\mathfrak{A}$ übereinstimmen, hat man auch $(Bu_n, v_n) = (u_n, Bv_n)$ und somit wegen der Stetigkeit des skalaren Produktes

$$(Bu, v) = \lim_{n\to\infty} (Bu_n, v_n) = \lim_{n\to\infty} (u_n, Bv_n) = (u, Bv) \tag{1}$$

für alle $u, v \in \mathfrak{H}$.

Satz 2: *Es sei A in $\mathfrak{A}$ mit $\mathfrak{W}_A \subseteq \mathfrak{A}$ symmetrisch und beschränkt mit der Norm $\|A\|$. Dann gilt*

$$|(Au, u)| \leq \alpha \|u\|^2 \qquad \text{für alle} \qquad u \in \mathfrak{A}. \tag{2}$$

Bezeichnet man die kleinste Zahl α, mit der (2) besteht, mit N_A, so gilt $N_A = \|A\|$.

Beweis: 1. Mittels SCHWARZscher Ungleichung hat man

$$|(Au, u)| \leq \|Au\|\,\|u\| \leq \|A\|\,\|u\|\,\|u\|, \tag{3}$$

so daß $N_A \leq \|A\|$ folgt.

2. Mit beliebigem $\mu > 0$ ist

$$\|Au\|^2 = (Au, Au) = \frac{1}{4}\left\{\left(A\left(\mu u + \frac{1}{\mu} Au\right), \mu u + \frac{1}{\mu} Au\right)\right.$$

$$\left. - \left(A\left(\mu u - \frac{1}{\mu} Au\right), \mu u - \frac{1}{\mu} Au\right)\right\}, \tag{4}$$

so daß weiter folgt

$$\|Au\|^2 \leq \frac{1}{4}\left\{N_A\left\|\mu u + \frac{1}{\mu} Au\right\|^2 + N_A\left\|\mu u - \frac{1}{\mu} Au\right\|^2\right\}$$

$$= \frac{1}{2} N_A\left\{\mu^2 \|u\|^2 + \frac{1}{\mu^2} \|Au\|^2\right\}. \tag{5}$$

Die Funktion $f(\mu) = \mu^2 \|u\|^2 + \dfrac{1}{\mu^2} \|Au\|^2$ hat in $0 < \mu < \infty$ ihren kleinsten Wert für $\mu = \sqrt{\dfrac{\|Au\|}{\|u\|}}$, wenn man $\|Au\| \neq 0$ voraussetzt. Mit diesem μ-Wert ergibt sich aus (5)

$$\|Au\|^2 \leq N_A \|Au\| \|u\| \quad \text{oder} \quad \|Au\| \leq N_A \|u\| \quad \text{für alle } u \in \mathfrak{A}, \qquad (6)$$

was auch für $\|Au\| = 0$ richtig bleibt, so daß $N_A \geq \|A\|$ folgt. Deshalb ist $N_A = \|A\|$ bewiesen.

Satz 3: *Es sei A in $\mathfrak{A}$ mit $\mathfrak{W}_A \subseteq \mathfrak{A}$ symmetrisch und vollstetig und $A \neq$ Nulloperator. Dann besitzt A in $\mathfrak{A}$ wenigstens einen Eigenwert $\lambda_1 \neq 0$ mit dazugehörigem Eigenelement $\varphi_1 \in \mathfrak{A}$ und $\|\varphi_1\| = 1$, so daß $A\varphi_1 = \lambda_1 \varphi_1$ gilt.*

Beweis: Da jeder vollstetige Operator beschränkt ist, hat man mit Satz 2

$$|(Au, u)| \leq \|A\| \|u\|^2, \quad \|Au\| \leq \|A\| \|u\| \quad \text{für alle} \quad u \in \mathfrak{A} \qquad (7)$$

und daher

$$|(Au, u)| \leq \|A\|, \quad \|Au\| \leq \|A\| \quad \text{für alle} \quad u \in \mathfrak{A} \quad \text{mit} \quad \|u\| = 1. \qquad (8)$$

Mit Satz 2 ergibt sich weiter, daß

$$\overline{\text{fin}}_{u \in \mathfrak{A},\, \|u\|=1} |(Au, u)| = \overline{\text{fin}}_{u \in \mathfrak{A},\, \|u\|=1} \|Au\| = \Lambda = \|A\| > 0. \qquad (9)$$

Auf Grund der Definition der oberen Grenze als kleinste obere Schranke der Zahlenmenge $|(Au, u)|$ mit $u \in \mathfrak{A}$, $\|u\| = 1$ gibt es eine Folge $u_1, u_2, \ldots \in \mathfrak{A}$ mit $\|u_j\| = 1$, $j = 1, 2, \ldots$ so, daß $\lim_{n \to \infty} |(Au_n, u_n)| = \Lambda$ gilt. Deshalb kann man $\lim_{n \to \infty} (Au_n, u_n) = \lambda$ mit $\lambda = +\Lambda$ oder $-\Lambda$ annehmen.

Aus der beschränkten Folge $u_1, u_2, \ldots$ kann wegen der Vollstetigkeit eine Teilfolge $v_1, v_2, \ldots$ so ausgewählt werden, daß $\lim_{j \to \infty} Av_j = u$ existiert mit passendem $u \in \mathfrak{A}$. Mit dieser Folge $v_1, v_2, \ldots$ hat man also

$$\lim_{j \to \infty} Av_j = u, \quad \lim_{j \to \infty} (Av_j, v_j) = \lambda, \quad \|v_j\| = 1, \qquad (10)$$

und es gilt

$$\|Av_j - \lambda v_j\|^2 = (Av_j - \lambda v_j, Av_j - \lambda v_j)$$
$$= \|Av_j\|^2 - 2\lambda(Av_j, v_j) + \lambda^2, \qquad (11)$$

$$0 \leq \lim_{j \to \infty} \|Av_j - \lambda v_j\|^2 = \|u\|^2 - 2\lambda^2 + \lambda^2 = \|u\|^2 - \lambda^2, \qquad (12)$$

so daß sich $\|u\| \geq |\lambda|$ ergibt. Ferner ist

$$\|A v_j\| \leq \|A\| \, \|v_j\| = \Lambda \|v_j\| = |\lambda| \, \|v_j\| = |\lambda|, \tag{13}$$

so daß $\|u\| = \lim_{j\to\infty} \|A v_j\| \leq |\lambda|$ folgt. Beide Ungleichungen zusammen ergeben $\|u\| = \lim_{j\to\infty} \|A v_j\| = |\lambda|$, womit nun endlich aus (12)

$$\lim_{j\to\infty} \|A v_j - \lambda v_j\| = 0 \tag{14}$$

folgt. Weil aber $\lim_{j\to\infty} A v_j = u$ existiert, muß mit (14) auch $\lim_{j\to\infty} \lambda v_j = u$ gelten, und es ist dann $\lim_{j\to\infty} v_j = \dfrac{u}{\lambda}$. Setzt man nun $\lambda = \lambda_1$ und $\varphi_1 = \dfrac{u}{\lambda_1}$, so ist $\|\varphi_1\| = 1$, und (14) ergibt endgültig (weil A in $\mathfrak{A}$ beschränkt und $\|A \varphi_1 - A v_j\| \leq a \|\varphi_1 - v_j\| \to 0$ für $j \to \infty$ ist)

$$0 = \lim_{j\to\infty} \|A v_j - \lambda v_j\| = \|A \varphi_1 - \lambda_1 \varphi_1\| = 0, \tag{15}$$

woraus $A \varphi_1 = \lambda_1 \varphi_1$ folgt.

Bemerkung: Mit unseren Setzungen wird aus (9)

$$\overline{\underset{u\in\mathfrak{A},\,\|u\|=1}{\text{fin}}} \; |(A u, u)| = |\lambda_1|. \tag{16}$$

Da nun aber $\varphi_1 \in \mathfrak{A}$, $\|\varphi_1\| = 1$ und $|(A \varphi_1, \varphi_1)| = |\lambda_1(\varphi_1, \varphi_1)| = |\lambda_1|$ gilt, wird die obere Grenze $|\lambda_1|$ in (16) sogar für $u = \varphi_1$ angenommen. Deshalb ist sogar die viel schärfere Fassung

$$\max_{u\in\mathfrak{A},\,\|u\|=1} |(A u, u)| = |\lambda_1| \tag{17}$$

richtig.

Satz 4: *Es sei A in $\mathfrak{A}$ mit $\mathfrak{W}_A \subseteq \mathfrak{A}$ symmetrisch und vollstetig. Ferner sei $A \neq$ Nulloperator. Dann wird behauptet:*

1. A in $\mathfrak{A}$ besitzt wenigstens einen und höchstens abzählbar unendlich viele von Null verschiedene Eigenwerte, die sämtlich reell sind und die der Größe nach angeordnet werden können: $|\lambda_1| \geq |\lambda_2| \geq |\lambda_3| \geq \cdots *$.

2. Jeder von Null verschiedene Eigenwert hat eine endliche Vielfachheit. Sind unendlich viele solche Eigenwerte vorhanden, so gilt $\lim_{j\to\infty} \lambda_j = 0$.

3. Die dazugehörigen Eigenelemente $\varphi_1, \varphi_2, \ldots \in \mathfrak{A}$ können so gewählt werden, daß sie ein Orthonormalsystem bilden:

$$(\varphi_i, \varphi_j) = \delta_{i,j} \text{ mit } \delta_{i,j} = 1, \text{ wenn } i = j \text{ und } \delta_{i,j} = 0, \text{ wenn } i \neq j \tag{18}$$

ist.

---

* Gehören zu λ_1 die linear unabhängigen Eigenelemente $\varphi_{(1)}, \varphi_{(2)}, \ldots, \varphi_{(s)}$, so sagen wir, λ_1 habe die Vielfachheit s. Dann ist λ_1 in der obigen Anordnung s-mal aufzuführen.

4. $|\lambda_n|$ kann durch das folgende Variationsproblem

$$|\lambda_n| = \max_{\substack{u \in \mathfrak{A},\, \|u\|=1 \\ (u,\varphi_i)=0 \text{ für } i=1,2,\ldots,n-1}} |(A\,u, u)| \tag{19}$$

charakterisiert werden, welches die Lösung $u = \varphi_n$ besitzt.

5. Jedes Element $u = A v$ mit $v \in \mathfrak{A}$ läßt sich mit den Fourier-koeffizienten $a_j = (u, \varphi_j)$ in der Form darstellen:

$$u = A v = \sum_j (A v, \varphi_j)\varphi_j = \sum_j (v, A\varphi_j)\varphi_j = \sum_j \lambda_j (v, \varphi_j)\varphi_j$$

$$= \sum_j (u, \varphi_j)\varphi_j = \sum_j a_j \varphi_j. \tag{20}$$

Dabei ist über alle Eigenelemente aus 3. zu summieren. Sind nur endlich viele vorhanden, so sind die Summen in (20) endliche Summen.

Beweis: Der vorangegangene Satz lieferte $A\varphi_1 = \lambda_1\varphi_1$, $\|\varphi_1\| = 1$. Wir betrachten den HILBERTschen Raum $\mathfrak{H}_1 = \{u \mid u \in \mathfrak{H}, (u, \varphi_1) = 0\}$ und den Operator A in $\mathfrak{A}_1 = \{u \mid u \in \mathfrak{A}, (u, \varphi_1) = 0\}$. Es ist dann wieder $A\,\mathfrak{A}_1 \subseteq \mathfrak{A}_1$, weil sich mit $u \in \mathfrak{A}_1$

$$(A\,u, \varphi_1) = (u, A\varphi_1) = (u, \lambda_1\varphi_1) = \lambda_1(u, \varphi_1) = 0 \tag{21}$$

ergibt, so daß $A\,u \in \mathfrak{A}_1$ folgt. A in $\mathfrak{A}_1$ ist wieder symmetrisch und vollstetig. Deshalb wendet man den vorangegangenen Satz wieder an. Es existiert ein Eigenelement φ_2 mit $\varphi_2 \in \mathfrak{A}_1$ und $\|\varphi_2\| = 1$, so daß $A\varphi_2 = \lambda_2\varphi_2$ gilt. So fortfahrend, falls das Verfahren nicht abbricht, ergibt sich $\varphi_n \in \mathfrak{A}_{n-1}$ mit

$$\mathfrak{A}_{n-1} = \{u \mid u \in \mathfrak{A}, (u, \varphi_i) = 0, \quad i = 1, \ldots, n-1\}, \tag{22}$$

und es besteht $A\varphi_n = \lambda_n\varphi_n$, $\|\varphi_n\| = 1$. Überdies ist φ_n Lösung des Variationsproblems (19). Es ist auch $|\lambda_1| \geq |\lambda_2| \geq \cdots$ bewiesen, weil $\mathfrak{A} \supset \mathfrak{A}_1 \supset \mathfrak{A}_2 \supset \cdots$ gilt.

Ergibt das Verfahren das unendliche Orthonormalsystem $\varphi_1, \varphi_2, \ldots$, so ist $\lim\limits_{j \to \infty} \lambda_j = 0$: Wäre diese Bemerkung nicht richtig, so würde $\dfrac{\varphi_1}{\lambda_1}, \dfrac{\varphi_2}{\lambda_2}, \ldots$ eine unendliche Folge in $\mathfrak{A}$ sein mit $\left\| \dfrac{\varphi_j}{\lambda_j} \right\| = \dfrac{1}{|\lambda_j|}\|\varphi_j\| = \dfrac{1}{|\lambda_j|} \leq K$. Weil A in $\mathfrak{A}$ vollstetig ist, enthielte sie dann eine Teilfolge $\psi_1, \psi_2, \ldots$, für die $\lim\limits_{j \to \infty} A\psi_j = u$ mit $u \in \mathfrak{A}$ gilt. Insbesondere ist dann $A\psi_j$ eine Fundamentalfolge. Weil aber $A\psi_j$ etwa gleich φ_σ ist und $\|\varphi_j - \varphi_i\|^2 = \|\varphi_j\|^2 + \|\varphi_i\|^2 = 2$ für alle $i \neq j$ ist, kann $A\psi_j$ keine Fundamentalfolge sein.

Aus $\lim\limits_{j \to \infty} \lambda_j = 0$ entnimmt man auch, daß jeder auf diese Weise konstruierte Eigenwert nur endliche Vielfachheit besitzt.

Sei nun $v \in \mathfrak{A}$ ein beliebiges Element und bilden wir

$$w_n = v - \sum_{j=1}^{n} (v, \varphi_j)\varphi_j, \tag{23}$$

so ist $w_n \in \mathfrak{A}_n$, denn es ist nämlich $w_n \in \mathfrak{A}$ und

$$(w_n, \varphi_i) = (v, \varphi_i) - \sum_{j=1}^{n} (v, \varphi_j)(\varphi_j, \varphi_i) = (v, \varphi_i) - (v, \varphi_i) = 0 \tag{24}$$

für $i = 1, 2, \ldots, n$. Sei $\varphi_1, \varphi_2, \ldots$ unendlich. Setzen wir $z_n = \dfrac{w_n}{\|w_n\|}$ und nehmen $\|w_n\| \neq 0$ an, so ist $z_n \in \mathfrak{A}_n$ und $\|z_n\| = 1$ und mit (19) und (9) erhalten wir,

$$|\lambda_{n+1}| = \max_{u \in \mathfrak{A}_n, \|u\|=1} |(A u, u)| = \max_{u \in \mathfrak{A}_n, \|u\|=1} \|A u\| \geq \|A z_n\|, \tag{25}$$

so daß $\|A w_n\| \leq |\lambda_{n+1}|\,\|w_n\|$ folgt, was auch für $w_n = \Theta$ gilt. Die Berechnung von $\|w_n\|^2$ in (23) ergibt

$$\|w_n\|^2 = \|v\|^2 - \sum_{j=1}^{n} |(v, \varphi_j)|^2 \leq \|v\|^2. \tag{26}$$

Da ferner $\lim_{j\to\infty} \lambda_j = 0$ ist, haben wir

$$\lim_{n\to\infty} \|A w_n\| \leq \lim_{n\to\infty} |\lambda_{n+1}|\,\|w_n\| \leq \lim_{n\to\infty} |\lambda_{n+1}|\,\|v\| = 0. \tag{27}$$

Nun ist $A w_n = A v - \sum_{j=1}^{n} (v, \varphi_j) A \varphi_j$, so daß nunmehr der Entwicklungssatz

$$A v = \sum_{j=1}^{\infty} (v, \varphi_j) A \varphi_j = \sum_{j=1}^{\infty} (v, \varphi_j) \lambda_j \varphi_j \tag{28}$$

folgt. Eine Umschreibung ergibt noch

$$A v = \sum_{j=1}^{\infty} (v, \lambda_j \varphi_j)\varphi_j = \sum_{j=1}^{\infty} (v, A \varphi_j)\varphi_j = \sum_{j=1}^{\infty} (A v, \varphi_j)\varphi_j. \tag{29}$$

Dies ist der gewünschte Entwicklungssatz. Ist $\varphi_1, \ldots, \varphi_n$ endlich, so ergibt (23), (24) $A w_n = \Theta$ und

$$A v = \sum_{j=1}^{n} (v, \varphi_j) A \varphi_j = \sum_{j=1}^{n} (A v, \varphi_j)\varphi_j, \tag{30}$$

was den Entwicklungssatz liefert.

Es verbleibt nunmehr nur noch zu zeigen, daß unser Verfahren jeden von Null verschiedenen Eigenwert von A in $\mathfrak{A}$ liefert. Sei $\lambda \neq 0$ ein Eigenwert von A in $\mathfrak{A}$ mit dazugehörigem Eigenelement φ, welcher von den konstruierten Eigenwerten $\lambda_1, \lambda_2, \ldots$ verschieden ist, so ist φ orthogonal zu allen φ_i. Man hat dann $\lambda\varphi = A\varphi$ und

$$A\varphi = \sum_j (A\varphi, \varphi_j)\varphi_j = \sum_j \lambda_j(\varphi, \varphi_j)\varphi_j = \Theta,$$

was ein Widerspruch zu $\lambda\varphi \neq \Theta$ ist. Damit ist der Satz bewiesen.

Von dem in Satz 4 konstruierten Orthonormalsystem $\varphi_1, \varphi_2, \ldots$ ist nicht behauptet worden, daß es vollständig in $\mathfrak{H}$ ist. Dies kann auch nicht erwartet werden, da wir den gegebenenfalls auftretenden Eigenwert $\lambda = 0$ nicht berücksichtigt haben.

Satz 5: *Es sei A in $\mathfrak{H}$ vollstetig und symmetrisch und $A \neq$ Nulloperator. Es seien $\varphi_1, \varphi_2, \ldots \in \mathfrak{H}$ die zu $\lambda_1, \lambda_2, \ldots$ gehörigen Eigenelemente mit $(\varphi_i, \varphi_j) = \delta_{i,j}$ und $\psi_1, \psi_2, \ldots \in \mathfrak{H}$ die zu $\lambda = 0$ gehörenden Eigenelemente[1] mit $(\psi_i, \psi_j) = \delta_{i,j}$. Dann ist $\varphi_1, \varphi_2, \ldots, \psi_1, \psi_2, \ldots$ ein in $\mathfrak{H}$ vollständiges Orthonormalsystem.*

Beweis: Nach Satz 4 hat man für beliebiges $v \in \mathfrak{H}$

$$A v = \sum_j (A v, \varphi_j)\varphi_j = \sum_j \lambda_j(v, \varphi_j)\varphi_j \quad \text{oder mit} \quad \psi = v - \sum_j (v, \varphi_j)\varphi_j$$

$$\Theta = A v - \sum_j (A v, \varphi_j)\varphi_j = A\left(v - \sum_j (v, \varphi_j)\varphi_j\right) = A\psi.$$

Da jedes ψ, welches $A\psi = \Theta$ erfüllt, in der Form $\psi = \sum_j \alpha_j\psi_j$ mit $\alpha_j = (\psi, \psi_j)$ dargestellt werden kann, folgt schließlich

$$v - \sum_j (v, \varphi_j)\varphi_j = \sum_l \alpha_l\psi_l. \tag{31}$$

Nun sind ψ_l und φ_j Eigenelemente zu verschiedenen Eigenwerten. Deshalb ist $(\psi_l, \varphi_j) = 0$, und man bekommt

$$\alpha_j = \sum_l (\alpha_l\psi_l, \psi_j) = (v, \psi_j),$$

also mit (31) $v = \sum_j (v, \varphi_j)\varphi_j + \sum_l (v, \psi_l)\psi_l$. Satz 2 aus I.3.2 liefert die Behauptung.

Mit diesem Satz ist gezeigt, daß das in Satz 4 konstruierte Orthonormalsystem dann und nur dann vollständig in $\mathfrak{H}$ ist, falls $\lambda = 0$ nicht Eigenwert von A in $\mathfrak{H}$ ist.

Die Untersuchung des Eigenwertproblems bei vollstetigen, symmetrischen Operatoren geht auf D. HILBERT [*] zurück. Die hier gegebene Fassung stammt von F. RIESZ [1].

1.3 Verschärfter Entwicklungssatz

Satz 1: *1. Es sei A in $\mathfrak{A}$ mit $\mathfrak{W}_A \subseteq \mathfrak{A}$ symmetrisch und vollstetig und $A \neq$ Nulloperator. 2. Zu jedem $u \in \mathfrak{A}$ existiert eine reelle nicht negative Zahl $[u]$, so daß $\|u\| \leq \alpha[u]$ gilt für alle $u \in \mathfrak{A}$ mit fester Zahl*

---

[1] Der Eigenwert $\lambda = 0$ kann unendliche Vielfachheit besitzen.

$\alpha > 0$. 3. *Für jedes* $u = Av$ *mit* $v \in \mathfrak{A}$ *gibt es ein* $w \in \mathfrak{A}$ *mit dem*

$$\lim_{n \to \infty} \left[w - \sum_{j=1}^{n} a_j \varphi_j \right] = 0, \qquad a_j = (u, \varphi_j) \tag{1}$$

ist.[1] *Dann gilt der Entwicklungssatz für alle* $u = Av$, $v \in \mathfrak{A}$ *sogar in der Fassung*

$$\lim_{n \to \infty} \left[u - \sum_{j=1}^{n} (Av, \varphi_j)\, \varphi_j \right] = \lim_{n \to \infty} \left[u - \sum_{j=1}^{n} (v, A\varphi_j)\varphi_j \right] = \cdots \tag{2}$$

$$= \lim_{n \to \infty} \left[u - \sum_{j=1}^{n} a_j \varphi_j \right] = 0.$$

Beweis: Es ist $\left[w - \sum_{j=1}^{n} a_j \varphi_j \right] \geq \dfrac{1}{\alpha} \left\| w - \sum_{j=1}^{n} a_j \varphi_j \right\|$ und somit

$\lim\limits_{n \to \infty} \left\| w - \sum\limits_{j=1}^{n} a_j \varphi_j \right\| = 0$. Nach Satz 4 aus 1.2 folgt aber

$\lim\limits_{n \to \infty} \left\| u - \sum\limits_{j=1}^{n} a_j \varphi_j \right\| = 0$. Da das Grenzelement u eindeutig ist, ergibt

sich $w = u$. Die weiteren Umschreibungen in (2) entsprechen denen von Satz 4 aus 1.2.

Beispiel A: $\mathfrak{H} = \left\{ u \mid \int\limits_{G} |u(x)|^2\, dx < \infty \right\}$, $(u, v) = \int\limits_{G} u(x)\, \overline{v(x)}\, dx$.

Wir wählen A in $\mathfrak{A} = \{ u \mid u \in C^0(\overline{G}) \}$. Setzt man $[u] = \max\limits_{x \in \overline{G}} |u(x)|$, so folgt mit $V(G) = $ Volumen von G für alle $u \in \mathfrak{A}$

$$\|u\| = \sqrt{\int\limits_{G} |u(x)|^2\, dx} \leq \sqrt{V(G)}\; \max_{x \in \overline{G}} |u(x)| = \alpha[u] \tag{3}$$

mit $\alpha = \sqrt{V(G)}$.

1.4 Die Vollstetigkeit von Integraloperatoren

Wir betrachten hier

$$\mathfrak{H} = \left\{ u(x) \Big| \int\limits_{G} |u(x)|^2\, k(x)\, dx < \infty \right\} \quad (u, v) = \int\limits_{G} u(x)\, \overline{v(x)}\, k(x)\, dx \tag{1}$$

und den Integraloperator A in $\mathfrak{A}$ mit

$$Au = \int\limits_{G} K(x, y)\, u(y)\, k(y)\, dy \qquad \text{für alle} \qquad u \in \mathfrak{A}; \tag{2}$$

$$\mathfrak{A} = \{ u(x) \mid u \in C^0(\overline{G}) \}. \tag{3}$$

---

[1] Hier interessiert nur der Fall eines unendlichen Orthonormalsystems.

Dabei machen wir für G, den „Kern" $K(x, y)$ und für $k(x)$ die Voraussetzungen:

1. G sei ein Normalgebiet im $\Re_n$ *;

2. $K(x, y) = \dfrac{a(x, y)}{|x - y|^\alpha}$ mit a komplexwertig und stetig für $x \in \overline{G}$, $y \in \overline{G}$, $a(x, y) \not\equiv 0$; $0 \leq \alpha < n$;

3. $a(x, y) = \overline{a(y, x)}$ für alle $x \in \overline{G}$, $y \in \overline{G}$;

4. $k(x) \in C^0(\overline{G})$, $k(x) > 0$ in $\overline{G}$ **.

Wieder benötigen wir Satz 3 aus II.1.3, den wir nochmals hinschreiben:

Satz 1: Es sei $n \geq 2$, $0 < \alpha < n$. Dann gilt für alle $x \in \Re_n$

$$\int\limits_G \frac{1}{|x - y|^\alpha}\, dy \leq \frac{\omega_n}{n - \alpha} \left(\frac{n\, V\,(G)}{\omega_n}\right)^{1 - \frac{\alpha}{n}} \tag{4}$$

Definition 1: *Es sei M eine Menge von komplexwertigen Funktionen $f(x) = f(x_1, x_2, \ldots, x_n)$ mit den Eigenschaften: 1. $f(x) \in C^0(G)$. 2. Zu jedem $\varepsilon > 0$ gibt es ein $\delta(\varepsilon) > 0$, so daß die Ungleichung $|f(x) - f(y)| \leq \varepsilon$ für alle $x, y \in G$ mit $|x - y| \leq \delta(\varepsilon)$ und für alle $f(x) \in M$ gilt. Dann nennt man die Funktionenmenge M gleichgradig stetig.*

Satz 2 *(Ascoli-Arzelá):* *M sei die in der Definition genannte Funktionenmenge. $f_1(x), f_2(x), \ldots$ sei eine Folge von Funktionen aus M, für die $|f_j(x)| \leq C$ für $j = 1, 2, \ldots$ und $x \in G$ gilt. Dann enthält diese Folge eine Teilfolge $g_1(x), g_2(x), \ldots$, welche für alle $x \in G$ gleichmäßig gegen eine stetige Funktion $f(x)$ konvergiert.*

Beweis: 1. Schritt: Es gibt eine Folge $z^{(1)}, z^{(2)}, \ldots$ von Punkten aus G, die in G dicht liegt. Dazu betrachte man alle $x \in \Re_n$ mit $x = (x_1, x_2, \ldots, x_n)$, wobei die x_i rationale Zahlen sind. Die Gesamtheit dieser $x \in \Re_n$ ist eine abzählbare Menge. Aus dieser Menge nehme man die Punkte heraus, die zu G gehören, und bezeichne sie mit $z^{(1)}, z^{(2)}, \ldots$, was die gewünschte Folge liefert. Zu jedem $x \in G$ und zu jedem $\varepsilon > 0$ gibt es nämlich einen Punkt y, der rationale Koordinaten besitzt und $|y - x| < \varepsilon$ erfüllt. Ist $\varepsilon > 0$ hinreichend klein, so ist $y \in G$, und deshalb gehört y auch zur Folge $z^{(1)}, z^{(2)}, \ldots$ Somit besteht für jedes $x \in G$ die Ungleichung $|z^{(j)} - x| < \varepsilon$ für jeweils geeignetes j.

2. Schritt: Zu jedem $\varrho > 0$ gibt es eine natürliche Zahl $K(\varrho)$, so daß die Kugeln $|x - z^{(n)}| < \varrho$ mit $n = 1, 2, \ldots, K$ das Gebiet G überdecken. Andernfalls gäbe es zu jeder natürlichen Zahl m einen Punkt $x^{(m)}$ aus G, so daß $|x^{(m)} - z^{(n)}| \geq \varrho$ ausfällt für $n = 1, 2, \ldots, m$. Da G beschränkt ist, gibt es nach dem WEIERSTRASZschen Häufungsstellen-

---

* Es genügt, G als offene, zusammenhängende, beschränkte Punktmenge des $\Re_n$ vorauszusetzen.

** Daß A in $\mathfrak{A}$ unter diesen Voraussetzungen ein Operator ist, muß erst gezeigt werden, da $A u \in \mathfrak{H}$ nicht selbstverständlich ist. Siehe Satz 3.

satz einen Häufungspunkt x^* von der Folge $x^{(1)}, x^{(2)}, \ldots$, der zu $\overline{G}$ gehört. Dann hat man aber $|x^* - z^{(n)}| \geq \varrho$ für $n = 1, 2, \ldots$. Dies ist nun der gewünschte Widerspruch zu der Tatsache, daß $z^{(1)}, z^{(2)}, \ldots$ in G (und auch in $\overline{G}$) dicht liegt.

3. Schritt: Wir zeigen jetzt, daß aus $f_1(x), f_2(x), \ldots$ eine Teilfolge $g_1(x), g_2(x), g_3(x), \ldots$ so ausgewählt werden kann, daß $\lim\limits_{k \to \infty} g_k(z^{(j)})$ für $j = 1, 2, 3, \ldots$ existiert. Zunächst ist $|f_l(x)| \leq C$ für $l = 1, 2, \ldots$. Bilden wir die Zahlenfolge $f_1(z^{(1)}), f_2(z^{(1)}), \ldots$, so ist diese beschränkt. Nach dem WEIERSTRASZschen Häufungsstellensatz besitzt sie wenigstens einen Häufungspunkt und damit eine Teilfolge $f_{11}(z^{(1)}), f_{12}(z^{(1)}), \ldots$, für die $\lim\limits_{n \to \infty} f_{1n}(z^{(1)})$ existiert. Dieser Sachverhalt kann so gefaßt werden: Die Funktionenfolge $f_1(x), f_2(x), \ldots$ besitzt eine Teilfolge $f_{11}(x), f_{12}(x), \ldots$, für die $\lim\limits_{n \to \infty} f_{1n}(z^{(1)})$ existiert. Mit gleichen Gründen kann aus der Teilfolge $f_{11}(x), f_{12}(x), \ldots$ wiederum eine Teilfolge $f_{21}(x), f_{22}(x), \ldots$ ausgewählt werden, für die $\lim\limits_{n \to \infty} f_{2n}(z^{(2)})$ existiert. So fortfahrend, erhalten wir folgendes Schema:

$$\left.\begin{array}{llll}
f_{11}(x), & f_{12}(x), & f_{13}(x), & \ldots \\
f_{21}(x), & f_{22}(x), & f_{23}(x), & \ldots \quad \lim\limits_{n \to \infty} f_{in}(z^{(j)}) \text{ existiert} \\
f_{31}(x), & f_{32}(x), & f_{33}(x), & \ldots \quad \text{für } i = 1, 2, \ldots, 1 \leq j \leq i. \\
\vdots & \vdots & \vdots &
\end{array}\right\} \quad (5)$$

Nach dem bekannten Diagonalverfahren schließt man, daß für die Folge $f_{11}(x), f_{22}(x), f_{33}(x), \ldots$ $\lim\limits_{n \to \infty} f_{nn}(z^{(j)})$ für $j = 1, 2, \ldots$ existiert. Diese Diagonalfolge des Schemas (5) werde nun mit $g_1(x), g_2(x), \ldots$ mit $g_n(x) = f_{nn}(x)$ bezeichnet.

4. Schritt: Wir zeigen, daß $g_1(x), g_2(x), \ldots$ für alle $x \in G$ gleichmäßig gegen eine stetige Grenzfunktion $f(x)$ konvergiert. Zunächst ist $g_1(x), g_2(x), \ldots$ eine Teilfolge von $f_1(x), f_2(x), \ldots$. Es sei $\varepsilon > 0$ willkürlich vorgegeben. Nach Voraussetzung gibt es ein $\delta(\varepsilon) > 0$, so daß $|g_n(x) - g_n(y)| \leq \varepsilon$ ausfällt für alle Punkte $x \in G$, $y \in G$ mit $|x - y| \leq \delta(\varepsilon)$ und alle $n = 1, 2, 3, \ldots$ Nach dem 2. Schritt läßt sich eine natürliche Zahl K so finden, daß die Kugeln $|x - z^{(j)}| < \delta(\varepsilon)$ mit $j = 1, 2, \ldots, K$ das Gebiet G überdecken. Man wähle nun $N = N(\varepsilon)$ so groß, daß $|g_n(z^{(j)}) - g_m(z^{(j)})| \leq \varepsilon$ ausfällt für $j = 1, 2, \ldots, K$ und alle $m, n > N(\varepsilon)$. Nach dem 3. Schritt ist dies möglich.

Sei $x \in G$ ein beliebiger Punkt. Dann gibt es eine natürliche Zahl j mit $1 \leq j \leq K$ so, daß $|x - z^{(j)}| < \delta(\varepsilon)$ gilt. Man bekommt somit

$$|g_n(x) - g_m(x)| \leq |g_n(z^{(j)}) - g_m(z^{(j)})| \qquad (6)$$

$$+ |g_n(x) - g_n(z^{(j)})| + |g_m(x) - g_m(z^{(j)})|$$

$$\leq \varepsilon + \varepsilon + \varepsilon = 3\varepsilon \quad \text{für alle} \quad n, m > N(\varepsilon) \text{ und } x \in G.$$

Für jedes $x \in G$ existiert daher nach dem CAUCHYschen Konvergenzkriterium $\lim\limits_{n \to \infty} g_n(x) = f(x)$, wobei die Grenzfunktion mit $f(x)$ bezeichnet worden ist. Für $m \to \infty$ ergibt (6)

$$|g_n(x) - f(x)| \leq 3\varepsilon \quad \text{für alle} \quad n > N(\varepsilon) \quad \text{und alle} \quad x \in G. \tag{7}$$

Nach Voraussetzung des Satzes besteht ferner die Ungleichung

$$|g_n(x) - g_n(y)| \leq \varepsilon \quad \text{für} \quad \text{alle } x, y \in G \quad \text{mit} \quad |x - y| \leq \delta(\varepsilon) \tag{8}$$

und alle $n = 1, 2, 3, \ldots$ Deshalb folgt aus (7) und (8)

$$|f(x) - f(y)| \leq |f(x) - g_n(x)| + |g_n(x) - g_n(y)| + |g_n(y) - f(y)|$$
$$\leq 3\varepsilon + \varepsilon + 3\varepsilon = 7\varepsilon \quad \text{für alle} \quad x, y, \in G \quad \text{mit} \quad |x - y| \leq \delta(\varepsilon). \tag{9}$$

Deshalb ist die Grenzfunktion $f(x)$ in G sogar gleichmäßig stetig, insbesondere also stetig. Aus (7) entnimmt man die gleichmäßige Konvergenz von $g_n(x)$ gegen $f(x)$. Damit ist alles bewiesen.

Satz 3: *Unter den gemachten Voraussetzungen hat A in $\mathfrak{A}$ die Eigenschaft, daß $\mathfrak{W}_A \subseteq \mathfrak{A}$ gilt.*

Beweis: Ist $\alpha = 0$, so ist nichts zu beweisen. Es sei daher $0 < \alpha < n$. Wir zeigen zunächst, daß $\int\limits_G K(x, y) u(y) k(y) \, dy$ existiert. Es sei d der Durchmesser von G, d. h. $d = \max\limits_{x, y \in \overline{G}} |x - y|$. Ist $x \in \overline{G}$ ein beliebiger Punkt, so gilt

$$\left| \int\limits_G K(x, y) u(y) k(y) \, dy \right| \leq \max\limits_{x, y \in \overline{G}} |a(x, y) k(x) u(x)| \int\limits_{|y-x| \leq d} \frac{1}{|x - y|^\alpha} \, dy$$

$$\leq \text{const} \, \frac{\omega_n}{n - \alpha} \, d^{n-\alpha},$$

letzteres mit Satz 1.

Ist $u(x) \in \mathfrak{A}$ und $x_1, x_2 \in \overline{G}$, so bilden wir mit $v = A u$

$$|v(x_1) - v(x_2)| = \left| \int\limits_G \{K(x_1, y) - K(x_2, y)\} u(y) k(y) \, dy \right|. \tag{10}$$

Setzen wir $\max\limits_{x \in \overline{G}} |u(x)| = C$ (genauer natürlich $C(u)$), $\max\limits_{x \in \overline{G}} k(x) = k_0$, $\max\limits_{x, y \in \overline{G}} |a(x, y)| = a_0$, so erhalten wir aus (10)

$$|v(x_1) - v(x_2)| \leq C k_0 \int\limits_G |K(x_1, y) - K(x_2, y)| \, dy. \tag{11}$$

h sei eine noch festzulegende Zahl mit $\eta \leq h$ und $|x_1 - x_2| = \eta$. Aus (11) folgt

$$|v(x_1) - v(x_2)| \leq C k_0 \left\{ \int\limits_{y \in G \cap |y-x_1| < 2h} \{|K(x_1, y)| + |K(x_2, y)|\}\, dy \right.$$

$$+ \int\limits_{y \in G \cap |y-x_1| \geq 2h} |K(x_1, y) - K(x_2, y)|\, dy \right\} \leq C k_0 a_0 \left\{ \int\limits_{|y-x_1| < 2h} \frac{1}{|x_1 - y|^\alpha}\, dy \right.$$

$$+ \int\limits_{|y-x_2| \leq 3h} \frac{1}{|x_2 - y|^\alpha}\, dy \right\} + C k_0 \int\limits_{y \in G \cap |y-x_1| \geq 2h} |K(x_1, y) - K(x_2, y)|\, dy. \quad (12)$$

Mit Satz 1 ergibt sich dann

$$|v(x_1) - v(x_2)| \leq C k_0 a_0 \frac{2\omega_n}{n - \alpha} (3h)^{n-\alpha}$$

$$+ C k_0 \int\limits_{y \in G \cap |y-x_1| \geq 2h} \frac{|u(x_1, y)\,|x_2 - y|^\alpha - a(x_2, y)\,|x_1 - y|^\alpha|}{|x_1 - y|^\alpha\,|x_2 - y|^\alpha}\, dy. \quad (13)$$

Ist $\varepsilon > 0$ willkürlich vorgegeben, so kann durch hinreichend kleine Wahl von h erreicht werden, daß der erste Summand in (13) $< \frac{\varepsilon}{2}$ ausfällt. Im zweiten Summanden ist $|x_1 - y| \geq 2h > h$ und

$$|x_2 - y| = |x_2 - x_1 + x_1 - y| \geq |x_1 - y| - |x_2 - x_1| \geq 2h - h = h.$$

Da nun $a(x_1, y)\,|x_2 - y|^\alpha - a(x_2, y)\,|x_1 - y|^\alpha$ stetig ist für alle $x_1, x_2, y \in \overline{G}$ und dieser Ausdruck für $x_1 = x_2$ verschwindet, kann erreicht werden, daß

$$|a(x_1, y)\,|x_2 - y|^\alpha - a(x_2, y)\,'x_1 - y|^\alpha| < \frac{\varepsilon}{2} \frac{h^{2\alpha}}{C k_0 V(G)}$$

für alle $|x_1 - x_2| < \delta(\varepsilon)$ mit $\delta \leq h$ ist. Deshalb ist

$$|v(x_1) - v(x_2)| < \varepsilon \quad \text{für alle} \quad |x_1 - x_2| < \delta(\varepsilon); \quad x_1, x_2 \in \overline{G} \quad (14)$$

gezeigt. Dies bedeutet $\mathfrak{W}_A \subseteq \mathfrak{A}$.

Satz 4: *A in $\mathfrak{A}$ ist symmetrisch.*

Beweis: Man hat mit $u, v \in \mathfrak{A}$

$$(A u, v) = \int\limits_G \left\{ \int\limits_G K(x, y)\, u(y)\, k(y)\, dy \right\} \overline{v(x)}\, k(x)\, dx$$

$$= \int\limits_G u(y) \left\{ \int\limits_G K(x, y)\, \overline{v(x)}\, k(x)\, dx \right\} k(y)\, dy$$

$$= \int\limits_G u(y) \left\{ \int\limits_G \overline{K(y, x)}\, v(x)\, k(x)\, dx \right\} k(y)\, dy$$

$$= \int\limits_G u(y) \left\{ \int\limits_G \overline{K(y, x)\, v(x)\, k(x)\, dx} \right\} k(y)\, dy = (u, A v).$$

Die dabei vorgenommene Integralvertauschung ist leicht zu rechtfertigen.

Für das Weitere verschärfen wir die über A in $\mathfrak{A}$ gemachten Voraussetzungen durch $0 \leq \alpha < \dfrac{n}{2}$. Wir nennen A in $\mathfrak{A}$ mit dieser zusätzlichen Voraussetzung *schwach singulär*.

Satz 5: *Ist A in $\mathfrak{A}$ schwach singulär, so ist A in $\mathfrak{A}$ vollstetig.*

Beweis: Es sei $u_1(x), u_2(x), \ldots \in \mathfrak{A}$ mit $\|u_j\| \leq \tilde{C}$, $j = 1, 2, \ldots$ eine unendliche Folge. Setzt man $v_j = A u_j$, so ist mit Satz 3 $v_j \in \mathfrak{A}$. Mit Satz 1 findet man weiter

$$|v_j(x)| \leq \sqrt{\int\limits_G |K(x, y)|^2\, k(y)\, dy}\ \|u_j\|$$

$$\leq \left\{ k_0 a_0^2 \int\limits_G \frac{1}{|x - y|^{2\alpha}}\, dy \right\}^{\frac{1}{2}} \|u_j\|$$

$$\leq \left\{ k_0 a_0^2 \frac{\omega_n}{n - 2\alpha} \left(\frac{n\, V(G)}{\omega_n} \right)^{\frac{n - 2\alpha}{n}} \right\}^{\frac{1}{2}} \tilde{C} = c,$$

so daß $|v_j(x)| \leq c$ für alle $j = 1, 2, \ldots$ nachgewiesen ist. Ferner ist

$$|v_j(x_1) - v_j(x_2)| \leq \left(\int\limits_G |K(x_1, y) - K(x_2, y)|^2\, k(y)\, dy \right)^{\frac{1}{2}} \|u_j\|$$

und (wie im Beweis zu Satz 3)

$$\int\limits_G |K(x_1, y) - K(x_2, y)|^2\, k(y)\, dy \leq k_0 \left\{ 2 \int\limits_{y \in G \cap |y - x_1| < 2h} [|K(x_1, y)|^2 \right.$$

$$\left. + |K(x_2, y)|^2]\, dy + \int\limits_{y \in G \cap |y - x_1| \geq 2h} |K(x_1, y) - K(x_2, y)|^2\, dy \right\}.$$

Benutzt man ähnliche Abschätzungen wie im Beweis zu Satz 3, so erhält man schließlich

$$|v_j(x_1) - v_j(x_2)| \leq \varepsilon \quad \text{für alle} \quad x_1, x_2 \in \bar{G} \quad \text{mit} \quad |x_1 - x_2| \leq \delta(\varepsilon),$$

und diese Ungleichung gilt für alle $v_j = A u_j$. Der Satz 2 — wenn man die dortige Funktionenmenge M mit der Funktionenfolge $v_1(x), v_2(x), \ldots$ identifiziert — liefert die Existenz einer Teilfolge $w_1(x), w_2(x), \ldots \in \mathfrak{A}$, die gleichmäßig konvergiert. Ihre Grenzfunktion ist daher stetig. Setzt man $w_j = A z_j$, so ist $\lim\limits_{j \to \infty} A z_j = u \in \mathfrak{A}$ nachgewiesen. Damit ist A in $\mathfrak{A}$ vollstetig.

Satz 6: *Ist A in $\mathfrak{A}$ schwach singulär, so gilt die Behauptung des verschärften Entwicklungssatzes aus 1.3 mit $[u] = \max\limits_{x \in \bar{G}} |u(x)|$.*

Beweis: Es ist A in $\mathfrak{A}$ mit $\mathfrak{W}_A \subseteq \mathfrak{A}$ symmetrisch und vollstetig. Es gilt mit 1.3 $\|u\| \leq \alpha[u]$ mit $\alpha = \sqrt{k_0 V(G)}$. Die Verschärfung hat nur Bedeutung, wenn die im Entwicklungssatz auftretenden Summen unendliche Summen sind. Wir dürfen daher annehmen, daß $Au = \lambda u$ unendlich viele Eigenwerte mit $\lim\limits_{j\to\infty}\lambda_j = 0$ besitzt. Die dazugehörigen Eigenfunktionen bilden ein Orthonormalsystem: $(\varphi_i,\ \varphi_j) = \delta_{i,j}$ oder ausgeschrieben

$$\int\limits_G K(x,y)\,\varphi_j(y)\,k(y)\,dy = \lambda_j\varphi_j(x), \quad \int\limits_G \varphi_i(x)\,\overline{\varphi_j(x)}\,k(x)\,dx = \delta_{i,j}. \tag{15}$$

Ist $v \in \mathfrak{A}$, so ist $u = Av \in \mathfrak{A}$, und wir setzen $b_j = (v,\varphi_j)$, $a_j = (u,\varphi_j)$. Es ist dann

$$\lambda_j b_j = (v,\lambda_j\,\varphi_j) = (v,A\varphi_j) = (Av,\varphi_j) = (u,\varphi_j) = a_j. \tag{16}$$

Wir haben zu zeigen, daß $\lim\limits_{n\to\infty}\left[w - \sum\limits_{j=1}^{n} a_j\varphi_j\right] = 0$ mit geeignetem $w \in \mathfrak{A}$ gilt. Dazu setzen wir $s_n(x) = \sum\limits_{j=1}^{n} a_j\varphi_j(x)$ und erhalten mit (16) und der SCHWARZschen Ungleichung für Summen für $n > m$

$$|s_n(x) - s_m(x)| \le \sum\limits_{j=m+1}^{n} |a_j\varphi_j(x)| = \sum\limits_{j=m+1}^{n} |\lambda_j b_j\varphi_j(x)|$$

$$\le \sqrt{\sum\limits_{j=m+1}^{n} |b_j|^2}\,\sqrt{\sum\limits_{j=m+1}^{n} |\lambda_j\varphi_j(x)|^2}. \tag{17}$$

Wie beim Beweis von Satz 5 folgt

$$\int\limits_G |K(x,y)|^2\,k(y)\,dy \le k_0 a_0^2\,\frac{\omega_n}{n-2\alpha}\left(\frac{n\,V(G)}{\omega_n}\right)^{\frac{n-2\alpha}{n}} < \infty, \tag{18}$$

so daß $K \in \mathfrak{H}$ für jedes $x \in \overline{G}$ gilt. Nunmehr kommt die entscheidende Bemerkung, daß Au selbst als skalares Produkt geschrieben werden kann, nämlich

$$Au = \int\limits_G K(x,y)\,u(y)\,k(y)\,dy = (K,\overline{u}) \quad \text{mit} \quad u \in \mathfrak{A},\quad K \in \mathfrak{H}. \tag{19}$$

Die Verwendung der BESSELschen Ungleichung aus I.3.1 liefert

$$(K,K) = \int\limits_G |K(x,y)|^2\,k(y)\,dy \ge \sum\limits_{j=1}^{\infty} |(K,\overline{\varphi_j})|^2 = \sum\limits_{j=1}^{\infty} |A\varphi_j|^2$$

$$= \sum\limits_{j=1}^{\infty} |\lambda_j|^2\,|\varphi_j(x)|^2, \tag{20}$$

$$(v,v) \ge \sum\limits_{j=1}^{\infty} |(v,\varphi_j)|^2 = \sum\limits_{j=1}^{\infty} |b_j|^2. \tag{21}$$

Deshalb wird aus (17)

$$|s_n(x) - s_m(x)| \leq \|K\| \sqrt{\sum_{j=m+1}^{\infty} |b_j|^2}\,. \tag{22}$$

Weil nach (21) $\sum_{j=1}^{\infty} |b_j|^2$ konvergent ist und weil nach (18) $\|K\| \leq$ const gilt für alle $x \in \overline{G}$, so gibt es zu jedem $\varepsilon > 0$ ein $N(\varepsilon)$ so, daß

$$[s_n - s_m] = \max_{x \in \overline{G}} |s_n(x) - s_m(x)| < \varepsilon \quad \text{für alle} \quad n > m > N(\varepsilon) \tag{23}$$

ist. Deshalb ist $\sum_{j=1}^{\infty} a_j \varphi_j(x)$ gleichmäßig konvergent in $\overline{G}$. Es gibt daher ein $w(x) \in \mathfrak{A}$ so, daß $\lim\limits_{n \to \infty}\left[w - \sum_{j=1}^{n} a_j \varphi_j\right] = 0$ gilt. Damit ist der Satz bewiesen. Er sagt aus, daß der allgemeine Entwicklungssatz aus 1.2, falls A in $\mathfrak{A}$ schwach singulär ist, sogar im Sinne gleichmäßiger absoluter Konvergenz gilt. Die letzte Bemerkung folgt mit $t_n(x) = \sum_{j=1}^{n} |a_j \varphi_j(x)|$ aus

$$|t_n(x) - t_m(x)| \leq \|K\| \sqrt{\sum_{j=m+1}^{\infty} |b_j|^2}\,.$$

1.5 Die Vollstetigkeit von Integraloperatoren (Fortsetzung)

Ist A in $\mathfrak{A}$ ein symmetrischer und vollstetiger Operator, so ist insbesondere A in $\mathfrak{A}$ beschränkt und kann daher auf ganz $\mathfrak{H}$ fortgesetzt werden. Wir betrachten daher jetzt Operatoren A in $\mathfrak{H}$, die dort vollstetig sind.

Satz 1: *Hat der Operator A in $\mathfrak{H}$ die Eigenschaft, daß es zu jedem $\varepsilon > 0$ einen vollstetigen Operator A_ε in $\mathfrak{H}$ gibt, mit dem*

$$\|Au - A_\varepsilon u\| \leq \varepsilon \|u\| \qquad \textit{für alle} \qquad u \in \mathfrak{H} \tag{1}$$

gilt, so ist A in $\mathfrak{H}$ vollstetig.

Beweis: Es sei $\varepsilon_1, \varepsilon_2, \varepsilon_3, \ldots$ mit $\varepsilon_j > 0$ eine Nullfolge und $A_{\varepsilon_1}, A_{\varepsilon_2}, \ldots$ die dazugehörige Folge vollstetiger Operatoren. Ferner sei $u_1, u_2, \ldots \in \mathfrak{H}$ eine beliebige Folge von Elementen mit $\|u_j\| \leq K$, $j = 1, 2, \ldots$. Wegen der Vollstetigkeit von A_{ε_1} in $\mathfrak{H}$ (vgl. die Definition in 1.1, in der natürlich insbesondere $\mathfrak{A} = \mathfrak{H}$ gesetzt werden darf) kann man aus $u_1, u_2, \ldots$ eine Teilfolge $u_{11}, u_{12}, u_{13}, \ldots$ so auswählen, daß $A_{\varepsilon_1} u_{11}, A_{\varepsilon_1} u_{12}, \ldots$ konvergent ist. Aus gleichem Grunde kann man aus der Teilfolge wiederum eine Teilfolge $u_{21}, u_{22}, u_{23}, \ldots$ auswählen, für die $A_{\varepsilon_2} u_{21}, A_{\varepsilon_2} u_{22}, \ldots$ konvergent ist. So fortfahrend, erhält man schließlich eine Folge von Folgen

$$\begin{aligned}
&u_{11}, \; u_{12}, \; u_{13}, \; u_{14}, \; \ldots \ldots \\
&u_{21}, \; u_{22}, \; u_{23}, \; u_{24}, \; \ldots \ldots \\
&u_{31}, \; u_{32}, \; u_{33}, \; u_{34}, \; \ldots \ldots \;, \\
&u_{41}, \; u_{42}, \; u_{43}, \; u_{44}, \; \ldots \ldots \\
&\;\cdot \;\cdot\;\cdot\;\cdot\;\cdot\;\cdot\;\cdot\;\cdot\;\cdot\;\cdot \\
&\;\cdot \;\cdot\;\cdot\;\cdot\;\cdot\;\cdot\;\cdot\;\cdot\;\cdot\;\cdot
\end{aligned} \tag{2}$$

von denen jede eine Teilfolge der vorangegangenen ist. Die Diagonalfolge $v_1, v_2, v_3, \ldots$ mit $v_j = u_{jj}$ hat die Eigenschaft, daß $A_{\varepsilon_k} v_1, A_{\varepsilon_k} v_2, A_{\varepsilon_k} v_3, \ldots$ für jedes k konvergent ist. Gibt man ein beliebiges $\varepsilon > 0$ vor, so ist mit (1) für hinreichend große n und m mit $w_n = A v_n$, $w_m = A v_m$

$$\|w_n - w_m\| = \|A v_n - A v_m\| \leq \|A v_n - A_{\varepsilon_k} v_n\| + \|A_{\varepsilon_k} v_n - A_{\varepsilon_k} v_m\|$$
$$+ \|A_{\varepsilon_k} v_m - A v_m\| \leq 2 \varepsilon_k K + \|A_{\varepsilon_k} v_n - A_{\varepsilon_k} v_m\| < \varepsilon; \tag{3}$$

man wähle nämlich k so groß, daß $2 \varepsilon_k K < \dfrac{\varepsilon}{2}$ ausfällt, und bei so fixierten k wähle man n, m so groß, daß $\|A_{\varepsilon_k} v_n - A_{\varepsilon_k} v_m\| < \dfrac{\varepsilon}{2}$ ausfällt. Daher ist $w_1, w_2, \ldots$ eine Fundamentalfolge, und wegen der Vollständigkeit von $\mathfrak{H}$ gibt es ein Element $v \in \mathfrak{H}$, so daß $\lim\limits_{n \to \infty} w_n = \lim\limits_{n \to \infty} A v_n = v$ gilt. Daher ist A in $\mathfrak{H}$ vollstetig.

Eine zu Satz 1 gleichwertige Formulierung ist

Satz 2: *Gibt es zu A in $\mathfrak{H}$ eine Folge vollstetiger Operatoren $A_1, A_2, \ldots$ in $\mathfrak{H}$ mit* $\lim\limits_{m \to \infty} \|A - A_m\| = 0$, *so ist A in $\mathfrak{H}$ vollstetig.*

Diesen Satz wenden wir auf Integraloperatoren an. Im $\mathfrak{R}_n$ sei Q ein n-dimensionaler Quader, der durch

$$Q : x_1 \in \{l_1, m_1\}, \qquad x_2 \in \{l_2, m_2\}, \qquad \ldots, \qquad x_n \in \{l_n, m_n\} \tag{4}$$

gegeben ist. Dabei steht $\{l_j, m_j\}$ für eines der Intervalle $l_j \leq x_j \leq m_j$, $l_j \leq x_j < m_j$, $l_j < x_j \leq m_j$, $l_j < x_j < m_j$. Im Falle, daß das Intervall $\{l_j, m_j\}$ nach links offen ist, ist stets $l_j = -\infty$ zugelassen; im Falle, daß $\{l_j, m_j\}$ nach rechts offen ist, $m_j = +\infty$ zugelassen. Insbesondere ist für Q daher auch der gesamte $\mathfrak{R}_n$ zugelassen.

Es sei $k(x) \in C^0(Q)$, $k(x) > 0$ in Q und $K(x, y)$ stetig für $x, y \in Q$, komplexwertig und

$$\iint\limits_{Q\,Q} |K(x, y)|^2 \, k(x) \, k(y) \, dx \, dy < \infty. \tag{5}$$

Wir erklären A in $\mathfrak{H}$ durch

$$\mathfrak{H} = \left\{ u(x) \,\Big|\, \int\limits_Q |u(x)|^2 \, k(x) < \infty \right\}; \qquad (u, v) = \int\limits_Q u(x) \, \overline{v(x)} \, k(x) \, dx, \tag{6}$$

$$A u = \int\limits_Q K(x, y) \, u(y) \, k(y) \, dy. \tag{7}$$

Es ist $A u \in \mathfrak{H}$ wegen

$$\|A u\|^2 = \int\limits_Q \left| \int\limits_Q K(x, y) \, u(y) \, k(y) \, dy \right|^2 k(x) \, dx$$

$$\leq \int\limits_Q \left\{ \int\limits_Q |K(x, y)|^2 \, k(y) \, dy \int\limits_Q |u(y)|^2 \, k(y) \, dy \right\} k(x) \, dx \tag{8}$$

$$\leq a^2 \|u\|^2 \qquad \text{mit} \qquad a = \left(\iint\limits_{Q\,Q} |K(x, y)|^2 \, k(x) \, k(y) \, dx \, dy \right)^{\frac{1}{2}}$$

Deshalb ist A in $\mathfrak{H}$ sogar ein beschränkter Operator.

Satz 3: *A in $\mathfrak{H}$ ist vollstetig.*

Beweis: Steht (4) für den endlichen, abgeschlossenen Quader Q, d. h. steht $\{l_j, m_j\}$ für $l_j \leq x_j \leq m_j$, $j = 1, 2, \ldots, n$, so folgt die Vollstetigkeit von A in $\mathfrak{H}$ analog wie in Satz 5 aus 1.4. Ist der Quader teilweise offen und gegebenenfalls nicht beschränkt, so erklären wir eine Folge von abgeschlossenen Gebieten $\overline{G}_m$ wie folgt: $\overline{G}_m$ besteht aus allen Punkten von Q, deren Abstand zu den gegebenenfalls vorhandenen Randpunkten von Q mindestens $\dfrac{1}{m}$ ist und deren Abstand von dem Koordinatenursprung höchstens m ist mit $m = 1, 2, 3, \ldots$. $\omega_m(x) \in C^0(\mathfrak{R}_n)$ sei wie folgt definiert:

$$\omega_m(x) = \begin{cases} 1 & \text{für } x \in G_m; \\ 0 \leq \omega_m(x) \leq 1 & \text{für } x \in \overline{G}_{m+1}, \quad \text{aber} \quad x \notin G_m; \\ 0 & \text{für alle anderen } x \in \mathfrak{R}_n. \end{cases} \tag{9}$$

Wir erklären $K_m(x, y)$ durch

$$K_m(x, y) = \omega_m(x)\, \omega_m(y)\, K(x, y). \tag{10}$$

Dann ist analog zu Satz 5 aus 1.4

$$A_m u = \int\limits_Q K_m(x, y)\, u(y)\, k(y)\, dy \tag{11}$$

in $\mathfrak{H}$ vollstetig. Ferner ist

$$\|A u - A_m u\|^2 \leq \iint\limits_{Q\,Q} |K(x, y) - K_m(x, y)|^2\, k(x)\, k(y)\, dx\, dy\, \|u\|^2 \tag{12}$$

und

$$\lim_{m \to \infty} \iint\limits_{Q\,Q} |K(x, y) - K_m(x, y)|^2\, k(x)\, k(y)\, dx\, dy = 0.$$

Wegen $\|A - A_m\| \leq \iint\limits_{Q\,Q} |K(x, y) - K_m(x, y)|^2\, k(x)\, k(y)\, dx\, dy$ ist alles bewiesen.

1.6 Das allgemeine Sturm-Liouvillesche Eigenwertproblem im $\mathfrak{R}_1$

Wir betrachten den allgemeinen STURM-LIOUVILLEschen Operator im $\mathfrak{R}_1$ unter den gleichen Voraussetzungen wie in II.2.2 mit der Zusatzbedingung (6) aus II.2.2 also:

$$\mathfrak{H} = \left\{ u(x) \,\middle|\, \int\limits_l^m |u(x)|^2\, k(x)\, dx < \infty \right\}, \quad (u, v) = \int\limits_l^m u(x)\, \overline{v(x)}\, k(x)\, dx; \tag{1}$$

$$A u = \frac{1}{k(x)} \left\{ -(p(x)\, u')' + q(x)\, u \right\}; \tag{2}$$

$$\mathfrak{A} = \{ u(x) \mid u \in C^2(l \leq x \leq m); \quad R_j u = 0, \quad j = 1, 2 \}; \tag{3}$$

$$R_j u = \alpha_{j1} u(l) + \alpha_{j2} u'(l) + \alpha_{j3} u(m) + \alpha_{j4} u'(m) \tag{4}$$

mit Rang $\begin{pmatrix} \alpha_{11}, \ldots, \alpha_{14} \\ \alpha_{21}, \ldots, \alpha_{24} \end{pmatrix} = 2, \quad p(m) \begin{vmatrix} \alpha_{11}, \alpha_{12} \\ \alpha_{21}, \alpha_{22} \end{vmatrix} = p(l) \begin{vmatrix} \alpha_{13}, \alpha_{14} \\ \alpha_{23}, \alpha_{24} \end{vmatrix}.$

Satz 1: *A in $\mathfrak{A}$ hat abzählbar unendlich viele Eigenwerte, die sämtlich reell sind, höchstens die Vielfachheit 2 besitzen, der Größe nach angeordnet werden können: $\lambda_1 \leq \lambda_2 \leq \cdots$ und als einzigen Häufungspunkt $+\infty$ besitzen. Die dazugehörigen Eigenfunktionen $\varphi_1(x), \varphi_2(x), \ldots \in \mathfrak{A}$ bilden ein Orthonormalsystem. Jedes $u(x) \in \mathfrak{A}$ läßt sich entwickeln:*

$$u(x) = \sum_{j=1}^{\infty} a_j \varphi_j(x) \qquad mit \qquad a_j = (u, \varphi_j). \tag{5}$$

Die Konvergenz ist dabei gleichmäßig absolut in $l \leq x \leq m$.

Beweis: Unser Eigenwertproblem lautet: $Au = \lambda u$. A in $\mathfrak{A}$ ist dabei nach Satz 1 aus II.2.2 symmetrisch. Mit Satz 2 aus II.2.2 gibt es eine Zahl a so, daß alle $\lambda < a$ nicht Eigenwert sein können. Mit fester Zahl $\mu < a$ betrachten wir $\tilde{A} = A - \mu E$. Dann hat $\tilde{A}$ in $\mathfrak{A}$ nicht den Eigenwert Null. Deshalb existiert $\tilde{A}^{-1}$ in $\mathfrak{W}_{\tilde{A}}$. Nach Satz 2 aus II.1.2 ist $\mathfrak{W}_{\tilde{A}} = \{f(x) \mid f \in C^0 (l \leq x \leq m)\}$. Ferner ist $\tilde{A}^{-1}$ in $\mathfrak{W}_{\tilde{A}}$ symmetrisch, weil $\tilde{A}$ in $\mathfrak{A}$ symmetrisch ist und mit $f = \tilde{A}u$, $g = \tilde{A}v$ gilt

$$(\tilde{A}^{-1}f, g) = (\tilde{A}^{-1}\tilde{A}u, g) = (u, \tilde{A}v) = (\tilde{A}u, v) = (f, \tilde{A}^{-1}g). \tag{6}$$

Aus $Au = \lambda u$ folgt $\tilde{A}u = (\lambda - \mu)u$ und mit $\lambda - \mu = \nu$ auch $u = \nu \tilde{A}^{-1}u$ und mit $\dfrac{1}{\nu} = \Lambda$ schließlich $\tilde{A}^{-1}u = \Lambda u$. Deshalb ist zu vermuten, daß die Eigenwertprobleme für A in $\mathfrak{A}$ und $\tilde{A}^{-1}$ in $\mathfrak{W}_{\tilde{A}}$ gleichwertig sind.

1. Ist λ_1 Eigenwert und $\varphi_1(x) \in \mathfrak{A}$ Eigenfunktion, so daß $A\varphi_1 = \lambda_1\varphi_1$ gilt, so ist $\lambda_1 \neq \mu$ und deshalb besteht mit $\tilde{A}\varphi_1 = (\lambda_1 - \mu)\varphi_1$ auch $\varphi_1 = (\lambda_1 - \mu)\tilde{A}^{-1}\varphi_1$. Daher ist $\varphi_1(x) \in \mathfrak{A}$ Eigenfunktion zum Eigenwert $\Lambda_1 = \dfrac{1}{\lambda_1 - \mu}$ von $\tilde{A}^{-1}$ in $\mathfrak{W}_{\tilde{A}}$.

2. Ist Λ_1 Eigenwert und $\varphi_1(x) \in \mathfrak{W}_{\tilde{A}}$ Eigenfunktion des zweiten Eigenwertproblems, also $\tilde{A}^{-1}\varphi_1 = \Lambda_1\varphi_1$, so ist $\Lambda_1 \neq 0$. Aus $\tilde{A}^{-1}\varphi_1 = 0$, $\|\varphi_1\| = 1$ würde nämlich $\tilde{A}\tilde{A}^{-1}\varphi_1 = 0$ oder $\varphi_1(x) = 0$ folgen, was zu $\|\varphi_1\| = 1$ ein Widerspruch ist. Dann hat man $\dfrac{1}{\Lambda_1}\tilde{A}^{-1}\varphi_1 = \varphi_1$ mit $\varphi_1 \in \mathfrak{W}_{\tilde{A}}$. Da aber $\tilde{A}^{-1}\mathfrak{W}_{\tilde{A}} = \mathfrak{A}$ ist, hat man $\dfrac{1}{\Lambda_1}\tilde{A}^{-1}\varphi_1 \in \mathfrak{A}$, somit ist auch die rechte Seite, also $\varphi_1 \in \mathfrak{A}$. Deshalb folgt $\tilde{A}\left(\dfrac{1}{\Lambda_1}\tilde{A}^{-1}\varphi_1\right) = \tilde{A}\varphi_1$ oder $\dfrac{1}{\Lambda_1}\varphi_1 = \tilde{A}\varphi_1$. Setzt man $\lambda_1 = \dfrac{1}{\Lambda_1} + \mu$, so hat man schließlich $(\lambda_1 - \mu)\varphi_1 = \tilde{A}\varphi_1$ oder $\lambda_1\varphi_1 = A\varphi_1$, so daß dann λ_1 Eigenwert und φ_1 Eigenfunktion von A in $\mathfrak{A}$ ist.

Nach Satz 3 aus II. 1.2 hat $\tilde{A}^{-1}f$ die Gestalt

$$\tilde{A}^{-1}f = \int\limits_{l}^{m} g(x, y, \mu)\, f(y)\, k(y)\, dy, \tag{7}$$

wobei $g(x, y, \mu)$ für $l \leq x, y \leq m$ stetig ist. Deshalb ist nach Satz 5 aus 1.4 $\tilde{A}^{-1}$ in $\tilde{\mathfrak{A}}^{-1} = \mathfrak{W}_{\tilde{A}}$ vollstetig. Mit Satz 4 aus 1.2 besitzt $\tilde{A}^{-1}$ in $\mathfrak{W}_{\tilde{A}}$ Eigenwerte, die wegen der Symmetrie sämtlich reell sind und $|A_1| \geq |A_2| \geq \cdots$ mit $\lim\limits_{j \to \infty} A_j = 0$ erfüllen, letzteres falls unendlich viele vorhanden sind. Aus der Stetigkeit von $g(x, y, \mu)$ schließt man, daß der Entwicklungssatz sogar im Sinne gleichmäßiger absoluter Konvergenz gilt: Jedes $u = \tilde{A}^{-1}v$ mit $v \in \mathfrak{W}_{\tilde{A}}$ läßt sich darstellen in der Form

$$u(x) = \sum_{j=1}^{\infty} a_j \varphi_j(x) \qquad \text{mit} \qquad a_j = (u, \varphi_j). \tag{8}$$

Ist $u(x) \in \mathfrak{A}$ ein beliebiges Element, so folgt aus $\tilde{A}u = \tilde{A}u$, daß $u = \tilde{A}^{-1}v$ mit $v = \tilde{A}u$ gilt. Deshalb gilt (8) für alle $u(x) \in \mathfrak{A}$. Es muß tatsächlich unendlich viele Eigenwerte geben, denn andernfalls würde $u(x) = \sum\limits_{j=1}^{N} a_j \varphi_j(x)$ für alle $u(x) \in \mathfrak{A}$ bestehen, was sicher falsch ist. Also hat man auch $\lim\limits_{j \to \infty} A_j = 0$ zur Verfügung.

Nach den Überlegungen aus 2. hat man sogar $\varphi_j(x) \in \mathfrak{A}$. Setzt man $\lambda_j = \dfrac{1}{A_j} + \mu$, so sind λ_j alle Eigenwerte von A in $\mathfrak{A}$ und $\varphi_j(x)$ die dazugehörigen Eigenfunktionen. Da aber $\lambda_j \geq a$ sein muß und $\lim\limits_{j \to \infty} A_j = 0$ gilt, hat man auch die Aussagen über die Möglichkeit der Anordnung (nach einer gegebenfalls nötigen Umnumerierung der Eigenwerte) und über den Häufungspunkt bewiesen. Daß jeder Eigenwert höchstens die Vielfachheit 2 hat, ergibt sich einfach daraus, daß $\varphi_j(x)$ Lösung einer homogenen, linearen, gewöhnlichen Differentialgleichung 2. Ordnung ist, die überhaupt nur genau zwei linear unabhängige Lösungen besitzt.

Die Untersuchung des Eigenwertproblems von Integraloperatoren und seine Anwendung auf Eigenwertprobleme bei gewöhnlichen und partiellen Differentialoperatoren geht auf E. Schmidt [1] und D. Hilbert [*] zurück.

1.7 Das Sturm-Liouvillesche Eigenwertproblem im $\mathfrak{R}_n$

Wir betrachten $Au = \dfrac{1}{k(x)}\{-\Delta_n u + q(x)\, u\}$ in

$$\mathfrak{A} = \{u(x) \mid u \in C^1(\bar{G}), \in C^2(G), Au \in \mathfrak{H};\ u = 0 \ \text{für} \ x \in \partial G\} \tag{1}$$

unter den gleichen Voraussetzungen wie in II.1.4 mit $q(x) \geq 0$ und nehmen an, G sei so beschaffen, daß zu G die Greensche Funktion $\tilde{g}(x, y)$ aus II.1.4 existiert. Weil nach II.1.3 $g(x, y) = s(x, y) + \Phi(y)$

bei festem $x \in G$ gilt, wird $g(x, y)$ und mit II.1.4 auch $\tilde{g}(x, y)$ ähnlichen Abschätzungen wie $s(x, y)$ genügen, nämlich:

$$|\tilde{g}(x,y)| \leq \frac{c_1}{|x-y|^{n-2}} + c_2 \text{ für } n > 2, \leq c_1 |\log|x-y|| + c_2 \text{ für } n=2. \quad (2)$$

Satz 1: *A in $\mathfrak{A}$ hat abzählbar unendlich viele Eigenwerte, die sämtlich reell sind, höchstens endliche Vielfachheit haben, der Größe nach angeordnet werden können: $0 < \lambda_1 \leq \lambda_2 \leq \cdots$ und als einzigen Häufungspunkt $+\infty$ besitzen. Die dazugehörigen Eigenfunktionen $\varphi_1(x), \varphi_2(x), \ldots \in \mathfrak{A}$ bilden ein Orthonormalsystem. Jedes $u(x) \in C^3(\overline{G})$ mit $u(x) = 0$ für $x \in \partial G$ läßt sich entwickeln:*

$$u(x) = \sum_{j=1}^{\infty} a_j \varphi_j(x) \qquad \text{mit} \qquad a_j = (u, \varphi_j). \quad (3)$$

Für $n \leq 3$ ist die Konvergenz dabei sogar gleichmäßig absolut in $\overline{G}$.

Beweis: Für $n \leq 3$ verläuft der Beweis analog zu 1.6. Wir werden uns auf diesen Fall beschränken. Unter den gemachten Voraussetzungen ist A in $\mathfrak{A}$ streng positiv (II.2.3) und $\lambda = 0$ deshalb kein Eigenwert. Es existiert A^{-1} in $\mathfrak{W}_A$ und erst recht A^{-1} in $\mathfrak{B}$ (vgl. II.1.4). Wir zeigen, daß die Eigenwertprobleme für A in $\mathfrak{A}$ und A^{-1} in $\mathfrak{B}$ gleichwertig sind.

1. Ist λ_1 Eigenwert und $\varphi_1 \in \mathfrak{A}$ Eigenfunktion, so hat man $A\varphi_1 = \lambda_1 \varphi_1$ und $A^{-1}\varphi_1 = \dfrac{1}{\lambda_1} \varphi_1$. Deshalb ist φ_1 Eigenfunktion von A^{-1} in $\mathfrak{B}$ zum Eigenwert $\dfrac{1}{\lambda_1}$.

2. Ist $A^{-1}\varphi_1 = \Lambda_1 \varphi_1$ mit $\varphi_1 \in \mathfrak{B}$, so ist $\Lambda_1 \neq 0$. Aus $A^{-1}\varphi_1 = 0$ folgt nämlich $A A^{-1}\varphi_1 = 0$ oder $\varphi_1 = 0$. Dann hat man $\dfrac{1}{\Lambda_1} A^{-1}\varphi_1 = \varphi_1$. Da $A^{-1}\varphi_1 \in \mathfrak{A}$ gilt, hat man $\varphi_1 \in \mathfrak{A}$ und $\dfrac{1}{\Lambda_1} \varphi_1 = A\varphi_1$.

Es ist A^{-1} in $\mathfrak{B}$ symmetrisch, weil A in $\mathfrak{A}$ symmetrisch ist, und gestattet die Darstellung

$$A^{-1}f = \int_{G} \tilde{g}(x, y) \, f(y) \, k(y) \, dy. \quad (4)$$

Dabei ist $A^{-1}f$ ein schwach singulärer Integraloperator, der wegen $A^{-1}\mathfrak{B} \subseteq \mathfrak{A}$ auch $A^{-1}\mathfrak{B} \subseteq \mathfrak{B}$ erfüllt. Also ist A^{-1} in $\mathfrak{B}$ vollstetig. Jedes $u = A^{-1}v$ mit $v \in \mathfrak{B}$ läßt sich in der Form

$$u(x) = \sum_{j=1}^{\infty} a_j \varphi_j(x) \qquad \text{mit} \qquad a_j = (u, \varphi_j) \quad (5)$$

darstellen und die Konvergenz ist gleichmäßig absolut. Überdies gilt sogar $\varphi_j(x) \in \mathfrak{A}$. Ist $u \in \mathfrak{A}$ und zusätzlich $u \in C^3(\overline{G})$, so ist $Au \in \mathfrak{B}$, also folgt die Darstellung $u = A^{-1}v$ mit $v = Au$. Die weiteren Aussagen des Satzes sind für $n \leq 3$ dann selbstverständlich.

Für $n > 3$ vgl. etwa G. HELLWIG [*].

2. Anfangs-Randwertprobleme

2.1 Das Anfangs-Randwertproblem für $Au + \dot{u} = f$

Wir führen unsere Betrachtungen zunächst im $\mathfrak{R}_1$ und betrachten Funktionen u, die von der räumlichen Variablen x abhängig sind. Ferner möge bei u noch eine Abhängigkeit von dem zeitlichen Parameter t zugelassen sein, so daß wir $u = u(x, t)$ haben. Außerdem ist es für die Anwendungen auf Physik und Technik vernünftig, sich auf reellwertige Funktionen zu beschränken. Um unsere Auffassung, daß t als zeitlicher Parameter in $u(x, t)$ anzusehen ist, auch in der Schreibweise zum Ausdruck zu bringen, setzen wir

$$\frac{\partial u(x, t)}{\partial x} = u'(x, t), \quad \frac{\partial u(x, t)}{\partial t} = \dot{u}(x, t). \tag{1}$$

Da t nur als Parameter betrachtet werden soll, verwenden wir den HILBERTschen Raum

$$\mathfrak{H}_t = \left\{ u(x, t) \mid \int_l^m (u(x, t))^2\, k(x)\, dx < \infty \quad \text{für} \quad 0 < t < \infty \right\} \tag{2}$$

mit $\quad (u, v) = \displaystyle\int_l^m u(x, t)\, v(x, t)\, k(x)\, dx$. Wir betrachten den STURM-LIOUVILLEschen Operator A in $\mathfrak{A}_t$ mit

$$Au = \frac{1}{k(x)} \left\{ -(p(x)u')' + q(x)\, u \right\}, \tag{3}$$

$$\mathfrak{A}_t = \{ u(x, t) \mid u \in C^2(l \leq x \leq m) \text{ für } 0 < t < \infty;\ R_1 u = 0,\ R_2 u = 0$$

mit $R_1 u = a_{11} u(l, t) + a_{12} u'(l, t), \quad R_2 u = a_{21} u(m, t) + a_{22} u'(m, t)$

und $a_{11}^2 + a_{12}^2 > 0,\ a_{21}^2 + a_{22}^2 > 0 \}. \tag{4}$

Eine neue und wichtige Fragestellung entsteht durch die Betrachtung des folgenden *Anfangs-Randwertproblems*:

$$Au + \dot{u} = f(x, t) \quad \text{in} \quad 0 < t < \infty,\ l \leq x \leq m \tag{5}$$

mit den

Randbedingungen $\quad R_1 u = 0,\ R_2 u = 0 \quad \text{für} \quad 0 < t < \infty \tag{6}$

und der

Anfangsbedingung $\quad u(x, 0) = u_0(x) \quad \text{für} \quad l \leq x \leq m. \tag{7}$

8*

Dabei ist $u_0(x)$ eine willkürliche vorgegebene Funktion. Wir machen die üblichen *Voraussetzungen*:

$$p(x),\ p'(x),\ k(x),\ q(x),\ u_0(x) \in C^0\ (l \le x \le m);$$

$$p(x) > 0,\ k(x) > 0 \text{ in } l \le x \le m;$$

$$f(x, t) \in C^0\ (l \le x \le m,\ 0 \le t < \infty).$$

Zur Bestimmung einer Lösung dieses Anfangs-Randwertproblems führen wir noch den Teilraum $\widetilde{\mathfrak{A}}_t \subset \mathfrak{H}_t$ ein:

$$\widetilde{\mathfrak{A}}_t = \{u(x, t)\mid 1.\ u(x, t) \in \mathfrak{A}_t, \tag{8}$$
$$2.\ u(x, t) \in C^0(l \le x \le m,\ 0 \le t < \infty),$$
$$3.\ \dot{u}(x, t) \in C^0(l \le x \le m,\ 0 < t < \infty)\}.$$

Satz 1: *1. Es gibt höchstens ein $u \in \widetilde{\mathfrak{A}}_t$, welches dem Anfangs-Randwertproblem (5), (6), (7) genügt.*

2. Ist $u \in \widetilde{\mathfrak{A}}_t$ eine solche Lösung, so gilt die Darstellung

$$u(x, t) = \sum_{j=1}^{\infty} \left\{ (u_0, \varphi_j) + \int_0^t (f, \varphi_j)\, e^{\lambda_j \tau}\, d\tau \right\} e^{-\lambda_j t}\, \varphi_j(x)\, *. \tag{9}$$

Dabei sind λ_j die Eigenwerte und $\varphi_j(x)$ die dazugehörigen Eigenfunktionen des Sturm-Liouvilleschen Eigenwertproblems $Au = \lambda u$ für $u \in \mathfrak{A}$. Dabei ist $\mathfrak{A}$ der übliche Teilraum, der aus $\mathfrak{A}_t$ entsteht, wenn keine Abhängigkeit von t vorhanden ist.

Beweis: Zu 2.: Es sei $u \in \widetilde{\mathfrak{A}}_t$ eine Lösung von (5), (6), (7). Wir erklären $\alpha_j(t)$ durch

$$\alpha_j(t) = \int_l^m u(x, t)\, \varphi_j(x)\, k(x)\, dx \equiv (u, \varphi_j). \tag{10}$$

Wegen (7) ist $u(x, 0) = u_0(x)$. Außerdem ist

$$u \in C^0(l \le x \le m,\ 0 \le t < \infty).$$

Deshalb wird

$$\alpha_j(0) = \int_l^m u_0(x)\, \varphi_j(x)\, k(x)\, dx = (u_0, \varphi_j). \tag{11}$$

Da u (5) erfüllt, gilt

$$(Au + \dot{u}, \varphi_j) = (f, \varphi_j), \quad j = 1, 2, \ldots, \quad 0 < t < \infty. \tag{12}$$

---

* Dabei ist natürlich $(f, \varphi_j) = \int_l^m f(x, \tau)\, \varphi_j(x)\, k(x)\, dx.$

Für festes t ist $u \in \mathfrak{A}$. Dort ist A in $\mathfrak{A}$ symmetrisch; deshalb gilt

$$(A u, \varphi_j) = (u, A \varphi_j) = \lambda_j (u, \varphi_j) = \lambda_j \alpha_j(t). \tag{13}$$

Wegen $u \in \widetilde{\mathfrak{A}}_t$ folgt $(u, \varphi_j)^{\cdot} = (\dot u, \varphi_j) = \dot\alpha_j(t)$ für $0 < t < \infty$. Aus (12) und (11) ergibt sich dann

$$\lambda_j \alpha_j(t) + \dot\alpha_j(t) = (f, \varphi_j) \quad \text{in} \quad 0 < t < \infty \quad \text{mit} \quad \alpha_j(0) = (u_0, \varphi_j). \tag{14}$$

Dies ist eine lineare Differentialgleichung 1. Ordnung mit gegebenen Anfangswerten $\alpha_j(0)$. Ihre eindeutig bestimmte Lösung ist

$$\alpha_j(t) = e^{-\lambda_j t}\left\{ (u_0, \varphi_j) + \int_0^t (f, \varphi_j)\, e^{\lambda_j \tau}\, d\tau \right\}. \tag{15}$$

Beachten wir nochmals, daß bei festem t aus $0 < t < \infty$ $u(x, t) \in \mathfrak{A}$ gilt, so kann der Entwicklungssatz benutzt werden

$$u(x, t) = \sum_{j=1}^{\infty} a_j \varphi_j(x) \quad \text{mit} \quad a_j = (u, \varphi_j). \tag{16}$$

Diese Reihe konvergiert absolut und gleichmäßig in $l \leq x \leq m$. Wegen (10) gilt $a_j = \alpha_j$; die α_j sind in (15) eindeutig berechnet worden. Trägt man diese in (16) ein, so folgt die 2. Behauptung. Die 1. Behauptung ist deshalb klar, weil eine Lösung $u \in \widetilde{\mathfrak{A}}_t$ von (5), (6), (7) nach dem eben Durchgeführten eindeutig bestimmt ist.

2.2 Das Anfangs-Randwertproblem für $A u + \ddot u = f$

Wir betrachten hier das *Anfangs-Randwertproblem*

$$A u + \ddot u = f(x, t) \quad \text{in} \quad l \leq x \leq m, \quad 0 < t < \infty \tag{1}$$

mit den

Randbedingungen $\qquad\qquad R_1 u = 0, \quad R_2 u = 0 \quad \text{für} \quad 0 < t < \infty \tag{2}$

und den

Anfangsbedingungen $\quad u(x, 0) = u_0(x), \quad \dot u(x, 0) = u_1(x)$

$$\text{für} \quad l \leq x \leq m. \tag{3}$$

Dabei sind $u_0(x), u_1(x) \in C^0(l \leq x \leq m)$ willkürlich vorgegebene Funktionen. Die in 2.1 gemachten Voraussetzungen und Bezeichnungen behalten wir bei. Wir führen hier noch den Teilraum $\hat{\mathfrak{A}}_t \subset \mathfrak{H}$ ein:

$$\hat{\mathfrak{A}}_t = \{u(x, t)\,|\; 1.\; u(x, t) \in \mathfrak{A}_t,$$

$$2.\; u(x, t),\; \dot u(x, t) \in C^0(l \leq x \leq m, 0 \leq t < \infty), \tag{4}$$

$$3.\; \ddot u(x, t) \in C^0(l \leq x \leq m, 0 < t < \infty)\}.$$

Satz 1: *1. Es gibt höchstens ein $u \in \hat{\mathfrak{A}}_t$, welches dem Anfangs-Randwertproblem* (1), (2), (3) *genügt.*

2. Ist $u \in \hat{\mathfrak{A}}_t$ eine solche Lösung, so gilt die Darstellung

$$u(x, t) = \sum_{j=1}^{\infty} \left\{ (u_0, \varphi_j) \cos \sqrt{\lambda_j}\, t + \frac{1}{\sqrt{\lambda_j}} (u_1, \varphi_j) \sin \sqrt{\lambda_j}\, t \right. $$
$$\left. + \frac{1}{\sqrt{\lambda_j}} \int_0^t (f, \varphi_j) \sin \sqrt{\lambda_j}\, (t - \tau)\, d\tau \right\} \varphi_j(x). \tag{5}$$

Dabei sind λ_j die Eigenwerte und $\varphi_j(x)$ die dazugehörigen Eigenfunktionen des Sturm-Liouvilleschen Eigenwertproblems $Au = \lambda u$ für $u \in \mathfrak{A}$. Fallen einige der Eigenwerte negativ aus oder ist Null ein Eigenwert, so sind in (5) *die Setzungen vorzunehmen:*

$$\lambda_\sigma < 0: \quad \cos \sqrt{\lambda_\sigma}\, t = \cos i \sqrt{-\lambda_\sigma}\, t = \cosh \sqrt{-\lambda_\sigma}\, t$$

$$\frac{\sin \sqrt{\lambda_\sigma}}{\sqrt{\lambda_\sigma}} = \frac{\sinh \sqrt{-\lambda_\sigma}\, t}{\sqrt{-\lambda_\sigma}}$$

$$\frac{\sin \sqrt{\lambda_\sigma}\, (t - \tau)}{\sqrt{\lambda_\sigma}} = \frac{\sinh \sqrt{-\lambda_\sigma}\, (t - \tau)}{\sqrt{-\lambda_\sigma}} ; \tag{6}$$

$$\lambda_\sigma = 0: \quad \cos \sqrt{\lambda_\sigma}\, t = 1$$

$$\frac{\sin \sqrt{\lambda_\sigma}\, t}{\sqrt{\lambda_\sigma}} \to t, \qquad \frac{\sin \sqrt{\lambda_\sigma}\, (t - \tau)}{\sqrt{\lambda_\sigma}} \to (t - \tau). \tag{7}$$

Beweis: Dieser ist ganz analog zum vorangegangenen Beweis. Sei $u \in \hat{\mathfrak{A}}_t$ eine Lösung von (1), (2), (3). Wir erklären $\alpha_j(t)$ durch

$$\alpha_j(t) = \int_l^m u(x, t)\, \varphi_j(x)\, k(x)\, dx \equiv (u, \varphi_j). \tag{8}$$

Wegen (3) und $u \in \hat{\mathfrak{A}}_t$ findet man $\alpha_j(0) = (u_0, \varphi_j)$, $\dot{\alpha}_j(0) = (u_1, \varphi_j)$. Da u die Gleichung (1) erfüllt, gilt

$$(Au + \ddot{u}, \varphi_j) = (f, \varphi_j), \quad j = 1, 2, \ldots, \quad 0 < t < \infty. \tag{9}$$

Für festes t ist $u \in \mathfrak{A}$. Dort ist A in $\mathfrak{A}$ symmetrisch; deshalb

$$(Au, \varphi_j) = (u, A\varphi_j) = \lambda_j(u, \varphi_j) = \lambda_j \alpha_j(t). \tag{10}$$

Ferner ist $(\ddot{u}, \varphi_j) = (u, \varphi_j)\ddot{} = \ddot{\alpha}_j(t)$, so daß aus (9) wird

$$\lambda_j \alpha_j(t) + \ddot{\alpha}_j(t) = (f, \varphi_j) \quad \text{mit} \quad \alpha_j(0) = (u_0, \varphi_j),\ \dot{\alpha}_j(0) = (u_1, \varphi_j). \tag{11}$$

Dies ist eine lineare Differentialgleichung zweiter Ordnung mit gegebenen Anfangswerten. Ihre eindeutig bestimmte Lösung ist

$$\alpha_j(t) = (u_0, \varphi_j) \cos \sqrt{\lambda_j}\, t + \frac{1}{\sqrt{\lambda_j}} (u_1, \varphi_j) \sin \sqrt{\lambda_j} t$$

$$+ \frac{1}{\sqrt{\lambda_j}} \int\limits_0^t (f, \varphi_j) \sin \sqrt{\lambda_j} (t - \tau)\, d\tau \qquad (12)$$

mit $(f, \varphi_j) = \int\limits_l^m f(x, \tau)\, \varphi_j(x)\, k(x)\, dx$.

Beachten wir wieder, daß bei festem t $u(x, t) \in \mathfrak{A}$ gilt, so kann der Entwicklungssatz

$$u(x, t) = \sum_{j=1}^\infty a_j \varphi_j(x) \quad \text{mit} \quad a_j = (u, \varphi_j) \qquad (13)$$

verwendet werden. Diese Reihe konvergiert absolut und gleichmäßig in $l \leq x \leq m$. Wegen (8) gilt $a_j = \alpha_j$, und die $\alpha_j(t)$ sind eindeutig berechnet. Die weiteren Folgerungen ergeben sich wie in 2.1.

Der formale Formelapparat in 2.1 und 2.2 bleibt wörtlich erhalten, wenn man für $A u$ den STURM-LIOUVILLEschen Operator im $\mathfrak{R}_n$ aus II.2.3 benutzt und die Randbedingungen durch

$$R u + \sigma(x)\, u = 0 \quad \text{mit} \quad R u = \sum_{i,j=1}^n p_{ij}(x)\, u_{x_j} \nu_i(x) \quad \text{oder} \quad u = 0 \quad \text{für} \quad x \in \partial G$$

ersetzt.

2.3 Greensche Funktion bei Anfangs-Randwertproblemen

Bei dem Anfangs-Randwertproblem aus 2.1: $A u + \ddot{u} = f$; $R_1 u = 0$, $R_2 u = 0$; $u(x, 0) = u_0(x)$ führen wir eine *Greensche Funktion* durch

$$g(x, y; t) = \sum_{j=1}^\infty e^{-\lambda_j t} \varphi_j(x) \varphi_j(y); \quad l \leq x, y \leq m, \quad 0 < t < \infty \qquad (1)$$

ein. Man kann zeigen, daß diese Reihe in $l \leq x, y \leq m$, $0 < t_0 \leq t < \infty$ gleichmäßig konvergent ist. Offensichtlich ist $g(x, y; t)$ symmetrisch in x, y, also:

$$g(x, y; t) = g(y, x; t). \qquad (2)$$

Die Formel (9) aus 2.1 für die Lösung erscheint dann in der Form

$$u(x, t) = \int\limits_l^m g(x, y; t) u_0(y)\, k(y)\, dy + \int\limits_0^t \left\{ \int\limits_l^m g(x, y; t - \tau)\, f(y, \tau)\, k(y)\, dy \right\} d\tau. \qquad (3)$$

wobei die Vertauschung von Summe und Integral hier nicht weiter untersucht werden soll.

Auch bei dem Anfangs-Randwertproblem aus 2.2: $Au + \ddot{u} = f$; $R_1 u = 0$, $R_2 u = 0$; $u(x, 0) = u_0(x)$, $\dot{u}(x, 0) = u_1(x)$ führen wir eine *Greensche Funktion* durch

$$g(x, y; t) = \sum_{j=1}^{\infty} \frac{\sin \sqrt{\lambda_j}\, t}{\sqrt{\lambda_j}}\, \varphi_j(x)\, \varphi_j(y) \tag{4}$$

ein[1]. Es ist wieder $g(x, y; t) = g(y, x; t)$. Mit (4) ergibt die Formel (5) aus 2.2

$$u(x, t) = \int_l^m g(x, y; t)\, u_1(y)\, k(y)\, dy + \int_l^m g_t(x, y; t)\, u_0(y)\, k(y)\, dy$$

$$+ \int_0^t \left\{ \int_l^m g(x, y; t - \tau) f(y, \tau)\, k(y)\, dy \right\} d\tau. \tag{5}$$

Die Vertauschung von Summe und Integral soll hier nicht weiter untersucht werden.

Es sind diese GREENschen Funktionen, denen bei physikalischen Problemstellungen eine ausgezeichnete Deutung und Bedeutung zukommt.

Die physikalische Deutung des Anfangs-Randwertproblems:

$$\left. \begin{aligned} -u'' + \dot{u} &= 0 \quad \text{in}\ \ l \leq x \leq m,\ 0 < t < \infty; \\ u(l, t) &= u(m, t) = 0 \quad \text{in}\ \ 0 < t < \infty; \\ u(x, 0) &= u_0(x) \quad \text{in}\ \ l \leq x \leq m \end{aligned} \right\} \tag{6}$$

ist die folgende: Betrachtet man einen homogenen Stab der Länge $m - l$, der wärmeisoliert und hinreichend dünn ist, so daß zu einem beliebigen Zeitpunkt die Temperatur in allen Punkten eines Querschnittes als gleich angesehen werden kann. Zur Zeit $t = 0$ herrsche im Stab die Temperaturverteilung $u_0(x)$, während die Stabenden für alle späteren Zeiten $0 < t < \infty$ auf der Temperatur Null gehalten werden sollen. Ist $u(x, t)$ die Lösung des obigen Anfangs-Randwertproblems, so kann $u(x, t)$ als die Temperatur jenes Stabes an der Stelle x zur Zeit t gedeutet werden.

Wir betrachten nun zur Zeit $t = 0$ die spezielle Temperaturverteilung

$$u(x, 0) = u_0(x) = \delta_\varepsilon(x - z) = \begin{cases} 0 & \text{in}\ \ l \leq x \leq z - \varepsilon \\ \dfrac{1}{\varepsilon} + \dfrac{1}{\varepsilon^2}\,(x - z) & \text{in}\ \ z - \varepsilon \leq x \leq z \\ \dfrac{1}{\varepsilon} - \dfrac{1}{\varepsilon^2}\,(x - z) & \text{in}\ \ z \leq x \leq z + \varepsilon \\ 0 & \text{in}\ \ z + \varepsilon \leq x \leq m. \end{cases} \tag{7}$$

Dabei ist $\varepsilon > 0$ eine hinreichend kleine positive Zahl, nämlich so klein, daß mit $l < z < m$ auch $l < z - \varepsilon < z + \varepsilon < m$ gilt. Ferner ist

$$\int_l^m u_0(x)\, dx = \int_l^m \delta_\varepsilon(x - z)\, dx = 1 \quad \text{für jedes solche}\quad \varepsilon > 0. \tag{8}$$

---

[1] Gegebenenfalls hat man die Setzungen (6), (7) aus 2.2 zu benutzen.

Deshalb stellt $\delta_\varepsilon\,(x-z)$ für sehr kleines $\varepsilon > 0$ ungefähr die Temperaturverteilung eines Wärmepols dar, der an der Stelle $x = z$ liegt und die Intensität 1 hat. Sei $u_\varepsilon(x, t) \in \widetilde{\mathfrak{A}}_t$ die Lösung des Problems (6) mit der Temperaturverteilung (7), so ergibt (3) die Darstellung

$$u_\varepsilon(x, t) = \int\limits_l^m g(x, y; t)\, u_0(y)\, dy = \int\limits_l^m g(x, y; t)\, \delta_\varepsilon(y - z)\, dy$$

$$= \int\limits_{z-\varepsilon}^{z+\varepsilon} g(x, y; t)\, \delta_\varepsilon\,(y - z)\, dy = g(x, z + \Theta\varepsilon; t) \tag{9}$$

für jedes hinreichend kleine $\varepsilon > 0$ mit $|\Theta| \leq 1$. Deshalb kann $u(x, t) = g(x, z; t)$ als die Temperaturverteilung im Stabe an der Stelle x zur Zeit t gedeutet werden, die sich ergibt, wenn sich zur Zeit $t = 0$ an der Stelle $x = z$ ein Wärmepol von der Intensität 1 befunden hat und die Stabränder für alle Zeiten $0 < t < \infty$ auf der Temperatur Null gehalten werden.

Die physikalische Deutung des Anfangs-Randwertproblems:

$$\left.\begin{array}{l} -u'' + \ddot{u} = 0 \quad \text{in} \quad l \leq x \leq m, \quad 0 < t < \infty; \\[1mm] u(l, t) = u(m, t) = 0 \quad \text{in} \quad 0 < t < \infty; \\[1mm] u(x, 0) = u_0(x), \quad \dot{u}(x, 0) = u_1(x) \quad \text{in} \quad l \leq x \leq m \end{array}\right\} \tag{10}$$

ist die folgende: Eine homogene, vorgespannte Klaviersaite fülle in der Ruhelage das Kontinuum $l \leq x \leq m$ der x-Achse aus. Querausdehnungen werden dabei vernachlässigt. In den Punkten $x = l$ und $x = m$ sei die Saite fest eingespannt. Ist $u(x, t)$ die Lösung des Problems (10), so kann $u(x, t)$ als Auslenkung der Saite an der Stelle x zur Zeit t gedeutet werden, wenn zur Zeit $t = 0$ die Auslenkung $u_0(x)$ und die Geschwindigkeit der Saitenpunkte $u_1(x)$ betragen hat. Wird die Saite zur Zeit $t = 0$ von einem sehr schmalen und sehr starren Hammer an der Stelle $x = z$ angeschlagen, so gilt annähernd

$$u_0(x) = 0, \qquad u_1(x) = \delta_\varepsilon(x - z). \tag{11}$$

Ist $u(x, t)$ eine Lösung von (10) mit (11), so gilt nach (5)

$$u(x, t) = \int\limits_l^m g(x, y; t)\, \delta_\varepsilon\,(y - z)\, dy = g(x, z + \Theta\varepsilon; t). \tag{12}$$

Deshalb kann $g(x, z; t)$ als die Auslenkung der Saite an der Stelle x zur Zeit t gedeutet werden, wenn die Saite zur Zeit $t = 0$ an der Stelle $x = z$ durch einen sehr schmalen und sehr starren Hammer mit der Intensität 1 (d. h. $\int\limits_l^m \delta_\varepsilon(x - z)\, dx = 1$) angeschlagen worden ist.

Wir haben in unseren Überlegungen nicht von dem sogenannten „Produktansatz" für die Lösung: $u(x, t) = v(x)\, w(t)$ Gebrauch gemacht. Ein solcher Ansatz, den man auch mit den Worten „Separation der Variablen" belegt, ist genau dann angemessen, wenn es sich dabei um physikalisch gleichwertige Variable handelt. In dieser Form haben wir einen solchen Ansatz in II.3.2 verwendet.

Aufgabe 1: Man stelle die Formel (5) aus 2.2 auf für

$$\left.\begin{array}{l} -u'' + \ddot{u} = 0; \quad 0 \leq x \leq m, \quad 0 < t < \infty; \quad u(0, t) = 0, \quad u(m, t) = 0; \\[2mm] u(x, 0) = 0, \quad u_t(x, 0) = \begin{cases} 0 & \text{für} \quad |x - x_0| > \varepsilon \\[1mm] u_1 = \text{const} & \text{für} \quad |x - x_0| \leq \varepsilon \end{cases} \end{array}\right\} \tag{13}$$

mit $\varepsilon > 0$ und $0 < x_0 - \varepsilon < x_0 + \varepsilon < m$. Dabei berechne man alle in (5) aus 2.2 auftretenden Größen wie λ_j und $\varphi_j(x)$.

(Physikalische Deutung: Schwingungen einer eingespannten Klaviersaite, die zur Zeit $t = 0$ von einem flachen, starren Hammer der Breite 2ε in $|x - x_0| \leq \varepsilon$ angeschlagen wird.)

Aufgabe 2: Man erledige die gleiche Fragestellung für

$$-u'' + \ddot{u} = 0; \quad 0 \leq x \leq m, \quad 0 < t < \infty; \quad u(0, t) = 0, \quad u(m, t) = 0; \left.\begin{array}{l} \\ \\ \\ \end{array}\right\}$$
$$u(x, 0) = 0, \quad u_t(x, 0) = \begin{cases} 0 & \text{für} \quad |x - x_0| \geq \varepsilon \\ c \, \cos \dfrac{\pi}{2} \dfrac{x - x_0}{\varepsilon} & \text{für} \quad |x_0 - x| \leq \varepsilon \end{cases} \tag{14}$$

mit $\varepsilon > 0$ und $0 < x_0 - \varepsilon < x_0 + \varepsilon < m$.

(Physikalische Deutung: Schwingungen einer eingespannten Klaviersaite, die zur Zeit $t = 0$ von einem starren, gewölbten Hammer der Breite 2ε in $|x - x_0| \leq \varepsilon$ angeschlagen wird.)

Aufgabe 3: Man erledige die gleiche Fragestellung für

$$-u'' + \ddot{u} = f(x, t); \quad 0 \leq x \leq m, \quad 0 < t < \infty; \left.\begin{array}{l} \\ \\ \end{array}\right\}$$
$$u(0, t) = 0, \quad u(m, t) = 0; \quad u(x, 0) = 0, \quad u_t(x, 0) = 0. \tag{15}$$

Dabei ist $f(x, t) = \begin{cases} f_0 \cos \left(\dfrac{\pi}{2} \dfrac{x - x_0}{\varepsilon} \right) \sin \dfrac{\pi t}{\delta} & \text{für} \quad |x - x_0| \leq \varepsilon, \quad 0 \leq t \leq \delta \\ 0 \text{ sonst} \end{cases}$

mit $\varepsilon > 0$ und $0 < x_0 - \varepsilon < x_0 + \varepsilon < m$ und $0 < \delta$.

(Physikalische Deutung: Ist der Hammer nicht ideal starr, so wird das Anschlagen durch die zeitlich veränderliche Kraft $f(x, t)$ bestimmt.)

Aufgabe 4: Von der Dirac-*Funktion* $\delta(x)$ verlangt man, daß

$$\int\limits_{-\infty}^{+\infty} f(x) \, \delta(x) \, dx = f(0) \tag{16}$$

gilt für alle in $-\infty < x < \infty$ stetigen Funktionen $f(x)$. Eine solche Funktion gibt es im Rahmen des klassischen Funktionsbegriffes nicht.

Man zeige, daß die Funktionen

$$\delta_\varepsilon(x) = \begin{cases} \dfrac{1}{2\varepsilon} & \text{für} \quad |x| \leq \varepsilon \\ 0 & \text{für} \quad |x| > \varepsilon, \end{cases} \qquad \delta_\varepsilon(x) = \begin{cases} \dfrac{1}{\varepsilon} + \dfrac{1}{\varepsilon^2} x & \text{für} \quad -\varepsilon \leq x \leq 0 \\ \dfrac{1}{\varepsilon} - \dfrac{1}{\varepsilon^2} x & \text{für} \quad 0 \leq x \leq \varepsilon, \\ 0 & \text{für} \quad |x| \geq \varepsilon \end{cases} \tag{17}$$

$$\delta_n(x) = \sqrt{\dfrac{n}{\pi}} \, e^{-nx^2} \tag{18}$$

für jedes $\varepsilon > 0$ bzw. für jedes $n > 0$ die „Dirac-Funktion" $\delta(x)$ in dem Sinne „approximieren", daß

$$\lim_{\varepsilon \to 0} \int\limits_{-\infty}^{+\infty} f(x) \, \delta_\varepsilon(x) \, dx = f(0) \qquad \text{bzw.} \qquad \lim_{n \to \infty} \int\limits_{-\infty}^{+\infty} f(x) \, \delta_n(x) \, dx = f(0) \tag{19}$$

gilt für alle in $-\infty < x < \infty$ beschränkten stetigen Funktionen $f(x)$.

Man vergleiche zu dieser Nummer A. N. Tychonoff — A. A. Samarski [*].

2.4 Existenzsätze für Anfangs-Randwertprobleme

Satz 1: *Das Anfangs-Randwertproblem*

$$\left.\begin{array}{c} Au + \dot{u} = 0 \quad \text{in} \quad l \leq x \leq m, \quad 0 < t < \infty; \\[4pt] R_1 u = 0, \quad R_2 u = 0 \quad \text{für} \quad 0 < t < \infty; \\[4pt] u(x, 0) = u_0(x) \quad \text{für} \quad l \leq x \leq m \end{array}\right\} \tag{1}$$

besitzt eine Lösung $u(x, t) \in \widetilde{\mathfrak{A}}_t$, *wenn*

$$\left.\begin{array}{l} \text{1. } p(x),\ p'(x),\ k(x),\ q(x),\ u_0(x),\ u_0'(x),\ u_0''(x) \in C^0(l \leq x \leq m)\ \text{ist}; \\[4pt] \text{2. } p(x) > 0,\ k(x) > 0 \ \text{in} \ l \leq x \leq m \ \text{gilt und} \\[4pt] \text{3. } u_0(x)\ \text{die Randbedingungen erfüllt, d. h. es gilt:} \end{array}\right\} \tag{2}$$

$$R_1 u_0 \equiv a_{11} u_0(l) + a_{12} u_0'(l) = 0, \quad R_2 u_0 \equiv a_{21} u_0(m) + a_{22} u_0'(m) = 0.$$

Beweis: Nach dem Satz 1 aus 2.1 wissen wir, daß es höchstens eine Lösung $u \in \widetilde{\mathfrak{A}}_t$ gibt. Ist u eine solche Lösung, so gestattet u die Darstellung

$$u(x, t) = \sum_{j=1}^{\infty} (u_0, \varphi_j)\, e^{-\lambda_j t} \varphi_j(x) . \tag{3}$$

Deshalb werden wir beweisen, daß die durch (3) gegebene Funktion $u \in \widetilde{\mathfrak{A}}_t$ ist und eine Lösung des Problems (1) darstellt.

Da $u_0(x) \in \mathfrak{A} = \{u(x) \mid u \in C^2(l \leq x \leq m);\ R_1 u = 0,\ R_2 u = 0\}$ gilt, ergibt der Entwicklungssatz für den STURM-LIOUVILLEschen Operator

$$u_0(x) = \sum_{j=1}^{\infty} (u_0, \varphi_j)\, \varphi_j(x), \tag{4}$$

wobei die Summe gleichmäßig absolut konvergent ist. Da nun $\lim_{j \to \infty} \lambda_j = \infty$ gilt, hat man für hinreichend große j die Abschätzung $e^{-\lambda_j t} \leq 1$ für $0 \leq t < \infty$. Deshalb ist die unendliche Reihe in (3) gleichmäßig absolut konvergent in $l \leq x \leq m$, $0 \leq t < \infty$. Somit gilt für dieses $u(x, t)$ aus (3): $u \in C^0(l \leq x \leq m,\ 0 \leq t < \infty)$, $u(x, 0) = u_0(x)$. Setzen wir $v_j(x, t) = (u_0, \varphi_j)\, e^{-\lambda_j t} \varphi_j(x)$, so folgt

$$A v_j = (u_0, \varphi_j)\, e^{-\lambda_j t} A \varphi_j = \lambda_j (u_0, \varphi_j)\, e^{-\lambda_j t} \varphi_j(x) = -\dot{v}_j, \tag{5}$$

so daß $A v_j + \dot{v}_j = 0$ gilt für $j = 1, 2, \ldots$. Somit erfüllt jeder Summand aus (3) die Gleichung $Au + \dot{u} = 0$. Um nachzuweisen, daß

$$u = \sum_{j=1}^{\infty} (u_0, \varphi_j)\, e^{-\lambda_j t} \varphi_j(x) \ \text{in} \ l \leq x \leq m,\ 0 < t < \infty$$

die Gleichung $Au + \dot{u} = 0$ erfüllt, ist somit zu zeigen, daß die Summe einmal gliedweise nach t und zweimal gliedweise nach x differenziert werden darf. Dazu genügt es wiederum zu zeigen, daß die Reihen

$$\sum_{j=1}^{\infty} -\lambda_j (u_0,\, \varphi_j)\, e^{-\lambda_j t}\, \varphi_j(x), \quad \sum_{j=1}^{\infty} (u_0,\, \varphi_j)\, e^{-\lambda_j t}\varphi_j'(x), \; \sum_{j=1}^{\infty} (u_0,\, \varphi_j)\, e^{-\lambda_j t}\, \varphi_j''(x) \quad (6)$$

in $l \leq x \leq m$, $0 < t_0 \leq t < \infty$ gleichmäßig konvergent sind für jede positive Zahl t_0. Weil nun $\lim\limits_{j \to \infty} \lambda_j = \infty$ gilt ergibt sich $\lim\limits_{j \to \infty} \lambda_j e^{-\lambda_j t} = 0$ für $0 < t_0 \leq t < \infty$ und für hinreichend großes j ist $\lambda_j e^{-\lambda_j t} \leq \lambda_j e^{-\lambda_j t_0}$. Deshalb hat man für hinreichend großes j $\lambda_j e^{-\lambda_j t} \leq 1$ für $0 < t_0 \leq t < \infty$. Somit ist sogar die gleichmäßige absolute Konvergenz der ersten Reihe gezeigt. Nehmen wir für das Weitere an, daß $\lambda = 0$ nicht Eigenwert ist — wie man sich von dieser Annahme befreien kann ist in 1.6 dargetan worden —, so folgt aus $A\varphi_j = \lambda_j \varphi_j$ auch die Darstellung $\varphi_j = \lambda_j A^{-1} \varphi_j$, die sich mit Satz 4 aus II.1.2 so schreiben läßt

$$\varphi_j(x) = \lambda_j \int\limits_l^m g(x,\, y;\, 0)\, \varphi_j(y)\, k(y)\, dy, \qquad (7)$$

$$g(x,\, y;\, 0) = \begin{cases} -\dfrac{u_2(x)\, u_1(y)}{p(l)\, W(l)} & \text{für} \quad l \leq y \leq x \leq m \\[2ex] -\dfrac{u_1(x)\, u_2(y)}{p(l)\, W(l)} & \text{für} \quad l \leq x \leq y \leq m \end{cases} \qquad . \qquad (8)$$

Dabei ist nach II.1.2 $u_1(x)$, $u_2(x)$ ein Fundamentalsystem von $Au = 0$ mit $R_1 u_1 = 0$, $R_2 u_2 = 0$. $W(l)$ ist die WRONSKI-Determinante an der Stelle l gebildet. Schreibt man (7) mit (8) aus, so hat man

$$\left. \begin{aligned} \varphi_j(x) &= -\frac{\lambda_j u_2(x)}{p(l)\, W(l)} \int\limits_l^x u_1(y)\, \varphi_j(y)\, k(y)\, dy \\[1.5ex] &\quad - \frac{\lambda_j u_1(x)}{p(l)\, W(l)} \int\limits_x^m u_2(y)\, \varphi_j(y)\, k(y)\, dy, \\[2ex] \varphi_j'(x) &= -\frac{\lambda_j u_2'(x)}{p(l)\, W(l)} \int\limits_l^x u_1(y)\, \varphi_j(y)\, k(y)\, dy \\[1.5ex] &\quad - \frac{\lambda_j u_1'(x)}{p(l)\, W(l)} \int\limits_x^m u_2(y)\, \varphi_j(y)\, k(y)\, dy, \end{aligned} \right\} \qquad (9)$$

$$(u_0, \varphi_j)\, e^{-\lambda_j t}\, \varphi_j'(x) = -\,\frac{u_2'(x)}{p(l)\, W(l)} \int_l^x u_1(y)\, \lambda_j (u_0, \varphi_j)\, e^{-\lambda_j t}\, \varphi_j(y)\, k(y)\, dy$$

$$-\,\frac{u_1'(x)}{p(l)\, W(l)} \int_x^m u_2(y)\, \lambda_j (u_0, \varphi_j)\, e^{-\lambda_j t}\, \varphi_j(y)\, k(y)\, dy. \tag{10}$$

Beachtet man, daß man von der ersten Reihe in (6) die gleichmäßige absolute Konvergenz in $l \leq x \leq m$, $0 < t_0 \leq t < \infty$ schon nachgewiesen hat, so folgt die gleichmäßige absolute Konvergenz von

$$\sum_{j=1}^\infty u_\sigma(y)\, \lambda_j (u, \varphi_j)\, e^{-\lambda_j t}\, \varphi_j(y)\, k(y), \quad \sigma = 1,2 \tag{11}$$

in $l \leq x, y \leq m$, $0 < t_0 \leq t < \infty$ und mit (10) die gleichmäßige absolute Konvergenz der zweiten Reihe in (6) für $l \leq x \leq m$, $0 < t_0 \leq\, \leq t < \infty$.

Schließlich ist $A\,\varphi_j = \lambda_j \varphi_j$ und damit

$$\varphi_j''(x) = \frac{1}{p(x)} \left\{ -\, p'(x)\varphi_j'(x) + q(x)\, \varphi_j(x) - \lambda_j k(x)\, \varphi_j(x) \right\}, \tag{12}$$

$$(u_0, \varphi_j)\, e^{-\lambda_j t}\, \varphi_j''(x) = \frac{1}{p(x)} \left\{ -p'(x)(u_0, \varphi_j)\, e^{-\lambda_j t}\, \varphi_j'(x) \right. \tag{13}$$

$$\left. +\, q(x)\, (u_0, \varphi_j)\, e^{-\lambda_j t}\, \varphi_j(x) - k(x)\, \lambda_j (u_0, \varphi_j)\, e^{-\lambda_j t}\varphi_j(x) \right\}.$$

Wegen der gleichmäßigen absoluten Konvergenz der ersten beiden Reihen in (6) folgt nun mit (13) endlich auch die gleichmäßige Konvergenz der letzten Reihe in (6) für $l \leq x \leq m$, $0 < t_0 \leq t < \infty$.

Somit ist gezeigt, daß die Funktion $u(x, t)$ aus (3) bis auf $R_1 u = 0$ und $R_2 u = 0$ die gewünschten Eigenschaften besitzt. Diese verbleibenden letzten Eigenschaften folgen aber wegen (6) so:

$$R_i u = \sum_{j=1}^\infty (u_0, \varphi_j)\, e^{-\lambda_j t} R_i \varphi_j(x) = 0 \quad \text{in} \quad 0 < t < \infty \tag{14}$$

für $i = 1, 2$, weil die Eigenfunktionen die Eigenschaft $R_i \varphi_j(x) = 0$ besitzen.

Satz 2: *Das Anfangs-Randwertproblem*

$$\left. \begin{array}{l} A\,u + \ddot{u} = 0 \quad in \quad l \leq x \leq m,\; 0 < t < \infty; \\[4pt] R_1 u = 0,\; R_2 u = 0 \quad f\ddot{u}r\; 0 < t < \infty; \\[4pt] u(x, 0) = u_0(x),\; \dot{u}(x, 0) = u_1(x)\; f\ddot{u}r\; l \leq x \leq m \end{array} \right\} \tag{15}$$

besitzt eine Lösung $u(x, t) \in \hat{\mathfrak{A}}_t$, *wenn*

$$\left.\begin{array}{l} \textit{1. } p(x),\ p'(x),\ k(x),\ q(x) \in C^0(l \leq x \leq m)\ \textit{ist}; \\[4pt] \textit{2. } p(x) > 0,\ k(x) > 0\ \textit{in}\ l \leq x \leq m\ \textit{gilt und} \\[4pt] \textit{3. } u_0(x) \in \mathfrak{A},\ A u_0 \in \mathfrak{A},\ u_1(x) \in \mathfrak{A},\ A u_1 \in \mathfrak{A}\ \textit{gilt}. \end{array}\right\} \qquad (16)$$

Beweis: Nach dem Satz aus 2.2 wissen wir, daß es höchstens eine Lösung $u \in \hat{\mathfrak{A}}_t$ des obigen Anfangs-Randwertproblems gibt. Ist u eine solche Lösung, so gilt die Darstellung[1]

$$u(x, t) = \sum_{j=1}^{\infty} \left\{ (u_0, \varphi_j) \cos \sqrt{\lambda_j}\, t + \frac{1}{\sqrt{\lambda_j}} (u_1, \varphi_j) \sin \sqrt{\lambda_j}\, t \right\} \varphi_j(x) . \qquad (17)$$

Wir werden deshalb nachweisen, daß die durch (17) definierte Funktion die gewünschten Eigenschaften besitzt. Zunächst ist die Reihe (17) in $l \leq x \leq m$, $0 \leq t < \infty$ gleichmäßig absolut konvergent, weil

$$\left| \cos \sqrt{\lambda_j}\, t \right| \leq 1, \quad \left| \sin \sqrt{\lambda_j}\, t \right| \leq 1$$

und $\lim\limits_{j \to \infty} \lambda_j = \infty$ gilt und für jede Funktion $v(x) \in \mathfrak{A}$ der Entwicklungssatz

$$v(x) = \sum_{j=1}^{\infty} (v, \varphi_j)\, \varphi_j(x) \qquad (18)$$

besteht mit gleichmäßig absolut konvergenter Reihe in $l \leq x \leq m$. Somit ist $u(x, t) \in C^0(l \leq x \leq m, 0 \leq t < \infty)$ und $u(x, 0) = u_0(x)$ schon nachgewiesen. Bezeichnen wir den j-ten Summanden in (17): $\{ \ldots \} \varphi_j(x)$ mit $v_j(x, t)$, so stellt man sofort fest, daß $A v_j + \ddot{v}_j = 0$ gilt für $j = 1, 2, \ldots$. Um nachzuweisen, daß (17) in $l \leq x \leq m$, $0 \leq t < \infty$ die Gleichung $A u + \ddot{u} = 0$ erfüllt, muß gezeigt werden, daß die unendliche Reihe zweimal gliedweise nach x und nach t differenziert werden darf. Weil das Konvergenzverhalten von $\sum\limits_{j=1}^{\infty} \left\{ \frac{1}{\sqrt{\lambda_j}} (u_1, \varphi_j) \sin \sqrt{\lambda_j}\, t \right\} \varphi_j(x)$ wegen $\lim\limits_{j \to \infty} \lambda_j = \infty$ besser ist als das Konvergenzverhalten von

$$\sum_{j=1}^{\infty} \left\{ (u_0, \varphi_j) \cos \sqrt{\lambda_j}\, t \right\} \varphi_j(x),$$

genügt es, zu zeigen, daß

$$\sum_{j=1}^{\infty} \lambda_j (u_0, \varphi_j)\, \varphi_j(x), \quad \sum_{j=1}^{\infty} (u_0, \varphi_j)\, \varphi_j'(x), \quad \sum_{j=1}^{\infty} (u_0, \varphi_j)\, \varphi_j''(x) \qquad (19)$$

---

[1] Gegebenenfalls hat man die Setzungen (6), (7) aus 2.2 zu benutzen.

in $l \leq x \leq m$ gleichmäßig absolut konvergent sind. Für die erste Reihe folgt dies so: Es ist $\lambda_j(u_0, \varphi_j) = (u_0, \lambda_j\varphi_j) = (u_0, A\varphi_j) = (Au_0, \varphi_j)$. Setzt man $v = Au_0$, so folgt nach Voraussetzung $v \in \mathfrak{A}$, und der Entwicklungssatz liefert die gleichmäßige absolute Konvergenz von

$$v = Au_0 = \sum_{j=1}^{\infty} (Au_0, \varphi_j)\, \varphi_j(x) = \sum_{j=1}^{\infty} (u_0, \lambda_j\varphi_j)\, \varphi_j(x)$$

$$= \sum_{j=1}^{\infty} \lambda_j(u_0, \varphi_j)\, \varphi_j(x). \tag{20}$$

Die gleichmäßige absolute Konvergenz der zweiten Reihe in (19) ergibt sich mit (9) aus der Darstellung — dabei hat man wieder ohne Beschränkung der Allgemeinheit angenommen, daß $\lambda = 0$ nicht Eigenwert von A in $\mathfrak{A}$ ist —

$$(u_0, \varphi_j)\, \varphi_j'(x) = -\frac{u_2'(x)}{p(l)\,W(l)} \int_l^x u_1(y)\, \lambda_j(u_0, \varphi_j)\, \varphi_j(y)\, k(y)\, dy$$

$$-\frac{u_1'(x)}{p(l)\,W(l)} \int_x^m u_2(y)\, \lambda_j(u_0, \varphi_j)\, \varphi_j(y)\, k(y)\, dy, \tag{21}$$

die gleichmäßige absolute Konvergenz der dritten Reihe in (19) aus (12):

$$(u_0, \varphi_j)\varphi_j'' = \frac{1}{p}\{-p'(u_0, \varphi_j)\, \varphi_j'(x) + q(u_0, \varphi_j)\, \varphi_j(x) - k\lambda_j(u_0, \varphi_j)\, \varphi_j(x)\}. \tag{22}$$

Damit ist sogar u'', $\ddot{u} \in C^0(l \leq x \leq m, 0 \leq t < \infty)$ nachgewiesen. Es ist klar, daß mit (17) weiter $\dot{u}(x, 0) = u_1(x)$ und $R_1 u = 0$, $R_2 u = 0$ sogar in $0 \leq t < \infty$ gilt.

Bemerkung: Würde man in einer sorgfältigeren Beweisführung das bessere Konvergenzverhalten des zweiten Bestandteils in (17) ausnutzen, so käme man mit den Voraussetzungen $u_0, u_1 \in \mathfrak{A}$, $Au_0 \in \mathfrak{A}$ aus. Man hätte auch bei etwas mehr Aufwand die allgemeineren Randbedingungen aus II.2.2 verwenden können.

Solche und allgemeinere Existenzsätze für Anfangs-Randwertprobleme findet man bei B. Sz. Nagy [1], I. G. Petrowski [*] und bei W. I. Smirnow [*]. Für sehr allgemeine Randbedingungen mit zeitlichen Ableitungen bei Verwendung der Laplace-Transformation siehe u. a. G. Hellwig [2].

IV. Spektraltheorie selbstadjungierter Operatoren

1. Vorbereitungen

1.1 Neufassung des Entwicklungssatzes für vollstetige und symmetrische Operatoren

Es sei A in $\mathfrak{H}$ vollstetig und symmetrisch und $A \neq$ Nulloperator. Zur Bequemlichkeit nehmen wir noch an, daß $\lambda = 0$ nicht Eigenwert von A in $\mathfrak{H}$ ist. Wegen der Vollstetigkeit ist dann A in $\mathfrak{H}$ beschränkt: $\|A u\| \leq \|A\| \, \|u\|$, und nach Satz 2 aus III.1.2 gilt

$$- \|A\| \, (u, u) \leq (A u, u) \leq \|A\| \, (u, u). \tag{1}$$

$\lambda_1, \lambda_2, \ldots$ seien die Eigenwerte von A in $\mathfrak{H}$ und $\varphi_1, \varphi_2, \ldots$ mit $\|\varphi_j\| = 1$ und $(\varphi_i, \varphi_j) = \delta_{i,j}$ die dazugehörigen Eigenelemente. Aus (1) folgt dann

$$- \|A\| = - \|A\| \, (\varphi_j, \varphi_j) \leq (A \varphi_j, \varphi_j) = \lambda_j \leq \|A\| \, (\varphi_j, \varphi_j) = \|A\|. \tag{2}$$

Wir verschlechtern die Ungleichung (1), indem wir zwei Zahlen a, b so wählen, daß $a < - \|A\|$ und $b > \|A\|$ gilt. Dann hat man

$$a < \lambda_j < b \qquad \text{mit} \qquad j = 1, 2, \ldots \tag{3}$$

zur Verfügung.

Weil nach Satz 5 aus III.1.2 $\varphi_1, \varphi_2, \ldots$ vollständig in $\mathfrak{H}$ ist, hat man für jedes $u \in \mathfrak{H}$ die Darstellung

$$u = \sum_j a_j \varphi_j \qquad \text{mit} \qquad a_j = (u, \varphi_j). \tag{4}$$

Der Entwicklungssatz aus III.1.2 liefert schließlich

$$A u = \sum_j (A u, \varphi_j) \varphi_j = \sum_j (u, A \varphi_j) \varphi_j = \sum_j \lambda_j a_j \varphi_j. \tag{5}$$

Während die Eigenwerte eindeutig durch A festgelegt sind, trifft dies für die Eigenelemente nicht zu. Ist nämlich φ_j Eigenelement zum Eigenwert λ_j, so kann man anstelle von φ_j auch $\tilde{\varphi}_j = e^{i\alpha} \varphi_j$ mit $0 \leq \alpha < 2\pi$ als Eigenelement verwenden.

Diese Situation wird sehr viel deutlicher, wenn etwa λ_σ ein mehrfacher Eigenwert ist. Gehören zu λ_σ die Eigenelemente $\varphi_\sigma, \psi_\sigma$ mit $\|\varphi_\sigma\| = \|\psi_\sigma\| = 1$, $(\varphi_\sigma, \psi_\sigma) = 0$, so kann man anstelle von $\varphi_\sigma, \psi_\sigma$ auch die Eigenelemente $\tilde{\varphi}_\sigma, \tilde{\psi}_\sigma$ verwenden, die aus $\varphi_\sigma, \psi_\sigma$ durch eine beliebige unitäre Transformation

$$\begin{pmatrix} \tilde{\varphi}_\sigma \\ \tilde{\psi}_\sigma \end{pmatrix} = \begin{pmatrix} \alpha & \beta \\ \gamma & \delta \end{pmatrix} \begin{pmatrix} \varphi_\sigma \\ \psi_\sigma \end{pmatrix} \qquad \text{mit} \qquad \begin{cases} |\alpha|^2 + |\beta|^2 = 1, \\ |\gamma|^2 + |\delta|^2 = 1, \\ \alpha \bar{\gamma} + \beta \bar{\delta} = 0 \end{cases} \tag{6}$$

hervorgehen. Man rechnet sofort nach, daß $\tilde{\varphi}_\sigma$, $\tilde{\psi}_\sigma$ wieder alle gewünschten Eigenschaften besitzen.

Man kann nun aber eine neue Fassung des Entwicklungssatzes so herstellen, daß sie durch A in $\mathfrak{H}$ eindeutig festgelegt ist. Diese neue Fassung hat den entscheidenden Vorteil, daß sie auch auf wesentlich allgemeinere nicht beschränkte Operatoren übertragbar ist.

Zu diesem Zwecke führen wir eine Schar von Operatoren: E_λ mit $-\infty < \lambda < \infty$ in $\mathfrak{H}$ ein durch die Festsetzung

$$E_\lambda u = \sum_{\lambda_j \leq \lambda} a_j \varphi_j = \sum_{\lambda_j \leq \lambda} (u, \varphi_j) \varphi_j \quad \text{mit} \quad u \in \mathfrak{H}. \tag{7}$$

Dabei ist in der Summe über die Anzahl der Eigenwerte λ_j zu summieren, die $\lambda_j \leq \lambda$ erfüllen, wobei jeder Eigenwert mit der entsprechenden Vielfachheit zu zählen ist. Diese E_λ besitzen ausgezeichnete Eigenschaften. Insbesondere ist E_λ der Nulloperator, wenn $\lambda \leq a$ ist. Ferner ist E_λ der Einheitsoperator E, wenn $\lambda \geq b$ ist. Deshalb nennt man diese Schar von Operatoren eine *Zerlegung der Einheit*.

Satz 1: *E_λ in $\mathfrak{H}$ sind lineare und symmetrische Operatoren.*

Beweis: Für beliebige komplexe Zahlen α, β und $u, v \in \mathfrak{H}$ hat man

$$E_\lambda(\alpha u + \beta v) = \sum_{\lambda_j \leq \lambda} (\alpha u + \beta v, \varphi_j) \varphi_j = \alpha \sum_{\lambda_j \leq \lambda} (u, \varphi_j) \varphi_j + \beta \sum_{\lambda_j \leq \lambda} (v, \varphi_j) \varphi_j$$

$$= \alpha E_\lambda u + \beta E_\lambda v.$$

$$(E_\lambda u, v) = \left(\sum_{\lambda_j \leq \lambda} (u, \varphi_j) \varphi_j, \ v \right) = \left(\sum_{\lambda_j \leq \lambda} (u, \varphi_j) \varphi_j, \ \sum_j (v, \varphi_j) \varphi_j \right)$$

$$= \left(\sum_{\lambda_j \leq \lambda} (u, \varphi_j) \varphi_j, \sum_{\lambda_j \leq \lambda} (v, \varphi_j) \varphi_j + \sum_{\lambda_j > \lambda} (v, \varphi_j) \varphi_j \right)$$

$$= \left(\sum_{\lambda_j \leq \lambda} (u, \varphi_j) \varphi_j, \sum_{\lambda_j \leq \lambda} (v, \varphi_j) \varphi_j \right),$$

weil die Eigenwerte $\lambda_j > \lambda$ zu Eigenelementen gehören, die auf denen, die zu den Eigenwerten $\lambda_j \leq \lambda$ gehören, orthogonal sind. Aus gleichem Grunde hat man weiter

$$= \left(\sum_{\lambda_j \leq \lambda} (u, \varphi_j) \varphi_j + \sum_{\lambda_j > \lambda} (u, \varphi_j) \varphi_j, \sum_{\lambda_j \leq \lambda} (v, \varphi_j) \varphi_j \right)$$

$$= \left(\sum_j (u, \varphi_j) \varphi_j, \ \sum_{\lambda_j \leq \lambda} (v, \varphi_j) \varphi_j \right) = (u, E_\lambda v).$$

Satz 2: *$E_\lambda E_\lambda u = E_\lambda u$ für alle $u \in \mathfrak{H}$.*

Beweis: $E_\lambda E_\lambda u = E_\lambda(E_\lambda u) = \sum_{\lambda_j \leq \lambda} (E_\lambda u, \varphi_j) \varphi_j$

$$= \sum_{\lambda_j \leq \lambda} (u, E_\lambda \varphi_j) \varphi_j.$$

Nun ist $E_\lambda \varphi_j = \sum_{\lambda_i \leq \lambda} (\varphi_j, \varphi_i) \varphi_i = \sum_{\lambda_i \leq \lambda} \delta_{j,i} \varphi_i = \varphi_j$, weil $\lambda_j \leq \lambda$ gilt. Somit ist $E_\lambda E_\lambda u = \sum_{\lambda_j \leq \lambda} (u, \varphi_j) \varphi_j = E_\lambda u$ gezeigt.

Aufgabe 1: $E_\lambda E_\mu u = E_{\min\{\lambda,\mu\}} u$.

Satz 3: $E_\lambda u$ *ist unabhängig von der Auswahl der Eigenelemente.*

Beweis: Dazu betrachten wir die in $E_\lambda u$ auftretenden Summanden. Ist λ_1 ein einfacher Eigenwert und φ_1 ein dazugehöriges Eigenelement und $\tilde\varphi_1 = e^{i\alpha}\varphi_1$, so hat man

$$(u,\tilde\varphi_1)\tilde\varphi_1 = (u, e^{i\alpha}\varphi_1)\, e^{i\alpha}\varphi_1 = (u,\varphi_1)\varphi_1.$$

Sei λ_1 ein l-facher Eigenwert: $\lambda_1 = \lambda_2 = \cdots = \lambda_l$ und $\varphi_1, \varphi_2, \ldots, \varphi_l$ dazugehörige Eigenelemente. Ist $c_{j\varrho}\,(j, \varrho = 1, \ldots, l)$ eine beliebige unitäre Matrix (d. h. $\sum_{j=1}^{l} \overline{c_{j\varrho}}\, c_{j\mu} = \delta_{\varrho,\mu}$), so sind auch $\tilde\varphi_j = \sum_{\varrho=1}^{l} c_{j\varrho}\varphi_\varrho$, $j = 1, \ldots, l$ zulässige Eigenelemente, und jedes System zulässiger Eigenelemente läßt sich in dieser Form darstellen. Man findet

$$\sum_{j=1}^{l} (u,\tilde\varphi_j)\,\tilde\varphi_j = \sum_{j=1}^{l}\left(u, \sum_{\varrho=1}^{l} c_{j\varrho}\,\varphi_\varrho\right) \sum_{\mu=1}^{l} c_{j\mu}\varphi_\mu$$

$$= \sum_{j,\varrho,\mu=1}^{l} \overline{c_{j\varrho}}\, c_{j\mu}\,(u,\varphi_\varrho)\varphi_\mu = \sum_{\varrho=1}^{l} (u,\varphi_\varrho)\varphi_\varrho.$$

Damit ist alles bewiesen.

Von besonderer Bedeutung ist die für jedes $u \in \mathfrak{H}$ erklärte Funktion $\varrho(\lambda) = (E_\lambda u, u)$.

Satz 4: $\varrho(\lambda)$ *ist in* $-\infty < \lambda < \infty$ *monoton wachsend (Konstantbleiben ist zugelassen) und rechtsstetig, d. h.* $\lim\limits_{\substack{\lambda\to\lambda_0 \\ \lambda>\lambda_0}} \varrho(\lambda) = \varrho(\lambda_0)$ *für jedes* λ_0 *aus* $-\infty < \lambda_0 < \infty$. *Ferner ist* $\varrho(\lambda) = 0$ *für* $\lambda \le a$ *und* $\varrho(\lambda) = (u, u)$ *für* $\lambda \ge b$.

Beweis: Aus der Darstellung

$$\varrho(\lambda) = (E_\lambda u, u) = \left(\sum_{\lambda_j \le \lambda} (u,\varphi_j)\varphi_j,\ \sum_j (u,\varphi_j)\varphi_j\right)$$

$$= \sum_{\lambda_j \le \lambda} |(u,\varphi_j)|^2 \tag{8}$$

liest man die Behauptungen ab. Insbesondere ist für $\mu \ge \lambda$

$$\varrho(\mu) - \varrho(\lambda) = \sum_{\lambda < \lambda_j \le \mu} |(u,\varphi_j)|^2 \ge 0. \tag{9}$$

Aus der Darstellung (8) entnimmt man, daß $\varrho(\lambda)$ in $-\infty < \lambda < \infty$ sogar eine Treppenfunktion ist, die höchstens abzählbar unendlich viele Sprungstellen besitzt, sonst aber konstant ist. Die Eigenwerte von A in $\mathfrak{H}$ können aus $\varrho(\lambda)$ bequem abgelesen werden. Sie liegen genau an den Stellen, an denen $\varrho(\lambda)$ für mindestens ein Element $u \in \mathfrak{H}$ springt.

Weil die Darstellung solcher Treppenfunktionen durch ein STIELTJES-Integral besonders einfach ist, werden wir die neue Fassung des Entwicklungssatzes durch ein solches Integral versuchen.

Es sei $a \leq x \leq b$ ein abgeschlossenes Intervall der x-Achse. Unter einer Zerlegung $\mathfrak{z}$ des Intervalles verstehen wir eine Menge von Zahlen $x_0, x_1, \ldots, x_n$ mit

$$a = x_0 < x_1 < x_2 < \cdots < x_{n-1} < x_n = b. \tag{10}$$

Durch diese $n+1$ Punkte wird das Intervall $a \leq x \leq b$ in n Teilintervalle zerlegt: $x_0 \leq x \leq x_1, \ldots, x_{n-1} \leq x \leq x_n$. Dabei hängt die Anzahl der Teilintervalle n wie auch die Lage der Endpunkte der Teilintervalle von der Zerlegung $\mathfrak{z}$ ab, so daß man genauer

$$n^{(\mathfrak{z})}; \quad a = x_0^{(\mathfrak{z})} < x_1^{(\mathfrak{z})} < \cdots < x_{n-1}^{(\mathfrak{z})} < x_n^{(\mathfrak{z})} = b \tag{11}$$

schreiben müßte. Wir wollen jedoch diese schwerfällige Bezeichnung nicht verwenden.

Unter dem Feinheitsmaß $[\mathfrak{z}]$ einer solchen Zerlegung $\mathfrak{z}$ verstehen wir die Länge des längsten Teilintervalles:

$$[\mathfrak{z}] = \max \{x_1 - x_0, x_2 - x_1, \ldots, x_n - x_{n-1}\}. \tag{12}$$

$f(x), g(x)$ seien zwei auf $a \leq x \leq b$ gegebene, eindeutige Funktionen. Existiert der Grenzwert

$$\lim_{[\mathfrak{z}] \to 0} Z_{\mathfrak{z}} = I \quad \text{mit} \quad Z_{\mathfrak{z}} = \sum_{k=1}^{n} f(\xi_k) \{g(x_k) - g(x_{k-1})\}, \tag{13}$$

$x_{k-1} \leq \xi_k \leq x_k$, und hat er bei jeder zugelassenen Wahl von ξ_k den gleichen Wert, so heißt die Zahl I das STIELTJES-Integral von $f(x)$ bezüglich $g(x)$*, und man schreibt $I = \int\limits_a^b f(x)\,dg(x)$. $\lim\limits_{[\mathfrak{z}] \to 0} Z_{\mathfrak{z}} = I$ bedeutet: Zu jedem $\varepsilon > 0$ gibt es eine Zahl $\delta(\varepsilon) > 0$ so, daß $|Z_{\mathfrak{z}} - I| < \varepsilon$ ist für alle Zerlegungen $\mathfrak{z}$ mit Feinheitsmaß $[\mathfrak{z}] < \delta(\varepsilon)$ und jede zulässige Wahl von ξ_k.

Bekanntlich existiert $\int\limits_a^b f(x)\,dg(x)$, falls $f(x)$ in $a \leq x \leq b$ stetig und $g(x)$ monoton oder von beschränkter Variation ist.

Wir erklären $\int\limits_{-\infty}^{+\infty} f(x)\,dg(x) = \lim\limits_{b \to \infty} \lim\limits_{a \to -\infty} \int\limits_a^b f(x)\,dg(x)$, falls beide Limites (natürlich unabhängig voneinander) existieren.

Satz 5: *Für jedes $u \in \mathfrak{H}$ gilt die Darstellung*

$$(Au, u) = \int\limits_a^b \lambda\,d\varrho(\lambda) = \int\limits_a^b \lambda\,d(E_\lambda u, u), \tag{14}$$

wofür wir auch $Au = \int\limits_a^b \lambda\,dE_\lambda u$ *oder noch kürzer* $A = \int\limits_a^b \lambda\,dE_\lambda$ *schreiben wollen.*

---

* $f(x)$ heißt dabei Integrand und $g(x)$ Integrator.

9*

Beweis: Man hat mit dem Entwicklungssatz

$$(A u, u) = \left(\sum_j \lambda_j (u, \varphi_j) \varphi_j, \ \sum_k (u, \varphi_k) \varphi_k \right)$$

$$= \sum_j \lambda_j (u, \varphi_j) \ \overline{(u, \varphi_j)} = \sum_j \lambda_j \, |(u, \varphi_j)|^2. \tag{15}$$

Es ist $\varrho(\lambda) = (E_\lambda u, u) = \sum_{\lambda_j \leq \lambda} |(u, \varphi_j)|^2$ in λ monoton wachsend. Deshalb existiert $\int\limits_a^b \lambda \, d\varrho(\lambda) = \int\limits_a^b \lambda \, d(E_\lambda u, u)$. Ist $\mathfrak{z}$ eine beliebige Zerlegung des Intervalles $a \leq \lambda \leq b$

$$\mathfrak{z}: \quad a = \eta_0 < \eta_1 < \cdots < \eta_{n-1} < \eta_n = b, \tag{16}$$

so gilt daher

$$\int\limits_a^b \lambda \, d\varrho(\lambda) = \lim_{[\mathfrak{z}] \to 0} Z_\mathfrak{z} = \lim_{[\mathfrak{z}] \to 0} \sum_{k=1}^n \xi_k \{\varrho(\eta_k) - \varrho(\eta_{k-1})\}$$

$$= \lim_{[\mathfrak{z}] \to 0} \sum_{k=1}^n \xi_k \left\{ \sum_{\lambda_j \leq \eta_k} |(u, \varphi_j)|^2 - \sum_{\lambda_j \leq \eta_{k-1}} |(u, \varphi_j)|^2 \right\}$$

$$= \lim_{[\mathfrak{z}] \to 0} \sum_{k=1}^n \xi_k \left\{ \sum_{\eta_{k-1} < \lambda_j \leq \eta_k} |(u, \varphi_j)|^2 \right\}. \tag{17}$$

Wir betrachten jetzt alle Zerlegungen $\mathfrak{z}$ mit $[\mathfrak{z}] < \delta$ und bilden

$$Z_\mathfrak{z}' = \sum_{k=1}^n \sum_{\eta_{k-1} < \lambda_j \leq \eta_k} \lambda_j \, |(u, \varphi_j)|^2. \tag{18}$$

Es ist wegen $\delta > [\mathfrak{z}] = \max \{\eta_1 - \eta_0, \ldots, \eta_n - \eta_{n-1}\}$

$$|Z_\mathfrak{z} - Z_\mathfrak{z}'| \leq \sum_{k=1}^n \sum_{\eta_{k-1} < \lambda_j \leq \eta_k} |\xi_k - \lambda_j| \, |(u, \varphi_j)|^2 \leq \delta \sum_{k=1}^n \sum_{\eta_{k-1} < \lambda_j \leq \eta_k} |(u, \varphi_j)|^2$$

$$= \delta \sum_j |(u, \varphi_j)|^2 = \delta (u, u) \tag{19}$$

und somit $\lim\limits_{[\mathfrak{z}] \to 0} (Z_\mathfrak{z} - Z_\mathfrak{z}') = 0$.

Abschließend hat man

$$\int\limits_a^b \lambda \, d\varrho(\lambda) = \lim_{[\mathfrak{z}] \to 0} Z_\mathfrak{z} = \lim_{[\mathfrak{z}] \to 0} (Z_\mathfrak{z}' + Z_\mathfrak{z} - Z_\mathfrak{z}')$$

$$= \lim_{[\mathfrak{z}] \to 0} Z_\mathfrak{z}' = \lim_{[\mathfrak{z}] \to 0} \sum_{k=1}^n \sum_{\eta_{k-1} < \lambda_j \leq \eta_k} \lambda_j \, |(u, \varphi_j)|^2$$

$$= \sum_j \lambda_j \, |(u, \varphi_j)|^2 = (A u, u). \tag{20}$$

Die Formulierung des Entwicklungssatzes in der Fassung des Satzes ist von großer Bedeutung, weil es diese Fassung ist, die auf beliebige beschränkte und symmetrische Operatoren und schließlich auf eine große Klasse von symmetrischen und nichtbeschränkten Operatoren, den *selbstadjungierten Operatoren*, die in der Quantenmechanik von ganz zentraler Wichtigkeit sind, übertragen werden kann.

1.2 Projektionsoperatoren

Es sei $\mathfrak{T}$ ein abgeschlossener Teilraum von $\mathfrak{H}$. Mit $\mathfrak{S} = \mathfrak{H} \ominus \mathfrak{T}$ bezeichnen wir die Menge aller $u \in \mathfrak{H}$, die orthogonal zu $\mathfrak{T}$ sind. Wir schreiben dann auch $\mathfrak{H} = \mathfrak{S} \oplus \mathfrak{T}$. Dies bedeutet: Jedes Element $u \in \mathfrak{H}$ läßt sich eindeutig in der Form

$$u = v + w \qquad \text{mit} \qquad v \in \mathfrak{T} \qquad \text{und} \qquad w \in \mathfrak{S} \tag{1}$$

schreiben (vgl. I.2.4).

Wir nennen das Element $v \in \mathfrak{T}$ die *Projektion* von u auf $\mathfrak{T}$. Einen in $\mathfrak{H}$ definierten Operator P, der jedem $u \in \mathfrak{H}$ seine Projektion $v \in \mathfrak{T}$ zuordnet, nennen wir einen *Projektionsoperator* und schreiben $Pu = v$ oder genauer $P_\mathfrak{T} u = v$.

Satz 1: *P in $\mathfrak{H}$ ist linear und symmetrisch.*

Beweis: Es sei $u, \tilde{u} \in \mathfrak{H}$ und $u = v + w$, $\tilde{u} = \tilde{v} + \tilde{w}$ mit $v, \tilde{v} \in \mathfrak{T}$; $w, \tilde{w} \in \mathfrak{S}$. Man hat dann $u + \tilde{u} = (v + \tilde{v}) + (w + \tilde{w})$ und

$$P(u + \tilde{u}) = v + \tilde{v} = Pu + P\tilde{u}. \tag{2}$$

Entsprechend folgt mit beliebiger komplexer Zahl α, daß $P\alpha u = \alpha Pu$ ist. Ferner ist

$$(Pu, \tilde{u}) = (v, \tilde{v} + \tilde{w}) = (v, \tilde{v}) + (v, \tilde{w}) = (v, \tilde{v})$$
$$= (v + w, \tilde{v}) = (u, \tilde{v}) = (u, P\tilde{u}). \tag{3}$$

Satz 2: *$P \neq O$ in $\mathfrak{H}$ ist beschränkt mit $\|P\| = 1$ und $PP = P$.*

Beweis: Es ist $PPu = P(Pu) = Pv = v = Pu$. Ferner ist mit $u = v + w$

$$\|u\|^2 = (u, u) = (v + w, v + w) = \|v\|^2 + \|w\|^2 \tag{4}$$

oder $\|u\| \geq \|v\| = \|Pu\|$, so daß $\|P\| \leq 1$ folgt. Ist $u \in \mathfrak{T}$, so gilt die Zerlegung $u = u + \Theta$ und somit $\|u\| = \|Pu\|$. Deshalb steht in $\|u\| \geq \|Pu\|$ jedenfalls das Gleichheitszeichen, wenn $u \in \mathfrak{T}$ gilt. Deshalb ist $\|P\| = 1$ nachgewiesen.

Satz 3: *P in $\mathfrak{H}$ ist positiv.*

Beweis: $(Pu, u) = (PPu, u) = (Pu, Pu) = \|Pu\|^2 \geq 0$.

Diese Sätze reichen jedoch nicht, um zu entscheiden, ob ein vorgegebener Operator ein Projektionsoperator ist. Dies leistet

Satz 4: *Ist A in $\mathfrak{H}$ symmetrisch und $AA = A$, so ist A ein Projektionsoperator, der alle $u \in \mathfrak{H}$ in den Wertebereich $A\mathfrak{H}$ projiziert.*

Beweis: Aus $\|Au\|^2 = (Au, Au) = (AAu, u) = (Au, u) \leq \|Au\| \, \|u\|$ folgt $\|Au\| \leq \|u\|$. Deshalb ist A beschränkt mit $\|A\| \leq 1$. Wir zeigen nun, daß $\mathfrak{T} = A\mathfrak{H}$ ein abgeschlossener Teilraum ist: Es sei $v_1, v_2, \ldots \in \mathfrak{T}$ eine beliebige Folge mit $\lim_{n \to \infty} v_n = v$. Wir müssen zeigen, daß $v \in \mathfrak{T}$ gilt. Weil $v_n \in A\mathfrak{H}$, gibt es Elemente $u_n \in \mathfrak{H}$, für die $Au_n = v_n$ gilt. Wegen $AA = A$ folgt weiter $v_n = AAu_n = Av_n$ und somit

$$Av - v_n = Av - Av_n = A(v - v_n), \tag{5}$$

woraus sich wegen der Beschränktheit

$$\|Av - v_n\| \leq \|v - v_n\| \tag{6}$$

ergibt. Für $n \to \infty$ hat man $\|Av - v\| \leq 0$ oder $Av = v$. Deshalb gilt $v \in A\mathfrak{H} = \mathfrak{T}$. Ferner haben wir $Av = v$ für alle $v \in \mathfrak{T}$ gezeigt.

Sei nun P der Projektionsoperator von $\mathfrak{H}$ auf $\mathfrak{T}$. Es ist $P = A$ zu beweisen. Dazu zeigen wir, daß

$$(Pu - Au, \tilde{u}) = 0 \qquad \text{gilt für alle} \qquad u, \tilde{u} \in \mathfrak{H}. \tag{7}$$

Wir zerlegen $\tilde{u}$ in $\tilde{u} = \tilde{v} + \tilde{w}$ mit $\tilde{v} \in \mathfrak{T} = A\mathfrak{H}$ und $\tilde{w} \in \mathfrak{H} \ominus \mathfrak{T}$. Wegen $Pu \in \mathfrak{T}$ und $Au \in \mathfrak{T}$ genügt es, statt (7)

$$(Pu - Au, \tilde{v}) = 0 \qquad \text{für alle} \qquad \tilde{v} \in \mathfrak{T} \tag{8}$$

zu zeigen. Dies folgt aber so:

$$\begin{aligned}
(Pu, \tilde{v}) &= (u, P\tilde{v}) = (u, \tilde{v}), \\
(Au, \tilde{v}) &= (u, A\tilde{v}) = (u, \tilde{v}).
\end{aligned} \tag{9}$$

Satz 5: *Sind P_1, P_2, P_3 in $\mathfrak{H}$ Projektionsoperatoren mit*

$$P_1 u + P_2 u = P_3 u \qquad \text{für alle} \qquad u \in \mathfrak{H}, \tag{10}$$

so gilt $P_1\mathfrak{H} \oplus P_2\mathfrak{H} = P_3\mathfrak{H}$. Diese Gleichung hat $P_1\mathfrak{H} \subseteq P_3\mathfrak{H}$, $P_2\mathfrak{H} \subseteq P_3\mathfrak{H}$ zur Folge.

Beweis: Nach Satz 1 und 2 gilt für alle $u \in \mathfrak{H}$

$$\begin{aligned}
\|u\|^2 &\geq (P_3 u, P_3 u) = (P_3 u, u) = (P_1 u, u) + (P_2 u, u) \\
&= \|P_1 u\|^2 + \|P_2 u\|^2.
\end{aligned}$$

Setzt man speziell $u = P_1 v$ ($v \in \mathfrak{H}$ beliebig), so ergibt sich $\|P_1 v\|^2 \geq \|P_1 v\|^2 + \|P_2 P_1 v\|^2$ oder $P_2 P_1 v = \Theta$ für alle $v \in \mathfrak{H}$. Daher sind die Räume $P_1\mathfrak{H}$, $P_2\mathfrak{H}$ orthogonal. Daraus folgt aber die Behauptung.

Satz 6: *Ist $P_1, P_2, \ldots$ eine Folge von Projektionsoperatoren in $\mathfrak{H}$ mit $(P_m u, u) \leq (P_n u, u)$, bzw. $(P_m u, u) \geq (P_n u, u)$ für alle $m \leq n$ mit $m, n = 1, 2, \ldots$, so existiert ein Projektionsoperator P in $\mathfrak{H}$, so daß $\lim\limits_{n \to \infty} P_n u = Pu$ und $(P_n u, u) \leq (Pu, u)$ bzw., $(P_n u, u) \geq (Pu, u)$ für $n = 1, 2, \ldots$ und alle $u \in \mathfrak{H}$ gilt.*

Beweis: Der zweite Fall: $(P_m u, u) \geq (P_n u, u)$ kann durch Betrachtung der Folge $E - P_1, E - P_2, \ldots$ auf den ersten Fall reduziert werden. Deshalb betrachten wir nur den ersten Fall weiter und erhalten für $m \leq n$

$$\| P_m u \|^2 = (P_m u, u) \leq (P_n u, u) = \| P_n u \|^2,$$

so daß $\| P_m u \| \leq \| P_n u \|$ folgt.

1. Schritt: $P_n - P_m$ in $\mathfrak{H}$ ist Projektionsoperator: Da die Symmetrie von $P_n - P_m$ in $\mathfrak{H}$ selbstverständlich ist, bleibt nach Satz 4 nur $(P_n - P_m)^2 = P_n - P_m$ zu beweisen. Setzt man in $\| P_m u \| \leq \| P_n u \|$ $u = (E - P_n)v$ mit beliebigem $v \in \mathfrak{H}$, so erhält man

$$\| P_m (E - P_n) v \| \leq \| P_n (E - P_n) v \| = \| (P_n - P_n) v \| = 0 \qquad (11)$$

oder $P_m = P_m P_n$ in $\mathfrak{H}$. Ferner hat man für alle $u, v \in \mathfrak{H}$

$$(u, P_m v) = (P_m u, v) = (P_m P_n u, v) = (P_n u, P_m v) = (u, P_n P_m v),$$

so daß auch $P_m = P_n P_m$ in $\mathfrak{H}$ folgt. Deshalb ist

$$(P_n - P_m)^2 = P_n - P_n P_m - P_m P_n + P_m = P_n - P_m$$

gezeigt.

2. Schritt: $\| P_1 u \|, \| P_2 u \|, \ldots$ ist wegen $\| P_n u \| \leq \| u \|$ und $\| P_m u \| \leq \| P_n u \|$ eine beschränkte, monoton wachsende Zahlenfolge. Deshalb existiert $\lim\limits_{n \to \infty} \| P_n u \|$. Mit dem 1. Schritt hat man

$$0 \leq \| (P_n - P_m) u \|^2 = ((P_n - P_m) u, (P_n - P_m) u)$$
$$= ((P_n - P_m) u, u) = (P_n u, u) - (P_m u, u)$$
$$= \| P_n u \|^2 - \| P_m u \|^2 < \varepsilon^2 \qquad \text{für alle} \qquad m, n > N(\varepsilon), \ n \geq m.$$

Wegen der Vollständigkeit von $\mathfrak{H}$, gibt es zu jedem $u \in \mathfrak{H}$ ein $v \in \mathfrak{H}$ so, daß $\lim\limits_{n \to \infty} P_n u = v$ gilt. Setzt man $v = Pu$, so sieht man sofort, daß P in $\mathfrak{H}$ ein linearer, symmetrischer Operator ist, der $P^2 = P$ erfüllt: Die Symmetrie folgt aus

$$(Pu, w) = \lim_{n \to \infty} (P_n u, w) = \lim_{n \to \infty} (u, P_n w) = (u, Pw)$$

für alle $u, w \in \mathfrak{H}$. Ferner hat man

$$(P^2 u, w) = (Pu, Pw) = \lim_{n \to \infty} (P_n u, P_n w) = \lim_{n \to \infty} (P_n^2 u, w)$$

$$= \lim_{n \to \infty} (P_n u, w) = (Pu, w),$$

so daß $P^2 = P$ folgt. Satz 4 ergibt, daß P in $\mathfrak{H}$ ein Projektionsoperator ist. Ferner folgt aus $\|P_n u\| \leq \|Pu\|$

$$(P_n u, u) = \|P_n u\|^2 \leq \|Pu\|^2 = (Pu, u),$$

so daß der Satz bewiesen ist.

Beiläufig sei erwähnt, daß jeder Projektionsoperator $P \neq O$ in $\mathfrak{H}$, der auf $\mathfrak{T}$ projiziert, die Eigenwerte 0 oder 1 oder beide hat. Es sei nämlich $u = v + w$ mit $v \in \mathfrak{T}$ und $w \in \mathfrak{H} \ominus \mathfrak{T}$. Ist $u \in \mathfrak{T}$, so gilt die Zerlegung $u = u + \Theta$. Ist $u \in \mathfrak{H} \ominus \mathfrak{T}$, so gilt $u = \Theta + u$. Also ist $Pu = u$, falls $u \in \mathfrak{T}$, und $Pu = \Theta$, falls $u \in \mathfrak{H} \ominus \mathfrak{T}$. Ist $\mathfrak{H} \neq \mathfrak{T}$, so hat P tatsächlich die Eigenwerte 0 und 1 und keine weiteren, weil aus $Pu = \lambda u$ auch $PPu = \lambda u$ und $PPu = P\lambda u = \lambda Pu = \lambda^2 u$, also $\lambda^2 u = \lambda u$ oder $\lambda(\lambda - 1) = 0$ folgt. Sind sowohl $\mathfrak{T}$, also auch $\mathfrak{H} \ominus \mathfrak{T}$ Teilräume von unendlicher Dimension, so sind $\lambda = 0$ und $\lambda = 1$ Eigenwerte von unendlicher Vielfachheit. Die dazugehörigen Eigenelemente ergeben sich als Elemente eines vollständigen und normierten Orthogonalsystems in $\mathfrak{T}$, bzw. in $\mathfrak{H} \ominus \mathfrak{T}$. Solche Projektionsoperatoren sind daher nicht vollstetig, weil ein von Null verschiedener Eigenwert eines vollstetigen Operators nur endliche Vielfachheit besitzen kann.

Nach Satz 4 sind die Operatoren E_λ aus 1.1 Projektionsoperatoren, und E_λ projiziert $\mathfrak{H}$ auf den abgeschlossenen Teilraum, der aus den Eigenelementen φ_j von A in $\mathfrak{H}$ mit $\lambda_j \leq \lambda$ aufgespannt wird.

2. Selbstadjungierte Operatoren

2.1 Definitionen

Es sei $\mathfrak{H}$ ein HILBERTscher Raum und A in $\mathfrak{A}$ ein Operator.

Definition 1: *A in $\mathfrak{A}$ heißt selbstadjungiert, wenn 1. A in $\mathfrak{A}$ symmetrisch ist und 2. $(A + iE)\mathfrak{A} = \mathfrak{H}$, $(A - iE)\mathfrak{A} = \mathfrak{H}$ gilt.*

Die verwendete Schreibweise sagt aus, daß der Wertebereich von $A \pm iE$ in $\mathfrak{A}$ ganz $\mathfrak{H}$ sein soll. Da A symmetrisch ist, folgt mit $\tilde{A} = A \pm iE$ aus $\tilde{A}u = \Theta$, daß $u = \Theta$ gilt, weil sonst $\pm i$ Eigenwerte von A in $\mathfrak{A}$ wären. Deshalb existieren $(A \pm iE)^{-1}$ in $\mathfrak{H}$, und Definition 1 kann auch so gefaßt werden:

Definition 2: *A in $\mathfrak{A}$ heißt selbstadjungiert, wenn 1. A in $\mathfrak{A}$ symmetrisch ist und 2. $(A \pm iE)^{-1}\mathfrak{H} = \mathfrak{A}$ gilt.*

Eine dritte Definition[1] benötigt einige Vorbereitungen. Es sei A in $\mathfrak{A}$ ein Operator und $\mathfrak{A}$ dicht in $\mathfrak{H}$. Wir interessieren uns für diejenigen Elemente $v \in \mathfrak{H}$ und $v^* \in \mathfrak{H}$, für die die Gleichung

$$(A u, v) = (u, v^*) \tag{1}$$

für alle $u \in \mathfrak{A}$ besteht. Die Existenz solcher Paare v, v^* ist sicher, denn $v = \Theta$, $v^* = \Theta$ erfüllen die Forderungen. Überdies ist v^* durch v eindeutig bestimmt. Sei dies nämlich nicht der Fall, so gilt

$$\begin{aligned}(A u, v) &= (u, v^*) \\ &= (u, w^*)\end{aligned} \qquad \text{für} \qquad \text{alle } u \in \mathfrak{A}. \tag{2}$$

Daraus folgt $(u, v^* - w^*) = 0$ und somit im Widerspruch $v^* = w^*$, weil $\mathfrak{A}$ dicht in $\mathfrak{H}$ ist. Der zu A in $\mathfrak{A}$ *adjungierte Operator* A^* in $\mathfrak{A}^*$ wird nun erklärt durch $v^* = A^* v$. Sein Definitionsbereich $\mathfrak{A}^*$ besteht aus allen $v \in \mathfrak{H}$, zu denen es ein $v^* \in \mathfrak{H}$ so gibt, daß (1) für alle $u \in \mathfrak{A}$ besteht.

Satz 1: *A^* in $\mathfrak{A}^*$ ist ein linearer Operator.*

Beweis: Sind $v_1, v_2 \in \mathfrak{A}^*$ und α, β beliebige komplexe Zahlen, so haben wir

$$\begin{aligned}(A u, \alpha v_1 + \beta v_2) &= \overline{\alpha}(A u, v_1) + \overline{\beta}(A u, v_2) = \overline{\alpha}(u, v_1^*) + \overline{\beta}(u, v_2^*) \tag{3} \\ &= \overline{\alpha}(u, A^* v_1) + \overline{\beta}(u, A^* v_2) \\ &= (u, \alpha A^* v_1 + \beta A^* v_2)\end{aligned}$$

für alle $u \in \mathfrak{A}$. Also ist $\alpha v_1 + \beta v_2 \in \mathfrak{A}^*$, und es ist nach (3)

$$A^*(\alpha v_1 + \beta v_2) = \alpha A^* v_1 + \beta A^* v_2.$$

Satz 2: *A in $\mathfrak{A}$ ist dann und nur dann selbstadjungiert, wenn A in $\mathfrak{A}$ gleich A^* in $\mathfrak{A}^*$ ist*[2].

Beweis: 1. Schritt (aus A in $\mathfrak{A}$ gleich A^* in $\mathfrak{A}^*$ folgt Definition 1): Sind $u, v \in \mathfrak{A} = \mathfrak{A}^*$, so gilt

$$(A u, v) = (u, A^* v) = (u, A v), \tag{4}$$

also ist A in $\mathfrak{A}$ symmetrisch. Ferner ist

$$\|(A \pm iE)u\|^2 = \|A u\|^2 + \|u\|^2 \geq \|u\|^2, \tag{5}$$

so daß aus $(A \pm iE)u = \Theta$ auch $u = \Theta$ folgt. Deshalb existiert $(A \pm iE)^{-1}$ in $\mathfrak{W}_{A \pm iE}$ und ist überdies beschränkt: Ist nämlich $f \in \mathfrak{W}_{A+iE}$, so ist $u = (A + iE)^{-1} f \in \mathfrak{A}$ und nach (5)

$$\|(A + iE)^{-1}f\| = \|u\| \leq \|(A + iE)u\| = \|(A + iE)(A + iE)^{-1}f\| = \|f\|, \tag{6}$$

so daß $\|(A + iE)^{-1}f\| \leq \|f\|$ gezeigt ist für alle $f \in \mathfrak{W}_{A+iE}$. Entsprechend verfährt man mit $f \in \mathfrak{W}_{A-iE}$. Es verbleibt $\mathfrak{W}_{A+iE} = \mathfrak{H}$ zu zeigen. Dies geschieht in zwei Teilen.

---

[1] Diese dritte Definition wird von uns bei den Anwendungen auf Differentialoperatoren nicht benutzt; sie wird jedoch zur einzigen Definition, wenn $\mathfrak{H}$ ein reeller HILBERTscher Raum ist.

[2] Nach Satz 2 könnte A in $\mathfrak{A}$ gleich A^* in $\mathfrak{A}^*$ als gleichwertige 3. Definition benutzt werden.

(α) $\mathfrak{W}_{A+iE}$ ist dicht in $\mathfrak{H}$: Andernfalls gäbe es ein $g \in \mathfrak{H}$ mit $g \neq \Theta$, so daß $((A + iE)u, g) = 0$ für alle $u \in \mathfrak{A}$ gilt. Deshalb hat man

$$(Au, g) + i(u, g) = 0 \qquad \text{oder} \qquad (Au, g) = (u, ig), \tag{7}$$

so daß $g \in \mathfrak{A}^*$, $A^*g = ig$ und damit auch $g \in \mathfrak{A}$ und $Ag = ig$ folgt. Dies ist der gewünschte Widerspruch, weil A in $\mathfrak{A}$ symmetrisch ist und i nicht Eigenwert sein kann.

(β) $\mathfrak{W}_{A+iE} = \mathfrak{H}$: Es sei $f \in \mathfrak{H}$ beliebig gegeben. Weil $\mathfrak{W}_{A+iE}$ dicht liegt, gibt es eine Folge $f_1, f_2, \ldots$ mit $f_n \in \mathfrak{W}_{A+iE}$ und $\lim\limits_{n \to \infty} f_n = f$. Setzt man $g_n = (A+iE)^{-1}f_n$, so ist $g_n \in \mathfrak{A}$, und weil $(A + iE)^{-1}$ in $\mathfrak{W}_{A+iE}$ beschränkt ist, folgt

$$\|g_n - g_m\| = \|(A + iE)^{-1}(f_n - f_m)\| \leq \|f_n - f_m\|, \tag{8}$$

so daß $g_1, g_2, \ldots$ eine Fundamentalfolge ist. Deshalb gibt es ein $g \in \mathfrak{H}$ so, daß $\lim\limits_{n \to \infty} g_n = g$ gilt. Mit $(A + iE)g_n = f_n$ ergibt sich weiter, weil A in $\mathfrak{A}$ symmetrisch ist,

$$(Au, g_n) = (u, Ag_n) = (u, f_n - ig_n) \tag{9}$$

und für $n \to \infty$

$$(Au, g) = (u, f - ig) \qquad \text{für alle} \qquad u \in \mathfrak{A}. \tag{10}$$

Nach der Definition von A^* in $\mathfrak{A}^*$ folgt $g \in \mathfrak{A}^*$ und $A^*g = f - ig$. Deshalb hat man weiter $g \in \mathfrak{A}$ und $Ag = f - ig$ oder $(A + iE)g = f$, so daß $f \in \mathfrak{W}_{A+iE}$ folgt.

Wiederholt man diese Überlegungen in (α) und (β) für $\mathfrak{W}_{A-iE}$, so ist $\mathfrak{W}_{A-iE} = \mathfrak{H}$ gezeigt.

2. Schritt (aus Definition 1 folgt A in $\mathfrak{A}$ gleich A in $\mathfrak{A}^*$): Wir zeigen zunächst, daß aus $v \in \mathfrak{A}$ auch $v \in \mathfrak{A}^*$, also $\mathfrak{A} \subseteq \mathfrak{A}^*$, folgt. Ist nämlich $v \in \mathfrak{A}$, so besteht wegen der Symmetrie

$$(Au, v) = (u, Av) \qquad \text{für alle} \qquad u \in \mathfrak{A}. \tag{10}$$

Nach Definition von A^* in $\mathfrak{A}^*$ folgt $v \in \mathfrak{A}^*$ und $A^*v = Av$ für alle $v \in \mathfrak{A}$.

Jetzt soll $\mathfrak{A}^* \subseteq \mathfrak{A}$ gezeigt werden. Sei $g \in \mathfrak{A}^*$, so existiert ein $f \in \mathfrak{H}$ so, daß

$$(Au, g) = (u, f) \qquad \text{für alle} \qquad u \in \mathfrak{A} \qquad \text{mit} \qquad A^*g = f \tag{11}$$

gilt. Es ist

$$(Au, g) + (iu, g) = (u, f) + (iu, g) = (u, f - ig) \tag{12}$$

oder

$$(Au + iu, g) = (u, f - ig). \tag{13}$$

Da $\mathfrak{W}_{A-iE} = \mathfrak{H}$ ist, existiert ein $v \in \mathfrak{A}$ so, daß

$$f - ig = (A - iE)v \tag{14}$$

gilt. Mit (13) hat man dann

$$\begin{aligned}
(Au + iu, g) &= (u, Av - iv) = (u, Av) + (iu, v) \\
&= (Au, v) + (iu, v) = (Au + iu, v) \tag{15}
\end{aligned}$$

für alle $u \in \mathfrak{A}$. Da $\mathfrak{W}_{A+iE} = \mathfrak{H}$ ist, folgt $g = v$, also $g \in \mathfrak{A}$. Damit ist $\mathfrak{A}^* \subseteq \mathfrak{A}$ gezeigt. Beide Überlegungen liefern $\mathfrak{A} = \mathfrak{A}^*$ und $Av = A^*v$ für alle $v \in \mathfrak{A} = \mathfrak{A}^*$.

Aufgabe 1: Ist A in $\mathfrak{H}$ symmetrisch, so ist A in $\mathfrak{H}$ selbstadjungiert.

2.2 Der Spektralsatz für selbstadjungierte Operatoren

Satz 1: (*Spektralsatz*): *Es sei A in $\mathfrak{A}$ selbstadjungiert.*

Dann gibt es eine Schar von Projektionsoperatoren E_λ in $\mathfrak{H}$, $-\infty < \lambda < \infty$, mit den Eigenschaften:

1. E_λ ist symmetrisch, und es ist $E_\lambda E_\lambda = E_\lambda$;

2. $E_\lambda E_\mu = E_\mu E_\lambda = E_\sigma$ mit $\sigma = \min\{\lambda, \mu\}$;

*3. $E_{\mu+0} = E_\mu$ für $-\infty < \mu < \infty$. Dabei ist $E_{\mu+0}$ erklärt durch $E_{\mu+0} u = \lim\limits_{\substack{\lambda \to \mu \\ \lambda > \mu}} E_\lambda u$ **

4. $\lim\limits_{\lambda \to -\infty} \|E_\lambda u\| = 0$, $\lim\limits_{\lambda \to \infty} \|E_\lambda u\| = \|u\|$, wofür wir auch $\lim\limits_{\lambda \to -\infty} E_\lambda = O$ und $\lim\limits_{\lambda \to \infty} E_\lambda = E$ schreiben.

5. $(Au, u) = \int\limits_{-\infty}^{+\infty} \lambda \, d(E_\lambda u, u)$ für alle $u \in \mathfrak{A}$ oder kurz $Au = \int\limits_{-\infty}^{+\infty} \lambda \, d E_\lambda u$,

bzw. $A = \int\limits_{-\infty}^{+\infty} \lambda \, d E_\lambda$.

6. E_λ ist durch die obigen Eigenschaften eindeutig festgelegt.

7. $(Au, v) = \int\limits_{-\infty}^{+\infty} \lambda \, d(E_\lambda u, v)$ für alle $u \in \mathfrak{A}$, $v \in \mathfrak{H}$.

8. $u \in \mathfrak{A}$ gilt dann und nur dann, wenn mit $\varrho(\lambda) = (E_\lambda u, u)$ das Stieltjessche Integral $\int\limits_{-\infty}^{+\infty} \lambda^2 \, d\varrho(\lambda)$ existiert.

9. Es ist $(E_\lambda - E_\mu)u \in \mathfrak{A}$ und $E_\lambda u \in \mathfrak{A}$ für jedes $u \in \mathfrak{H}$ und jedes endliche λ, μ. Dabei ist $\mu = \lambda - 0$ zugelassen.

Dabei sind $\int\limits_{-\infty}^{+\infty} \lambda \, d(E_\lambda u, u)$, $\int\limits_{-\infty}^{+\infty} \lambda^2 \, d\varrho(\lambda)$ gewöhnliche STIELTJESsche Integrale, sobald wir gezeigt haben, daß $\varrho(\lambda)$ monoton wachsend ist.

Satz 2: $\varrho(\lambda) = (E_\lambda u, u)$ *ist eine monoton wachsende, rechtsstetige Funktion mit* $\lim\limits_{\lambda \to -\infty} \varrho(\lambda) = 0$ *und* $\lim\limits_{\lambda \to \infty} \varrho(\lambda) = \|u\|^2$.

Beweis: Für $\mu \leq \lambda$ hat man

$$\varrho(\mu) = (E_\mu u, u) = (E_\mu E_\mu u, u) = (E_\mu u, E_\mu u) = \|E_\mu u\|^2$$
$$= \|E_\mu E_\lambda u\|^2 \leq \|E_\mu\|^2 \|E_\lambda u\|^2 = \|E_\lambda u\|^2 = (E_\lambda u, E_\lambda u)$$
$$= (E_\lambda E_\lambda u, u) = (E_\lambda u, u) = \varrho(\lambda),$$

---

* 3. wird die Rechtsstetigkeit der Spektralschar genannt. Aus Satz 6 in 1.2 folgt, daß $E_{\mu+0}$ und auch $E_{\mu-0}$ wieder Projektionsoperatoren sind.

also $\varrho(\mu) \leq \varrho(\lambda)$. Die anderen Eigenschaften können sofort aus Satz 1 abgelesen werden.

Dagegen kann aus Satz 1 nicht mehr geschlossen werden, daß $\varrho(\lambda)$ sogar eine Treppenfunktion ist. $\varrho(\lambda)$ kann jetzt bei selbstadjungierten Operatoren teilweise oder ganz streng monoton wachsend und stetig sein. Dies ist eine neue Erscheinung, die wir sofort durch neue Definitionen und Sprechweisen in der nächsten Nummer festhalten wollen.

Bisher hatten wir die Schreibweisen $A u = \int\limits_{-\infty}^{+\infty} \lambda\,dE_\lambda u$ und $A = \int\limits_{-\infty}^{+\infty} \lambda\,dE_\lambda$ lediglich als Abkürzungen für $(A u, u) = \int\limits_{-\infty}^{+\infty} \lambda\,d(E_\lambda u, u)$ für alle $u \in \mathfrak{A}$ eingeführt.

Diesen Schreibweisen soll jetzt eine unmittelbare Bedeutung zugeordnet werden.

$\mathfrak{z} : a = \lambda_0 < \lambda_1 < \cdots < \lambda_n = b$ sei eine Zerlegung des Intervalles $a \leq \lambda \leq b$ mit dem Feinheitsmaß $[\mathfrak{z}]$. $f(\lambda) \in C^0(a \leq \lambda \leq b)$ sei eine komplexwertige Funktion. Existiert der Grenzwert

$$\lim_{[\mathfrak{z}] \to 0} Z_\mathfrak{z} = I \qquad \text{mit} \qquad Z_\mathfrak{z} = \sum_{k=1}^{n} f(\xi_k)\,\{E_{\lambda_k} - E_{\lambda_{k-1}}\}, \tag{1}$$

$\lambda_{k-1} \leq \xi_k \leq \lambda_k$, und hat er bei jeder zugelassenen Wahl von ξ_k den gleichen Wert. so heißt der Operator I das Integral der Funktion $f(\lambda)$ bezüglich E_λ, und man schreibt $I = \int\limits_{a}^{b} f(\lambda)\,dE_\lambda$. Die Bedeutung von $\lim\limits_{[\mathfrak{z}] \to 0} Z_\mathfrak{z} = I$ ist die: Zu jedem $\varepsilon > 0$ gibt es eine Zahl $\delta(\varepsilon) > 0$ so, daß $\|Z_\mathfrak{z} - I\| < \varepsilon$ ist für alle Zerlegungen $\mathfrak{z}$ mit Feinheitsmaß $[\mathfrak{z}] < \delta(\varepsilon)$ und jede zulässige Wahl von ξ_k. Die Benutzung der Operator-Norm $\|Z_\mathfrak{z} - I\|$ ist sinnvoll, weil jedes $Z_\mathfrak{z}$ ein beschränkter Operator in $\mathfrak{H}$ ist. Offensichtlich ist dann auch I wieder ein linearer, beschränkter Operator

Existiert der Grenzwert

$$\lim_{[\mathfrak{z}] \to 0} z_\mathfrak{z} = \tilde{I} \qquad \text{mit} \qquad z_\mathfrak{z} = \sum_{k=1}^{n} f(\xi_k)\,\{E_{\lambda_k} u - E_{\lambda_{k-1}} u\} \tag{2}$$

und $\lambda_{k-1} \leq \xi_k \leq \lambda_k$ für alle $u \in \mathfrak{H}$ und hat er bei jeder zugelassenen Wahl von ξ_k den gleichen Wert, so heißt $\tilde{I}$ das Integral der Funktion $f(\lambda)$ bezüglich $E_\lambda u$, und man schreibt $\tilde{I} = \int\limits_{a}^{b} f(\lambda)\,dE_\lambda u$. Die Bedeutung von $\lim\limits_{[\mathfrak{z}] \to 0} z_\mathfrak{z} = \tilde{I}$ ist die: Zu jedem $\varepsilon > 0$ gibt es eine Zahl $\delta(\varepsilon) > 0$ so, daß $\|z_\mathfrak{z} - \tilde{I}\| \leq \varepsilon$ ist für alle Zerlegungen $\mathfrak{z}$ mit Feinheitsmaß $[\mathfrak{z}] < \delta(\varepsilon)$ und alle $u \in \mathfrak{H}$.

Wie geschickt diese Bezeichnungsweisen gewählt sind, sieht man daran, daß $I u = \tilde{I}$ gilt. Aus $\|Z_\mathfrak{z} - I\| < \varepsilon$ folgt nämlich $\|Z_\mathfrak{z} u - I u\| \leq \varepsilon\|u\|$, und mit (2) hat man $\|z_\mathfrak{z} - I u\| \leq \varepsilon\|u\|$, was $\lim\limits_{[\mathfrak{z}] \to 0} z_\mathfrak{z} = I u$ oder $I u = \tilde{I}$ ergibt.

Ist $f(\lambda) \in C^0(-\infty < \lambda < \infty)$, so definieren wir

$$\int\limits_{-\infty}^{+\infty} f(\lambda)\,dE_\lambda u = \lim_{b \to \infty} \lim_{a \to -\infty} \int\limits_{a}^{b} f(\lambda)\,dE_\lambda u \tag{3}$$

für solche $u \in \mathfrak{H}$, für die diese Grenzwerte existieren. (3) bedeutet: Zu jedem $\varepsilon > 0$ gibt es zwei positive Zahlen $\alpha(\varepsilon), \beta(\varepsilon)$ so, daß

$$\left\| \int\limits_{-\infty}^{+\infty} f(\lambda)\, dE_\lambda u - \int\limits_{a}^{b} f(\lambda)\, dE_\lambda u \right\| \leq \varepsilon \tag{4}$$

gilt für alle a, b mit $a < -\alpha(\varepsilon)$ und $b > \beta(\varepsilon)$.

Es wird für unsere Zwecke genügen, wenn wir $A = \int\limits_{-\infty}^{+\infty} \lambda\, dE_\lambda$ als Abkürzung für $Au = \int\limits_{-\infty}^{+\infty} \lambda\, dE_\lambda u$ für alle $u \in \mathfrak{A}$ verstehen.

Wie schon in der Einleitung betont, soll ein Beweis des Spektralsatzes für selbstadjungierte Operatoren hier nicht gegeben werden. Er wurde zuerst von J. v. NEUMANN bewiesen. Beweise finden sich heute in jedem der auf Seite 31 angegebenen Bücher über den HILBERTschen Raum.

2.3 Das Spektrum eines selbstadjungierten Operators

Definition 1: *1. λ heißt ein Konstanzpunkt von E_λ, wenn es ein $\varepsilon > 0$ so gibt, daß $E_{\lambda+\varepsilon} - E_{\lambda-\varepsilon}$ gleich dem Nulloperator O ist; andernfalls soll λ ein Wachstumspunkt von E_λ genannt werden. 2. λ heißt ein Sprungpunkt von E_λ, falls $E_\lambda - E_{\lambda-0} \neq O$ ist. 3. λ heißt ein Stetigkeitspunkt von E_λ, falls $E_\lambda - E_{\lambda-0} = O$ ist. 4. Stetigkeitspunkte, die gleichzeitig Wachstumspunkte sind, sollen Punkte stetigen Wachstums genannt werden.*

Definition 2 *(Spektrum von A in $\mathfrak{A}$):*

1. Punktspektrum: Gesamtheit der Eigenwerte von A in $\mathfrak{A}$ oder gleichwertig

1a. Punktspektrum: Gesamtheit der Sprungpunkte von E_λ.

Die Gleichheit von 1. und 1a. muß bewiesen werden. Dies geschieht anschließend.

2. Kontinuierliches Spektrum: Gesamtheit der Punkte stetigen Wachstums von E_λ.

3. Häufungsspektrum: Gesamtheit der endlichen Häufungspunkte des Punktspektrums, die nicht selbst Eigenwerte von A in $\mathfrak{A}$ sind.

4. Spektrum von A in $\mathfrak{A}$: Vereinigungsmenge von Punktspektrum, kontinuierlichem Spektrum und Häufungsspektrum.

Satz 1: *Die beiden Definitionen des Punktspektrums sind gleichwertig.*

Beweis: 1. Ist μ Eigenwert von A in $\mathfrak{A}$, so gibt es ein $\varphi \in \mathfrak{A}$ mit $\varphi \neq \Theta$, mit dem die Gleichung $A\varphi = \mu\varphi$ oder damit gleichwertig $(A\varphi - \mu\varphi, g) = 0$ für alle $g \in \mathfrak{H}$ besteht. Mit dem Spektralsatz hat man

$$(A\varphi, g) = \int\limits_{-\infty}^{+\infty} \lambda \, d(E_\lambda\varphi, g), \qquad (\varphi, g) = \int\limits_{-\infty}^{+\infty} d(E_\lambda\varphi, g),$$

$$0 = (A\varphi - \mu\varphi, g) = \int\limits_{-\infty}^{+\infty} (\lambda - \mu) \, d(E_\lambda\varphi, g) \quad \text{für alle} \quad g \in \mathfrak{H}. \tag{1}$$

Wir setzen $g = E_\mu\varphi$ und erhalten aus (1)

$$0 = \int\limits_{-\infty}^{+\infty} (\lambda - \mu) \, d_\lambda(E_\lambda\varphi, E_\mu\varphi) * = \int\limits_{-\infty}^{+\infty} (\lambda - \mu) \, d_\lambda(E_\mu E_\lambda\varphi, \varphi)$$

$$= \int\limits_{-\infty}^{\mu} (\lambda - \mu) \, d_\lambda(E_\lambda\varphi, \varphi) + \int\limits_{\mu}^{\infty} (\lambda - \mu) \, d_\lambda(E_\mu\varphi, \varphi)$$

$$= \int\limits_{-\infty}^{\mu} (\lambda - \mu) \, d_\lambda(E_\lambda\varphi, \varphi) = \int\limits_{-\infty}^{\mu} (\lambda - \mu) \, d_\lambda(\|E_\lambda\varphi\|^2). \tag{2}$$

Setzen wir $g = \varphi$, so erhalten wir aus (1)

$$0 = \int\limits_{-\infty}^{+\infty} (\lambda - \mu) \, d_\lambda(E_\lambda\varphi, \varphi) = \int\limits_{-\infty}^{+\infty} (\lambda - \mu) \, d_\lambda(E_\lambda E_\lambda\varphi, \varphi)$$

$$= \int\limits_{-\infty}^{+\infty} (\lambda - \mu) \, d_\lambda(\|E_\lambda\varphi\|^2). \tag{3}$$

Wir multiplizieren (2) mit -1 und subtrahieren ferner (2) von (3). Das Ergebnis ist

$$0 = \int\limits_{-\infty}^{\mu} (\mu - \lambda) \, d_\lambda(\|E_\lambda\varphi\|^2), \qquad 0 = \int\limits_{\mu}^{\infty} (\lambda - \mu) \, d_\lambda(\|E_\lambda\varphi\|^2). \tag{4}$$

Die Integranden $(\mu - \lambda)$ im ersten und $(\lambda - \mu)$ im zweiten Integral sind ≥ 0 und der Integrator ist mit Satz 2 in 2.2 monoton wachsend in λ. Deshalb haben wir für ein beliebiges $\varepsilon > 0$ die Abschätzungen

$$0 = \int\limits_{-\infty}^{\mu} (\mu - \lambda) \, d_\lambda(\|E_\lambda\varphi\|^2) \geq \int\limits_{-\infty}^{\mu-\varepsilon} (\mu - \lambda) \, d_\lambda(\|E_\lambda\varphi\|^2)$$

$$\geq \int\limits_{-\infty}^{\mu-\varepsilon} \varepsilon \, d_\lambda(\|E_\lambda\varphi\|^2) = \varepsilon \, \|E_{\mu-\varepsilon}\varphi\|^2, \tag{5}$$

---

* Die Schreibweise $\int\limits_{-\infty}^{+\infty} (\lambda - \mu) \, d(E_\lambda\varphi, E_\mu\varphi)$ würde nicht eindeutig sein, weil man nicht wissen würde, ob sich d auf λ oder μ bezieht. In allen diesen Fällen werden wir die entsprechende Variable zusätzlich an das d setzen.

$$0 = \int\limits_{\mu}^{\infty} (\lambda - \mu)\, d_\lambda(\|E_\lambda \varphi\|^2) \geq \int\limits_{\mu+\varepsilon}^{\infty} (\lambda - \mu)\, d_\lambda(\|E_\lambda \varphi\|^2)$$

$$\geq \int\limits_{\mu+\varepsilon}^{\infty} \varepsilon\, d_\lambda(\|E_\lambda \varphi\|^2) = \varepsilon\,\{\|\varphi\|^2 - \|E_{\mu+\varepsilon}\varphi\|^2\} = \varepsilon\,\|\varphi - E_{\mu+\varepsilon}\,\varphi\|^2. \quad (6)$$

Daraus folgt $E_{\mu+\varepsilon}\varphi = \varphi$ und $E_{\mu-\varepsilon}\varphi = \Theta$ und für $\varepsilon \to 0$ wegen der Rechtsstetigkeit $E_\mu \varphi = \varphi$. Deshalb ist $E_\mu - E_{\mu-0} \neq O$, und μ ist Sprungpunkt von E_λ. Beiläufig sei angemerkt, daß sogar $E_\lambda \varphi = \varphi$ für $\lambda \geq \mu$ und $E_\lambda \varphi = \Theta$ für $\lambda < \mu$ bewiesen ist, weil $\varepsilon > 0$ beliebig war.

2. μ sei Sprungpunkt von E_λ, also $E_\mu - E_{\mu-0} \neq O$. Dann gibt es wenigstens ein $f \in \mathfrak{H}$ so, daß $(E_\mu - E_{\mu-0})f \neq \Theta$ ist. Mit einem solchen f setzen wir $(E_\mu - E_{\mu-0})f = \psi$ und erhalten für alle $g \in \mathfrak{H}$

$$(A\psi - \mu\psi,\, g) = \int\limits_{-\infty}^{+\infty} (\lambda - \mu)\, d\,(E_\lambda \psi,\, g) = \int\limits_{-\infty}^{+\infty} (\lambda - \mu)\, d_\lambda\,(E_\lambda (E_\mu - E_{\mu-0})\, f,\, g)$$

$$= \int\limits_{-\infty}^{\mu-0} (\lambda - \mu)\, d_\lambda((E_\lambda - E_\lambda)f,\, g) + \int\limits_{\mu}^{\infty} (\lambda - \mu)\, d_\lambda((E_\mu - E_{\mu-0})f,\, g) = 0. \quad (7)$$

Also ist ψ Eigenelement zum Eigenwert μ.

Satz 2: *Sei A in $\mathfrak{A}$ selbstadjungiert. A in $\mathfrak{A}$ ist dann und nur dann halbbeschränkt nach unten: $(Au,\, u) \geq a\,(u,\, u)$, falls das Spektrum von A in $\mathfrak{A}$ für $\lambda < a$ leer ist.*

Beweis: 1. Aus der Halbbeschränktheit folgt

$$0 \leq (Au - au,\, u) = \int\limits_{-\infty}^{+\infty} (\lambda - a)\, d(E_\lambda u,\, u)$$

$$= \int\limits_{-\infty}^{a} (\lambda - a)\, d(E_\lambda u,\, u) + \int\limits_{a}^{\infty} (\lambda - a)\, d(E_\lambda u,\, u).$$

Da mit jedem $v \in \mathfrak{A}$ auch $E_a v \in \mathfrak{A}$ gilt, setzen wir $u = E_a v$ und erhalten

$$0 \leq \int\limits_{-\infty}^{a} (\lambda - a)\, d_\lambda(E_\lambda E_a v,\, E_a v) + \int\limits_{a}^{\infty} (\lambda - a)\, d_\lambda(E_\lambda E_a v,\, E_a v)$$

$$= \int\limits_{-\infty}^{a} (\lambda - a)\, d_\lambda(E_\lambda v,\, E_a v) \quad + \int\limits_{a}^{\infty} (\lambda - a)\, d_\lambda(\|E_a v\|^2)$$

$$= \int\limits_{-\infty}^{a} (\lambda - a)\, d_\lambda(E_a E_\lambda v,\, v) \quad = \int\limits_{-\infty}^{a} (\lambda - a)\, d_\lambda(E_\lambda v,\, v)$$

$$= \int\limits_{-\infty}^{a-0} (\lambda - a)\, d_\lambda(\|E_\lambda v\|^2).$$

Wegen $\lambda < a$ muß $\|E_\lambda v\| = \text{const}$ sein oder E_λ unabhängig von λ für $\lambda < a$. Deshalb ist für $\lambda < a$ das Spektrum leer.

2. Ist für $\lambda < a$ das Spektrum leer, so folgt, daß E_λ unabhängig von λ ist für $\lambda < a$. Wegen $\lim\limits_{\lambda \to -\infty} \|E_\lambda u\| = 0$ muß sogar $E_\lambda = O$ für $\lambda < a$ sein. Also

$$(A u,\, u) = \int\limits_{-\infty}^{+\infty} \lambda \, d(E_\lambda u,\, u) = \int\limits_{a-0}^{\infty} \lambda \, d(E_\lambda u,\, u)$$

$$\geq a \int\limits_{a-0}^{\infty} d(E_\lambda u,\, u) = a \lim\limits_{b \to \infty} (E_b u,\, u) = a(u,\, u).$$

Satz 3: *Sei A in $\mathfrak{A}$ selbstadjungiert. A in $\mathfrak{A}$ ist dann und nur dann beschränkt: $\|A u\| \leq a \|u\|$, falls für $|\lambda| > a$ das Spektrum von A in $\mathfrak{A}$ leer ist.*

Der Beweis verläuft ähnlich wie für Satz 2.

In II.3.1 hatten wir im 1. Axiom gefordert, daß der Operator A in $\mathfrak{A}$, welcher der mechanischen Größe a zugeordnet wird, selbstadjungiert ist. Die Bedeutung dieser Forderung liegt in dem Umstand, daß man mittels der Projektionsoperatoren E_λ die in II.3.1 angegebenen quantenmechanischen Größen beschreiben kann. So wird die Wahrscheinlichkeit für das Bestehen der Ungleichung $\alpha \leq a \leq \beta$ durch $((E_\beta - E_\alpha)u,\, u)$ gegeben. Ferner findet man mit dem 2. Axiom die mathematische Erwartung $\mathfrak{E}_u a$ dieser Größe a im Zustand u in der Gestalt

$$\mathfrak{E}_u a = (A u,\, u) = \int\limits_{-\infty}^{+\infty} \lambda \, d(E_\lambda u,\, u),$$

und $(E_\lambda u,\, u)$ ist das Verteilungsgesetz der Größe a im Zustand u. Alle möglichen Werte von a sind gerade jene Punkte λ, in denen E_λ zunimmt, d. h. also alle Punkte des Spektrums von A in $\mathfrak{A}$.

2.4 Eigenpakete

Definition 1: *Φ_λ heißt ein Eigenpaket des symmetrischen Operators A in $\mathfrak{A}$, falls gilt:*

*1. $\Phi_\lambda \in \mathfrak{A}$ für $-\infty < \lambda < \infty$, $\Phi_{\lambda_0} = \Theta$ für ein festes λ_0**;*

2. Φ_λ stetig in λ, d. h. $\lim\limits_{\mu \to \lambda} \|\Phi_\mu - \Phi_\lambda\| = 0$ für jedes λ;

3. $A\Phi_\lambda = \int\limits_{\lambda_0}^{\lambda} \mu \, d\Phi_\mu$ für $-\infty < \lambda < \infty$.

---

* Gilt $\lim\limits_{\lambda \to -\infty} \|\Phi_\lambda\| = 0$, so schreiben wir $\Phi_{-\infty} = \Theta$ und sagen, daß in der obigen Normierung $\lambda_0 = -\infty$ gewählt sei. Im folgenden wird diese Normierung nicht benutzt.

Die Definition von $\int\limits_{\lambda_0}^{\lambda} \mu \, d\Phi_\mu$ ist dabei die folgende: $\mathfrak{z}$ sei eine Zerlegung des Intervalles $\lambda_0 \leq \Lambda \leq \lambda$:

$$\mathfrak{z}: \quad \lambda_0 = \Lambda_0 < \Lambda_1 < \cdots < \Lambda_n = \lambda \tag{1}$$

mit dem Feinheitsmaß $[\mathfrak{z}]$. Existiert der Grenzwert

$$\lim_{[\mathfrak{z}]\to 0} z_{\mathfrak{z}} = I \quad \text{mit} \quad z_{\mathfrak{z}} = \sum_{k=1}^{n} \xi_k \{\Phi_{\Lambda_k} - \Phi_{\Lambda_{k-1}}\}, \tag{2}$$

$\Lambda_{k-1} \leq \xi_k \leq \Lambda_k$, und hat er bei jeder zugelassenen Wahl von ξ_k den gleichen Wert, so schreiben wir $I = \int\limits_{\lambda}^{\lambda} \mu \, d\Phi_\mu$. Die Bedeutung von $\lim\limits_{[\mathfrak{z}]\to 0} z_{\mathfrak{z}} = I$ ist die: Zu jedem $\varepsilon > 0$ gibt es eine Zahl $\delta(\varepsilon)$ so, daß $\|z_{\mathfrak{z}} - I\| < \varepsilon$ ist für alle Zerlegungen $\mathfrak{z}$ mit Feinheitsmaß $[\mathfrak{z}] < \delta(\varepsilon)$. Nach den Rechenregeln für solche STIELTJESschen Integrale hat man

$$\int\limits_{\lambda_0}^{\lambda} \mu \, d\Phi_\mu = \lambda \Phi_\lambda - \int\limits_{\lambda_0}^{\lambda} \Phi_\mu \, d\mu. \tag{3}$$

Insbesondere ist $\Phi_\lambda = \Theta$ für alle λ stets ein Eigenpaket, welches allerdings ohne Interesse ist. Schreibt man 3. in der formalen Gestalt $A(d\Phi_\lambda) = \lambda(d\Phi_\lambda)$, so erkennt man, daß 3. sehr eng mit der ursprünglichen Eigenwertgleichung $A\varphi = \lambda\varphi$ verwandt ist.

Ist A in $\mathfrak{A}$ sogar selbstadjungiert, so ist von besonderer Bedeutung der Zusammenhang zwischen solchen Eigenpaketen Φ_λ und der zu A in $\mathfrak{A}$ gehörigen Schar von Projektionsoperatoren E_λ. Ein solcher Zusammenhang kann nicht unmittelbar bestehen, weil Φ_λ in λ stetig ist, aber E_λ im allgemeinen auch Sprungstellen enthält. Deshalb werden wir die Sprungstellen von E_λ aus E_λ herauslösen müssen.

Es ist $\varrho(\lambda) = (E_\lambda u, u)$ rechtsstetig und monoton wachsend in $-\infty < \lambda < \infty$. Eine solche Funktion läßt sich als Summe zweier Funktionen $\tau(\lambda)$, $\sigma(\lambda)$ darstellen, wobei $\tau(\lambda)$ eine Treppenfunktion und $\sigma(\lambda)$ eine für alle λ stetige und monotone Funktion ist.

Entsprechend geschieht diese Aufspaltung hier wie folgt: Wir setzen $E_\lambda = T_\lambda + S_\lambda$ und erklären

$$\left.\begin{aligned} T_\lambda &= \sum_{\lambda_j \leq \lambda} (E_{\lambda_j} - E_{\lambda_j - 0}), \\ S_\lambda &= E_\lambda - \sum_{\lambda_j \leq \lambda} (E_{\lambda_j} - E_{\lambda_j - 0}) = E_\lambda - T_\lambda. \end{aligned}\right\} \tag{4}$$

Dabei sind λ_j die Eigenwerte von A in $\mathfrak{A}$, welche mit den Sprungstellen von E_λ zusammenfallen. Gibt es solche nicht, so ist $T_\lambda = O$ und $S_\lambda = E_\lambda$ zu setzen. Man erhält weiter

$$\varrho(\lambda) = \tau(\lambda) + \sigma(\lambda) \quad \text{mit} \quad \tau(\lambda) = (T_\lambda u,\, u),\; \sigma(\lambda) = (S_\lambda u,\, u). \tag{5}$$

Mit dieser expliziten Angabe von T_λ und S_λ rechnet man sofort nach, daß T_λ in $\mathfrak{H}$ und S_λ in $\mathfrak{H}$ ebenfalls die Eigenschaften 1., 2. und 3. aus Satz 1 in 2.2 besitzen, die für E_λ galten. Sie sind deshalb nach Satz 4 aus 1.2 Projektionsoperatoren.

Aufgabe 1: Man bestätige diese Angaben.

Anleitung: Liegen unterhalb von λ Häufungspunkte der λ_j, so betrachte man beliebige endliche Teilsummen von (4).

Bevor der Zusammenhang zwischen Spektralschar und Eigenpaket hergestellt werden kann, werden einige Orthogonalitätseigenschaften solcher Eigenpakete benötigt.

Satz 1: *Es sei A in $\mathfrak{A}$ symmetrisch. Ist Φ_λ ein Eigenpaket von A in $\mathfrak{A}$ und φ ein Eigenelement zum Eigenwert μ_0, so ist $(\varphi,\, \Phi_\lambda) = 0$ für $-\infty < \lambda < \infty$.*

Beweis: Wir haben $A\varphi = \mu_0\varphi$, $A\Phi_\lambda = \int\limits_{\lambda_0}^{\lambda} \mu\, d\Phi_\mu = \lambda\Phi_\lambda - \int\limits_{\lambda_0}^{\lambda} \Phi_\mu\, d\mu$. Deshalb folgt mit $f(\lambda) = (\varphi,\, \Phi_\lambda)$

$$(A\varphi,\, \Phi_\lambda) = (\mu_0\varphi,\, \Phi_\lambda) = \mu_0(\varphi,\, \Phi_\lambda) = \mu_0 f(\lambda),$$

$$(A\varphi,\, \Phi_\lambda) = (\varphi,\, A\Phi_\lambda) = \lambda(\varphi,\, \Phi_\lambda) - \int\limits_{\lambda_0}^{\lambda} (\varphi,\, \Phi_\mu)\, d\mu$$

$$= \lambda f(\lambda) - \int\limits_{\lambda_0}^{\lambda} f(\mu)\, d\mu,$$

so daß $\dfrac{1}{\lambda - \mu_0} \int\limits_{\lambda_0}^{\lambda} f(\mu)\, d\mu = f(\lambda)$ für $\lambda \neq \mu_0$ folgt. Für solche λ existiert $f'(\lambda)$, und es wird $f'(\lambda) = 0$. Da $f(\lambda)$ stetig in λ für $-\infty < \lambda < \infty$ ist, ergibt sich $f(\lambda) = \text{const}$. Weil aber $f(\lambda_0) = 0$ ist, haben wir schließlich $f(\lambda) = (\varphi,\, \Phi_\lambda) = 0$ nachgewiesen.

Satz 2: *Es sei A in $\mathfrak{A}$ symmetrisch. Sind Φ_λ, Ψ_λ irgend zwei Eigenpakete von A in $\mathfrak{A}$ mit $\Phi_{\lambda_0} = \Theta$, $\Psi_{\lambda_0} = \Theta$ und sind $\alpha_1 \leq \lambda \leq \alpha_2$, $\beta_1 \leq \lambda \leq \beta_2$ zwei beliebige Intervalle, die höchstens einen Punkt gemeinsam haben, so gilt die Orthogonalitätsrelation $(\Phi_{\alpha_2} - \Phi_{\alpha_1},\, \Psi_{\beta_2} - \Psi_{\beta_1}) = 0$ und insbesondere auch $(\Phi_{\alpha_2} - \Phi_{\alpha_1},\, \Phi_{\beta_2} - \Phi_{\beta_1}) = 0$.*

Beweis: Es sei etwa $\alpha_1 < \alpha_2 \leq \beta_1 < \beta_2$. Aus der Definition des Eigenpaketes folgt dann

$$A(\Psi_y - \Psi_{\beta_1}) = \int_{\beta_1}^{y} \mu \, d\Psi_\mu = \int_{\beta_1}^{y} \mu \, d_\mu(\Psi_\mu - \Psi_{\beta_1}),$$

$$A(\Phi_x - \Phi_{\alpha_1}) = \int_{\alpha_1}^{x} \mu \, d\Phi_\mu = \int_{\alpha_1}^{x} \mu \, d_\mu(\Phi_\mu - \Phi_{\alpha_1}).$$

Wegen der Symmetrie hat man

$$0 = (\Phi_x - \Phi_{\alpha_1}, A(\Psi_y - \Psi_{\beta_1})) - (A(\Phi_x - \Phi_{\alpha_1}), \Psi_y - \Psi_{\beta_1})$$

$$= \left(\Phi_x - \Phi_{\alpha_1}, \int_{\beta_1}^{y} \mu \, d_\mu(\Psi_\mu - \Psi_{\beta_1})\right) - \left(\int_{\alpha_1}^{x} \mu \, d_\mu(\Phi_\mu - \Phi_{\alpha_1}), \Psi_y - \Psi_{\beta_1}\right)$$

$$= y(\Phi_x - \Phi_{\alpha_1}, \Psi_y - \Psi_{\beta_1}) - \left(\Phi_x - \Phi_{\alpha_1}, \int_{\beta_1}^{y} (\Psi_\mu - \Psi_{\beta_1}) \, d\mu\right)$$

$$- x(\Phi_x - \Phi_{\alpha_1}, \Psi_y - \Psi_{\beta_1}) + \left(\int_{\alpha_1}^{x} (\Phi_\mu - \Phi_{\alpha_1}) \, d\mu, \Psi_y - \Psi_{\beta_1}\right),$$

wobei man (3) verwendet hat. Führt man die Abkürzung
$f(x, y) = (\Phi_x - \Phi_{\alpha_1}, \Psi_y - \Psi_{\beta_1})$ ein, so genügt $f(x, y)$ der Gleichung[1]

$$(y - x) f(x, y) - \int_{\beta_1}^{y} f(x, \mu) \, d\mu + \int_{\alpha_1}^{x} f(\mu, y) \, d\mu = 0, \qquad (6)$$

und es ist überdies $f(x, y)$ in $-\infty < x, y < \infty$ stetig. Wir betrachten jetzt (6) als Gleichung für $f(x, y)$ und werden zeigen, daß jede Lösung $f(x, y)$ der Gleichung (6), die in $-\infty < x, y < \infty$ stetig ist, in $\alpha_1 \leq x \leq \beta_1$, $\beta_1 \leq y < \infty$ identisch verschwindet. Setzt man dann $x = \alpha_2$, $y = \beta_2$, so folgt $(\Phi_{\alpha_2} - \Phi_{\alpha_1}, \Psi_{\beta_2} - \Psi_{\beta_1}) = 0$, also das gewünschte Ergebnis.

Wegen der Stetigkeit von $f(x, y)$ genügt es, $f(x, y) = 0$ in $\alpha_1 \leq x \leq \alpha$, $\beta_1 \leq y \leq \beta$ für beliebige α, β mit $\alpha_1 < \alpha < \beta_1 < \beta < \infty$ nachzuweisen. Setzt man

$$M = \max_{\substack{\alpha_1 \leq x \leq \alpha \\ \beta_1 \leq y \leq \beta}} |f(x, y)| \qquad \text{und} \qquad y - x \geq \beta_1 - \alpha = d > 0,$$

so hat man aus (6)

$$|f(x, y)| \leq \frac{M}{d} (y - \beta_1 + x - \alpha_1). \qquad (7)$$

---

[1] Weil das Integral Grenzwert einer Summe ist, sind Integral und inneres Produkt vertauschbar.

10*

Durch vollständige Induktion zeigen wir

$$|f(x, y)| \leq \frac{2^{n-1} M}{d^n n!} (y - \beta_1 + x - \alpha_1)^n, \quad n = 1, 2, \ldots \qquad (8)$$

Für $n = 1$ ist (8) richtig. Ist (8) für $n = k$ richtig, so folgt aus (6)

$$|f(x, y)| \leq \frac{1}{d} \frac{2^{k-1} M}{d^k k!} \left\{ \frac{(\mu - \beta_1 + x - \alpha_1)^{k+1}}{k+1} \Big|_{\mu=\beta_1}^{\mu=y} \right.$$

$$\left. + \frac{(y - \beta_1 + \mu - \alpha_1)^{k+1}}{k+1} \Big|_{\mu=\alpha_1}^{\mu=x} \right\} \leq \frac{2^k M}{d^{k+1}(k+1)!} (y - \beta_1 + x - \alpha_1)^{k+1}.$$

Also gilt (8) für jedes n. Betrachtet man (8) an der Stelle x', y', mit $|f(x', y')| = M$, so folgt

$$M \leq \frac{2^{n-1} M}{d^n n!} (\beta - \beta_1 + \alpha - \alpha_1)^n \text{ oder } 1 \leq \frac{2^{n-1}}{d^n n!} (\beta - \beta_1 + \alpha - \alpha_1)^n \qquad (9)$$

falls $M \neq 0$ ist. Die letzte Relation ist für hinreichend großes n sicher falsch, deshalb ist $M = 0$ gezeigt. Der Satz ist damit bewiesen.

Der Begriff des Eigenpaketes (in anderer Benennung) und seine Eigenschaften gehen auf E. HELLINGER [1] zurück. Vieles konnte später vereinfacht werden. So wurde der außerordentlich einfache Beweis von Satz 2 F. RELLICH [*] entnommen.

2.5 Zusammenhang zwischen Eigenpaket und Spektralschar

Satz 1: *Es sei A in $\mathfrak{A}$ selbstadjungiert. Ist $u \in \mathfrak{H}$ ein beliebiges fest gewähltes Element, so ist $\Phi_\lambda = (S_\lambda - S_{\lambda_0})u$ ein Eigenpaket von A in $\mathfrak{A}$ mit $\Phi_{\lambda_0} = \Theta$.*

Beweis: Nach 2.4 ist $E_\lambda = T_\lambda + S_\lambda$. Wir setzen $E_\lambda \mathfrak{H} = \mathfrak{E}_\lambda$, $T_\lambda \mathfrak{H} = \mathfrak{T}_\lambda$, $S_\lambda \mathfrak{H} = \mathfrak{S}_\lambda$. Da $E_\lambda, T_\lambda, S_\lambda$ Projektionsoperatoren sind, hat man

$$E_\lambda(E_\lambda \mathfrak{H}) = E_\lambda \mathfrak{E}_\lambda = \mathfrak{E}_\lambda, \qquad T_\lambda \mathfrak{T}_\lambda = \mathfrak{T}_\lambda, \qquad S_\lambda \mathfrak{S}_\lambda = \mathfrak{S}_\lambda. \qquad (1)$$

Nach dem allgemeinen Spektralsatz ist $\mathfrak{E}_\lambda \subseteq \mathfrak{A}$ und nach Satz 5 aus 1.2 $\mathfrak{T}_\lambda \subseteq \mathfrak{A}$, $\mathfrak{S}_\lambda \subseteq \mathfrak{A}$. Ist $\lambda \geq \lambda_0$, so hat man

$$S_\lambda \Phi_\lambda = S_\lambda(S_\lambda - S_{\lambda_0})u = (S_\lambda - S_{\lambda_0})u = \Phi_\lambda,$$

also gilt $\Phi_\lambda \in \mathfrak{S}_\lambda$ für $\lambda \geq \lambda_0$. Ist $\lambda \leq \lambda_0$, so findet man

$$S_{\lambda_0} \Phi_\lambda = S_{\lambda_0}(S_\lambda - S_{\lambda_0})u = (S_\lambda - S_{\lambda_0})u = \Phi_\lambda,$$

also ist in diesem Falle $\Phi_\lambda \in \mathfrak{S}_{\lambda_0}$.

Ist nun u ein beliebiges Element aus $\mathfrak{S}_\nu$ mit $-\infty < \nu < \infty$, so gestattet es die Darstellung $S_\nu v = u$ mit passendem $v \in \mathfrak{H}$. Der Spektralsatz aus 2.2 ergibt

$$A u = \int\limits_{-\infty}^{+\infty} \mu \, d_\mu E_\mu u = \int\limits_{-\infty}^{+\infty} \mu \, d_\mu S_\mu u + \int\limits_{-\infty}^{+\infty} \mu \, d_\mu T_\mu u.$$

Eine Umformung des letzten Integrales ergibt

$$\int\limits_{-\infty}^{+\infty} \mu \, d_\mu T_\mu u = \int\limits_{-\infty}^{+\infty} \mu \, d_\mu T_\mu S_\nu v = \int\limits_{-\infty}^{+\infty} \mu \, d T_\mu (E_\nu - T_\nu) v. \tag{2}$$

Mit der expliziten Angabe von T_λ in 2.4 rechnet man sofort nach, daß $T_\mu E_\nu v = T_\mu v$ für $\nu \geq \mu$ und $T_\mu E_\nu v = T_\nu v$ für $\nu \leq \mu$ gilt. Die erste Relation folgt so:

$$T_\mu E_\nu v = \sum_{\lambda_j \leq \mu} (E_{\lambda_j} - E_{\lambda_j - 0}) E_\nu v = \sum_{\lambda_j \leq \mu} (E_{\lambda_j} E_\nu v - E_{\lambda_j - 0} E_\nu v)$$

$$= \sum_{\lambda_j \leq \mu} (E_{\lambda_j} - E_{\lambda_j - 0}) v = T_\mu v.$$

Die zweite gewinnt man aus

$$T_\mu E_\nu v = \sum_{\lambda_j \leq \nu} (E_{\lambda_j} - E_{\lambda_j - 0}) E_\nu v + \sum_{\nu < \lambda_j \leq \mu} (E_{\lambda_j} - E_{\lambda_j - 0}) E_\nu v$$

$$= \sum_{\lambda_j \leq \nu} (E_{\lambda_j} - E_{\lambda_j - 0}) v + \sum_{\nu < \lambda_j \leq \mu} (E_\nu - E_\nu) v = T_\nu v.$$

Deshalb ergibt (2)

$$\int\limits_{-\infty}^{+\infty} \mu \, d_\mu T_\mu u = \int\limits_{-\infty}^{\nu} \mu \, d_\mu T_\mu (E_\nu - T_\nu) v + \int\limits_{\nu}^{\infty} \mu \, d_\mu T_\mu (E_\nu - T_\nu) v$$

$$= \int\limits_{-\infty}^{\nu} \mu \, d_\mu (T_\mu - T_\mu) v + \int\limits_{\nu}^{\infty} \mu \, d_\mu (T_\nu - T_\nu) v = \Theta. \tag{3}$$

Also gilt für $u \in \mathfrak{S}_\nu$, $A u = \int\limits_{-\infty}^{+\infty} \mu \, d_\mu S_\mu u$, und man hat für $u = \Phi_\lambda$

$$A \Phi_\lambda = \int\limits_{-\infty}^{+\infty} \mu \, d_\mu S_\mu \Phi_\lambda = \int\limits_{-\infty}^{+\infty} \mu \, d_\mu \{ S_\mu (S_\lambda - S_{\lambda_0}) u \}$$

$$= \int\limits_{-\infty}^{+\infty} \mu \, d_\mu (S_\mu S_\lambda u) - \int\limits_{-\infty}^{+\infty} \mu \, d_\mu (S_\mu S_{\lambda_0} u)$$

$$= \int\limits_{-\infty}^{\lambda} \mu \, d_\mu S_\mu u + \int\limits_{\lambda}^{\infty} \mu \, d_\mu S_\lambda u - \int\limits_{-\infty}^{\lambda_0} \mu \, d_\mu S_\mu u - \int\limits_{\lambda_0}^{\infty} \mu \, d_\mu S_{\lambda_0} u$$

$$= \int\limits_{-\infty}^{\lambda} \mu \, d_\mu S_\mu u - \int\limits_{-\infty}^{\lambda_0} \mu \, d_\mu S_\mu u = \int\limits_{\lambda_0}^{\lambda} \mu \, d_\mu S_\mu u$$

$$= \int\limits_{\lambda_0}^{\lambda} \mu \, d_\mu \{(S_\mu - S_{\lambda_0})u\} = \int\limits_{\lambda_0}^{\lambda} \mu \, d \, \Phi_\mu, \tag{4}$$

also ist Φ_λ Eigenpaket von A in $\mathfrak{A}$.

Schwieriger ist die Umkehrung von Satz 1, die lautet:

Satz 2: *Es sei A in $\mathfrak{A}$ selbstadjungiert. Ist Φ_λ mit $\Phi_{\lambda_0} = \Theta$ ein Eigenpaket von A in $\mathfrak{A}$, so kann es in jedem Intervall $-\infty < \alpha \leq \lambda \leq \beta < \infty$ mit $\alpha \leq \lambda_0 \leq \beta$ dargestellt werden durch*

$$\Phi_\lambda = (S_\lambda - S_{\lambda_0}) \, (\Phi_\beta - \Phi_\alpha).$$

Beweis[1]: 1. Schritt: Es sei das Intervall so gewählt, daß $\lambda_0 = \alpha$ ist. Dann ist die Darstellung

$$\Phi_\lambda = (S_\lambda - S_\alpha) \, \Phi_\beta \quad \text{in} \quad \alpha \leq \lambda \leq \beta \quad \text{mit} \quad \Phi_\alpha = \Theta \tag{5}$$

zu beweisen. Es sei λ_1 eine feste Zahl aus $-\infty < \lambda < \infty$. Wir erklären zwei Eigenpakete durch

$$X_\lambda = (S_\lambda - S_{\lambda_1}) \, \Phi_\beta, \qquad \Psi_\lambda = (\Phi_\lambda - \Phi_{\lambda_1}). \tag{6}$$

Es ist $X_{\lambda_1} = \Psi_{\lambda_1} = \Theta$. Ferner sei $\gamma < \alpha$ eine beliebige Zahl. Dann gilt nach 2.4 die Orthogonalitätsrelation

$$0 = (X_\alpha - X_\gamma, \Psi_\beta - \Psi_\alpha) = \big((S_\alpha - S_{\lambda_1}) \, \Phi_\beta - (S_\gamma - S_{\lambda_1}) \, \Phi_\beta, \Phi_\beta - \Phi_\alpha\big)$$

$$= \big((S_\alpha - S_\gamma) \, \Phi_\beta, \Phi_\beta - \Phi_\alpha\big) = \big((S_\alpha - S_\gamma) \, \Phi_\beta, \Phi_\beta\big), \tag{7}$$

also $(S_\alpha \Phi_\beta, \Phi_\beta) = (S_\gamma \Phi_\beta, \Phi_\beta)$ oder mit $S_\alpha S_\alpha = S_\alpha$, $S_\gamma S_\gamma = S_\gamma$

$$\|S_\alpha \Phi_\beta\|^2 = (S_\alpha \Phi_\beta, S_\alpha \Phi_\beta) = (S_\alpha \Phi_\beta, \Phi_\beta) = (S_\gamma \Phi_\beta, \Phi_\beta) = \|S_\gamma \Phi_\beta\|^2. \tag{8}$$

Daraus folgt $\|S_\alpha \Phi_\beta\| = \|S_\gamma \Phi_\beta\|$ für jedes $\gamma < \alpha$. Da nun $\lim\limits_{\gamma \to -\infty} \|S_\gamma \Phi_\beta\| = 0$ wegen $E_\lambda \to O$ und $T_\lambda \to O$ für $\lambda \to -\infty$ gilt, ist somit $\|S_\alpha \Phi_\beta\| = 0$ oder $S_\alpha \Phi_\beta = \Theta$ gezeigt.

Es sei nun $\delta > \beta$ eine beliebige Zahl. Wieder nach der Orthogonalitätsrelation hat man

$$0 = (X_\delta - X_\beta, \Psi_\beta - \Psi_\alpha) = \big((S_\delta - S_\beta) \, \Phi_\beta, \Phi_\beta\big), \tag{9}$$

also $(S_\delta \Phi_\beta, \Phi_\beta) = (S_\beta \Phi_\beta, \Phi_\beta)$ und wie oben

$$\|S_\delta \Phi_\beta\| = \|S_\beta \Phi_\beta\| \quad \text{für jedes} \quad \delta > \beta. \tag{10}$$

---

[1] Der Beweis folgt einer Mitteilung von B. HELLWIG.

Da $S_\lambda = E_\lambda - T_\lambda$ gesetzt ist und $E_\lambda \to E$ für $\lambda \to \infty$ ist und T_λ für $\lambda \to \infty$ existiert, also etwa $T_\lambda \to T_\infty$ für $\lambda \to \infty$, wobei T_∞ wieder Projektionsoperator ist, so gilt auch $S_\lambda \to S_\infty$ für $\lambda \to \infty$, und S_∞ ist wieder Projektionsoperator[1]. Aus (10) folgt dann

$$\| S_\infty \Phi_\beta \| = \| S_\beta \Phi_\beta \|. \tag{11}$$

Wir betrachten nun das Eigenpaket $\tilde{\Phi}_\lambda = \Phi_\lambda - (S_\lambda - S_\alpha) \Phi_\beta$, von dem wir wissen, daß $\tilde{\Phi}_\alpha = \Theta$ ist, weil $\Phi_\alpha = \Theta$ gilt. Man findet mit $S_\alpha \Phi_\beta = \Theta$

$$\begin{aligned}
\| \tilde{\Phi}_\beta \|^2 &= (\Phi_\beta - (S_\beta - S_\alpha) \Phi_\beta, \; \Phi_\beta - (S_\beta - S_\alpha) \Phi_\beta) \tag{12} \\
&= \| \Phi_\beta \|^2 - 2(S_\beta \Phi_\beta, \Phi_\beta) + (S_\beta \Phi_\beta, S_\beta \Phi_\beta) \\
&= \| \Phi_\beta \|^2 - \| S_\beta \Phi_\beta \|^2 = \| \Phi_\beta \|^2 - \| S_\infty \Phi_\beta \|^2 \\
&= \| \Phi_\beta \|^2 - \| (E - T_\infty) \Phi_\beta \|^2.
\end{aligned}$$

Wir zeigen, daß $T_\infty \Phi_\beta = \Theta$ gilt. Nach 2.4 hat man

$$T_\infty \Phi_\beta = \sum_{\lambda_j} (E_{\lambda_j} - E_{\lambda_j - 0}) \Phi_\beta, \tag{13}$$

wobei über alle Eigenwerte von A in $\mathfrak{A}$ zu summieren ist. Wir weisen nach, daß jeder Summand in (13) das Nullelement ist. Es sei etwa $(E_{\lambda_\sigma} - E_{\lambda_\sigma - 0}) \Phi_\beta \neq \Theta$. Dann ist das Element $(E_{\lambda_\sigma} - E_{\lambda_\sigma - 0}) \Phi_\beta = \varphi$ nach dem 2. Beweisschritt beim Satz 1 aus 2.3 Eigenelement zum Eigenwert λ_σ, also $A\varphi = \lambda_\sigma \varphi$ mit $\varphi \neq \Theta$. Nach Satz 1 aus 2.4 ist dieses orthogonal zu Φ_β, also

$$0 = (\varphi, \Phi_\beta) = \big((E_{\lambda_\sigma} - E_{\lambda_\sigma - 0}) \Phi_\beta, \Phi_\beta \big) = \| (E_{\lambda_\sigma} - E_{\lambda_\sigma - 0}) \Phi_\beta \|^2, \tag{14}$$

woraus $(E_{\lambda_\sigma} - E_{\lambda_\sigma - 0}) \Phi_\beta = \Theta$, also $\varphi = \Theta$ folgt. Dies ist ein Widerspruch und $T_\infty \Phi_\beta = \Theta$ gezeigt. Mit (12) hat man deshalb $\tilde{\Phi}_\beta = \Theta$ gezeigt.

Erfüllt λ die Relation $\alpha < \lambda < \beta$, so benutzen wir die Orthogonalitätsrelation ein letztes Mal für die Intervalle $[\alpha, \lambda]$, $[\lambda, \beta]$ und erhalten

$$0 = (\tilde{\Phi}_\beta - \tilde{\Phi}_\lambda, \; \tilde{\Phi}_\lambda - \tilde{\Phi}_\alpha) = (\tilde{\Phi}_\beta - \tilde{\Phi}_\lambda, \; \tilde{\Phi}_\lambda), \tag{15}$$

also $\| \tilde{\Phi}_\lambda \|^2 = (\tilde{\Phi}_\beta, \tilde{\Phi}_\lambda)$, woraus wegen $\tilde{\Phi}_\beta = \Theta$ nun $\tilde{\Phi}_\lambda = \Theta$ in $\alpha \leq \lambda \leq \beta$ folgt. Damit ist in $\alpha \leq \lambda \leq \beta$ die Darstellung $\Phi_\lambda = (S_\lambda - S_\alpha) \Phi_\beta$ bewiesen.

2. Schritt. Es sei jetzt Φ_λ das im Satz genannte Eigenpaket mit $\Phi_{\lambda_0} = \Theta$ und $\alpha \leq \lambda_0 \leq \beta$. Wir betrachten $\hat{\Phi}_\lambda = \Phi_\lambda - \Phi_\alpha$. Dann ist $\hat{\Phi}_\alpha = \Theta$, und nach dem 1. Schritt hat man die Darstellung $\hat{\Phi}_\lambda =$

---

[1] Daß T_∞, S_∞ wieder Projektionsoperatoren sind, folgt aus Satz 6 in 1.2.

$$= (S_\lambda - S_\alpha)\,\hat\Phi_\beta = S_\lambda\,\hat\Phi_\beta \quad \text{wegen} \quad S_\alpha\,\hat\Phi_\beta = \Theta. \qquad \text{Einsetzen} \quad \text{liefert}$$
$$\Phi_\lambda - \Phi_\alpha = (S_\lambda - S_\alpha)\,(\Phi_\beta - \Phi_\alpha) \quad \text{in} \quad \alpha \leq \lambda \leq \beta. \quad \text{Nun ist}$$

$$\Theta = \Phi_{\lambda_0} = \Phi_\alpha + (S_{\lambda_0} - S_\alpha)\,(\Phi_\beta - \Phi_\alpha),$$

woraus $\Phi_\alpha = -(S_{\lambda_0} - S_\alpha)\,(\Phi_\beta - \Phi_\alpha)$ folgt. Damit findet man

$$\Phi_\lambda = \Phi_\alpha + (S_\lambda - S_\alpha)\,(\Phi_\beta - \Phi_\alpha) = (S_\lambda - S_{\lambda_0})\,(\Phi_\beta - \Phi_\alpha), \qquad (16)$$

was die Behauptung des Satzes ist.

Auch die Eigenpakete können zur Charakterisierung des kontinuierlichen Spektrums herangezogen werden.

Satz 3: *Es sei A in $\mathfrak{A}$ selbstadjungiert. Das kontinuierliche Spektrum von A in $\mathfrak{A}$ besteht genau aus der Gesamtheit derjenigen Punkte μ, die nicht Eigenwerte von A in $\mathfrak{A}$ sind und zu denen es ein $\varepsilon_0 > 0$ so gibt, daß für alle $0 < \varepsilon \leq \varepsilon_0$ ein Eigenpaket Φ_λ mit $\Phi_{\mu+\varepsilon} - \Phi_{\mu-\varepsilon} \neq \Theta$ existiert.*

Beweis: Nach Satz 2 folgt

$$\Phi_{\mu+\varepsilon} - \Phi_{\mu-\varepsilon} = (S_{\mu+\varepsilon} - S_{\mu-\varepsilon})\,(\Phi_{\mu+\varepsilon} - \Phi_{\mu-\varepsilon}),$$

so daß $(S_{\mu+\varepsilon} - S_{\mu-\varepsilon}) \neq O$ gezeigt ist. Deshalb ist μ ein Punkt stetigen Wachstums von S_λ und E_λ. Die Umkehrung ist ebenso einfach (Satz 1).

Satz 2 wird falsch, wenn λ_0 außerhalb von $\alpha \leq \lambda \leq \beta$ liegt.

Beispiel A: Es sei A in $\mathfrak{H}$ symmetrisch und beschränkt. Dann ist A in $\mathfrak{H}$ selbstadjungiert. Ferner sei das Punktspektrum leer, so daß $S_\lambda = E_\lambda$ gilt. Das kontinuierliche Spektrum sei in $a \leq \lambda \leq b$ enthalten. Wählt man $\lambda_0 < a$, $a < \alpha < b$, $\beta > b$, so würde die Benutzung von Satz 2 auch in diesem Falle

$$\Phi_\beta = (E_\beta - E_{\lambda_0})\,(\Phi_\beta - \Phi_\alpha)$$

und wegen $E_{\lambda_0} = O$, $E_\beta = E$ schließlich $\Phi_\beta = \Phi_\beta - \Phi_\alpha$, oder $\Phi_\alpha = \Theta$ für alle α in $a < \alpha < b$ ergeben. Nach Satz 3 ist dieses Ergebnis falsch. Ein analoges Beispiel kann für die Wahl von $\lambda_0 > \beta$ konstruiert werden.

Wir bemerken, daß in Satz 1, 2, 3 die Voraussetzungen abgeschwächt werden können. Es genügt vorauszusetzen, daß A in $\mathfrak{A}$ symmetrisch ist und für den Operator A in $\mathfrak{A}$ der Spektralsatz aus 2.2 gilt.

Wichtiger ist die folgende Bemerkung. Während wir das Punktspektrum für jeden beliebigen Operator A in $\mathfrak{A}$ definieren konnten (vgl. II.1.1), haben wir nach 2.3 eine Definition des kontinuierlichen Spektrums nur für selbstadjungierte Operatoren gegeben. Wir sind mit Satz 3 in der Lage, auch das kontinuierliche Spektrum für beliebige symmetrische Operatoren zu definieren.

Definition 1: *Ist A in $\mathfrak{A}$ symmetrisch, so nennen wir die Gesamtheit aller Zahlen μ, die nicht Eigenwert von A in $\mathfrak{A}$ sind und zu denen es ein $\varepsilon_0 > 0$ so gibt. daß für alle $0 < \varepsilon \leq \varepsilon_0$ ein Eigenpaket Φ_λ mit $\Phi_{\mu+\varepsilon} - \Phi_{\mu-\varepsilon} \neq \Theta$ existiert, das kontinuierliche Spektrum von A in $\mathfrak{A}$.*

Ist A in $\mathfrak{A}$ selbstadjungiert, so stimmt mit Satz 3 diese Definition mit der in 2.3 gegebenen überein.

Im allgemeinen ist das Auffinden solcher Eigenpakete einfacher als das Auffinden der Spektralschar E_λ. Ist A in $\mathfrak{A}$ ein symmetrischer Differentialoperator mit leerem Punktspektrum und $\varphi(x, \lambda) \not\equiv 0$ eine Schar von Lösungen von $Au = \lambda u$ für $-\infty < \lambda < \infty$, so gilt $\|\varphi\| = \infty$, weil andernfalls φ Eigenfunktion zum Eigenwert λ sein würde. Die Konstruktion von Eigenpaketen kann dann in der Form

$$\Phi_\lambda(x) = \int\limits_{\lambda_0}^{\lambda} \varphi(x, \mu)\, d\mu \quad \text{oder allgemeiner durch} \quad \Phi_\lambda(x) = \int\limits_{\lambda_0}^{\lambda} \varphi(x, \mu)\, da(\mu)$$

versucht werden mit passender Funktion $a(\mu)$. Dieser Weg kann nur dann zum Erfolg führen, wenn $\|\Phi_\lambda\| < \infty$ gezeigt werden kann. Aber auch die anderen in der Definition des Eigenpakets geforderten Eigenschaften hat man nachzuweisen, wobei $A\Phi_\lambda = \int\limits_{\lambda_0}^{\lambda} \mu\, d\Phi_\mu$ durch die folgende allerdings formale Rechnung

$$A\Phi_\lambda = \int\limits_{\lambda_0}^{\lambda} \{A\varphi(x, \mu)\}\, da(\mu) = \int\limits_{\lambda_0}^{\lambda} \{\mu\varphi(x, \mu)\}\, da(\mu) = \int\limits_{\lambda_0}^{\lambda} \mu\, d\Phi_\mu$$

naheliegend ist.

3. Wesentlich selbstadjungierte Operatoren

3.1 Definitionen

Der Nachweis der Selbstadjungiertheit von Schrödinger-Operatoren ist recht schwierig. Deshalb führen wir noch den Begriff der wesentlichen Selbstadjungiertheit ein, der vielfach sogar den physikalischen Gegebenheiten besser angepaßt ist.

Definition 1: *A in $\mathfrak{A}$ heißt wesentlich selbstadjungiert, wenn 1. A in $\mathfrak{A}$ symmetrisch ist und 2. $(A + iE)\mathfrak{A}$ und $(A - iE)\mathfrak{A}$ dicht in $\mathfrak{H}$ sind.*

Da A in $\mathfrak{A}$ symmetrisch ist, kann $\pm i$ nicht Eigenwert von A in $\mathfrak{A}$ sein. Deshalb folgt aus $(A \pm iE)u = \Theta$ sofort $u = \Theta$. Daher existieren $(A \pm iE)^{-1}$ und haben dichte Definitionsbereiche in $\mathfrak{H}$, wenn A in $\mathfrak{A}$ wesentlich selbstadjungiert ist.

Solche wesentlich selbstadjungierten Operatoren lassen sich in einfachster und eindeutiger Weise zu selbstadjungierten Operatoren fortsetzen.

Definition 2: *Es sei B in $\mathfrak{B} \supseteq \mathfrak{A}$ eine Fortsetzung des symmetrischen Operators A in $\mathfrak{A}$. Die Fortsetzung B in $\mathfrak{B}$ heißt eine Fortsetzung durch*

Abschließen, wenn es zu jedem $u \in \mathfrak{B}$ eine Folge $u_1, u_2, \ldots \in \mathfrak{A}$ so gibt, daß $\lim\limits_{n \to \infty} u_n = u$, $\lim\limits_{n \to \infty} A u_n = B u$ *gilt.*

Die Symmetrie bleibt bei einer Fortsetzung durch Abschließen erhalten. Sei nämlich auch $\lim\limits_{n \to \infty} v_n = v$ und $\lim\limits_{n \to \infty} A v_n = B v$, so folgt aus $(A u_n, v_n) = (u_n, A v_n)$ für $u_n, v_n \in \mathfrak{A}$ durch Grenzübergang $n \to \infty$ $(B u, v) = (u, B v)$ für $u, v \in \mathfrak{B}$.

Man spricht von einer symmetrischen Fortsetzung, wenn 1. B in $\mathfrak{B}$ eine Fortsetzung des symmetrischen Operators A in $\mathfrak{A}$ ist und 2. B in $\mathfrak{B}$ wieder symmetrisch ist.

Satz 1: *Ist A in $\mathfrak{A}$ wesentlich selbstadjungiert, so ist jede symmetrische Fortsetzung von A in $\mathfrak{A}$ eine Fortsetzung durch Abschließen.*

Beweis: Es sei B in $\mathfrak{B}$ eine symmetrische Fortsetzung von A in $\mathfrak{A}$. u sei ein beliebiges Element aus $\mathfrak{B}$. Wir setzen $v = B u - i u$. Weil $(A - iE)\mathfrak{A}$ dicht in $\mathfrak{H}$ ist, gibt es eine Folge $u_1, u_2, \ldots \in \mathfrak{A}$, mit der $\lim\limits_{n \to \infty} (A - iE) u_n = v$ gilt. Setzt man weiter $(A - iE) u_n = v_n$, so hat man

$$\left.\begin{aligned} v - v_n &= B u - A u_n - i (u - u_n), \\ \|v - v_n\|^2 &= \|B u - A u_n\|^2 + \|u - u_n\|^2, \end{aligned}\right\} \tag{1}$$

wenn man die Symmetrie von A und B beachtet. Aus $\lim\limits_{n \to \infty} v_n = v$ folgt $\lim\limits_{n \to \infty} A u_n = \lim\limits_{n \to \infty} B u_n = B u$ und $\lim\limits_{n \to \infty} u_n = u$.

Definition 3: $\overline{A}$ *in* $\overline{\mathfrak{A}}$ *heißt die Abschließung des symmetrischen Operators A in $\mathfrak{A}$, wenn gilt: $\overline{\mathfrak{A}}$ besteht aus allen $u \in \mathfrak{H}$, zu denen es Folgen $u_1, u_2, \ldots \in \mathfrak{A}$ so gibt, daß* $\lim\limits_{n \to \infty} u_n = u$ *besteht und $A u_n$ konvergent ist. Man erklärt $\overline{A}$ durch* $\overline{A} u = \lim\limits_{n \to \infty} A u_n$, *und es ergibt sich sofort, daß $\overline{A}$ in $\overline{\mathfrak{A}}$ ein symmetrischer Operator ist.*

Aus den bisherigen Betrachtungen folgt nun ohne weiteres, daß A in $\mathfrak{A}$ dann und nur dann eine Abschließung $\overline{A}$ in $\overline{\mathfrak{A}}$ gestattet, wenn aus

$$\left\{\begin{aligned} &u_n \in \mathfrak{A}, \; u_n' \in \mathfrak{A}, \; \lim_{n \to \infty} u_n = u, \; \lim_{n \to \infty} u_n' = u \\ &\lim_{n \to \infty} A u_n = v, \; \lim_{n \to \infty} A u_n' = v' \end{aligned}\right. \tag{2}$$

folgt, daß $v = v'$ ist oder gleichwertig: wenn aus

$$w_n \in \mathfrak{A}, \; \lim_{n \to \infty} w_n = \Theta, \; \lim_{n \to \infty} A w_n = z \tag{3}$$

folgt, daß $z = \Theta$ ist.

Satz 2: *Jeder symmetrische Operator A in $\mathfrak{A}$ besitzt eine Abschließung $\overline{A}$ in $\overline{\mathfrak{A}}$.*

Beweis: Aus der Symmetrie und (3) folgt für jedes $f \in \mathfrak{A}$

$$(A w_n, f) = (w_n, A f) \qquad \text{und} \qquad \lim_{n \to \infty} (A w_n, f) = \lim_{n \to \infty} (w_n, A f) = 0.$$

Deshalb hat man $\lim_{n \to \infty} (A w_n, f) = (z, f) = 0$, woraus $z = \Theta$ folgt.

Satz 3: *Ist A in $\mathfrak{A}$ wesentlich selbstadjungiert, so ist $\overline{A}$ in $\overline{\mathfrak{A}}$ selbstadjungiert.*

Beweis: Nach Satz 2 existiert die Abschließung $\overline{A}$ in $\overline{\mathfrak{A}}$. Da $(A + iE)\mathfrak{A}$ dicht in $\mathfrak{H}$ ist, gibt es zu jedem $v \in \mathfrak{H}$ eine Folge $u_1, u_2, \ldots \in \mathfrak{A}$, so daß

$$\lim_{n \to \infty} v_n = v \qquad \text{mit} \qquad v_n = (A + iE) u_n \tag{4}$$

gilt. Nun ist

$$\| v_n - v_m \|^2 = \| A(u_n - u_m) + i(u_n - u_m) \|^2$$
$$= \| A(u_n - u_m) \|^2 + \| u_n - u_m \|^2. \tag{5}$$

Da $v_1, v_2, \ldots$ insbesondere eine Fundamentalfolge ist, ergibt sich aus (5), daß auch $u_1, u_2, \ldots$ und $A u_1, A u_2, \ldots$ Fundamentalfolgen sind. Wegen der Vollständigkeit von $\mathfrak{H}$ sind sie deshalb auch konvergent. Setzt man $\lim_{n \to \infty} u_n = u$, so gilt nach der Festsetzung über die Abschließung, daß $\lim_{n \to \infty} A u_n = \overline{A} u$ besteht. Aus (4) erhält man dann $v = \overline{A} u + iu$, so daß $(\overline{A} + iE) \overline{\mathfrak{A}} = \mathfrak{H}$ besteht. Analog zeigt man $(\overline{A} - iE) \overline{\mathfrak{A}} = \mathfrak{H}$. Deshalb ist $\overline{A}$ in $\overline{\mathfrak{A}}$ selbstadjungiert.

Im allgemeinen braucht ein wesentlich selbstadjungierter Operator A in $\mathfrak{A}$ kein Spektrum zu besitzen, weil der allgemeine Spektralsatz nur aussagt, daß erst für selbstadjungierte Operatoren die Spektralzerlegung $A u = \int\limits_{-\infty}^{+\infty} \lambda \, dE_\lambda u$ gilt und die Eigenelemente und Eigenpakete, aus denen das Spektrum abgelesen werden kann, im Definitionsbereich des selbstadjungierten Operators liegen.

Die Operatoren der Physik haben aber im allgemeinen die besonders wertvolle Eigenschaft, daß ihre sämtlichen Eigenelemente und Eigenpakete bereits in solchen Teilräumen von $\mathfrak{H}$ liegen, in denen die Operatoren nur wesentlich selbstadjungiert sind.

Aufgabe 1: Man zeige, daß A in $\mathfrak{A}$ aus Aufgabe 1 in II.2.1 nicht wesentlich selbstadjungiert ist.

3.2 Beispiele

Beispiel A (der Impulsoperator im $\Re_1$):

$$\mathfrak{H} = \left\{ u(x) \mid \int\limits_{-\infty}^{+\infty} |u(x)|^2 \, dx < \infty \right\}, \quad (u, v) = \int\limits_{-\infty}^{+\infty} u(x) \, \overline{v(x)} \, dx, \tag{1}$$

$$Au = \frac{h}{2\pi i} \, u', \tag{2}$$

$$\mathfrak{A} = \{ u(x) \mid u \in C^1(-\infty < x < \infty) \cap \mathfrak{H}, \quad Au \in \mathfrak{H} \}. \tag{3}$$

Satz 1: *A in $\mathfrak{A}$ ist wesentlich selbstadjungiert.*

Beweis: Nach II.3.3 ist A in $\mathfrak{A}$ symmetrisch. Es verbleibt zu zeigen, daß $A \pm iE)\,\mathfrak{A}$ dicht in $\mathfrak{H}$ ist. Sei

$$\overset{\circ}{\mathfrak{A}} = \{ u(x) \mid u \in C^1(-\infty < x < \infty), \quad u \equiv 0 \tag{4}$$
außerhalb eines individuellen, abgeschlossenen Intervalls}.

Dann ist $\overset{\circ}{\mathfrak{A}}$ in $\mathfrak{H}$ dicht. Zu beliebigen $v \in \overset{\circ}{\mathfrak{A}}$ suchen wir ein $u \in \mathfrak{A}$ so, daß $(A + iE)\,u = v$ ist. Durch eine Maßstabsänderung auf der x-Achse darf stets $\frac{h}{2\pi} = 1$ angenommen werden. $(A + iE)\,u = v$ wird dann $u' - u = iv$. Multiplikation mit e^{-x} und Integration ergibt

$$(e^{-x}u)' = i e^{-x} v \qquad \text{also} \qquad u(x) = e^x \{ c + i V(x) \}, \tag{5}$$

wobei $V(x)$ irgendeine Stammfunktion von $e^{-x}v(x)$ und c eine beliebige Konstante ist. Damit $u(x) \in \mathfrak{A}$ ist, wählen wir $c = -i V(\infty)$. Dies ist sinnvoll, weil $\int\limits_{x_0}^{\infty} e^{-t}v(t) \, dt$ existiert. Wir erhalten mit dieser Wahl

$$u(x) = i e^x \{ - V(\infty) + V(x) \} = -i e^x \int\limits_{x}^{\infty} e^{-t}v(t) \, dt. \tag{6}$$

Da $v(x) \equiv 0$ für $|x| \geq x_v$ ist, ist auch $u(x) \equiv 0$ für $x \geq x_v$. Für $x \leq -x_v$ findet man aus (6)

$$u(x) = -i e^x \int\limits_{x}^{\infty} e^{-t}v(t) \, dt = -i e^x \int\limits_{-x_v}^{x_v} e^{-t} \, v(t) \, dt. \tag{7}$$

Deshalb ist das in (6) angegebene $u(x)$ aus $\mathfrak{H}$ und erfüllt $u' - u = iv$, womit auch $u' \in \mathfrak{H}$ folgt. Somit gibt es zu jedem $v \in \overset{\circ}{\mathfrak{A}}$ ein $u \in \mathfrak{A}$, so daß $(A + iE)\,u = v$ besteht. Daher gilt $\overset{\circ}{\mathfrak{A}} \subseteq (A + iE)\,\mathfrak{A}$, und somit ist $(A + iE)\,\mathfrak{A}$ dicht in $\mathfrak{H}$. Ähnlich erledigt man, daß auch $(A - iE)\,\mathfrak{A}$ dicht in $\mathfrak{H}$ ist.

Satz 2: *Das Punktspektrum von A in $\mathfrak{A}$ ist leer, das kontinuierliche Spektrum besteht aus allen Punkten λ mit $-\infty < \lambda < \infty$.*

Beweis: Aus $Au = \lambda u$ folgt $u = ce^{\frac{2\pi i\lambda}{h}x}$. $u \in \mathfrak{H}$ gilt dann und nur dann, wenn $c = 0$ ist. Daher ist das Punktspektrum leer. Als Eigenpaket Φ_λ finden wir (wenn wir $\lambda_0 = 0$ setzen)

$$\Phi_\lambda(x) = \int_0^\lambda e^{\frac{2\pi i\mu}{h}x}\,d\mu = \frac{h}{2\pi i x}\left\{e^{\frac{2\pi i\lambda x}{h}} - 1\right\}, \quad -\infty < \lambda < \infty. \tag{8}$$

Es ist $\int_{-\infty}^{+\infty}|\Phi_\lambda(x)|^2\,dx < \infty$ und sogar $\Phi_\lambda \in \mathfrak{A}$. Ferner ist $A\Phi_\lambda = \int_0^\lambda \mu\,d\Phi_\lambda$ und die weiteren geforderten Eigenschaften für ein Eigenpaket können sofort abgelesen werden. Mit Definition 1 aus 2.5 liest man die Behauptung über das kontinuierliche Spektrum ab.

Beispiel B (der Impulsoperator auf der Halbachse $0 \leq x < \infty$):

$$\mathfrak{H} = \left\{u(x) \mid \int_0^\infty |u(x)|^2\,dx < \infty\right\}, \quad (u, v) = \int_0^\infty u(x)\,\overline{v(x)}\,dx, \tag{9}$$

$$Au = \frac{h}{2\pi i}\,u', \tag{10}$$

$$\mathfrak{A} = \{u(x) \mid u \in C^1(0 \leq x < \infty) \cap \mathfrak{H}, \quad Au \in \mathfrak{H}; \quad u(0) = 0\}. \tag{11}$$

Offensichtlich ist $\mathfrak{A}$ in $\mathfrak{H}$ dicht und A in $\mathfrak{A}$ symmetrisch. Mit II.3.3 überlegt man sich nämlich sofort, daß für $u \in \mathfrak{A}$ sogar $\lim_{x\to\infty} u(x) = 0$ gilt.

Satz 3: *A in $\mathfrak{A}$ ist nicht wesentlich selbstadjungiert.*

Beweis: Mit $f = e^{-\frac{2\pi}{h}x} \in \mathfrak{H}$ hat man für jedes $u \in \mathfrak{A}$

$$((A + iE)\,u, f) = \int_0^\infty \left(\frac{h}{2\pi i}\,u' + iu\right)e^{-\frac{2\pi}{h}x}\,dx$$

$$= \frac{h}{2\pi i}\left\{ue^{-\frac{2\pi}{h}x}\Big|_0^\infty + \frac{2\pi}{h}\int_0^\infty ue^{-\frac{2\pi}{h}x}\,dx\right\} + i\int_0^\infty ue^{-\frac{2\pi}{h}x}\,dx$$

$$= -\frac{h}{2\pi i}\,u(0) = 0. \tag{12}$$

Deshalb ist $f \in \mathfrak{H}$ orthogonal zu $(A + iE)\,\mathfrak{A}$ und $(A + iE)\,\mathfrak{A}$ ist nicht dicht in $\mathfrak{H}$.

Man kann sogar noch schärfer zeigen (J. v. NEUMANN [*]), daß es überhaupt keinen Teilraum gibt, in dem A wesentlich selbstadjungiert, geschweige denn selbstadjungiert ist. Deshalb darf der Impulsoperator im Halbraum nicht in physikalischen Überlegungen auftreten. Der Grund für die Nicht-Selbstadjungiertheit ist darin zu sehen, daß die Forderung $u(0) = 0$ zu einschränkend ist[1]; sie kann jedoch bereits für die Symmetrie nicht entbehrt werden. Dazu braucht man (10) nur in

$$\widetilde{\mathfrak{A}} = \{u(x) \mid u \in C^1(0 \leq x < \infty) \cap \mathfrak{H}, \quad Au \in \mathfrak{H}\} \tag{13}$$

---

[1] Eine solche Randbedingung ist erst passend, wenn der Differentialoperator u'' enthält.

zu betrachten. Für $u \in \widetilde{\mathfrak{A}}$ findet man

$$(Au, u) - (u, Au) = \frac{h}{2\pi i} \int\limits_0^\infty \{u'(x)\,\overline{u(x)} + u(x)\,\overline{u'(x)}\}\,dx$$

$$= \frac{h}{2\pi i}\left\{u(x)\,\overline{u(x)}\,\Big|_0^\infty\right\} = -\frac{h}{2\pi i}\,|u(0)|^2. \tag{14}$$

Beispiel C (der Impulsoperator im endlichen Intervall $a \leq x \leq b$): Wir setzen

$$\mathfrak{H} = \left\{u(x)\ \Big|\ \int\limits_a^b |u(x)|^2\,dx < \infty\right\}, \quad (u, v) = \int\limits_a^b u(x)\,\overline{v(x)}\,dx \text{ und betrachten } A \text{ in } \mathfrak{A}$$

mit $Au = \dfrac{h}{2\pi i}\,u'$ und

$$\mathfrak{A} = \{u(x) \mid u \in C^1(a \leq x \leq b);\ \ u(b) = e^{i\alpha}\,u(a)\}, \quad 0 \leq \alpha < 2\pi. \tag{15}$$

Satz 4: *Das Punktspektrum von* A *in* $\mathfrak{A}$ *besteht aus den Eigenwerten*

$$\lambda_j = \frac{h}{b-a}\left(\frac{\alpha}{2\pi} + j\right),\ j = 0, \pm 1, \pm 2, \dots.$$

Die dazugehörigen Eigenfunktionen

$$\varphi_j(x) = \frac{1}{\sqrt{b-a}}\,e^{\frac{2\pi i}{b-a}\left(\frac{\alpha}{2\pi} + j\right)x},\ j = 0, \pm 1, \pm 2, \dots \tag{16}$$

bilden in $\mathfrak{H}$ *ein vollständiges Orthonormalsystem. Für jedes* $u \in \mathfrak{H}$ *gilt daher*

$$u = \sum_{j=-\infty}^\infty a_j \varphi_j\ \ mit\ \ a_j = (u, \varphi_j).$$

Das kontinuierliche Spektrum ist leer.

Beweis: Es ist A in $\mathfrak{A}$ symmetrisch, denn man hat für $u, v \in \mathfrak{A}$

$$(Au, v) - (u, Av) = \frac{h}{2\pi i} \int\limits_a^b (u'\overline{v} + u\overline{v'})\,dx$$

$$= \frac{h}{2\pi i}\,(u\overline{v})\,\Big|_a^b = \frac{h}{2\pi i}\,\{e^{i\alpha}u(a)\,e^{-i\alpha}\overline{v(a)} - u(a)\,\overline{v(a)}\} = 0. \tag{17}$$

Deshalb ist das Spektrum reell. Aus $Au = \lambda u$ folgt $u = c\,e^{\frac{2\pi i \lambda x}{h}}$. Damit $u \in \mathfrak{A}$ gilt muß $e^{\frac{2\pi i \lambda (b-a)}{h}} = e^{i\alpha}$ sein, woraus $\lambda = \lambda_j = \dfrac{h}{b-a}\left(\dfrac{\alpha}{2\pi} + j\right)$ folgt.

Jeder Eigenwert ist einfach, die dazugehörigen Eigenfunktionen sind durch (16) gegeben, wenn man $\|\varphi_j\| = 1$ fordert. Da A in $\mathfrak{A}$ symmetrisch ist, bilden sie ein Orthonormalsystem. Dieses ist in $\mathfrak{H}$ vollständig. Wäre $f \in \mathfrak{H}$ auf allen φ_j orthogonal, so hat man nämlich

$$0 = (f, \varphi_j) = \frac{1}{\sqrt{b-a}} \int\limits_a^b f e^{-\frac{i\alpha x}{b-a}} e^{-\frac{2\pi i j x}{b-a}}\,dx.$$

Daraus folgt, daß $fe^{-\frac{i\alpha x}{b-a}}$ orthogonal zu allen $u_j = e^{\frac{2\pi i j x}{b-a}}$ ist. Diese u_j bilden aber in $a \leq x \leq b$ ein vollständiges Orthonormalsystem (vgl. I.3.2). Deshalb folgt $f \equiv 0$. Weil Eigenpakete von A in $\mathfrak{A}$ auf allen φ_j orthogonal sein müssen, ist $\Phi_\lambda(x) \equiv 0$ das einzige Eigenpaket.

3.3 Kriterien für die wesentliche Selbstadjungiertheit

Satz 1: *1. A in $\mathfrak{A}$ symmetrisch,*
2. $\mathfrak{W}_A \equiv A\mathfrak{A}$ dicht in $\mathfrak{H}$,
3. A in $\mathfrak{A}$ streng positiv, insbesondere nach der Schwarzschen Ungleichung $\|Au\| \geq a\|u\|$ für alle $u \in \mathfrak{A}$ mit festem $a > 0$.
Dann ist A in $\mathfrak{A}$ wesentlich selbstadjungiert.

Beweis: Aus $Au = \Theta$ folgt $0 = \|\Theta\| \geq a\|u\|$, also $u = \Theta$. Deshalb hat $Au = \lambda u$ nicht den Eigenwert $\lambda = 0$, und nach II.1.1 existiert A^{-1} mit dem Definitionsbereich $\mathfrak{A}^{-1} = \mathfrak{W}_A$ und Wertebereich $\mathfrak{W}_{A^{-1}} = \mathfrak{A}$. Nach Voraussetzung ist $\mathfrak{A}^{-1}$ dicht in $\mathfrak{H}$. Setzt man $f = Au$ mit $u \in \mathfrak{A}$ und $u = A^{-1}f$, so ist

$$\|f\| = \|Au\| \geq a\|u\| = a\|A^{-1}f\|, \tag{1}$$

also $\|A^{-1}f\| \leq \dfrac{1}{a}\|f\|$ für alle $f \in \mathfrak{A}^{-1}$. A^{-1} in $\mathfrak{A}^{-1}$ ist beschränkt und symmetrisch; denn setzt man für $u \in \mathfrak{A}$, $v \in \mathfrak{A}$

$$f = Au, \quad g = Av; \quad u = A^{-1}f, \quad v = A^{-1}g, \tag{2}$$

so folgt

$$(A^{-1}f, g) = (A^{-1}Au, Av) = (u, Av) = (Au, v) = (f, A^{-1}g) \tag{3}$$

für alle $f, g \in \mathfrak{A}^{-1}$.

Für die wesentliche Selbstadjungiertheit ist zu zeigen, daß $(A \pm iE)\mathfrak{A}$ dicht in $\mathfrak{H}$ ist. Nehmen wir an, daß $(A + iE)\mathfrak{A}$ nicht dicht in $\mathfrak{H}$ sei, so gibt es ein Element $h \in \mathfrak{H}$ mit $h \neq \Theta$, so daß

$$(h, (A + iE)u) = 0 \qquad \text{für alle} \qquad u \in \mathfrak{A} \tag{4}$$

gilt. Da $A\mathfrak{A}$ dicht in $\mathfrak{H}$ ist, gibt es eine Folge $u_1, u_2, \dots \in \mathfrak{A}$ so, daß

$$h_n = Au_n \qquad \text{und} \qquad \lim_{n\to\infty} \|h_n - h\| = 0 \tag{5}$$

besteht. Also ist mit (4)

$$0 = (h, (A + iE)u_n) = (h, Au_n) - i(h, u_n)$$
$$= (h, h_n) - i(h, A^{-1}h_n). \tag{6}$$

Deshalb hat man mit (6)

$$(h_n, h_n) - i(h_n, A^{-1}h_n)$$
$$= (h_n, h_n) - i(h_n, A^{-1}h_n) - \{(h, h_n) - i(h, A^{-1}h_n)\}$$
$$= (h_n - h, h_n) - i(h_n - h, A^{-1}h_n). \tag{7}$$

Da A^{-1} in $\mathfrak{A}^{-1}$ beschränkt ist, ist $A^{-1}h_n$ nach III.1.1 eine Fundamentalfolge. Aus (5) und (7) folgt dann

$$\left.\begin{array}{c}\lim_{n\to\infty} (h_n - h, h_n) = 0, \qquad \lim_{n\to\infty} (h_n - h, A^{-1}h_n) = 0, \\[2mm] \lim_{n\to\infty} \{\|h_n\|^2 - i(h_n, A^{-1}h_n)\} = 0.\end{array}\right\} \tag{8}$$

Da A^{-1} in $\mathfrak{A}^{-1}$ symmetrisch ist, fällt $(h_n, A^{-1}h_n)$ reell aus. Also ist nach (8) $\lim_{n\to\infty} \|h_n\|^2 = 0$ und deshalb

$$0 = \lim_{n\to\infty} \|h_n\|^2 = \|h\|^2, \tag{9}$$

so daß $h = \Theta$ folgt. Dies ist ein Widerspruch, also ist $(A + iE)\mathfrak{A}$ dicht in $\mathfrak{H}$. Analog beweist man auch, daß $(A - iE)\mathfrak{A}$ ebenfalls dicht in $\mathfrak{H}$ ist. Damit ist alles bewiesen.

Ein analoger Beweis besteht für den ganz benachbarten

Satz 1a: *1. A in* $\mathfrak{A}$ *symmetrisch,*
2. $\mathfrak{W}_A \equiv A\mathfrak{A} = \mathfrak{H}$,
3. A in $\mathfrak{A}$ *streng positiv.*
Dann ist A in $\mathfrak{A}$ *selbstadjungiert.*

Es gilt sogar viel schärfer der

Satz 1b: *1. A in* $\mathfrak{A}$ *symmetrisch,*
2. $\mathfrak{W}_A \equiv A\mathfrak{A} = \mathfrak{H}$.
Dann ist A in $\mathfrak{A}$ *selbstadjungiert.*

Beweis: 1. Schritt: A in $\mathfrak{A}$ ist wesentlich selbstadjungiert: Es sei $(A + iE)\mathfrak{A}$ nicht dicht in $\mathfrak{H}$. Dann gibt es ein $h \neq \Theta$ mit $h \in \mathfrak{H}$, so daß (4) gilt. Wegen $A\mathfrak{A} = \mathfrak{H}$ gibt es ein $g \in \mathfrak{A}$, so daß $h = Ag$ ist. (4) ergibt dann

$$0 = (Ag, Ag + ig) = \|Ag\|^2 - i(Ag, g) = \|h\|^2 - i(Ag, g).$$

Wegen der Symmetrie ist (Ag, g) reell, so daß $h = \Theta$ folgt. Deshalb ist $(A + iE)\mathfrak{A}$ dicht in $\mathfrak{H}$. Analog zeigt man, daß $(A - iE)\mathfrak{A}$ dicht in $\mathfrak{H}$ ist.

2. Schritt: A in $\mathfrak{A}$ ist selbstadjungiert: Weil $(A + iE)\mathfrak{A}$ dicht in $\mathfrak{H}$ ist, gibt es zu jedem $v \in \mathfrak{H}$ eine Folge $u_1, u_2, \ldots \in \mathfrak{A}$, so daß $\lim_{n\to\infty} v_n = v$

mit $v_n = (A + iE)u_n$ gilt. Deshalb ist $v_1, v_2, \ldots$ eine Fundamentalfolge, und man hat

$$\| v_n - v_m \|^2 = \| A u_n - A u_m \|^2 + \| u_n - u_m \|^2.$$

Aus der Vollständigkeit des Raumes schließt man

$$\lim_{n \to \infty} u_n = u, \qquad \lim_{n \to \infty} A u_n = z.$$

Da $A\mathfrak{A} = \mathfrak{H}$ ist, gibt es ein $w \in \mathfrak{A}$ so, daß $z = Aw$ ist. Ist $f \in \mathfrak{A}$ beliebig, so hat man mit $f = A\psi$

$$(u - w, f) = (u - w, A\psi) = (A u - A w, \psi)$$
$$= \lim_{n \to \infty} (A u - A u_n, \psi) = \lim_{n \to \infty} (u - u_n, A\psi) = 0$$

für alle $f \in \mathfrak{A}$, woraus $u = w$ folgt. Deshalb ist

$$v = \lim_{n \to \infty} v_n = \lim_{n \to \infty} (A + iE)u_n = \lim_{n \to \infty} A u_n + \lim_{n \to \infty} u_n$$
$$= A u + i u = (A + iE)u.$$

Es gibt somit zu jedem $v \in \mathfrak{H}$ ein $u \in \mathfrak{A}$ so, daß $v = (A + iE)u$ gilt. Damit ist $(A + iE)\mathfrak{A} = \mathfrak{H}$ gezeigt. Analog erledigt man $(A - iE)\mathfrak{A} = \mathfrak{H}$, und man hat die Selbstadjungiertheit von A in $\mathfrak{A}$ gezeigt.

Satz 2: *1. A in $\mathfrak{A}$ symmetrisch.*

2. Es gibt eine komplexe Zahl λ mit $Im(\lambda) \neq 0$ so, daß $(A - \lambda E)\mathfrak{A}$ und $(A - \bar{\lambda}E)\mathfrak{A}$ dicht in $\mathfrak{H}$ sind.

Dann ist A in $\mathfrak{A}$ wesentlich selbstadjungiert.

Zum Beweis benötigen wir ein Lemma.

Lemma 1: *Es sei B in $\mathfrak{B}$ beschränkt mit $\| B \| = 1 - \delta$ und $0 < \delta \leq 1$. Dann ist $(B + E)\mathfrak{B}$ dicht in $\mathfrak{H}$.*

Beweis des Lemmas: Wir machen die Annahme, daß $(B + E)\mathfrak{B}$ nicht dicht in $\mathfrak{H}$ sei. Dann gibt es ein Element $w \in \mathfrak{H}$ mit $w \neq \Theta$, so daß

$$(w, (B + E)u) = 0 \qquad \text{für alle} \qquad u \in \mathfrak{B} \tag{10}$$

gilt. Da wegen der Definition des beschränkten Operators in III.1.1 $\mathfrak{B}$ dicht in $\mathfrak{H}$ ist, gibt es eine Folge $u_1, u_2, \ldots \in \mathfrak{B}$ so, daß $\lim_{n \to \infty} u_n = w$ gilt. Mit (10) hat man dann

$$0 = (w, B u_n + u_n) = (w, w) + (w, u_n - w) + (w, B u_n), \tag{11}$$

$$\| w \|^2 = -(w, u_n - w) - (w, B u_n) \leq \| w \|\, \| u_n - w \| + \| w \|\, \| B u_n \|, \tag{12}$$

$$\| w \| \leq \| u_n - w \| + (1 - \delta) \| u_n \|. \tag{13}$$

$\lim_{n \to \infty}$ ergibt $\| w \| \leq (1 - \delta) \| w \|$, und daraus folgt $\delta \leq 0$, was der gewünschte Widerspruch ist.

Beweis von Satz 2: Wieder ist zu zeigen, daß $(A \pm iE)\mathfrak{A}$ dicht in $\mathfrak{H}$ ist. Setzen wir $\tilde{A} = A - \lambda E$ und betrachten das Eigenwertproblem $\tilde{A}u = \mu u$ für $u \in \mathfrak{A}$, so kann $\mu = 0$ nicht Eigenwert sein. Wäre nämlich $\mu = 0$ Eigenwert, so würde $\Theta = \tilde{A}\varphi = A\varphi - \lambda\varphi$ mit $\varphi \in \mathfrak{A}$, $\varphi \neq \Theta$ bestehen. Dies bedeutet $A\varphi = \lambda\varphi$, und φ wäre Eigenelement zum Eigenwert λ von A. Da A symmetrisch ist, müßte aber λ reell sein. Deshalb existiert $\tilde{A}^{-1} = (A - \lambda E)^{-1}$ in $(A - \lambda E)\mathfrak{A}$ und bildet diese Menge auf $\mathfrak{A}$ ab. Also ist $(A - \bar{\lambda}E)(A - \lambda E)^{-1}$ in der dichten Menge $(A - \lambda E)\mathfrak{A}$ definiert. Einfaches Verifizieren ergibt

$$\|(A - \lambda E)u\|^2 = \|Au\|^2 - 2\,\mathrm{Re}(\lambda)(Au, u) + |\lambda|^2 \|u\|^2$$

$$= \|(A - \bar{\lambda}E)u\|^2. \tag{14}$$

Setzt man $u = (A - \lambda E)^{-1}v$, so bekommt man aus (14) für alle $v \in (A - \lambda E)\mathfrak{A}$

$$\|v\| = \|(A - \bar{\lambda}E)(A - \lambda E)^{-1}v\|. \tag{15}$$

Deshalb ist $(A - \bar{\lambda}E)(A - \lambda E)^{-1}$ ein beschränkter Operator mit $\|(A - \bar{\lambda}E)(A - \lambda E)^{-1}\| = 1$. Das Lemma 1 ergibt deshalb, daß

$$\{c(A - \bar{\lambda}E)(A - \lambda E)^{-1} + E\}(A - \lambda E)\mathfrak{A} \tag{16}$$

dicht in $\mathfrak{H}$ ist für alle komplexen Zahlen c mit $|c| \leq 1 - \delta$ und $0 < \delta \leq 1$. Einfaches Ausrechnen ergibt

$$\{c(A - \bar{\lambda}E)(A - \lambda E)^{-1} + E\}(A - \lambda E) = A - \lambda E + c(A - \bar{\lambda}E)$$

$$= (c + 1)\left(A - \frac{\lambda + c\bar{\lambda}}{c + 1}E\right). \tag{17}$$

Wir versuchen c so zu wählen, daß $-\dfrac{\lambda + c\bar{\lambda}}{c + 1} = i$ ist. Dies bedeutet $c = -\dfrac{\lambda + i}{\bar{\lambda} + i}$. Für alle λ mit $\mathrm{Im}(\lambda) < 0$ ist dann $|c| < 1$. Man kann also zu jedem λ mit $\mathrm{Im}(\lambda) < 0$ ein δ_λ so finden, daß

$$|c| \leq 1 - \delta_\lambda \quad \text{und} \quad 0 < \delta_\lambda \leq 1 \tag{18}$$

gilt. Hätte man im Beweisgang anstelle von λ immer $\bar{\lambda}$ benutzt, so würde die (16) entsprechende Formel ergeben, daß

$$\{c(A - \lambda E)(A - \bar{\lambda}E)^{-1} + E\}(A - \bar{\lambda}E)\mathfrak{A} \tag{19}$$

dicht in $\mathfrak{H}$ ist falls $|c| \leq 1 - \delta$ ausfällt. (17) würde die Gestalt

$$\{c(A - \lambda E)(A - \bar{\lambda}E)^{-1} + E\}(A - \bar{\lambda}E) = (c + 1)\left(A - \frac{\bar{\lambda} + c\lambda}{c + 1}E\right) \tag{20}$$

erhalten. Versucht man hier c so zu wählen, daß $-\dfrac{\bar{\lambda} + c\lambda}{c + 1} = i$ ist, so

erhält man $c = -\dfrac{\bar{\lambda} + i}{\lambda + i}$. Für alle λ mit $\mathrm{Im}\,(\lambda) > 0$ ist dann $|c| < 1$, und zu jedem solchen λ kann eine Zahl δ_λ so gefunden werden, daß wieder (18) gilt. Deshalb ist mit (16) bzw. (19) gezeigt, daß $(A + iE)\,\mathfrak{A}$ dicht in $\mathfrak{H}$ ist. Ähnlich bekommt man, daß auch $(A - iE)\,\mathfrak{A}$ dicht in $\mathfrak{H}$ ist, indem man $\dfrac{\lambda + c\bar{\lambda}}{c + 1} = i$ bzw. $\dfrac{\bar{\lambda} + c\lambda}{c + 1} = i$ setzt.

Die Umkehrung von Satz 2 lautet:

Satz 3: *A in $\mathfrak{A}$ wesentlich selbstadjungiert.*

Dann ist $(A - \mu E)\,\mathfrak{A}$ dicht in $\mathfrak{H}$ für alle komplexen Zahlen μ mit $\mathrm{Im}\,(\mu) \neq 0$.

Beweis: Nach Voraussetzung ist $(A \pm iE)\,\mathfrak{A}$ dicht in $\mathfrak{H}$. Deshalb darf man in den Formeln des vorangegangenen Beweises λ durch i und durch $-i$ ersetzen. (17) würde dann liefern, daß

$$(c + 1)\left(A - \frac{i - ci}{c + 1}\,E\right)\mathfrak{A} \quad \text{und} \quad (c + 1)\left(A - \frac{ci - i}{c + 1}\,E\right)\mathfrak{A} \qquad (21)$$

dicht in $\mathfrak{H}$ ist für alle komplexen Zahlen c mit $|c| \leq 1 - \delta$ und $0 < \delta \leq 1$. Wir versuchen c so zu wählen, daß $\dfrac{i - ci}{c + 1} = \mu$ ist. Daraus folgt $c = \dfrac{i - \mu}{i + \mu}$. Zu jedem μ mit $\mathrm{Im}\,(\mu) > 0$ kann man ein δ_μ so finden, daß $|c| \leq 1 - \delta_\mu$ ist und $0 < \delta_\mu \leq 1$ gilt. Setzt man analog $\dfrac{ci - i}{c + 1} = \mu$, so findet man $c = \dfrac{i + \mu}{i - \mu}$ und entsprechend zu jedem μ mit $\mathrm{Im}\,(\mu) < 0$ ein $\tilde{\delta}_\mu$, so daß auch hier $|c| \leq 1 - \tilde{\delta}_\mu$ und $0 < \tilde{\delta}_\mu \leq 1$ gilt. Aus (21) liest man nun die Behauptung ab.

Satz 4: *1. B in $\mathfrak{B}$ wesentlich selbstadjungiert.*

2. C in $\mathfrak{B}$ symmetrisch.

3. $\|Cu\| \leq \varepsilon\,\|Bu\| + \delta\,\|u\|$ mit $0 \leq \varepsilon < 1$ für alle $u \in \mathfrak{B}$.

Dann ist $B + C$ in $\mathfrak{B}$ wesentlich selbstadjungiert.

Beweis: Weil B in $\mathfrak{B}$ und C in $\mathfrak{B}$ symmetrisch ist, ist auch $B + C$ in $\mathfrak{B}$ symmetrisch. Nach Satz 2 genügt es deshalb zu zeigen, daß es wenigstens eine reelle Zahl $k \neq 0$ so gibt, daß $(B + C \pm ikE)\,\mathfrak{B}$ dicht in $\mathfrak{H}$ ist.

Da B in $\mathfrak{B}$ wesentlich selbstadjungiert ist, ergibt Satz 3, daß $(B + ikE)\,\mathfrak{B}$ dicht in $\mathfrak{H}$ ist für jede reelle Zahl $k \neq 0$. Aus gleichen Gründen wie im Beweis zu Satz 2 existiert $(B + ikE)^{-1}$ mit dichtem Definitionsbereich. Es ist

$$\|(B + ikE)u\|^2 = \|Bu\|^2 + k^2\,\|u\|^2 \geq k^2\,\|u\|^2. \qquad (22)$$

Setzt man $f = (B + ikE)u$ und $u = (B + ikE)^{-1}f$, so folgt aus (22)

$$\|f\|^2 \geq k^2\,\|(B + ikE)^{-1}f\|^2 \quad \text{oder} \quad \|(B + ikE)^{-1}\| \leq \frac{1}{|k|}. \qquad (23)$$

Aus der 3. Voraussetzung folgt schließlich

$$\|C(B + ikE)^{-1}f\| \leq \varepsilon\|B(B + ikE)^{-1}f\| + \delta\|(B + ikE)^{-1}f\|. \quad (24)$$

Aus (22) entnimmt man $\|Bu\| \leq \|(B + ikE)u\|$, also

$$\|B(B + ikE)^{-1}f\| \leq \|f\| \qquad \text{oder} \qquad \|B(B + ikE)^{-1}\| \leq 1 \quad (25)$$

für alle $f \in (B + ikE)\mathfrak{B}$. Verwendet man (23) und (25) in (24), so hat man endlich

$$\|C(B + ikE)^{-1}f\| \leq \varepsilon\|f\| + \frac{\delta}{|k|}\|f\| = \left(\varepsilon + \frac{\delta}{|k|}\right)\|f\|. \quad (26)$$

Wir wählen $|k|$ so groß, daß $\varepsilon + \dfrac{\delta}{|k|} < 1$ ausfällt. Dann ist $C(B + ikE)^{-1}$ ein beschränkter Operator mit

$$\|C(B + ikE)^{-1}\| < 1. \quad (27)$$

Nach dem Lemma 1 ist $\{C(B + ikE)^{-1} + E\}(B + ikE)\mathfrak{B}$ dicht in $\mathfrak{H}$. Dieser Ausdruck ist aber nichts weiter als

$$(B + C + ikE)\mathfrak{B}. \quad (28)$$

Ersetzt man k durch $-k$, so ist gezeigt, daß $(B + C \pm ikE)\mathfrak{B}$ dicht in $\mathfrak{H}$ ist.

Ein analoger Beweis (vgl. Aufgabe 1) besteht für den ganz benachbarten

Satz 4a: *1. B in $\mathfrak{B}$ selbstadjungiert.*
2. C in $\mathfrak{B}$ symmetrisch.
3. $\|Cu\| \leq \varepsilon\|Bu\| + \delta\|u\|$ mit $0 \leq \varepsilon < 1$ und alle $u \in \mathfrak{B}$.
Dann ist $B + C$ in $\mathfrak{B}$ selbstadjungiert.

Satz 5: *1. B in $\mathfrak{B}$ wesentlich selbstadjungiert.*
2. C in $\mathfrak{B}$ symmetrisch.
3. $\|Cu\|^2 \leq p_1(u, Bu) + p_2\|u\|^2$ mit $p_1 \geq 0$, $p_2 \geq 0$ für alle $u \in \mathfrak{B}$.
Dann ist $B + C$ in $\mathfrak{B}$ wesentlich selbstadjungiert.

Beweis: Wie im vorangegangenen Beweis genügt es zu zeigen, daß es wenigstens eine reelle Zahl $k \neq 0$ so gibt, daß $(B + C \pm ikE)\mathfrak{B}$ dicht in $\mathfrak{H}$ ist. Ferner haben wir wieder

$$\left.\begin{array}{c}\|(B + ikE)^{-1}\| \leq \dfrac{1}{|k|}, \quad \|Bu\| \leq \|(B + ikE)u\|, \\[2mm] \|B(B + ikE)^{-1}\| \leq 1. \end{array}\right\} \quad (29)$$

Für $f \in (B + ikE)\mathfrak{B}$ gilt wegen 3.

$$\begin{aligned}\|C(B + ikE)^{-1}f\|^2 \leq\ & p_1\big((B + ikE)^{-1}f,\, B(B + ikE)^{-1}f\big) \\ & + p_2\|(B + ikE)^{-1}f\|^2 \end{aligned} \quad (30)$$

und weiter

$$\leq p_1 \, \| (B + ikE)^{-1} f \| \, \| B(B + ikE)^{-1} f \| + p_2 \, \| (B + ikE)^{-1} f \|^2$$

$$\leq p_1 \, \| (B + ikE)^{-1} \| \, \| B(B + ikE)^{-1} \| \, \| f \|^2 + p_2 \, \| (B + ikE)^{-1} \|^2 \, \| f \|^2$$

$$\leq \left\{ \frac{p_1}{|k|} + \frac{p_2}{|k|^2} \right\} \| f \|^2. \tag{31}$$

Wählen wir $|k|$ so groß, daß $\{ \dots \} < 1$ ausfällt, so ist

$$\| C(B + ikE)^{-1} \| < 1, \tag{32}$$

und nach Lemma 1 ist $\{ C(B + ikE)^{-1} + E \} \, (B + ikE) \mathfrak{B}$ dicht in $\mathfrak{H}$. Deshalb ist $(B + C + ikE) \mathfrak{B}$, und wenn man k durch $-k$ ersetzt, auch $(B + C - ikE) \mathfrak{B}$ dicht in $\mathfrak{H}$.

Aufgabe 1: Analog zu der Übertragung des Satzes 4 für wesentlich selbstadjungierte Operatoren auf selbstadjungierte Operatoren (Satz 4a) übertrage man auch die Sätze 2, 3, 5 auf selbstadjungierte Operatoren, indem man „wesentlich selbstadjungiert" durch „selbstadjungiert" und „dicht in $\mathfrak{H}$" durch „ganz $\mathfrak{H}$" ersetzt und beweise die so entstehenden Sätze 2a, 3a, 4a, 5a.

Anleitung: Man benutze und beweise dafür das

Lemma 1a: Es sei B in $\mathfrak{H}$ beschränkt mit $\|B\| = 1 - \delta$ und $0 < \delta \leq 1$. Dann ist $(B + E) \, \mathfrak{H} = \mathfrak{H}$.

Dazu hat man zu beachten, daß für beliebiges $f \in \mathfrak{H}$ die Folge $u_0, u_1, \dots$ mit $u_0 = f$, $u_{n+1} = f - Bu_n$ eine Fundamentalfolge in $\mathfrak{H}$ ist.

Diese Kriterien wurden u. a. bei der Störungstheorie der Spektralzerlegung (F. RELLICH [1], E. HEINZ [1]) verwendet. Sie finden sich u. a. bei K. O. FRIEDRICHS [1, 2, 3], F. RELLICH [1] und bei T. KATO [1]. Die hier gegebenen Beweise sind teilweise verändert. Der Begriff „wesentlich selbstadjungiert" stammt von M. H. STONE [*].

3.4 Ein Kriterium für die wesentliche Selbstadjungiertheit von Differentialoperatoren

Wir betrachten den HILBERTschen Raum

$$\mathfrak{H} = \left\{ u(x) \, \Big| \int_{\mathfrak{R}_n} |u(x)|^2 \, dx < \infty \right\}, \qquad (u, v) = \int_{\mathfrak{R}_n} u(x) \, \overline{v(x)} \, dx \tag{1}$$

mit $x = (x_1, x_2, \dots, x_n)$ und $u(x) = u(x_1, x_2, \dots, x_n)$, $dx = dx_1 \dots dx_n$. A in $\mathfrak{A}$ sei der folgende Differentialoperator

$$A u = - \sum_{j,k=1}^{n} \left(p_{jk}(x) \, u_{x_k} \right)_{x_j} + 2i \sum_{j=1}^{n} p_j(x) u_{x_j} + i \sum_{j=1}^{n} \left(p_j(x) \right)_{x_j} u + q(x) u, \tag{2}$$

$$\mathfrak{A} = \{ u(x) \mid u \in C^2(\mathfrak{R}_n) \cap \mathfrak{H}, \, A u \in \mathfrak{H} \}. \tag{3}$$

Die ständigen *Voraussetzungen* an die Koeffizienten sind:

1. $p_{jk}(x)$, $p_j(x)$, $q(x)$ reellwertig, $p_{jk}(x) = p_{kj}(x)$;

2. $p_{jk}(x) \in C^3(\Re_n)$, $p_j(x) \in C^2(\Re_n)$, $q(x) \in C^1(\Re_n)$;

3. $\sum\limits_{j,k=1}^{n} p_{jk}(x)\xi_j\bar{\xi}_k \geq \varrho(x) \sum\limits_{j=1}^{n} |\xi_j|^2$ für alle komplexen Zahlen $\xi_1, \ldots, \xi_n$

und $\varrho(x)$ reellwertig mit $\varrho(x) > 0$ für $x \in \Re_n$.

Wir führen noch die Teilräume $\overset{\circ}{\mathfrak{A}}$ und $\overset{\circ}{\mathfrak{C}}$ ein:

$$\overset{\circ}{\mathfrak{A}} = \{u(x)\,|\, u \in C^2(\Re_n),\quad u \equiv 0 \text{ außerhalb einer individuellen (also}$$
$$\text{von } u \text{ abhängigen), abgeschlossenen, beschränkten Punkt-}$$
$$\text{menge des } \Re_n\}; \tag{4}$$

$$\overset{\circ}{\mathfrak{C}} = \{u(x)\,|\, u \in C^\infty(\Re_n),\quad u \equiv 0 \text{ außerhalb einer individuellen, ab-}$$
$$\text{geschlossenen, beschränkten Punktmenge des } \Re_n\}. \tag{5}$$

Selbstverständlich gilt $\mathfrak{A} \supset \overset{\circ}{\mathfrak{A}} \supset \overset{\circ}{\mathfrak{C}}$, und es ist sowohl $\overset{\circ}{\mathfrak{C}}$, wie $\overset{\circ}{\mathfrak{A}}$, wie $\mathfrak{A}$ in $\mathfrak{H}$ dicht.

Das Auftreten von $i = \sqrt{-1}$ in den Koeffizienten von (2) ist unerläßlich, wenn man erreichen will, daß A in einem geeigneten Teilraum von $\mathfrak{H}$ symmetrisch ausfällt. Dies zeigt uns der

Satz 1: *A in $\overset{\circ}{\mathfrak{A}}$ ist symmetrisch.*

Beweis: Mittels partieller Integration, wie sie in II.1.3 vorgeführt worden ist, erhält man

$$\int\limits_{|x|\leq\sigma} \sum (p_{jk}u_{x_k})_{x_j}\bar{v}\, dx = \int\limits_{|x|=\sigma} \sum p_{jk}u_{x_k}\bar{v}v_j\, do - \int\limits_{|x|\leq\sigma} \sum p_{jk}u_{x_k}\bar{v}_{x_j}\, dx.$$

Wählt man σ hinreichend groß, so ist für $u, v \in \overset{\circ}{\mathfrak{A}}$ das Oberflächenintegral Null. Bildet man $\sigma \to \infty$ und beachtet, daß keinerlei Konvergenzschwierigkeiten auftreten, so erhält man mit weiteren partiellen Integrationen

$$\left.\begin{aligned}
&\int\limits_{\Re_n} \sum (p_{jk}u_{x_k})_{x_j}\bar{v}\, dx = \int\limits_{\Re_n} \sum (p_{jk}\bar{v}_{x_j})_{x_k}u\, dx, \\[1mm]
&i\int\limits_{\Re_n} \{2\sum p_j u_{x_j}\bar{v} + \sum (p_j)_{x_j}u\bar{v}\}\, dx \\[1mm]
&\qquad = -i\int\limits_{\Re_n} \{2\sum p_j\bar{v}_{x_j}u + \sum (p_j)_{x_j}\bar{v}u\}\, dx.
\end{aligned}\right\} \tag{6}$$

Deshalb ist mit (6) und $p_{jk} = p_{kj}$

$$(A\,u,\,v) = \int\limits_{\mathfrak{R}_n} \{ - \sum (p_{jk} u_{x_k})_{x_j} \bar{v} + 2i \sum p_j u_{x_j} \bar{v} + i \sum (p_j)_{x_j} u \bar{v} + q u \bar{v} \}\, dx$$

$$= \int\limits_{\mathfrak{R}_n} \{ - u \sum (p_{jk} \bar{v}_{x_j})_{x_k} - u\, 2i \sum p_j \bar{v}_{x_j} - u\,i \sum (p_j)_{x_j} \bar{v} + u q \bar{v} \}\, dx$$

$$= (u,\, A v).$$

Unser nächstes Ziel wird die folgende Aussage sein: Ist A in $\mathfrak{A}$ symmetrisch, so ist A in $\mathfrak{A}$ und sogar A in $\overset{\circ}{\mathfrak{A}}$ und A in $\overset{\circ}{\mathfrak{C}}$ wesentlich selbstadjungiert.

Zuvor sind einige Bezeichnungen einzuführen: $w(x)$ heißt eine im $\mathfrak{R}_n$ *lokal integrierbare* Funktion, falls $\int\limits_{\mathfrak{C}} |w(x)|\, dx < \infty$ ist für alle abgeschlossenen, beschränkten Punktmengen $\mathfrak{C}$ im $\mathfrak{R}_n$.

Ist G eine offene, einfach zusammenhängende, beschränkte Punktmenge des $\mathfrak{R}_n$, so setzt man fest:

$$\overset{\circ}{\mathfrak{C}}(G) = \{ u(x) \mid u \in C^\infty(G), \quad u \equiv 0 \quad \text{außerhalb einer individuellen,}$$

$$\text{abgeschlossenen, beschränkten Punktmenge, die in } G \text{ enthalten ist} \}. \tag{7}$$

$w(x)$ heißt *in G lokal integrierbar*, falls $\int\limits_{\mathfrak{C}} |w(x)|\, dx < \infty$ ist für alle in G enthaltenen abgeschlossenen, beschränkten Punktmengen. Die hier und im folgenden auftretenden Integrale sollen als LEBESGUEsche Integrale verstanden werden.

Wir betrachten den allgemeinen Differentialoperator

$$D u = - \sum_{j,k=1}^{n} a_{jk}(x) u_{x_j x_k} + \sum_{j=1}^{n} a_j(x) u_{x_j} + a(x) u \tag{8}$$

in G unter den *Voraussetzungen:*

1. $a_{jk}(x)$ reellwertig; $a_j(x)$, $a(x)$ komplexwertig, $a_{jk}(x) = a_{kj}(x)$;

2. $a_{jk} \in C^3(G)$, $a_j(x) \in C^2(G)$, $a(x) \in C^1(G)$;

3. $\sum\limits_{j,k=1}^{n} a_{jk}(x) \xi_j \bar{\xi}_k \geq \varrho(x) \sum\limits_{j=1}^{n} |\xi_j|^2$ mit $\varrho(x) > 0$ für $x \in G$

und jede Wahl der komplexen Zahlen $\xi_1, \ldots, \xi_n$.

Lemma 1 *(ein Weylsches Lemma): Es sei* $\eta(x) \in C^1(G)$ *und* $w(x)$ *eine in G lokal integrable Funktion. Besteht die Relation*

$$\int\limits_{G} w(x) D u\, dx = \int\limits_{G} \eta(x) u(x)\, dx \tag{9}$$

für alle $u(x) \in \overset{\circ}{\mathfrak{C}}(G)$, so stimmt $w(x)$ fast überall in G mit einer Funktion $\tilde{w}(x) \in C^2(G)$ überein. Da Funktionen als gleich angesehen werden, die fast überall übereinstimmen, darf sogar $w(x) \in C^2(G)$ behauptet werden.

Bemerkung: Man beachte, daß das WEYLsche Lemma einen streng lokalen Charakter besitzt. Es genügt nämlich zu zeigen, daß jeder Punkt $x \in G$ eine Umgebung U_x besitzt, in der $w(x)$ fast überall mit einer in U_x zweimal stetig differenzierbaren Funktion übereinstimmt. Wenn nämlich zwei solche Umgebungen U_{x_1}, U_{x_2} für die Punkte $x_1 \neq x_2$ einen nicht leeren Durchschnitt haben und wenn fast überall in U_{x_1} $w(x) = \tilde{w}_1(x)$ und fast überall in U_{x_2} $w(x) = \tilde{w}_2(x)$ gilt mit $\tilde{w}_j(x) \in C^2(U_{x_j})$, dann stimmen $\tilde{w}_1(x)$, $\tilde{w}_2(x)$ in $U_{x_1} \cap U_{x_2}$ überein. Dort hat man nämlich $\tilde{w}_1(x) = w(x) = \tilde{w}_2(x)$ fast überall. Beachtet man noch $\tilde{w}_j(x) \in C^2(U_{x_1} \cap U_{x_2})$, so ist in der Tat $\tilde{w}_1(x) = \tilde{w}_2(x)$ in $U_{x_1} \cap U_{x_2}$ nachgewiesen. Wegen dieses lokalen Charakters kann Lemma 1 sofort im $\mathfrak{R}_n$ ausgesprochen werden. Deshalb bleibt es richtig, falls man überall G durch $\mathfrak{R}_n$ ersetzt. Sein Beweis wird in einem Spezialfalle, der für die Bedürfnisse dieses Buches ausreichend ist, in 3.5 gegeben.

Satz 2: *Ist A in $\mathfrak{A}$ symmetrisch, so ist A in $\overset{\circ}{\mathfrak{C}}$ und erst recht A in $\mathfrak{A}$ und A in $\mathfrak{A}$ wesentlich selbstadjungiert.*

Beweis: Man hat nachzuweisen, daß $(A \pm iE)\overset{\circ}{\mathfrak{C}}$ dicht in $\mathfrak{H}$ ist. Wir nehmen an, $(A + iE)\overset{\circ}{\mathfrak{C}}$ sei nicht dicht in $\mathfrak{H}$. Dann gibt es ein $w \in \mathfrak{H}$ mit $w \neq \Theta$ und

$$(w, (A + iE)u) = 0 \qquad \text{für alle} \qquad u \in \overset{\circ}{\mathfrak{C}}. \tag{10}$$

Dieses $w(x)$ ist im $\mathfrak{R}_n$ lokal integrierbar, weil

$$\int\limits_{\mathfrak{C}} |w(x)| \, dx \le \sqrt{\int\limits_{\mathfrak{C}} 1 \, dx} \, \sqrt{\int\limits_{\mathfrak{C}} |w(x)|^2 \, dx} < \infty \tag{11}$$

gilt. Schreiben wir (10) ausführlich:

$$\int\limits_{\mathfrak{R}_n} w \left\{ -\sum_{j,k=1}^{n} (p_{jk}\overline{u}_{x_k})_{x_j} - 2i \sum_{j=1}^{n} p_j \overline{u}_{x_j} - i \sum_{j=1}^{n} (p_j)_{x_j}\overline{u} + (q - i)\overline{u} \right\} dx = 0, \tag{12}$$

so ergibt Lemma 1 mit $\eta(x) \equiv 0$, weil mit $u \in \overset{\circ}{\mathfrak{C}}$ auch $\overline{u} \in \overset{\circ}{\mathfrak{C}}$ ist, daß $w(x) \in C^2(\mathfrak{R}_n)$ gilt. Führt man in (12) partielle Integrationen durch und beachtet, daß wegen $u \in \overset{\circ}{\mathfrak{C}}$ keinerlei Oberflächenintegrale auftreten, so erhält man für alle $u \in \overset{\circ}{\mathfrak{C}}$

$$\int\limits_{\mathfrak{R}_n} \left\{ -\sum_{j,k=1}^{n} (p_{jk} w_{x_k})_{x_j} + 2i \sum_{j=1}^{n} p_j w_{x_j} + i \sum_{j=1}^{n} (p_j)_{x_j} w + (q - i)w \right\} \overline{u} \, dx = 0.$$

Daraus folgt $\{ \cdots \} = 0$ oder in anderer Schreibweise $Aw = iw$ für alle $x \in \mathfrak{R}_n$. Wegen $w \in \mathfrak{H}$ folgt $Aw \in \mathfrak{H}$. Deshalb ist $w \in \mathfrak{A}$, und weil

$w \neq \Theta$ ist, ergibt sich, daß i Eigenwert ist. Dies ist ein Widerspruch zur Symmetrie von A in $\mathfrak{A}$. Ebenso zeigt man, daß $(A - iE)\overset{\circ}{\mathfrak{C}}$ in $\mathfrak{H}$ dicht ist. Die weiteren Behauptungen sind wegen $\overset{\circ}{\mathfrak{C}} \subset \overset{\circ}{\mathfrak{A}} \subset \mathfrak{A}$ selbstverständlich.

Weil $q(x)$ in der Physik das Potential darstellt, ist es nicht ohne Bedeutung, daß die Voraussetzungen bezüglich $q(x)$ abgeschwächt werden können.

Satz 3: *Satz 2 bleibt richtig, falls* $q(x) \in C^0(\mathfrak{R}_n)$ *gilt.*

Beweis: Zu jedem $q(x) \in C^0(\mathfrak{R}_n)$ gibt es eine Funktion $\tilde{q}(x) \in C^1(\mathfrak{R}_n)$ mit $|q(x) - \tilde{q}(x)| \leq 1$ für alle $x \in \mathfrak{R}_n$. Erklären wir $\tilde{A}u$ dadurch, daß wir in Au anstelle von q die Funktion $\tilde{q}$ einführen, so ist $\tilde{A}u$ in $\overset{\circ}{\mathfrak{C}}$ wesentlich selbstadjungiert. Setzt man $Bu = (q(x) - \tilde{q}(x))u$, so gilt

$$Au = \tilde{A}u + Bu. \tag{13}$$

Es ist B in $\overset{\circ}{\mathfrak{C}}$ symmetrisch und $\|Bu\| \leq \|u\|$. Satz 4 aus 3.3 ergibt mit $\varepsilon = 0$, $\delta = 1$ die Behauptung.

In Satz 6 machen wir von den abgeschwächten Voraussetzungen über $q(x)$ Gebrauch.

Satz 4: *Ist A in $\mathfrak{A}$ wesentlich selbstadjungiert (also $\overline{A}$ in $\overline{\mathfrak{A}}$ selbstadjungiert), so gilt für jede Eigenfunktion $\varphi(x) \in \overline{\mathfrak{A}}$ sogar $\varphi(x) \in \mathfrak{A}$.*

Beweis: Man hat $\overline{A}\varphi - \lambda\varphi = 0$ mit λ reell und $\varphi(x) \in \overline{\mathfrak{A}}$. Dann besteht $(u, \overline{A}\varphi - \lambda\varphi) = 0$ für alle $u \in \overset{\circ}{\mathfrak{C}}$. Weil $\overset{\circ}{\mathfrak{C}} \subseteq \overline{\mathfrak{A}}$ und $\overline{A}$ in $\overline{\mathfrak{A}}$ symmetrisch ist, folgt $(\overline{A}u - \lambda u, \varphi) = 0$ für alle solchen $u \in \overset{\circ}{\mathfrak{C}}$. Setzt man $Du = Au - \lambda u$, so liefert Lemma 1, daß $\varphi(x) \in C^2(\mathfrak{R}_n)$ gilt. Aus $\overline{A}\varphi = \lambda\varphi$ folgt schließlich $\varphi(x) \in \mathfrak{A}$.

Satz 5: *Ist A in $\mathfrak{A}$ wesentlich selbstadjungiert, nicht beschränkt und halbbeschränkt nach unten: $(Au, u) \geq a(u, u)$, ist ferner das Punktspektrum von A in $\mathfrak{A}$ nach oben beschränkt: $a \leq \lambda_j \leq b$ oder leer, so hat $\overline{A}$ in $\overline{\mathfrak{A}}$ ein kontinuierliches Spektrum, welches nach $+\infty$ reicht.*

Beweis: Nach Satz 4 stimmt das Punktspektrum von A in $\mathfrak{A}$ mit dem von $\overline{A}$ in $\overline{\mathfrak{A}}$ überein. Ferner ist auch $(\overline{A}u, u) \geq a(u, u)$ für alle $u \in \overline{\mathfrak{A}}$ erfüllt. Würde das kontinuierliche Spektrum leer sein oder nicht nach $+\infty$ reichen, so würde es eine Zahl α so geben, daß für $|\lambda| > \alpha$ das Spektrum von $\overline{A}$ in $\overline{\mathfrak{A}}$ leer ist. Nach Satz 3 aus 2.3 ist dann $\overline{A}$ in $\overline{\mathfrak{A}}$ beschränkt, was nicht sein kann.

Satz 6: *Es sei $Au = -\Delta_n u + q(x)u$ mit $q(x) \in C^0(\mathfrak{R}_n)$, reellwertig und $q(x) \geq -q_0|x|^2$ für hinreichend große $|x|$ mit positiver Zahl q_0, so ist A in $\overset{\circ}{\mathfrak{C}}$, A in $\overset{\circ}{\mathfrak{A}}$ und A in $\mathfrak{A}$ wesentlich selbstadjungiert.*

Beweis: Mit Satz 2 und 3 und Satz 2 aus II.3.3 ist alles bewiesen.

Beispiel A: Wir betrachten $Au = -\Delta_n u$ in $\mathfrak{A}$. Satz 5 und 6, sowie Satz 2 und Satz 4 aus II.3.3 ergeben, daß $\bar{A}$ in $\bar{\mathfrak{A}}$ ein kontinuierliches Spektrum besitzt, welches in $0 \leq \lambda < \infty$ enthalten ist und nach $+\infty$ reicht. Man kann schärfer zeigen, daß das kontinuierliche Spektrum sogar aus $0 \leq \lambda < \infty$ besteht.

Das hier gegebene Kriterium für die wesentliche Selbstadjungiertheit stammt von E. WIENHOLTZ [2]. Das WEYLsche Lemma wurde von H. WEYL [4] für den Spezialfall $\Delta_n u$ bewiesen. Seither sind solche Aussagen auch für allgemeine Differentialgleichungen und Systeme gewonnen worden. Zu nennen sind u. a. die Arbeiten von F. E. BROWDER [1], G. FICHERA [1], K. O. FRIEDRICHS [5], L. GÅRDING [1], F. JOHN [*], [1], P. LAX [1], L. NIRENBERG [1], E. WIENHOLTZ [3]. Recht elementar sind dabei die Beweise von G. FICHERA und E. WIENHOLTZ, dessen Beweisführung wir in einem Spezialfalle in 3.5 folgen.

3.5 Beweis des Weylschen Lemmas

Der Beweis soll geführt werden für den Spezialfall $a_{jk}(x) = \delta_{j,k}$, $a_j(x) = 0$, der für die Zwecke dieses Buches und für die Bedürfnisse der Quantenmechanik ausreichend ist. Die Gleichung (8) aus 3.4 wird dann

$$Du = -\Delta_n u + a(x)u, \tag{1}$$

und nach den Voraussetzungen des Lemmas besteht

$$\int\limits_G w(x)\,\{-\Delta_n u + a(x)u\}\,dx = \int\limits_G \eta(x)\,u(x)\,dx \tag{2}$$

für alle $u(x) \in \overset{\circ}{\mathfrak{C}}(G)$.

Es werde ein beliebiger Punkt in G fixiert, es sei K_1 eine Kugel, die ihn zum Mittelpunkt hat mit $\overline{K}_1 \subset G$; ferner sei K_2 eine zu K_1 konzentrische Kugel, die $\overline{K}_2 \subset K_1$ erfüllt. Die Funktion $\varrho(x)$ sei aus $\overset{\circ}{\mathfrak{C}}(K_1)$, und es sei $\varrho(x) \equiv 1$ in K_2. Schließlich bedeutet $s(x, y) = s(y, x)$ die Singularitätenfunktion für $\Delta_n u = 0$, also nach II. 1.3

$$s(x, y) = \frac{1}{(n-2)\,\omega_n}\,|x-y|^{2-n}\ \text{für}\ n > 2,\ = \frac{-1}{2\pi}\log|x-y|\ \text{für}\ n = 2\,. \tag{3}$$

Durch[1]

$$v(y) = \int\limits_{K_1} w(x)\,\Delta_n^{(x)}\big(\varrho(x)\,s(y, x)\big)\,dx$$

$$+ \int\limits_{K_1} s(y, x)\,\varrho(x)\,\{\eta(x) - a(x)\,w(x)\}\,dx \tag{4}$$

---

[1] $\Delta_n^{(x)}$ bedeutet $\sum\limits_{i=1}^{n} \dfrac{\partial^2}{\partial x_i^2}$.

wird für $y \in K_2$ eine (zunächst nicht notwendig überall endlichwertige) Funktion erklärt, die nach dem Satz von FUBINI über K_2 integrabel ist, denn man hat

$$|\Delta_n^{(x)}(\varrho(x)\,s(y,x))| \leq \text{const}\,|y-x|^{1-n} \tag{5}$$

wegen $\Delta_n s(y,x)=0$ für $y \neq x$. Diese Funktion $v(y)$ stimmt fast überall in K_2 mit $w(y)$ überein.

Man findet nämlich aus (4) für alle $u \in \mathring{\mathfrak{C}}(K_2)$

$$\int\limits_{K_2} v(y)\,u(y)\,dy = \int\limits_{K_1} w(x)\left\{\int\limits_{K_2} u(y)\,\Delta_n^{(x)}(\varrho(x)\,s(y,x))\,dy\right\}dx$$
$$+ \int\limits_{K_1}\varrho(x)\,(\eta(x)-a(x)\,w(x))\left\{\int\limits_{K_2} u(y)\,s(y,x)\,dy\right\}dx \tag{6}$$

durch Vertauschung der Integrationsreihenfolge. Erinnert man sich an $\varrho(x) \equiv 1$ in K_2, so wird (6) bei Beachtung von $\Delta_n^{(x)}\,s(y,x)=0$ für $x \neq y$

$$\int\limits_{K_2} v(y)\,u(y)\,dy = \int\limits_{K_1 - K_2} w(x)\left\{\int\limits_{K_2} u(y)\,\Delta_n^{(x)}(\varrho(x)\,s(y,x))\,dy\right\}dx$$
$$+ \int\limits_{K_1}\varrho(x)\,(\eta(x)-a(x)\,w(x))\left\{\int\limits_{K_2} u(y)\,s(y,x)\,dy\right\}dx. \tag{7}$$

Für $x \in K_1 - \overline{K}_2$ ist

$$\int\limits_{K_2} u(y)\,\Delta_n^{(x)}(\varrho(x)\,s(y,x))\,dy = \Delta_n^{(x)}\left(\varrho(x)\int\limits_{K_2} s(y,x)\,u(y)\,dy\right),$$

weil Singularitäten im Integranden nicht vorhanden sind. Ist $\Psi(x) \in C^1(\overline{K}_2)$, so ist für

$$\Phi(x) = -\int\limits_{K_2} s(x,y)\,\Psi(y)\,dy = -\int\limits_{K_2} s(y,x)\,\Psi(y)\,dy \tag{8}$$

nach Satz 4 aus II.1.3 die Gleichung $\Delta_n\Phi = \Psi$ erfüllt. Eine Umschreibung liefert $\Psi(x) = -\Delta_n\left(\int\limits_{K_2} s(y,x)\,\Psi(y)\,dy\right)$. Für $\Psi(x)$ darf insbesondere $u(x)$ gesetzt werden. Deshalb besteht

$$u(x) + \Delta_n^{(x)}\left(\int\limits_{K_2} s(y,x)\,u(y)\,dy\right) = 0.$$

Für (7) bekommt man dann, wenn man rechts Null addiert,

$$\int_{K_2} v(y)\, u(y)\, dy = \int_{K_2} w(x) \left\{ u(x) + \Delta_n^{(x)} \int_{K_2} s(y, x)\, u(y)\, dy \right\} dx$$

$$+ \int_{K_1 - K_2} w(x)\, \Delta_n^{(x)} \left(\varrho(x) \int_{K_2} s(y, x)\, u(y)\, dy \right) dx$$

$$+ \int_{K_1} \varrho(x)\, (\eta(x) - a(x)\, w(x)) \left\{ \int_{K_2} s(y, x)\, u(y)\, dy \right\} dx. \tag{9}$$

Beachtet man wieder $\varrho(x) \equiv 1$ für $x \in K_2$, so erhält man abschließend

$$\int_{K_2} v(y)\, u(y)\, dy = \int_{K_2} w(x)\, u(x)\, dx + \int_{K_1} w(x)\, \Delta_n^{(x)} \left(\varrho(x) \int_{K_2} s(y, x)\, u(y)\, dy \right) dx$$

$$+ \int_{K_1} \varrho(x)\, (\eta(x) - a(x)\, w(x)) \left\{ \int_{K_2} s(y, x)\, u(y)\, dy \right\} dx. \tag{10}$$

Mit $\psi(x) = \varrho(x) \int_{K_2} s(y, x)\, u(y)\, dy$ hat man aus (10)

$$\int_{K_2} (v(y) - w(y))\, u(y)\, dy = - \int_{K_1} \{ w(x)\, D\psi - \eta(x)\, \psi(x) \}\, dx. \tag{11}$$

Nach dem Satz 4 aus II.1.3 ist $\psi(x) \in C^2(K_1)$, und es ist $\psi(x) \equiv 0$ in einer Umgebung von ∂K_1. Deshalb läßt sich $\psi(x)$ und seine Ableitungen bis zur zweiten Ordnung gleichmäßig in $\overline{K}_1$ durch Funktionen $u(x) \in \overset{\circ}{\mathfrak{C}}(G)$ und deren Ableitungen bis zur zweiten Ordnung approximieren. Deshalb ist die rechte Seite in (11) nach Formel (2) Null. Aus $\int_{K_2} (v(y) - w(y))\, u(y)\, dy = 0$ für alle $u(x) \in \overset{\circ}{\mathfrak{C}}(K_2)$ ergibt sich aber, daß $v(y) = w(y)$ fast überall in K_2 gilt.

Dann besteht nach (4) die Integralgleichung

$$w(y) = \int_{K_1} w(x)\, \Delta_n^{(x)} (\varrho(x)\, s(y, x))\, dx + \int_{K_1} s(y, x)\, \varrho(x)\, \{ \eta(x) - a(x)\, w(x) \}\, dx \tag{12}$$

fast überall in K_2. Der erste Term stimmt wegen $\varrho(x) \equiv 1$ in K_2 mit $\int_{K_1 - K_2} w(x)\, \Delta_n^{(x)} (\varrho(x)\, s(y, x))\, dx$ überein und ist für $y \in K_2$ beliebig oft differenzierbar. $\int_{K_1} s(y, x)\, \varrho(x)\, \eta(x)\, dx$ ist aus $C^2(K_1)$ nach Satz 4 aus II.1.3. Wenn daher K_3 eine mit K_2 konzentrische Kugel ist, $\overline{K}_3 \subset K_2$, so ist nach (12) fast überall in K_3

$$w(y) = - \int_{K_1} s(y, x)\, \varrho(x)\, a(x)\, w(x)\, dx + g_1(y) \tag{13}$$

mit $g_1(y) \in C^2(\overline{K}_3)$. Für den Fall $a(x) \equiv 0$ ist damit das Lemma bewiesen.

Im Falle $a(x) \not\equiv 0$ liefert (13)

$$|w(y)| \leq \int\limits_{K_1} \frac{c_1|w(x)|}{|y-x|^{n-\lambda}}\, dx + c_2 \tag{14}$$

fast überall in K_3 mit zwei Konstanten c_1, c_2 und mit $\lambda = 2 - \frac{1}{2}\sqrt{2}$. Für $n \geq 3$ erhält man sogar $\lambda = 2$. Unsere Wahl von λ, die eine Verschlechterung der Abschätzung (14) bedeutet, ermöglicht aber die gleichzeitige Behandlung der Fälle $n = 2$ und $n \geq 3$ und verhindert, daß man in den weiteren Rechnungen in den „logarithmischen Fall" geraten kann.

Aus (14) folgen nun die gewünschten Eigenschaften von $w(x)$ durch Iteration. Ist K_4 eine zu K_3 konzentrische Kugel mit $\overline{K}_4 \subset K_3$, dann ist analog zu (14)

$$|w(y)| \leq \int\limits_{K_3} \frac{c_3|w(x)|}{|y-x|^{n-\lambda}}\, dx + c_4 \tag{15}$$

fast überall in K_4 mit neuen Konstanten c_3, c_4. Umbenennung der Variablen in (14) ergibt

$$|w(x)| \leq \int\limits_{K_1} \frac{c_1|w(z)|}{|x-z|^{n-\lambda}}\, dz + c_2 \tag{16}$$

fast überall in K_3, und Einsetzen in (15) liefert fast überall in K_4

$$|w(y)| \leq \int\limits_{K_3} \left(\int\limits_{K_1} \frac{c_1|w(z)|}{|x-z|^{n-\lambda}}\, dz + c_2 \right) \frac{c_3}{|y-x|^{n-\lambda}}\, dx + c_4. \tag{17}$$

Mit Satz 3 aus II.1.3 hat man weiter nach Integralvertauschung

$$|w(y)| \leq \int\limits_{K_1} \left(\int\limits_{K_3} \frac{c_1 c_3}{|x-z|^{n-\lambda}|y-x|^{n-\lambda}}\, dx \right) |w(z)|\, dz + c_5 \tag{18}$$

und daher[1]

$$|w(y)| \leq \int\limits_{K_1} \frac{c_6|w(z)|}{|y-z|^{n-2\lambda}}\, dz + c_5 \tag{19}$$

---

[1] Wir benutzen die einfache Abschätzung

$$\int\limits_{\Re_n} \frac{dx}{|x-z|^\varrho\,|y-x|^\sigma} \leq \frac{c}{|y-z|^{\varrho+\sigma-n}} \quad \text{für alle } y \in \Re_n,\ z \in \Re_n,\ y \neq z,\ \text{falls } \varrho < n,$$

$\sigma < n$ und $\varrho + \sigma > n$ gilt. Der einfache Beweis wird in 4.1 gegeben.

fast überall in K_4. Nunmehr wähle man eine zu K_4 konzentrische Kugel K_5 mit $\overline{K}_5 \subset K_4$. Analog zu (15) hat man dann

$$|w(y)| \leq \int\limits_{K_4} \frac{c_7\,|w(x)|}{|y - x|^{n-\lambda}}\,dx + c_8 \tag{20}$$

fast überall in K_5. Verwendet man die Abschätzung (19) von w in der rechten Seite von (20), so erhält man wie soeben

$$|w(y)| \leq \int\limits_{K_1} \frac{c_9\,|w(z)|}{|y - z|^{n-3\lambda}}\,dz + c_{10} \tag{21}$$

fast überall in K_5. So fortfahrend kommt man schließlich zu einer Kugel K_a, die mit K_1 konzentrisch ist und $\overline{K}_\alpha \subset K_1$ erfüllt, mit der

$$|w(y)| \leq \int\limits_{K_1} \mathrm{const}\,|w(z)|\,dz + \mathrm{const} \tag{22}$$

fast überall in K_α gilt, wenn man an letzter Stelle bei der Iteration vom zweiten Teil des Hilfssatzes 1 aus 4.1 Gebrauch macht. Wegen der Integrabilität von $w(z)$ ist daher $w(y)$ fast überall beschränkt in K_α. Deshalb stimmt $w(x)$ fast überall in K_α mit einer in K_α beschränkten Funktion $b(x)$ überein, die wegen der Integrabilität von $w(x)$ wieder integrabel ist.

Sind $K_{\alpha+1}$ und $K_{\alpha+2}$ mit K_α konzentrische Kugeln, $\overline{K}_{\alpha+2} \subset K_{\alpha+1} \subset \overline{K}_{\alpha+1} \subset K_\alpha$, so erhält man analog zu (13)

$$w(y) = -\int\limits_{K_\alpha} s(y,\,x)\,\varrho(x)\,a(x)\,w(x)\,dx + g_\alpha(y)$$

$$\qquad = -\int\limits_{K_\alpha} s(y,\,x)\,\varrho(x)\,a(x)\,b(x)\,dx + g_\alpha(y) \tag{23}$$

fast überall in $K_{\alpha+2}$. Hier ist $\varrho(x) \in \overset{\circ}{\mathfrak{C}}(K_\alpha)$ und $\varrho(x) \equiv 1$ in $K_{\alpha+1}$ und $g_\alpha(y) \in C^2(\overline{K}_{\alpha+2})$. Nach Satz 4 aus II.1.3 ist

$$\int\limits_{K_\alpha} s(y,\,x)\,\varrho(x)\,a(x)\,b(x)\,dx \in C^1(\overline{K}_\alpha).$$

Also stimmt $w(y)$ fast überall in $K_{\alpha+2}$ mit einer Funktion $c(y)$ überein, die $c(x) \in C^1(\overline{K}_{\alpha+2})$ erfüllt. Mit abermals neuen konzentrischen Kugeln $K_{\alpha+3}$ und $K_{\alpha+4}$ und entsprechendem $\varrho(x)$ hat man dann fast überall in $K_{\alpha+4}$

$$w(y) = -\int\limits_{K_{\alpha+2}} s(y,\,x)\,\varrho(x)\,a(x)\,c(x)\,dx + g_{\alpha+2}(y) \tag{24}$$

mit $g_{\alpha+2} \in C^2(\overline{K}_{\alpha+4})$. Nach Satz 4 aus II.1.3 gilt nun aber

$$\int\limits_{K_{\alpha+2}} s(y,\,x)\,\varrho(x)\,a(x)\,c(x)\,dx \in C^2(K_{\alpha+2}).$$

Also stimmt $w(x)$ in $K_{\alpha+4}$ fast überall mit einer Funktion $\tilde{w}(x) \in C^2(K_{\alpha+4})$ überein. Damit ist das Lemma 1 in unserem Spezialfalle bewiesen.

4. Die Selbstadjungiertheit von Differentialoperatoren

4.1 Schrödinger-Operatoren mit singulärem Potential

Satz 1: *Ist $q(x)$ reellwertig im $\Re_n$ mit $n \geq 3$ und*

$$\int\limits_{|y-x| \leq R} \frac{q^2(y)}{|x-y|^{n-4+\alpha}}\, dy \leq M \tag{1}$$

*für alle $x \in \Re_n$ und alle R mit $0 < R < 1$ und festen Konstanten M und α mit $0 < \alpha < 4$ *, so ist A in $\mathfrak{C}$ und auch A in $\mathfrak{A}$ mit*

$$Au = -\Delta_n u + q(x)u \tag{2}$$

wesentlich selbstadjungiert. $\mathfrak{C}$ und $\mathfrak{A}$ haben die Bedeutung wie in 3.4.

Hilfssatz 1: *1. Es sei $\varrho < n$, $\sigma < n$ und $\varrho + \sigma > n$. Dann gibt es zu ϱ und σ eine Konstante c, mit der für alle $x \in \Re_n$, $y \in \Re_n$, $x \neq y$ gilt:*

$$\int\limits_{\Re_n} \frac{dz}{|x-z|^\varrho |z-y|^\sigma} \leq \frac{c}{|x-y|^{\varrho+\sigma-n}}.$$

2. Es sei $0 < \varrho < n$, $0 < \sigma < n$ und $\varrho + \sigma < n$. Ist G ein beschränktes Gebiet des $\Re_n$, dann gibt es zu ϱ, σ, G eine Konstante c_1, mit der für alle $x \in \Re_n$, $y \in \Re_n$ gilt:

$$\int\limits_{G} \frac{dz}{|x-z|^\varrho |z-y|^\sigma} \leq c_1.$$

Beweis: 1. Mit Satz 3 aus II.1.3 stellt man die Existenz des Integrales fest. Sein Wert ändert sich nicht, wenn man $x = (0, \ldots, 0)$ und $y = |x-y|\, e$ mit $e = (1, 0, 0, \ldots, 0)$ setzt. Mittels der Substitution $z = x - y|\xi$ erhält man

$$\int\limits_{\Re_n} \frac{dz}{|z|^\varrho\, |z-|x-y|\, e|^\sigma} = \int\limits_{\Re_n} \frac{|x-y|^n\, d\xi}{|x-y|^{\varrho+\sigma}\, |\xi|^\varrho\, |\xi - e|^\sigma}.$$

Mit Satz 3 aus II.1.3 folgt die Behauptung.

$$2.\ \int\limits_{G} \frac{dz}{|x-z|^\varrho |z-y|^\sigma} = \int\limits_{G \cap \{|x-z| \geq |z-y|\}} \frac{dz}{|x-z|^\varrho |z-y|^\sigma} + \int\limits_{G \cap \{|x-z| < |z-y|\}} \frac{dz}{|x-z|^\varrho |z-y|^\sigma}.$$

---

* Selbstverständlich kann auch (1) für ein beliebiges $\alpha > 0$ gefordert werden, weil dann (1) erst recht für jedes kleinere α besteht. Deshalb ist die Annahme $\alpha < 4$ ohne Bedeutung. Außerdem läßt $\alpha > 4$ nur noch $q(x) \equiv 0$ zu.

Deshalb hat man

$$\int\limits_{G} \frac{dz}{|x-z|^{\varrho}\,|z-y|^{\sigma}} \leq \int\limits_{G} \frac{dz}{|z-y|^{\sigma+\varrho}} + \int\limits_{G} \frac{dz}{|x-z|^{\sigma+\varrho}} = c_1,$$

wobei man wieder Satz 3 aus II.1.3 benutzt.

Hilfssatz 2: *Ist* $u(x) \in C^2(\Re_n)$, *so gilt für alle* $x \in \Re_n$ *mit* $n \geq 3$, $0 < \alpha < 4$ *und* $0 < R < 1$ *die Abschätzung*

$$|u(x)|^2 \leq \frac{R^{\alpha}}{\alpha} \int\limits_{|y-x|\leq R} \frac{c_1\,|\varDelta_n u(y)|^2}{|x-y|^{n-4+\alpha}}\,dy + \frac{R^{\alpha-4}}{\alpha} \int\limits_{|y-x|\leq R} \frac{c_2\,|u(y)|^2}{|x-y|^{n-4+\alpha}}\,dy. \tag{3}$$

Hier und im Beweis bedeuten c_j *positive Zahlen, die von* x, $u(x)$, R, α *unabhängig sind.*

Beweis: Man darf sich beim Beweis auf reellwertige $u(x) \in C^2(\Re_n)$ beschränken. In den Bezeichnungen von II.1.3 hat man mit (16) aus II.1.3, wenn man in der dortigen Grundlösung $\varPhi \equiv 0$ also $\gamma(x, y) = s(x, y)$ setzt,

$$u(x) = -\int\limits_{|y-x|\leq R} s(x, y)\,\varDelta_n\left(u(y)\,\varphi\left(\frac{|x-y|}{R}\right)\right) dy$$

$$= -\int\limits_{|x-y|\leq R} \{su\,\varDelta_n\varphi + s\varphi\,\varDelta_n u + 2(\operatorname{grad} su, \operatorname{grad} \varphi) - 2u(\operatorname{grad} s, \operatorname{grad} \varphi)\}dy. \tag{4}$$

Die 1. GREENsche Formel liefert bei Beachtung von $\varphi_r = 0$ für $|y-x| = R$

$$\int\limits_{|y-x|\leq R} su\,\varDelta_n\varphi\,dy = -\int\limits_{|y-x|\leq R} (\operatorname{grad} su, \operatorname{grad} \varphi)\,dy. \tag{5}$$

Deshalb wird (4)

$$u(x) = \int\limits_{|y-x|\leq R} \{su\,\varDelta_n\varphi - s\varphi\,\varDelta_n u + 2u(\operatorname{grad} s, \operatorname{grad} \varphi)\}\,dy, \tag{6}$$

$$|u(x)| \leq \int\limits_{|y-x|\leq R} |s|\,.\,\varphi|\,|\varDelta_n u|\,dy + \int\limits_{|y-a|\leq R} \{|s|\,|\varDelta_n\varphi| + 2\,|\operatorname{grad} s|\;\operatorname{grad} \varphi|\}\,|u|\,dy.$$

Für s und φ hat man die Abschätzungen

$$\left.\begin{array}{l} |s| \leq \dfrac{c_3}{|x-y|^{n-2}}, \qquad |\operatorname{grad} s| \leq \dfrac{c_4}{|x-y|^{n-1}}, \\[2ex] \varphi| \leq c_5, \qquad |\operatorname{grad}\varphi| \leq \dfrac{c_6}{R}, \qquad |\varDelta_n\varphi| \leq \dfrac{c_7}{R\,|x-y|} \, ^*. \end{array}\right\} \tag{7}$$

---

* Weil $\varDelta_n\,\varphi = \varphi''\,\dfrac{1}{R^2} + \varphi'\,\dfrac{n-1}{R\,|x-y|}$ und $\dfrac{1}{R} \leq \dfrac{1}{|x-y|}$ ist.

Diese liefern $\quad |u(x)| \leq \displaystyle\int\limits_{|y-x|\leq R} \frac{c_8 |\Delta_n u|}{|x-y|^{n-2}}\, dy + \int\limits_{|y-x|\leq R} \frac{c_9 |u|}{R\,|x-y|^{n-1}}\, dy.$

Wir iterieren diese Ungleichung einmal und wählen dabei $0 < R < \frac{1}{2}$. Ergebnis:

$$|u(x)| \leq \int\limits_{|y-x|\leq R} \left\{ \frac{c_8 |\Delta_n u(y)|}{|x-y|^{n-2}} + \frac{1}{R|x-y|^{n-1}} \int\limits_{|z-y|\leq R} \left[\frac{c_{10} |\Delta_n u(z)|}{|y-z|^{n-2}} \right.\right.$$

$$\left.\left. + \frac{c_{11} |u(z)|}{R\,|y-z|^{n-1}} \right] dz \right\} dy.$$

Die einzelnen Terme werden abgeschätzt:

$$\int\limits_{|y-x|\leq R} \frac{1}{|x-y|^{n-1}} \left\{ \int\limits_{|z-y|\leq R} \frac{|u(z)|}{|y-z|^{n-1}} dz \right\} dy \leq \int\limits_{|y-x|\leq R} \left\{ \int\limits_{|z-x|\leq 2R} \frac{|u(z)|}{|x-y|^{n-1}|y-z|^{n-1}} dz \right\} dy$$

wegen $|z - x| \leq |z - y| + |y - x| \leq 2R$. Vertauschung der Integrationsreihenfolge, Abschätzung nach oben und Hilfssatz 1 ergibt

$$\leq \int\limits_{|z-x|\leq 2R} |u(z)| \left\{ \int\limits_{\Re_n} \frac{dy}{|x-y|^{n-1}\,|y-z|^{n-1}} \right\} dz \leq \int\limits_{|z-x|\leq 2R} \frac{c_{12}|u(z)|}{|x-z|^{n-2}}\, dz.$$

Analog erhält man

$$\frac{1}{R} \int\limits_{|y-x|\leq R} \frac{1}{|x-y|^{n-1}} \left\{ \int\limits_{|z-y|\leq R} \frac{|\Delta_n u(z)|}{|y-z|^{n-2}} dz \right\} dy \leq \int\limits_{|z-x|\leq 2R} \frac{c_{13} |\Delta_n u(z)|}{|x-z|^{n-2}}\, dz.$$

Es folgt nunmehr insgesamt wieder mit $0 < R < 1$

$$|u(x)| \leq c_{14} \int\limits_{|y-x|\leq R} \frac{|\Delta_n u(y)|}{|x-y|^{n-2}}\, dy + \frac{c_{15}}{R^2} \int\limits_{|y-x|\leq R} \frac{|u(y)|}{|x-y|^{n-2}}\, dy.$$

Quadrieren und Verwendung der SCHWARZschen Ungleichung liefert, indem man $|x-y|^{n-2} = |x-y|^{\frac{n}{2}-\frac{\alpha}{2}} |x-y|^{\frac{n}{2}-2+\frac{\alpha}{2}}$ schreibt,

$$|u(x)|^2 \leq c_{16} \int\limits_{|y-x|\leq R} \frac{dy}{|x-y|^{n-\alpha}} \int\limits_{|y-x|\leq R} \frac{|\Delta_n u(y)|^2}{|x-y|^{n-4+\alpha}}\, dy$$

$$+ \frac{c_{17}}{R^4} \int\limits_{|y-x|\leq R} \frac{dy}{|x-y|^{n-\alpha}} \int\limits_{|y-x|\leq R} \frac{|u(y)|^2}{|x-y|^{n-4+\alpha}}\, dy$$

oder mit Beachtung von $\quad \displaystyle\int\limits_{|y-x|\leq R} \frac{dy}{|x-y|^{n-\alpha}} = c_{18} \frac{R^\alpha}{\alpha}\quad$ (Satz 3 aus II.1.3) die Behauptung.

Beweis des Satzes: Mit Hilfssatz 2 hat man, wenn man jetzt $u(x) \in \overset{\circ}{\mathfrak{C}}$ oder $u(x) \in \overset{\circ}{\mathfrak{A}}$ wählt,

$$\int\limits_{\mathfrak{R}_n} |q(x)\,u(x)|^2\,dx \leq \frac{c_1 R^\alpha}{\alpha} \int\limits_{\mathfrak{R}_n} \left\{ \int\limits_{|y-x|\leq R} \frac{q^2(x)\,|\Delta_n u(y)|^2}{|x-y|^{n-4+\alpha}}\,dy \right\} dx$$

$$+ \frac{c_2 R^{\alpha-4}}{\alpha} \int\limits_{\mathfrak{R}_n} \left\{ \int\limits_{|y-x|\leq R} \frac{q^2(x)\,|u(y)|^2}{|x-y|^{n-4+\alpha}}\,dy \right\} dx$$

(nach Vertauschung der Integrationsreihenfolge)

$$= \int\limits_{\mathfrak{R}_n} \left[\left\{ \frac{c_1 R^\alpha}{\alpha}\,|\Delta_n u(y)|^2 + \frac{c_2 R^{\alpha-4}}{\alpha}\,|u(y)|^2 \right\} \int\limits_{|x-y|\leq R} \frac{q^2(x)}{|x-y|^{n-4+\alpha}}\,dx \right] dy.$$

Nach Voraussetzung des Satzes ergibt sich daher, wenn wir von jetzt ab uns α fest gewählt denken,

$$\|q(x)\,u(x)\| \leq \text{const}\; R^{\frac{\alpha}{2}}\,M^{\frac{1}{2}}\,\|\Delta_n u(x)\| + \text{const}\; R^{\frac{\alpha-4}{2}}\,M^{\frac{1}{2}}\,\|u(x)\|.$$

Setzt man $Bu = -\Delta_n u$, $Cu = q(x)u$, so ist nach Satz 6 aus 3.4 B in $\overset{\circ}{\mathfrak{C}}$, $\overset{\circ}{\mathfrak{A}}$, $\mathfrak{A}$ wesentlich selbstadjungiert, und nach unseren Rechnungen ist C in $\overset{\circ}{\mathfrak{C}}$, $\overset{\circ}{\mathfrak{A}}$ ein Operator, der überdies symmetrisch ist. Mit der letzten Formel hat man dann

$$\|Cu\| \leq \varepsilon\,\|Bu\| + \delta\,\|u\| \qquad \text{für alle} \qquad u \in \overset{\circ}{\mathfrak{C}},\,\overset{\circ}{\mathfrak{A}}.$$

Wählt man R mit $0 < R < 1$ hinreichend klein, so kann $0 < \varepsilon < 1$ erreicht werden. Satz 4 aus 3.3 liefert dann die Behauptung des Satzes.

4.2 Coulomb-Potentiale mit Wechselwirkung

Satz 1: *Es sei* $b(x) = \varrho(x)^{-\delta}$ *und* $\varrho(x) = \left\{ \sum\limits_{\nu=1}^{m} x_\nu^2 \right\}^{\frac{1}{2}}$ *mit* $1 \leq m \leq n$ *und* $\delta > 0$. *Genügen* $\alpha > 0$ *und* δ *der Bedingung* $2\,\delta < 4 - \alpha \leq m$, *so gilt für alle* $x \in \mathfrak{R}_n$ *mit* $n \geq 2$

$$\int\limits_{|y-x|\leq R} \frac{b^2(y)}{|x-y|^{n-4+\alpha}}\,dy \leq M,$$

gültig für alle $0 < R < 1$.

Beweis: Das Integrationsgebiet wird vergrößert, wenn man über den Würfel W: $|y_\nu - x_\nu| \leq R$, $\nu = 1,\ldots,n$ integriert. Da $b(y)$ nur von den Integrationsvariablen $y_1,\ldots,y_m$ abhängt, hat man

$$\int\limits_{W} \frac{b^2(y)}{|x-y|^{n-4+\alpha}}\,dy = \int\limits_{W_1} b^2(y) \left\{ \int\limits_{W_2} \frac{dy_{m+1}\ldots dy_n}{|x-y|^{n-4+\alpha}} \right\} dy_1 \ldots dy_m \qquad (1)$$

mit W_1: $|y_\nu - x_\nu| \leq R$, $\nu = 1, \ldots, m$ und W_2: $|y_\nu - x_\nu| \leq R$, $\nu = m+1, \ldots, n$. Wir verwenden die Abkürzungen $r_1^2 = \sum\limits_{\nu=1}^{m} (y_\nu - x_\nu)^2$, $r_2^2 = \sum\limits_{\nu=m+1}^{n} (y_\nu - x_\nu)^2$ mit $|x - y|^2 = r_1^2 + r_2^2$.

1. $m \leq n - 2$. Einführung von Polarkoordinaten und Benutzung der Setzungen $\gamma = (n - m)^{\frac{1}{2}}$, $\beta = 4 - \alpha$ ergibt

$$\int\limits_{W_2} \frac{dy_{m+1} \ldots dy_n}{|x - y|^{n-4+\alpha}} \leq c_1 \int\limits_0^{\gamma R} \frac{r_2^{n-m-1} \, dr_2}{(r_1^2 + r_2^2)^{\frac{n-\beta}{2}}} \leq c_1 \int\limits_0^{\gamma R} \frac{(r_1^2 + r_2^2)^{\frac{n-m-2}{2}}}{(r_1^2 + r_2^2)^{\frac{n-\beta}{2}}} \, r_2 \, dr_2$$

$$= \frac{c_1}{2} \int\limits_0^{\gamma R} \frac{d\,(r_2^2)}{(r_1^2 + r_2^2)^{\frac{m-\beta+2}{2}}} \leq \frac{c_1}{2} \int\limits_0^{\gamma R} \frac{(1 + \gamma^2 R^2)^{\frac{\varepsilon}{2}} \, d\,(r_2^2)}{(r_1^2 + r_2^2)^{\frac{m-\beta+\varepsilon+2}{2}}} \qquad (2)$$

für jedes $\varepsilon > 0$, weil der Faktor $\dfrac{(1 + \gamma^2 R^2)^{\frac{\varepsilon}{2}}}{(r_1^2 + r_2^2)^{\frac{\varepsilon}{2}}} \geq 1$ ist. Dieses Integral kann explizit berechnet werden. Der dabei auftretende Term an der oberen Grenze wird fortgelassen, da er negativ ausfällt. Beachtet man noch $0 < R < 1$, so erhält man

$$\int\limits_{W_2} \frac{dy_{m+1} \ldots dy_n}{|x - y|^{n-4+\alpha}} \leq c_2 (1 + \gamma^2)^{\frac{\varepsilon}{2}} \frac{1}{r_1^{m-\beta+\varepsilon}}, \qquad (3)$$

$$\int\limits_{|y-x| \leq R} \frac{b^2(y)}{|x - y|^{n-4+\alpha}} \, dy \leq c_3 \int\limits_{W_1} \frac{dy_1 \ldots dy_m}{\varrho^{2\delta} \, r_1^{m-\beta+\varepsilon}}. \qquad (4)$$

2. $m = n - 1$. Hier ist $\gamma = 1$ und $m - \beta \geq 0$.

$$\int\limits_{W_2} \frac{dy_{m+1} \ldots dy_n}{|x - y|^{n-4+\alpha}} \leq c_1 \int\limits_0^R \frac{dr_2}{(r_1^2 + r_2^2)^{\frac{n-\beta}{2}}} = c_1 \int\limits_0^R \frac{dr_2}{(r_1^2 + r_2^2)^{\frac{m-\beta+\varepsilon+1-\varepsilon}{2}}}$$

$$\leq \frac{c_1}{r_1^{m-\beta+\varepsilon}} \int\limits_0^R \frac{dr_2}{r_2^{1-\varepsilon}} \leq c_4 \frac{1}{r_1^{m-\beta+\varepsilon}}, \qquad (5)$$

was wieder (4) ergibt.

3. $m = n$.

$$\int\limits_{|y-x| \leq R} \frac{b^2(y)}{|x - y|^{n-4+\alpha}} \, dy \leq \int\limits_{W_1} \frac{dy}{\varrho^{2\delta} r_1^{m-\beta}} \leq \int\limits_{W_1} \frac{[R \sqrt{n}]^\varepsilon \, dy}{\varrho^{2\delta} r_1^{m-\beta+\varepsilon}} \leq c_5 \int\limits_{W_1} \frac{dy_1 \ldots dy_m}{\varrho^{2\delta} r_1^{m-\beta+\varepsilon}}. \qquad (6)$$

Deshalb besteht die Ungleichung (4) in allen Fällen für jedes $\varepsilon > 0$. Falls das letzte Integral divergiert, bleibt die Ungleichung formal richtig.

Unter Heranziehung der HÖLDERschen Ungleichung[1] mit

$$\frac{1}{p} = \frac{2\delta}{2\delta + m - \beta + \varepsilon} \quad \text{und} \quad \frac{1}{q} = \frac{m - \beta + \varepsilon}{2\delta + m - \beta + \varepsilon} \tag{7}$$

erhalten wir die Abschätzung

$$\int\limits_{|y-x|\leq R} \frac{b^2(y)}{|x-y|^{n-4+\alpha}}\, dy \leq c_3 \int\limits_{W_1} \frac{1}{\varrho^{2\delta}\, r_1{}^{m-\beta+\varepsilon}}\, dy_1 \dots dy_m$$

$$\leq c_3 \left\{ \int\limits_{W_1} \frac{dy_1 \dots dy_m}{\varrho^{2\delta+m-\beta+\varepsilon}} \right\}^{\frac{1}{p}} \left\{ \int\limits_{W_1} \frac{dy_1 \dots dy_m}{r_1{}^{2\delta+m-\beta+\varepsilon}} \right\}^{\frac{1}{q}}. \tag{8}$$

Setzen wir nun $\varepsilon = \dfrac{\beta}{2} - \delta$, so ist $\varepsilon > 0$ erfüllt und außerdem $2\delta + m - \beta + \varepsilon = m - \varepsilon < m$. Letzteres gewährleistet die Existenz aller Integrale in (8). Bezeichnen wir das Volumen von W_1 mit $V_1(W_1)$, so ist $V_1(W_1) = R^m < 1$, und Satz 3 aus II.1.3 ergibt für $m \geq 2$

$$\left.\begin{aligned}
\int\limits_{W_1} \frac{dy_1 \dots dy_m}{\varrho^{2\delta+m-\beta+\varepsilon}} &= \int\limits_{W_1} \frac{dy_1 \dots dy_m}{\varrho^{m-\varepsilon}} \leq \frac{\omega_m}{\varepsilon} \left(\frac{m}{\omega_m}\right)^{\frac{\varepsilon}{m}}, \\[2ex]
\int\limits_{W_1} \frac{dy_1 \dots dy_m}{r_1{}^{2\delta+m-\beta+\varepsilon}} &= \int\limits_{W_1} \frac{dy_1 \dots dy_m}{r_1{}^{m-\varepsilon}} \leq \frac{\omega_m}{\varepsilon} \left(\frac{m}{\omega_m}\right)^{\frac{\varepsilon}{m}}.
\end{aligned}\right\} \tag{9}$$

Der Fall $m = 1$ ist trivial zu erledigen. Mit (8) und (9) erhält man die Behauptung.

Satz 2: *Das Coulomb-Potential $q(x)$ eines quantenmechanischen Systems unter Berücksichtigung der Wechselwirkung, welches aus Atomkern und s Elektronen besteht, erfüllt die Voraussetzungen des Satzes 1.*

Beweis: In den Bezeichnungen von II.3.4 hat man $q(x) = \dfrac{1}{2} \sum\limits_{\substack{j,k=0 \\ j\neq k}}^{s} \dfrac{e_{jk}}{r_{jk}}$.

Wir setzen $b_{jk}(x) = \dfrac{1}{r_{jk}}$ und weisen nach, daß jedes $b_{jk}(x)$ die Voraussetzung von Satz 1 erfüllt. Dazu wählt man $n = 3s$, $m = 3$, $\delta = 1$ und $\alpha = 1$. Dann ist $2\delta < 4 - \alpha \leq m$. Satz 1 liefert

$$\int\limits_{|y-x|\leq R} \frac{dy}{r_{0k}^2\,|x-y|^{n-3}} \leq M, \quad \int\limits_{|y-x|\leq R} \frac{dy}{r_{j0}^2\,|x-y|^{n-3}} \leq M \tag{10}$$

---

[1] $\int\limits_{G} |f(x)|\,|g(x)|\, dx \leq \left[\int\limits_{G} |f(x)|^p\, dx\right]^{\frac{1}{p}} \left[\int\limits_{G} |g(x)|^q\, dx\right]^{\frac{1}{q}}, \quad \dfrac{1}{p} + \dfrac{1}{q} = 1$ und $p > 1$, $q > 1$.

für alle $x \in \Re_n$ und alle R mit $0 < R < 1$. Die Integrale

$$\int\limits_{|y-x|\leq R} \frac{dy}{r_{jk}^2 \,|x-y|^{n-3}}\,, \quad j \neq k, \quad j \neq 0, \quad k \neq 0 \tag{11}$$

lassen sich aber durch eine geeignete orthogonale Transformation auf die Gestalt (10) bringen.

Man erkennt, daß die Singularitäten sogar höher sein könnten, weil für $\delta < \dfrac{3}{2}$ Satz 1 noch erfüllbar ist. Deshalb ist der SCHRÖDINGER-Operator eines solchen Systems in $\mathfrak{A}$ wesentlich selbstadjungiert und nach II.3.4 sogar halbbeschränkt nach unten.

4.3 Halbbeschränkte Differentialoperatoren

Es soll hier ein zweiter Weg aufgezeigt werden, der es gestattet, die Selbstadjungiertheit von Differentialoperatoren zu erschließen.

Satz 1: *Es sei A in $\mathfrak{A}$ symmetrisch und streng positiv, d. h. $(Au, u) \geq a(u, u)$ für alle $u \in \mathfrak{A}$ mit festem $a > 0$. Dann gibt es einen selbstadjungierten und streng positiven Operator $\tilde{A}$ in $\mathfrak{A}$ mit gleicher Schranke a, der eine Fortsetzung von A in $\mathfrak{A}$ ist, und es existiert $\tilde{A}^{-1}$ in ganz $\mathfrak{H}$.*

Weil $\tilde{A}$ in $\tilde{\mathfrak{A}}$ Fortsetzung von A in $\mathfrak{A}$ ist, gilt $\tilde{A}u = Au$ für alle $u \in \mathfrak{A}$. In anderen Worten kann man daher sagen, daß jeder streng positive Operator A in $\mathfrak{A}$ bereits selbstadjungiert ist oder aber nach einer passenden Erweiterung seines Definitionsbereiches selbstadjungiert gemacht werden kann. Überdies ist dann in $\tilde{\mathfrak{A}}$ die Gleichung $\tilde{A}u = f$ für beliebiges $f \in \mathfrak{H}$ eindeutig in der Form $u = \tilde{A}^{-1}f$ lösbar.

Für den Beweis werden einige Hilfsmittel benötigt.

Wenn jedem $u \in \mathfrak{H}$ eindeutig eine komplexe Zahl $L(u)$ zugeordnet wird, und zwar so, daß für alle $u, v \in \mathfrak{H}$ und jede komplexe Zahl α

1. $L(u + v) = L(u) + L(v)$, 2. $L(\alpha u) = \alpha L(u)$, 3. $|L(u)| \leq \text{const}\, \|u\|$

ist, dann nennt man diese Zuordnung ein *beschränktes, lineares Funktional in $\mathfrak{H}$*.

Betrachtet man das skalare Produkt (u, w) bei festem $w \in \mathfrak{H}$, so ist (u, w) ein solches beschränktes, lineares Funktional. Wichtig ist, daß auch die Umkehrung gilt.

Hilfssatz 1: *Ist $L(u)$ ein beschränktes, lineares Funktional in $\mathfrak{H}$, dann gibt es ein $w \in \mathfrak{H}$, mit dem $L(u) = (u, w)$ für alle $u \in \mathfrak{H}$ ist. w ist durch $L(u)$ eindeutig bestimmt.*

Den Beweis verschieben wir auf das Ende dieser Nummer.

Beweis von Satz 1: 1. Schritt: Konstruktion eines weiteren HILBERT-schen Raumes $\mathfrak{H}$: In $\mathfrak{A}$ werde ein neues skalares Produkt eingeführt durch

$$(u, v) = (A\,u, v) \qquad \text{für alle} \qquad u, v \in \mathfrak{A}. \tag{1}$$

Als neue Norm verwenden wir $\|u\| = \sqrt{(u, u)} = \sqrt{(A\,u, u)}$. Man überzeugt sich sofort davon, daß auch dieses skalare Produkt und diese Norm die üblichen Bedingungen für skalares Produkt und Norm erfüllen. Insbesondere ist $\|u\| = 0$ dann und nur dann, wenn $u = \Theta$ ist. Man hat nämlich

$$\|u\|^2 = (u, u) = (A\,u, u) \geq a\,(u, u) = a\,\|u\|^2, \tag{2}$$

so daß

$$\|u\| \leq \frac{1}{\sqrt{a}}\,\|u\| \tag{3}$$

folgt. $\mathfrak{A}$ mit dem skalaren Produkt $(\ ,\ )$ erfüllt alle Axiome eines HILBERT-schen Raumes, gegebenenfalls mit Ausnahme des Vollständigkeitsaxioms. Nun haben wir aber in I.2.2 gelernt, einen solchen HILBERTschen Raum zu vervollständigen. Wir gehen genau wie dort vor. Zur Bequemlichkeit sei diese Vervollständigung nochmals kurz beschrieben:

$u_1, u_2, \ldots$ sei eine Fundamentalfolge in $\mathfrak{A}$, d. h. $\|u_n - u_m\| \to 0$ für $n, m \to \infty$. Gibt es in $\mathfrak{A}$ ein Element u^* mit dem $\lim\limits_{n\to\infty} \|u_n - u^*\| = 0$, gilt, so ist u^* das eindeutig bestimmte Grenzelement der Fundamentalfolge. Gibt es ein solches $u^* \in \mathfrak{A}$ nicht, so ordnen wir dieser Fundamentalfolge ein ideales Grenzelement u^* zu und zwar so, daß äquivalenten Fundamentalfolgen dasselbe Grenzelement zugeordnet wird. Zwei Fundamentalfolgen $u_1, u_2, \ldots, v_1, v_2, \ldots$ heißen dabei äquivalent, falls $\lim\limits_{n\to\infty} \|u_n - v_n\| = 0$ gilt. Wie in I.2.2 setzen wir

$$(u^*, v^*) = \lim_{n\to\infty} (u_n, v_n) \tag{4}$$

fest, falls u^* und v^* Grenzelemente von $u_1, u_2, \ldots$ und $v_1, v_2, \ldots$ sind. Durch Hinzunahme solcher idealer Elemente zu $\mathfrak{A}$ erhalten wir den vollständigen HILBERTschen Raum $\mathfrak{H}$ mit dem skalaren Produkt $(\ ,\ )$.

Wir wollen nun die Elemente von $\mathfrak{H}$ mit den Elementen eines Teilraumes $\mathfrak{H}_0$ von $\mathfrak{H}$ identifizieren.

Ist $u_1, u_2, \ldots$ eine Fundamentalfolge in $\mathfrak{H}$ mit Elementen aus $\mathfrak{A}$, dann ist sie wegen

$$\|u_n - u_m\| \geq \sqrt{a}\,\|u_n - u_m\| \tag{5}$$

auch eine Fundamentalfolge in $\mathfrak{H}$. Sind weiter $u_1, u_2, \ldots, v_1, v_2, \ldots$ zwei äquivalente solche Fundamentalfolgen in $\mathfrak{H}$, so sind sie auch in $\mathfrak{H}$ äquivalent. Deshalb konvergieren beide Fundamentalfolgen in $\mathfrak{H}$ gegen das gleiche Grenzelement u^*. In $\mathfrak{H}$ mögen beide Fundamentalfolgen gegen das Grenzelement u konvergieren.

Soweit kann man jedem Element $u^* \in \mathfrak{H}$ (sei es ideales Element oder nicht) ein wohlbestimmtes Element $u \in \mathfrak{H}$ zuordnen, wobei diese Zuordnung offensichtlich noch linear ist. Die Menge der bei dieser Zuordnung erfaßten Elemente $u \in \mathfrak{H}$ bezeichnen wir mit $\mathfrak{H}_0$.

Diese Zuordnung ist besonders einfach, wenn $u_1, u_2, \ldots \in \mathfrak{A}$ eine Fundamentalfolge ist mit Grenzelement $u^* \in \mathfrak{A}$, d. h.

$$\lim_{n \to \infty} \| u_n - u^* \| = 0. \tag{6}$$

Ist u das entsprechende Grenzelement von $u_1, u_2, \ldots$ in $\mathfrak{H}$, also

$$\lim_{n \to \infty} \| u_n - u \| = 0, \tag{7}$$

so gilt $u^* = u$. Dies folgt aus

$$0 = \lim_{n \to \infty} \| u_n - u^* \| = \lim_{n \to \infty} (A(u_n - u^*), u_n - u^*)$$
$$\geq a \lim_{n \to \infty} \| u_n - u^* \|^2, \tag{8}$$

woraus sich mit (7) in der Tat $u = u^*$ ergibt.

Wir untersuchen jetzt den allgemeinen Fall. Es sei wieder $u_1, u_2, \ldots \in \mathfrak{A}$ eine Fundamentalfolge mit dem Grenzelement $u^* \in \mathfrak{H}$, d. h. $\lim_{n \to \infty} \| u_n - u^* \| = 0$. $u \in \mathfrak{H}_0$ sei das $u^* \in \mathfrak{H}$ zugeordnete Element. Für jedes $v \in \mathfrak{A}$ gilt dann

$$|(v, u^*) - (Av, u)| = |(v, u^* - u_n) + (v, u_n) - (Av, u)|$$
$$= |(v, u^* - u_n) + (Av, u_n) - (Av, u)|$$
$$= |(v, u^* - u_n) + (Av, u_n - u)|$$
$$\leq |(v, u^* - u_n)| + |(Av, u_n - u)|$$
$$\leq \| v \| \, \| u^* - u_n \| + \| Av \| \, \| u_n - u \| \to 0 \quad \text{für} \quad n \to \infty. \tag{9}$$

Also hat man

$$(v, u^*) = (Av, u) \qquad \text{für alle} \qquad v \in \mathfrak{A}. \tag{10}$$

Diese Zuordnung zwischen $\mathfrak{H}$ und $\mathfrak{H}_0$ hat überdies die Eigenschaft, daß zu zwei verschiedenen Elementen $u_1^*, u_2^* \in \mathfrak{H}$ auch stets zwei verschiedene Elemente $u_1, u_2 \in \mathfrak{H}_0$ gehören. Sei nämlich $u_1 = u_2$, so folgt aus (10)

$$(v, u_1^* - u_2^*) = (Av, u_1 - u_2) = 0 \qquad \text{für alle} \qquad v \in \mathfrak{A}. \tag{11}$$

Nun ist wegen der Symmetrie $\mathfrak{A}$ in $\mathfrak{H}$ dicht. In I.1.4 haben wir bewiesen, daß bei der Vervollständigung auch $\mathfrak{A}$ in $\mathfrak{H}$ bezüglich der Norm $\| \, \|$ dicht ist. Deshalb folgt aus der linken Seite von (11) $u_1^* = u_2^*$.

Es ist soweit gerechtfertigt, wenn man die Elemente von $\mathfrak{H}$ mit denen von $\mathfrak{H}_0$ identifiziert. Wir werden ferner nicht mehr $\mathfrak{H}$ und $\mathfrak{H}_0$ unterscheiden. Es gilt dann $\mathfrak{A} \subseteq \mathfrak{H}_0 \subseteq \mathfrak{H}$. Die Ungleichung (3) bleibt aus Stetigkeitsgründen für alle $u \in \mathfrak{H}_0$ richtig, also $\|u\| \leq \frac{1}{\sqrt{a}} \|u\|$.

2. Schritt: Konstruktion der selbstadjungierten Fortsetzung $\tilde{A}$ in $\tilde{\mathfrak{A}}$ von A in $\mathfrak{A}$: Für zwei beliebige Elemente $v \in \mathfrak{H}$ und $u \in \mathfrak{H}_0$ gilt

$$|(u, v)| \leq \|u\| \, \|v\| \leq \frac{1}{\sqrt{a}} \, \|u\| \, \|v\| = \frac{\|v\|}{\sqrt{a}} \, \|u\|. \tag{12}$$

Bei festem $v \in \mathfrak{H}$ ist somit $L(u) = (u, v)$ ein beschränktes, lineares Funktional in $\mathfrak{H}_0$ mit dem skalaren Produkt $(,)$. Nach dem Hilfssatz 1 existiert ein Element $w \in \mathfrak{H}_0$ so, daß

$$L(u) = (u, w) \tag{13}$$

für alle $u \in \mathfrak{H}_0$ gilt. Deshalb hat man $(u, v) = (u, w)$ und w ist durch v eindeutig bestimmt. Setzt man nun $w = Bv$, so hat man einen linearen Operator definiert, der $\mathfrak{H}$ als Definitionsbereich hat und dessen Wertebereich $B\mathfrak{H} = \mathfrak{W}_B$ in $\mathfrak{H}_0$ enthalten ist. Überdies folgt aus $Bv = \Theta$ auch $v = \Theta$, weil $(u, v) = 0$ für alle $u \in \mathfrak{H}_0$ bestehen muß. Deshalb existiert B^{-1}. Setzen wir $\tilde{A} = B^{-1}$, so ist $\tilde{\mathfrak{A}} = \mathfrak{B}^{-1} = \mathfrak{W}_B \subseteq \mathfrak{H}_0$ und $\mathfrak{W}_{\tilde{A}} = \mathfrak{B} = \mathfrak{H}$.

Wir zeigen jetzt, daß B in $\mathfrak{H}$ symmetrisch und beschränkt ist. Nach Definition von B ist zunächst $(u, v) = (u, Bv)$ für $v \in \mathfrak{H}$, $u \in \mathfrak{H}_0$. Hier wählen wir $u = Bv'$ und erhalten

$$(Bv', v) = (Bv', Bv) = \overline{(Bv, Bv')} = \overline{(Bv, v')} = (v', Bv) \tag{14}$$

für alle $v, v' \in \mathfrak{H}$. Die Beschränktheit von B sieht man so ein: Aus (13) hat man für geeignetes $w \in \mathfrak{H}_0$ und alle $u \in \mathfrak{H}_0$

$$|L(u)| = |(u, w)| \leq \|w\| \, \|u\|. \tag{15}$$

Weil für $u = w$ in (15) das Gleichheitszeichen steht, kann die Konstante $\|w\|$ in der Abschätzung (15) nicht verbessert werden. Andererseits findet man wegen $(u, v) = (u, w)$

$$|L(u)| = |(u, v)| \leq \|v\| \, \|u\| \leq \frac{\|v\|}{\sqrt{a}} \, \|u\| \tag{16}$$

für alle $u \in \mathfrak{H}_0$. Deshalb hat man

$$\frac{\|v\|}{\sqrt{a}} \geq \|w\| \geq \sqrt{a} \, \|w\| \tag{17}$$

und mit $w = Bv$ endlich $\|Bv\| \leq \frac{1}{a} \|v\|$, also die Beschränktheit.

Wir zeigen nunmehr, daß $\tilde{A}$ in $\tilde{\mathfrak{A}}$ eine Fortsetzung von A in $\mathfrak{A}$ ist. Für $u, v \in \mathfrak{A} \subseteq \mathfrak{H}_0$ gilt

$$(u, Av) = (u, BAv) \qquad \text{und} \qquad (u, Av) = (u, v). \tag{18}$$

Da $\mathfrak{A}$ dicht in $\mathfrak{H}_0$ bezüglich der Norm $\|\ldots\|$ ist, folgt daraus $BAv = v$, also $\tilde{A}^{-1}Av = v$ für alle $v \in \mathfrak{A}$. Nun ist $\tilde{A}^{-1}A\mathfrak{A} \subseteq \tilde{\mathfrak{A}}$, so daß man $v \in \tilde{\mathfrak{A}}$ hat. Deshalb ist $\mathfrak{A} \subseteq \tilde{\mathfrak{A}}$ und $Av = \tilde{A}v$ für alle $v \in \mathfrak{A}$ gezeigt. Damit ist $\tilde{A}$ in $\tilde{\mathfrak{A}}$ eine Fortsetzung von A in $\mathfrak{A}$. Weil B in $\mathfrak{H}$ symmetrisch ist, ist auch $\tilde{A}$ in $\tilde{\mathfrak{A}}$ symmetrisch.

Für die Halbbeschränktheit schließen wir so: Ist $u \in \tilde{\mathfrak{A}}$ und $v = \tilde{A}u$, also $u = \tilde{A}^{-1}v = Bv$, so hat man

$$(\tilde{A}u, u) = (u, \tilde{A}u) = (Bv, v) = (Bv, Bv)$$
$$= \|Bv\|^2 \geq a \, \|Bv\|^2 = a \, \|u\|^2. \tag{19}$$

Da weiter $\tilde{A}\tilde{\mathfrak{A}} = \mathfrak{H}$ ist, folgt mit Satz 1b aus 3.3, daß $\tilde{A}$ in $\tilde{\mathfrak{A}}$ selbstadjungiert ist. Damit ist der Satz bewiesen. Überdies ist die Beschränktheit von $\tilde{A}^{-1}$ in $\mathfrak{H}$ gezeigt.

Satz 2: *Es sei A in $\mathfrak{A}$ symmetrisch und halbbeschränkt nach unten: $(Au, u) \geq a(u, u)$. Dann gibt es einen selbstadjungierten und nach unten mit gleicher Schranke a halbbeschränkten Operator $\tilde{A}$ in $\tilde{\mathfrak{A}}$, der eine Fortsetzung von A in $\mathfrak{A}$ ist.*

Beweis: Man hat nur den Fall $a \leq 0$ zu erledigen. Dazu definiert man B in $\mathfrak{A}$ durch

$$Bu = Au + (1 - a)\, u \tag{20}$$

und hat $(Bu, u) \geq (u, u)$. Da B in $\mathfrak{A}$ symmetrisch ist, kann B in $\mathfrak{A}$ nach Satz 1 zu $\tilde{B}$ in $\tilde{\mathfrak{A}}$ fortgesetzt werden derart, daß $\tilde{B}$ in $\tilde{\mathfrak{A}}$ selbstadjungiert und mit Schranke 1 halbbeschränkt nach unten ist. $\tilde{A}u = \tilde{B}u - (1 - a)\, u$ leistet dann das Gewünschte (Satz 4a aus 3.3).

Beweis des Hilfssatzes 1: Es sei $\mathfrak{T}$ die Gesamtheit aller $u \in \mathfrak{H}$, für die $L(u) = 0$ ist. Man sieht sofort ein, daß $\mathfrak{T}$ ein abgeschlossener Teilraum von $\mathfrak{H}$ ist. Ist $\mathfrak{T} = \mathfrak{H}$, so leistet $L(u) = (u, \Theta)$ das Gewünschte. Ist aber $\mathfrak{T}$ echte Teilmenge von $\mathfrak{H}$, so gibt es ein Element $v \in \mathfrak{H}$, $v \neq \Theta$, welches $(u, v) = 0$ für alle $u \in \mathfrak{T}$ erfüllt (Satz 2 aus I.2.4). Für $U = u - \frac{L(u)}{L(v)}v$ gilt $L(U) = L(u) - \frac{L(u)}{L(v)}\, L(v) = 0$, also ist $U \in \mathfrak{T}$. Dabei ist $L(v) \neq 0$, weil sonst $v \in \mathfrak{T}$ gelten müßte. Deshalb besteht $(U, v) = 0$, also

$$(U, v) = (u, v) - \frac{L(u)}{L(v)}\, (v, v) = 0.$$

Hieraus folgt

$$L(u) = L(v)\,\frac{(u,\,v)}{(v,\,v)} = \left(u,\,\frac{\overline{L(v)}\,v}{(v,\,v)}\right),$$

so daß $w = \dfrac{\overline{L(v)}\,v}{(v,\,v)}$ das Gewünschte leistet.

Die Eindeutigkeit der Darstellung folgt so: Aus

$$L(u) = (u,\,w) = (u,\,w')\qquad\text{für alle}\qquad u \in \mathfrak{H}$$

folgt $(u,\,w - w') = 0$. Setzt man $u = w - w'$, so hat man $\|w - w'\|^2 = 0$, also $w = w'$.

4.4 Zusammenfassung

Die Ergebnisse aus 4.3 erlauben zu sagen, daß jeder Operator A in $\mathfrak{A}$, der dort symmetrisch und halbbeschränkt nach unten ist, in $\mathfrak{A}$ selbstadjungiert ist oder zu einem selbstadjungierten Operator bei Erhaltung der Schranke a fortgesetzt werden kann. Ein weniger scharfes Resultat wurde zuerst von J. v. NEUMANN [1] angegeben. In der hier gegebenen Fassung stammt der Satz von K. O. FRIEDRICHS [1] und M. H. STONE [*]. Der Beweis folgte dem von K. O. FRIEDRICHS. Das erzielte Resultat wird noch wertvoller, wenn man zusätzlich die strenge Positivität des Operators A in $\mathfrak{A}$ weiß. Dann ist $A\,u = f$, bzw. $\widetilde{A}\,u = f$ für alle $f \in \mathfrak{H}$ in der Form $u = A^{-1}f$, bzw. $u = \widetilde{A}^{-1}f$ lösbar. Benutzt man die in II.2.3 erzielten Ergebnisse, so hat man die Lösbarkeit der klassischen Randwertaufgaben dargetan, allerdings gegebenenfalls in einer schwächeren Form für die Lösung u, von der man nur $u \in \widetilde{\mathfrak{A}}$ behaupten kann. Man kann trotzdem wieder zu besseren Eigenschaften für u gelangen, wenn man das WEYLsche Lemma benutzt. Jedoch soll darauf hier nicht eingegangen werden[1].

Da der Nachweis der Halbbeschränktheit nach unten im allgemeinen nicht zu schwierig ist, hat man hier einen bequemen Weg, die Selbstadjungiertheit von Differentialoperatoren nachzuweisen.

Nachteile des Verfahrens sind, daß die Fortsetzung zu $\widetilde{A}$ in $\widetilde{\mathfrak{A}}$ keineswegs eindeutig sein muß und daß schließlich nicht jeder Operator der klassischen Quantenmechanik halbbeschränkt nach unten ist. Als Beispiel dazu sei der Operator des STARK-Effektes genannt, der entsteht, wenn das quantenmechanische System aus dem Atomkern und s Elektronen besteht und ein elektrisches Feld vorhanden ist. Man kommt dann mit $n = 3s$ zu

$$A\,u = -\varDelta_n u + \sum_{j=1}^{n} c_j x_j u + \frac{1}{2}\sum_{\substack{j,\,k=0\\ j\neq k}}^{s}\frac{e_{jk}}{r_{jk}}\,u. \tag{1}$$

Man kann zeigen, daß A in $\mathring{\mathfrak{A}}$ nicht halbbeschränkt nach unten ist.

---

[1] Vgl. etwa die Darstellung in G. HELLWIG [*].

Besser aber zugleich schwieriger ist der Weg, von A in $\mathfrak{A}$ die Selbstadjungiertheit oder die wesentliche Selbstadjungiertheit nachzuweisen. Im letzteren Fall weiß man dann, daß der auf eindeutige Weise durch einfaches Abschließen erzeugte Operator $\bar{A}$ in $\bar{\mathfrak{A}}$ selbstadjungiert ist. Die Frage nach der wesentlichen Selbstadjungiertheit ist kürzlich wohl für alle SCHRÖDINGER-Operatoren der klassischen Quantenmechanik (einschließlich STARK- und ZEEMAN-Effekt[1] und gleichzeitiges Vorliegen des STARK- und ZEEMAN-Effektes einschließlich COULOMBscher Wechselwirkung) von T. IKEBE — T. KATO [1] erledigt worden. Die dabei benutzten Hilfsmittel sind von den hier bereitgestellten nicht so sehr verschieden, doch schien es für eine Einführung in dieses Gebiet dem Verfasser sinnvoller, verschiedene Wege aufzuzeigen, als einen Weg in größter Allgemeinheit zu beschreiten.

Eine genaue Untersuchung des Spektrums solcher Operatoren der Quantenmechanik findet man bei E. C. TITCHMARSH [*], [**].

Als Beginn solcher Untersuchungen darf man wohl die Arbeiten von T. CARLEMAN [1] und K. O. FRIEDRICHS [1, 2, 3] ansehen. T. KATO erledigte in [1] den Fall COULOMBscher Wechselwirkung. Verallgemeinerungen sind dann u. a. von F. H. BROWNELL [1], [2], A. J. POWSNER [1], F. STUMMEL [1], E. WIENHOLTZ [1], F. E. BROWDER [2] gegeben worden. Um die COULOMBsche Wechselwirkung mathematisch bequem zu fassen, führte F. STUMMEL [1] die von uns in II.3.4 angegebene Bedingung für $q(x)$ ein. Die Untersuchungen in IV.4.2 sind deshalb dieser Arbeit entnommen, in der erstmalig auch der STARK-Effekt behandelt worden ist. IV.4.2 stellt einen einfachen Spezialfall aus den Arbeiten von F. STUMMEL, E. WIENHOLTZ und T. IKEBE — T. KATO dar, der so ausgewählt wurde, daß der nötige Aufwand möglichst gering ausfällt.

Um zu einem einwandfreien Verständnis des quantenmechanischen Eigenwertproblems zu kommen, genügt der bisher eingenommene Standpunkt nicht. Unter Benutzung der oben genannten Ergebnisse würde er aussagen, daß es zu jedem SCHRÖDINGER-Operator A der klassischen Quantenmechanik einen Teilraum $\mathfrak{A} \subset \mathfrak{H}$ so gibt, daß A in $\mathfrak{A}$ wesentlich selbstadjungiert ausfällt. Für die eindeutig festgelegte Abschließung $\bar{A}$ in $\bar{\mathfrak{A}}$ besteht dann die Spektralzerlegung $A = \int\limits_{-\infty}^{+\infty} \lambda \, dE_\lambda$, aus welcher das Spektrum abgelesen werden kann. Dabei kann das kontinuierliche Spektrum, wie wir bewiesen haben, auch aus den Eigenpaketen abgelesen werden; ein Vorgang, der physikalisch üblicher ist.

Die Quantenmechanik fordert jedoch, daß diese Spektralzerlegung oder damit gleichwertig, ein vollständiges System von Eigenfunktionen und Eigenpaketen, bereits aus Lösungen der SCHRÖDINGERschen Eigenwertgleichung $A u = \lambda u$ aufgebaut werden kann. Sie läßt somit den Prozeß des Abschließens nicht zu. Deshalb ist auch der übliche Hinweis auf den Spektralsatz nicht ausreichend.

Für eine Klärung dieser feinen Fragestellung wird man die Verwendung unstetiger Potentiale (z. B. COULOMBsche Potentiale) als „über-

---

[1] Man spricht vom ZEEMAN-Effekt, wenn ein magnetisches Feld neben der COULOMBschen Wechselwirkung vorliegt.

idealisiert" abzulehnen haben, weil sie zu Unendlichkeitsstellen im Kraftfeld führen und weil es vielleicht gerade so ist, daß die oben genannten Schwierigkeiten bei Verwendung des Spektralsatzes durch die Benutzung solcher unstetiger Potentiale unmittelbar bedingt sind.

Beschränkt man sich deshalb für diese Fragestellung (nicht aber für eine wirkliche Berechnung des Spektrums) auf stetige Potentiale, die gegebenenfalls unstetige Potentiale beliebig gut approximieren, so geben bereits Satz 2 aus II.3.3 und Satz 4 und 6 aus IV.3.4 ein ausgezeichnetes Verständnis für das quantenmechanische Eigenwertproblem. Es fehlt dabei lediglich noch der Nachweis, daß auch sämtliche Eigenpakete von $\overline{A}$ in $\overline{\mathfrak{A}}$ bereits in

$$\mathfrak{A} = \{u(x) \mid u \in C^2(\mathfrak{R}_n) \cap \mathfrak{H}, \ A u \in \mathfrak{H}\} \tag{2}$$

liegen.

Man hätte dann auch den in der Physik verbreiteten Standpunkt: Ist der SCHRÖDINGER-Operator A in $\mathfrak{A}$ symmetrisch, so besitzt er ein vollständiges System von Eigenfunktionen und Eigenpaketen, die sämtlich in $\mathfrak{A}$ liegen, gerechtfertigt. Allerdings ist dabei der Teilraum (2) zu verwenden, in dem der Nachweis der Symmetrie nicht ganz einfach ist (vgl. II.3.3).

4.5 Der tiefste Punkt des Spektrums eines halbbeschränkten Operators

In den Anwendungen ist es vielfach von großer Bedeutung den tiefsten Punkt des Spektrums eines selbstadjungierten Operators zu bestimmen. Diese Fragestellung hat offensichtlich nur dann einen Sinn, wenn der Operator halbbeschränkt nach unten ist, weil andernfalls das Spektrum nach $-\infty$ reicht.

Satz 1: *Es sei A in $\mathfrak{A}$ wesentlich selbstadjungiert — also $\overline{A}$ in $\overline{\mathfrak{A}}$ selbstadjungiert — und A in $\mathfrak{A}$ halbbeschränkt nach unten: $(A u, u) \geq a(u, u)$ für alle $u \in \mathfrak{A}$. Dann ist der tiefste Punkt $\alpha \geq a$ des Spektrums von $\overline{A}$ in $\overline{\mathfrak{A}}$ gegeben durch*

$$\alpha = \underline{\operatorname{fin}} \frac{(A u, u)}{(u, u)} \quad \textit{für alle} \quad u \in \mathfrak{A} \quad \textit{mit} \quad u \neq \Theta. \tag{1}$$

Beweis: Wegen der Halbbeschränktheit existiert die untere Grenze α. Weil $\overline{A}$ in $\overline{\mathfrak{A}}$ durch Abschließen von A in $\mathfrak{A}$ entsteht, besteht auch $(\overline{A} u, u) \geq a(u, u)$ für alle $u \in \overline{\mathfrak{A}}$. Deshalb gilt auch

$$\alpha = \underline{\operatorname{fin}} \frac{(\overline{A} u, u)}{(u, u)} \quad \text{für alle} \quad u \in \overline{\mathfrak{A}} \quad \text{mit} \quad u \neq \Theta.$$

Wäre α nicht tiefster Punkt des Spektrums von $\overline{A}$ in $\overline{\mathfrak{A}}$, so würde das Spektrum etwa in $\beta \leq \lambda < \infty$ mit $\alpha < \beta$ zu finden sein. Nach Satz 2 aus 2.3 würde dann $(\overline{A} u, u) \geq \beta(u, u)$ und somit auch $(A u, u) \geq \beta(u, u)$

für alle $u \in \mathfrak{A}$ gelten. Dies ist ein Widerspruch zur Definition von α in (1).

Zur angenäherten Berechnung von α verwendet man oft das RITZsche Verfahren. Dazu verwendet man ein Element $u \in \mathfrak{A}$, welches von endlich vielen Parametern $c_1, c_2, \ldots, c_m$ abhängen möge. Es sei also $u \in \mathfrak{A}$ und $u \neq \Theta$, wenn die Parameter in dem m-dimensionalen Gebiet G variieren. Dann wird $\dfrac{(Au, u)}{(u, u)}$ mit diesem u eine Funktion der Parameter $c_1, c_2, \ldots, c_m$. Man hat dann

$$\frac{(Au, u)}{(u, u)} = f(c_1, c_2, \ldots, c_m) \geq \alpha \quad \text{und} \quad \gamma = \operatorname*{fin}_{(c_1, \cdots, c_m)\,\in G} f(c_1, c_2, \ldots, c_m) \geq \alpha.$$

γ wird als Näherungswert von α angesehen.

Sind $u_1, u_2, \ldots, u_m$ linear unabhängige Elemente aus $\mathfrak{A}$, so kann man $u = c_1 u_1 + \cdots c_m u_m$ setzen und als G den gesamten $\mathfrak{R}_m$ mit Ausnahme des Nullpunktes wählen.

Ein beliebtes Standardbeispiel für dieses Verfahren ist das

Beispiel A (Heliumoperator): Das quantenmechanische System besteht aus einem Atomkern, dessen Masse wir als unendlich groß annehmen, mit der Ladung $2e*$ und zwei Elektronen, die je die Masse m und die Ladung $-e$ besitzen. Die Koordinaten der Elektronen mögen $x = (x_1, x_2, x_3)$ und $y = (y_1, y_2, y_3)$ sein, den Atomkern nehmen wir im Koordinatenursprung des $\mathfrak{R}_6$ als ruhend an. Nach II.3.2 bekommt man die Eigenwertgleichung

$$Su = \Lambda u \quad \text{mit} \quad Su = -\frac{h^2}{8\pi^2 m} \Delta_6 u + 2e^2 \left(\frac{1}{2\,|x - y|} - \frac{1}{|x|} - \frac{1}{|y|} \right) u \qquad (2)$$

und $u = u(x_1, x_2, x_3, y_1, y_2, y_3)$, wofür wir auch kurz $u = u(x, y)$ schreiben werden. Setzt man $dx = dx_1\,dx_2\,dx_3$, $dy = dy_1\,dy_2\,dy_3$, so mag das Volumenelement im $\mathfrak{R}_6$ durch $dx\,dy$ bezeichnet werden. Verwendet man die weiteren Abkürzungen $\delta = \dfrac{16\pi^2 m e^2}{h^2}$, $\lambda = \dfrac{8\pi^2 m}{h^2}\,\Lambda$, so wird (2) zu

$$Au = \lambda u \quad \text{mit} \quad Au = -\Delta_6 u + \delta \left(\frac{1}{2\,|x - y|} - \frac{1}{|x|} - \frac{1}{|y|} \right) u. \qquad (3)$$

Es sei $\mathfrak{H} = \left\{ u(x, y) \mid \int\limits_{\mathfrak{R}_6} |u(x, y)|^2\,dx\,dy < \infty \right\}$, $(u, v) = \int\limits_{\mathfrak{R}_6} u\bar{v}\,dx\,dy$. A werde in $\mathfrak{A}_1$ betrachtet mit

$$\mathfrak{A}_1 = \{ u(x, y) \mid \; 1.\; u \in C^0(\mathfrak{R}_6) \cap C^2(|x|\,|y| > 0) \cap \mathfrak{H}, \quad Au \in \mathfrak{H};$$

$\qquad\qquad\quad$ 2. Zu jedem u gibt es zwei Konstanten $\gamma > 0$, $r_0 > 0$,

$\qquad\qquad\qquad$ so daß $|u| \leq e^{-\gamma r}$, $|u_{x_1}| \leq e^{-\gamma r}, \ldots, |u_{y_3}| \leq e^{-\gamma r}$ für alle

$$r = (|x|^2 + |y|^2)^{\frac{1}{2}} \geq r_0 \; \text{gilt}\}. \qquad (4)$$

Satz 2: *A in $\mathfrak{A}_1$ ist wesentlich selbstadjungiert.*

Beweis: Wir haben gezeigt, daß A in $\overset{\circ}{\mathfrak{A}}$ wesentlich selbstadjungiert ist. Deshalb ist erst recht A in $\mathfrak{A}_1$ wesentlich selbstadjungiert, falls nur A in $\mathfrak{A}_1$ symmetrisch ist, denn es ist $\mathfrak{A}_1 \supset \overset{\circ}{\mathfrak{A}}$. Man findet ohne Schwierigkeit für alle $u \in \mathfrak{A}_1$

$$(Au, u) = \int\limits_{\mathfrak{R}_6} \left\{ |\operatorname{grad}_x u|^2 + |\operatorname{grad}_y u|^2 + \left(\frac{1}{2\,|x - y|} - \frac{1}{|x|} - \frac{1}{|y|} \right) \delta\,|u|^2 \right\} dx\,dy, \qquad (5)$$

---

* $e = $ Elementarladung.

wobei wir $|\operatorname{grad}_x u|^2 = \sum\limits_{j=1}^{3} |u_{x_j}(x, y)|^2$, $|\operatorname{grad}_y u|^2 = \sum\limits_{j=1}^{3} |u_{y_j}(x, y)|^2$ gesetzt haben. Satz 2 aus II.2.1 liefert die Symmetrie von A in $\mathfrak{A}_1$.

Satz 3: *Für den tiefsten Punkt α des Spektrums von $\bar{A}$ in $\bar{\mathfrak{A}}$ gilt $\alpha \leq -\dfrac{729}{2048}\delta^2$.*

Beweis: Es ist $u = e^{-c(|x|+|y|)} \in \mathfrak{A}_1$ und $u \neq 0$ für jede Wahl des Parameters c: $-\infty < c < \infty$. Mit diesem u berechnen wir $\dfrac{(Au, u)}{(u, u)} = f(c)$ und $\gamma = \min\limits_{-\infty < c < \infty} f(c)$. Es ist[1]

$$(u, u) = \int\limits_{\mathfrak{R}_6} e^{-2c(|x|+|y|)}\, dx\, dy = \left(\int\limits_{\mathfrak{R}_3} e^{-2c|x|}\, dx \right)^2$$

$$= (4\pi)^2 \left(\int\limits_{0}^{\infty} e^{-2c\varrho}\, \varrho^2\, d\varrho \right)^2 = \frac{\pi^2}{c^6}, \tag{6}$$

$$\int\limits_{\mathfrak{R}_6} \frac{|u|^2}{|x|}\, dx\, dy = \int\limits_{\mathfrak{R}_6} \frac{|u|^2}{|y|}\, dx\, dy = (4\pi)^2 \int\limits_{0}^{\infty} e^{-2c\varrho}\, \varrho\, d\varrho \int\limits_{0}^{\infty} e^{-2c\varrho}\, \varrho^2\, d\varrho = \frac{\pi^2}{c^5}, \tag{7}$$

$$\int\limits_{\mathfrak{R}_6} \frac{|u|^2}{|x-y|}\, dx\, dy = \int\limits_{\mathfrak{R}_6} \frac{e^{-c(|x|+|y|)}}{|x-y|}\, dx\, dy = \int\limits_{\mathfrak{R}_3} e^{-2c|x|} \left(\int\limits_{\mathfrak{R}_3} \frac{e^{-2c|y|}}{|x-y|}\, dy \right) dx. \tag{8}$$

Setzen wir $x = |x|\,\xi$ mit $|\xi| = 1$, $y = |y|\,\eta$ mit $|\eta| = 1$ und

$$(\xi, \eta) = |\xi|\,|\eta| \cos\vartheta = \cos\vartheta,$$

so erhalten wir mit $|y| = \varrho$

$$\int\limits_{\mathfrak{R}_3} \frac{e^{-2c\,|y|}}{|x-y|}\, dy = \int\limits_{\mathfrak{R}_3} \frac{e^{-2c|y|}\, dy}{\sqrt{|x|^2 + |y|^2 - 2(x, y)}}$$

$$= \int\limits_{0}^{\infty} e^{-2c\varrho} \left(\int\limits_{0}^{\pi}\int\limits_{0}^{2\pi} \frac{\sin\vartheta\, d\vartheta\, d\varphi}{\sqrt{|x|^2 + \varrho^2 - 2\,|x|\,\varrho \cos\vartheta}} \right) \varrho^2\, d\varrho$$

$$= 2\pi \int\limits_{0}^{\infty} e^{-2c\varrho} \left\{ \frac{\sqrt{|x|^2 + \varrho^2 - 2\,|x|\,\varrho \cos\vartheta}\,\big|_0^{\pi}}{|x|\,\varrho} \right\} \varrho^2\, d\varrho$$

$$= 2\pi \int\limits_{0}^{\infty} e^{-2c\varrho} \frac{|x| + \varrho - \big||x| - \varrho\big|}{|x|\,\varrho}\, \varrho^2\, d\varrho = 4\pi \int\limits_{0}^{\infty} e^{-2c\varrho}\, \varrho^2 \min\left\{ \frac{1}{|x|}, \frac{1}{\varrho} \right\} d\varrho$$

$$= 4\pi \left\{ \frac{1}{|x|} \int\limits_{0}^{|x|} e^{-2c\varrho}\, \varrho^2\, d\varrho + \int\limits_{|x|}^{\infty} e^{-2c\varrho}\, \varrho\, d\varrho \right\}.$$

---

[1] Die elementare Formel $\int\limits_{0}^{\infty} e^{-\sigma\varrho}\, \varrho^n\, d\varrho = \dfrac{n!}{\sigma^{n+1}}$ mit $\sigma > 0$ wird verwandt.

Diese Integrale können geschlossen ausgewertet werden, und man erhält mit etwas Zwischenrechnung

$$\int\limits_{\Re_3} e^{-2c|x|}\left(\int\limits_{\Re_3}\frac{e^{-2c|y|}}{|x-y|}\,dy\right)dx = \frac{5}{8}\frac{\pi^2}{c^5}.\tag{9}$$

Schließlich wird mit (6)

$$\int\limits_{\Re_6}|\operatorname{grad}_x u|^2\,dx\,dy = \int\limits_{\Re_6}|\operatorname{grad}_y u|^2\,dx\,dy = \int\limits_{\Re_6}\left(\frac{\partial u}{\partial|x|}\right)^2 dx\,dy$$

$$=\int\limits_{\Re_6} c^2\,e^{-2c(|x|+|y|)}\,dx\,dy = c^2\left(\int\limits_{\Re_3} e^{-2c|x|}\,dx\right)^2 = \frac{\pi^2}{c^4}.\tag{10}$$

Insgesamt finden wir mit (5)

$$\frac{(A\,u,u)}{(u,u)} = f(c) = 2c^2 - \frac{27}{16}\,\delta c.\tag{11}$$

Das Minimum von $f(c)$ wird bei $c_0 = \dfrac{27}{64}\,\delta$ angenommen, und es ist

$$\gamma = f(c_0) = -\frac{729}{2048}\,\delta^2.$$

Da man beim Heliumoperator überdies beweisen kann, daß der tiefste Punkt seines Spektrums ein Eigenwert ist, so gibt Satz 3 eine Abschätzung für diesen tiefsten Eigenwert.

Ein genaues Studium des Spektrums des Heliumoperators erfolgt bei T. Kato [2] und E. C. Tichmarsh [**].

V. Das Weyl-Stonesche Eigenwertproblem

1. Die Weylsche Alternative

1.1 Vorbereitung

Besteht unser quantenmechanisches System aus einem Atomkern und einem Elektron, so kommen wir in den Bezeichnungen aus IV.4.5 zu dem (Wasserstoff-)Operator

$$A u = -\Delta_3\,u - \frac{\delta}{|x|}\,u,\quad \delta = \frac{8\,\pi^2 m e^2}{h^2},\tag{1}$$

der in den Teilräumen

$$\mathring{\mathfrak{A}} = \{u(x)\mid u \in C^2(\Re_3),\quad u\equiv 0\ \text{ für }\ |x|\geq R\ \text{ mit }\ R = R(u)\},\tag{2}$$

$$\mathfrak{A}_1 = \{u(x)\mid 1.\ u \in C^0(\mathfrak{R}_3) \cap C^2(|x| > 0) \cap \mathfrak{H}, \quad A u \in \mathfrak{H};$$

$$2.\ |u| \leq e^{-\gamma r}, \quad |u_{x_1}| \leq e^{-\gamma r}, \ldots, |u_{x_3}| \leq e^{-\gamma r}$$

$$\text{für alle} \quad r = |x| \geq r_0 \quad \text{mit} \quad \gamma = \gamma(u) > 0,$$

$$r_0 = r_0(u) > 0\} \tag{3}$$

wesentlich selbstadjungiert ist.

Das Eigenwertproblem von A wird vereinfacht, wenn man die Variablen separiert. Führt man räumliche Polarkoordinaten r, ψ, φ mit $0 \leq \varphi < 2\pi$, $0 \leq \psi \leq \pi$ ein, so wird $A u = \lambda u$:

$$-\frac{1}{r^2}\left\{(r^2 u_r)_r + \frac{1}{\sin\psi}(\sin\psi\, u_\psi)_\psi + \frac{1}{\sin^2\psi} u_{\varphi\varphi} + \delta r u\right\} = \lambda u. \tag{4}$$

Separiert man mit dem Ansatz $u(x) = u(r, \psi, \varphi) = v(r)\, w(\psi)\, z(\varphi)$ die gleichwertigen Variablen r, φ, ψ, so kommt man, falls $u(r, \psi, \varphi) \neq 0$ ist, zu der Gleichung

$$-\left\{\frac{(r^2 v')'}{v} + \frac{1}{\sin\psi}\frac{(\sin\psi\, w')'}{w} + \frac{1}{\sin^2\psi}\frac{z''}{z} + \delta r\right\} = \lambda r^2, \tag{5}$$

wobei $'$ jeweils die Ableitung nach dem Argument bedeutet. Verändert man φ und löst die Gleichung (5) nach $\dfrac{z''}{z}$ auf, so würde sich in $\dfrac{z''}{z} = \cdots$ die rechte Seite nicht verändern. Deshalb und bei analogem Schluß muß es Konstanten μ und ν so geben, daß gilt:

$$-\frac{z''}{z} = \mu \quad \text{oder} \quad -z'' = \mu z \quad \text{in} \quad 0 \leq \varphi < 2\pi, \tag{6}$$

$$-(\sin\psi\, w')' + \frac{\mu w}{\sin\psi} = \nu \sin\psi\, w \quad \text{in} \quad 0 < \psi < \pi, \tag{7}$$

$$-(r^2 v')' + (\nu - \delta r)\, v = \lambda r^2 v \quad \text{in} \quad 0 < r < \infty. \tag{8}$$

Dies sind drei Gleichungen, die eine formale Ähnlichkeit mit der in II.1.2 untersuchten Eigenwertgleichung $A u = \lambda u$, oder in den dortigen Bezeichnungen

$$-(p(x)\, u')' + q(x)\, u = \lambda k(x)\, u, \tag{9}$$

haben. Allerdings verletzt (7) die in II.1.2 gemachten Voraussetzungen, weil $p(\psi) > 0$, $k(\psi) > 0$, $q(\psi)$ stetig in $0 \leq \psi \leq \pi$ nicht gilt und (8) verletzt die dortigen Voraussetzungen, weil $p(r) > 0$, $k(r) > 0$ in $0 \leq r$ nicht gilt und weil $m = \infty$ in II.1.2 nicht zugelassen ist. Auch kommt man hier zu ganz anderen Zusatzbedingungen als in II.1.2. Aus $\int\limits_{\mathfrak{R}_3} |u(x)|^2\, dx < \infty$ folgt zunächst

$$\int\limits_0^\infty |v(r)|^2\, r^2\, dr < \infty, \quad \int\limits_0^\pi |w(\psi)|^2 \sin\psi\, d\psi < \infty, \quad \int\limits_0^{2\pi} |z(\varphi)|^2\, d\varphi < \infty \tag{10}$$

und aus $u(x) \in C^0(\mathfrak{R}_3)$ ergibt sich $z(\varphi + 2\pi) = z(\varphi)$ für $-\infty < \varphi < \infty$.

Deshalb betrachten wir in Verallgemeinerung zu II.1.2 die Differentialgleichung

$$(p(x)\,u')' + (\lambda k(x) - q(x))\,u = 0 \qquad \text{in} \qquad \{l, m\} \qquad (11)$$

und machen die ständige

Voraussetzung: 1. $\{l, m\}$ steht für eines der Intervalle $l \leq x \leq m$, $l < x \leq m$, $l \leq x < m$, $l < x < m$. Ist das Intervall nach links offen, so ist stets $l = -\infty$, ist es nach rechts offen, so ist stets $m = +\infty$ zugelassen.

2. p, p', q, k reellwertig und stetig in $\{l, m\}$.

3. $p(x) > 0$, $k(x) > 0$ in $\{l, m\}$.

4. λ ist eine komplexe Zahl.

Um zu einem linearen Operator A in $\mathfrak{A}$ zu kommen, setzen wir fest: Es sei

$$\mathfrak{H} = \left\{ u(x) \,\Big|\, \int\limits_l^m |u(x)|^2\, k(x)\, dx < \infty \right\}; \quad (u, v) = \int\limits_l^m u(x)\, \overline{v(x)}\, k(x)\, dx. \quad (12)$$

A werde formal erklärt durch

$$A u = \frac{1}{k(x)} \left\{ -(p(x)\,u')' + q(x)\,u \right\} \quad \text{für geeignete} \quad u(x) \in \mathfrak{H}. \quad (13)$$

Unser Problem besteht darin, einen Teilraum $\mathfrak{A} \subset \mathfrak{H}$ so anzugeben, daß A in $\mathfrak{A}$ wesentlich selbstadjungiert ist. Dazu wird eine außerordentlich bemerkenswerte Alternative von H. Weyl für die Lösungen der Differentialgleichung (11) benötigt.

Es sollte vermutet werden, daß der Fall $l \leq x \leq m$ für uns keine neuen Ergebnisse bringen wird, da wir für den Sturm-Liouvilleschen Operator im $\mathfrak{R}_1$ das Eigenwertproblem einschließlich Entwicklungssatz voll diskutiert haben. Trotzdem muß dieser Fall in unseren Entwicklungen mitgenommen werden, weil wir 1. den Teilraum $\mathfrak{A}$ mit zusätzlichen Randbedingungen in diesem Falle nicht systematisch gefunden haben und 2. für das Eigenwertproblem nicht den systematischen Weg über die Selbstadjungiertheit des Operators, sondern den Weg über die Vollstetigkeit von $(A - \mu E)^{-1}$ gegangen sind.

1.2 Der 1. Weylsche Satz

Unter den Voraussetzungen aus 1.1 betrachten wir die Differentialgleichung

$$D_\lambda u = 0 \quad \text{in} \quad \{l, m\} \quad \text{mit} \quad D_\lambda u \equiv (p(x)\,u')' + (\lambda k(x) - q(x))\,u. \quad (1)$$

Dabei heißt $u(x)$ Lösung, falls $u(x) \in C^2(\{l, m\})$ und $D_\lambda u = 0$ in $\{l, m\}$ ist.

Satz 1: *Es sei λ_0 eine komplexe Zahl (reell zugelassen) und x_0 ein beliebig gewählter Punkt aus $\{l, m\}$. Ferner gelte $\int\limits_{x_0}^{m} |u(x)|^2 k(x)\, dx < \infty$ für jede Lösung $u(x)$ von $D_{\lambda_0} u = 0$. Dann gilt $\int\limits_{x_0}^{m} |v(x)|^2 k(x)\, dx < \infty$ für jede Lösung $v(x)$ von $D_\lambda u = 0$.*

Entsprechendes besteht für den linken Rand: Ist $\int\limits_{x_0}^{x_0} |u(x)|^2 k(x)\, dx < \infty$ für jede Lösung $u(x)$ von $D_{\lambda_0} u = 0$, so ist $\int\limits_{l}^{x_0} |v(x)|^2 k(x)\, dx < \infty$ für jede Lösung $v(x)$ von $D_\lambda u > 0$.

Bemerkung: Um festzustellen, ob für jede Lösung $u(x)$ von $D_{\lambda_0} u = 0$ $\int\limits_{x_0}^{m} |u(x)|^2 k(x)\, dx < \infty$ ausfällt, genügt der Nachweis, daß für ein Fundamentalsystem $u_1(x)$, $u_2(x)$ von $D_{\lambda_0} u = 0$ sowohl $\int\limits_{x_0}^{m} |u_1(x)|^2 k(x)\, dx < \infty$, als auch $\int\limits_{x_0}^{m} |u_2(x)|^2 k(x)\, dx < \infty$ ist. Es kann nämlich jede Lösung von $D_{\lambda_0} u = 0$ dargestellt werden durch $u = c_1 u_1 + c_2 u_2$ mit geeigneten Konstanten c_1, c_2. Man hat dann mit $|a + b|^2 \leq 2(|a|^2 + |b|^2)$

$$\int\limits_{x_0}^{m} |u(x)|^2 k(x)\, dx = \int\limits_{x_0}^{m} |c_1 u_1 + c_2 u_2|^2 k\, dx$$

$$\leq 2\left\{ |c_1|^2 \int\limits_{x_0}^{m} |u_1|^2 k\, dx + |c_2|^2 \int\limits_{x_0}^{m} |u_2|^2 k\, dx \right\} < \infty. \tag{2}$$

Beispiel A: $D_\lambda u \equiv (x u')' + \lambda x u = 0$ in $0 < x < \infty$. Setzt man $\lambda_0 = 0$, so findet man als Fundamentalsystem von $D_0 u \equiv (x u')' = 0$ $u_1(x) = 1$, $u_2(x) = \log x$. Man hat $\int\limits_{0}^{1} |u_1|^2 x\, dx < \infty$, $\int\limits_{0}^{1} |u_2|^2 x\, dx < \infty$. Deshalb ist nach dem Satz für jede Lösung $v(x)$ von $(x u')' + \lambda x u = 0$ ebenfalls $\int\limits_{0}^{1} |v|^2 x\, dx < \infty$.

Beispiel B: $D_\lambda u \equiv (x^2 u')' + \lambda x^2 u = 0$ in $0 < x < \infty$. Ein Fundamentalsystem von $(x^2 u')' = 0$ ist $u_1(x) = 1$, $u_2(x) = \dfrac{1}{x}$, also $\int\limits_{0}^{1} |u_1|^2 x^2\, dx < \infty$, $\int\limits_{0}^{1} |u_2|^2 x^2\, dx < \infty$. Deshalb ist für jede Lösung $v(x)$ von $D_\lambda u = 0$ ebenfalls $\int\limits_{0}^{1} |v|^2 x^2\, dx < \infty$.

Beweis des Satzes: Wenn $\{l, m\}$ ein abgeschlossenes Intervall ist, so ist nichts zu beweisen. weil jede Lösung $u(x)$, $v(x)$ aus $C^2(\{l, m\})$ ist. Es genügt daher, den Fall zu behandeln, daß $\{l, m\}$ nach rechts offen ist. Deshalb nehmen wir $x_0 \leq x < m$ an.

$u_1(x)$, $u_2(x)$ sei ein Fundamentalsystem von $D_{\lambda_0} u = 0$ mit $u_1(x_0) = 1$, $u_1'(x_0) = 0$; $\quad u_2(x_0) = 0$, $\quad u_2'(x_0) = \dfrac{1}{p(x_0)}$ und der Wronski-Determinante $W(x_0) = \dfrac{1}{p(x_0)}$. Die im Satz genannte Lösung $v(x)$ genügt der Gleichung

$$(pv')' + (\lambda_0 k - q)\, v = (\lambda_0 - \lambda)\, kv \tag{3}$$

oder umgeschrieben

$$v'' + \frac{p'}{p}\, v' + \frac{\lambda_0 k - q}{p}\, v = (\lambda_0 - \lambda)\, \frac{k}{p}\, v. \tag{4}$$

Von

$$v'' + \frac{p'}{p}\, v' + \frac{\lambda_0 k - q}{p}\, v = 0 \tag{5}$$

ist $u_1(x)$, $u_2(x)$ ein Fundamentalsystem. Deshalb läßt sich $v(x)$ bekanntlich in der Form darstellen

$$\begin{aligned}
v(x) = &\; c_1 u_1(x) + c_2 u_2(x) \\
&- (\lambda_0 - \lambda) \int\limits_{x_0}^{x} \frac{u_1(x)\, u_2(y) - u_2(x)\, u_1(y)}{W(y)}\, \frac{k(y)}{p(y)}\, v(y)\, dy.
\end{aligned} \tag{6}$$

Nun genügt aber $W(x)$ der Gleichung

$$W'(x) + \frac{p'(x)}{p(x)}\, W(x) = 0,$$

so daß $(p(x)\, W(x))' = 0$ oder $p(x)\, W(x) = \text{const}$ folgt. Deshalb ist $p(x)\, W(x) = p(x_0)\, W(x_0) = 1$ und (6) kann vereinfacht werden (mit der Setzung $U(x) = c_1 u_1(x) + c_2 u_2(x)$) zu

$$v(x) = U(x) + (\lambda - \lambda_0) \int\limits_{x_0}^{x} \{u_1(x)\, u_2(y) - u_2(x)\, u_1(y)\}\, k(y)\, v(y)\, dy. \tag{7}$$

Benutzt man wieder $|a + b|^2 \leq 2\{|a|^2 + |b|^2\}$, so folgt

$$\frac{1}{2}\, |v|^2 \leq |U|^2 + |\lambda - \lambda_0|^2 \left| \int\limits_{x_0}^{x} \{u_1(x)\, u_2(y) - u_2(x)\, u_1(y)\}\, k(y)\, v(y)\, dy \right|^2$$

$$\leq |U|^2 + 2\, |\lambda - \lambda_0|^2 \left\{ |u_1|^2 \left| \int\limits_{x_0}^{x} u_2 v k\, dy \right|^2 + |u_2|^2 \left| \int\limits_{x_0}^{x} u_1 v k\, dy \right|^2 \right\}. \tag{8}$$

Mit der Schwarzschen Ungleichung

$$\left| \int\limits_{x_0}^{x} u_2 v k\, dy \right|^2 \leq \left(\int\limits_{x_0}^{x} (|u_2|\, \sqrt{k})\, (|v|\, \sqrt{k})\, dy \right)^2 \leq \int\limits_{x_0}^{x} |u_2|^2\, k\, dy \int\limits_{x_0}^{x} |v|^2\, k\, dy$$

13*

folgt weiter

$$\frac{1}{2}\,|v|^2 \le |U|^2 + 2\,|\lambda - \lambda_0|^2\Bigg\{|u_1|^2 \int\limits_{x_0}^{x}|u_2|^2\,k\,dy$$

$$+\,|u_2|^2\int\limits_{x_0}^{x}|u_1|^2\,k\,dy\Bigg\}\int\limits_{x_0}^{x}|v|^2\,k\,dy. \tag{9}$$

Setzt man

$$M_\lambda = \max\left\{2\,|\lambda - \lambda_0|^2\int\limits_{x_0}^{m}|u_1|^2\,k\,dy,\quad 2\,|\lambda - \lambda_0|^2\int\limits_{x_0}^{m}|u_2|^2\,k\,dy\right\}, \tag{10}$$

so erhält man aus (9) sofort

$$\frac{1}{2}\,|v(x)|^2 \le |U(x)|^2 + M_\lambda\,\{|u_1(x)|^2 + |u_2(x)|^2\}\int\limits_{x_0}^{x}|v(y)|^2\,k(y)\,dy. \tag{11}$$

Nun seien x_1, x_2 zwei beliebige Zahlen, die $x_0 \le x_1 < x_2 < m$ erfüllen. Integration von (11) ergibt dann

$$\frac{1}{2}\int\limits_{x_1}^{x_2}|v(x)|^2\,k(x)\,dx \le \int\limits_{x_1}^{x_2}|U|^2\,k\,dx + M_\lambda\int\limits_{x_1}^{x_2}\{|u_1|^2 + |u_2|^2\}\,k\,dx\int\limits_{x_0}^{x_2}|v|^2\,k\,dy. \tag{12}$$

Nun wählen wir x_1 so groß, daß

$$M_\lambda\int\limits_{x_1}^{m}\{|u_1(x)|^2 + |u_2(x)|^2\}\,k(x)\,dx \le \frac{1}{4} \tag{13}$$

ausfällt. Dann wird aus (12)

$$\frac{1}{2}\int\limits_{x_1}^{x_2}|v(x)|^2\,k(x)\,dx \le \int\limits_{x_1}^{x_2}|U|^2\,k\,dx + \frac{1}{4}\left\{\int\limits_{x_0}^{x_1}|v|^2\,k\,dy + \int\limits_{x_1}^{x_2}|v|^2\,k\,dy\right\} \tag{14}$$

oder

$$\int\limits_{x_1}^{x_2}|v(x)|^2\,k(x)\,dx \le 4\int\limits_{x_1}^{x_2}|U|^2\,k\,dx + \int\limits_{x_0}^{x_1}|v|^2\,k\,dy$$

$$\le 4\int\limits_{x_1}^{m}|U|^2\,k\,dx + \int\limits_{x_0}^{x_1}|v|^2\,k\,dy. \tag{15}$$

Der Grenzübergang $x_2 \to m$ liefert abschließend

$$\int\limits_{x_1}^{m}|v(x)|^2\,k(x)\,dx \le 4\int\limits_{x_1}^{m}|U(x)|^2\,k(x)\,dx + \int\limits_{x_0}^{x_1}|v(x)|^2\,k(x)\,dx, \tag{16}$$

woraus $\int\limits_{x_0}^{m} |v(x)|^2\, k\, dx = \int\limits_{x_0}^{x_1} |v|^2\, k\, dx + \int\limits_{x_1}^{m} |v|^2\, k\, dx < \infty$ und somit die

Behauptung folgt.

Aufgabe 1: $b(x)$, $\beta(x)$ seien in $x_0 \leq x < \infty$ stetig und reellwertig. Ferner sei $|\beta(x)| \leq M$ für alle x aus $x_0 \leq x < \infty$. Hat jede Lösung $u(x)$ von $u'' + b(x)\, u = 0$ die Eigenschaft $\int\limits_{x_0}^{\infty} |u(x)|^2\, dx < \infty$, so hat auch jede Lösung $v(x)$ von

$$u'' + (b(x) + \beta(x))\, u = 0$$

die Eigenschaft, daß $\int\limits_{x_0}^{\infty} |v(x)|^2\, dx < \infty$ ist.

1.3 Der 2. Weylsche Satz

Satz 1: *x_0 sei ein beliebig gewählter Punkt aus $\{l, m\}$ und λ eine beliebige komplexe Zahl mit $Im(\lambda) \neq 0$* *.

1. Es gibt wenigstens eine Lösung $\bar{u}(x) \not\equiv 0$ *von* $D_\lambda u = 0$ *mit*
$$\int\limits_{x_0}^{m} |\bar{u}(x)|^2 k(x)\, dx < \infty.$$

2. Gibt es wenigstens eine Lösung $\hat{u}(x)$ *von* $D_\lambda u = 0$ *mit* $\int\limits_{x_0}^{m} |\hat{u}(x)|^2 k(x)\, dx = \infty$, *dann ist für jede Lösung* $v(x)$ *von* $D_\lambda u = 0$, *die* $\int\limits_{x_0}^{m} |v(x)|^2 k(x)\, dx < \infty$ *erfüllt:*

$$\lim_{x \to m} p(x)\, \{v'(x)\, \overline{v(x)} - v(x)\, \overline{v'(x)}\} = 0.$$

3. Ist $\int\limits_{x_0}^{m} |u(x)|^2\, k(x)\, dx < \infty$ *für jede Lösung* $u(x)$ *von* $D_\lambda u = 0$,

dann gibt es ein Fundamentalsystem $u_1(x)$, $u_2(x)$ *von* $D_\lambda u = 0$ *und einen Kreis* $|\zeta - \zeta_0| = r_0$ *in der komplexen* $\zeta = \xi + i\eta$-*Ebene mit Mittelpunkt* ζ_0 *und Radius* $r_0 > 0$, *so daß für* $w(x) = \zeta u_1(x) + u_2(x)$

$$\lim_{x \to m} p(x)\, \{w'(x)\, \overline{w(x)} - w(x)\, \overline{w'(x)}\} = 0$$

für alle ζ *gilt, die auf dem Kreis liegen.*

Entsprechende Behauptungen gelten auch für den linken Rand.

---

* $Re(\lambda) =$ Realteil, $Im(\lambda) =$ Imaginärteil von λ.

Beweis: Zu 1.: Es sei $u_1(x)$, $u_2(x)$ ein Fundamentalsystem von $D_\lambda u = 0$ mit $u_1(x_0) = 1$, $u_1'(x_0) = 0$; $u_2(x_0) = 0$, $u_2'(x_0) = \dfrac{1}{p(x_0)}$. Es ist dann $p(x)\, W(x) = $ const. Deshalb ist sogar

$$p(x)\, W(x) = p(x_0)\, W(x_0) = p(x_0)\,\{u_1(x_0)\, u_2'(x) - u_2(x_0)\, u_1'(x_0)\} = 1.$$

x laufe bei unseren Betrachtungen stets im Intervall $x_0 \leq x < m$, da im Falle, daß $\{l, m\}$ nach rechts abgeschlossen ist, stets $\int\limits_{x_0}^{m} |u(x)|^2\, k(x)\, dx < \infty$ ausfällt für jede Lösung von $D_\lambda u = 0$, weil doch dann $u \in C^2(x_0 \leq x \leq m)$ gilt.

Mit einer beliebigen komplexen Zahl ζ machen wir für $\tilde{u}(x)$ in 1. den Ansatz

$$u(x) = \zeta u_1(x) + u_2(x). \tag{1}$$

Es ist dann $D_\lambda u = 0$. Bilden wir $\overline{u} D_\lambda u$, so erhalten wir nach Integration

$$0 = \int\limits_{x_0}^{x} \overline{u} D_\lambda u \; dx = \int\limits_{x_0}^{x} \overline{u}(pu')'\, dx + \int\limits_{x_0}^{x} \overline{u}(\lambda k - q)\, u\, dx. \tag{2}$$

Zwei partielle Integrationen ergeben nun

$$0 = \int\limits_{x_0}^{x} \overline{u} D_\lambda u \, dx = \overline{u}\, pu' \,|_{x_0}^{x} - \int\limits_{x_0}^{x} \{\overline{u}'\, pu' - \overline{u}(\lambda k - q)\, u\}\, dx$$

$$= \overline{u}\, pu' |_{x_0}^{x} - \overline{u}'\, pu\, |_{x_0}^{x} + \int\limits_{x_0}^{x} u\{(p\overline{u}')' + (\lambda k - q)\, \overline{u}\}\, dx. \tag{3}$$

Für irgend zwei differenzierbare Funktionen $f(x)$, $g(x)$ verwenden wir die Abkürzungen

$$\left. \begin{aligned} &[f, g]_x = p(x)\, \{f'(x)\, \overline{g(x)} - f(x)\, \overline{g'(x)}\} \\ &\{f, g\}_x = \frac{[f, g]_x}{\overline{\lambda} - \lambda} = \frac{[f, g]_x}{id} \quad \text{mit} \quad d = -2\, \mathrm{Im}\,(\lambda) \neq 0. \end{aligned} \right\} \tag{4}$$

Es ist dann $\overline{[f, g]_x} = -[g, f]_x$ und

$$\overline{\{f, g\}_x} = \frac{\overline{[f, g]_x}}{-id} = \frac{[g, f]_x}{id} = \{g, f\}_x,$$

also ist $\overline{\{f, f\}_x} = \{f, f\}_x$, so daß $\{f, f\}_x$ stets reell ist. Man hat die Rechenregeln

$$\left. \begin{aligned} &(i) \quad \{f + h, g\}_x = \{f, g\}_x + \{h, g\}_x, \\ &(ii) \quad \{\alpha f, g\}_x \;\;= \alpha\{f, g\}_x, \quad \alpha \text{ beliebige komplexe Zahl,} \\ &(iii) \quad \{f, \alpha g\}_x \;\;= \overline{\alpha}\{f, g\}_x. \end{aligned} \right\} \tag{5}$$

Mit diesen Abkürzungen ergibt (3)

$$[u, u]_x - [u, u]_{x_0} + \int_{x_0}^{x} u\{(p\overline{u}')' + (\lambda k - q)\,\overline{u}\}\,dx = 0.\tag{6}$$

Aus $D_\lambda u = 0$ folgt $\overline{D_\lambda u} = 0$ oder ausgeschrieben und umgeordnet

$$(p\overline{u}')' = -(\overline{\lambda}k - q)\,\overline{u}.$$

Aus (6) wird dann

$$[u, u]_x - [u, u]_{x_0} = (\overline{\lambda} - \lambda)\int_{x_0}^{x} |u(x)|^2\, k(x)\,dx\tag{7}$$

oder

$$\frac{[u, u]_x}{id} - \frac{[u, u]_{x_0}}{id} = \int_{x_0}^{x} |u(x)|^2\, k(x)\,dx\tag{8}$$

und abschließend mit (4)

$$\int_{x_0}^{x} |u(x)|^2\, k(x)\,dx = \{u, u\}_x - \{u, u\}_{x_0}.\tag{9}$$

Das folgende Lemma behauptet nun, daß in $u = \zeta u_1 + u_2$ die komplexe Zahl ζ stets so gewählt werden kann, daß $\{u, u\}_x \leqq 0$ ausfällt für alle x mit $x_0 < x < m$. Mit dieser Wahl von ζ haben wir dann

$$\int_{x_0}^{x} |u(x)|^2\, k(x)\,dx \leqq -\{u, u\}_{x_0}\tag{10}$$

und für $x \to m$ folgt dann

$$\int_{x_0}^{m} |u(x)|^2\, k(x)\,dx \leqq -\{u, u\}_{x_0} < \infty.$$

Erklären wir nun $\tilde{u}(x) = \zeta u_1(x) + u_2(x)$ mit dieser Wahl von ζ, so ist $\int_{x_0}^{m} |\tilde{u}(x)|^2\, k(x)\,dx < \infty$ und $\tilde{u}(x) \not\equiv 0$, denn sonst wären $u_1(x), u_2(x)$ linear abhängig, was unmöglich ist. Damit ist die 1. Behauptung bewiesen.

Lemma 1: *Die komplexe Zahl ζ in $u(x) = \zeta u_1(x) + u_2(x)$ kann so gewählt werden, daß $\{u, u\}_x \leqq 0$ gilt für alle x mit $x_0 < x < m$.*

Beweis: Wir wählen ein festes x aus $x_0 < x < m$ und betrachten die Menge M aller ζ-Werte, für die $\{u, u\}_x \leqq 0$ ausfällt. Wir werden zunächst zeigen, daß M nicht leer ist. Mit den Rechenregeln (5) finden wir

$$\begin{aligned}
\{u, u\}_x &= \{\zeta u_1 + u_2,\; \zeta u_1 + u_2\}_x \\
&= \zeta\overline{\zeta}\{u_1, u_1\}_x + \zeta\{u_1, u_2\}_x + \overline{\zeta}\{u_2, u_1\}_x + \{u_2, u_2\}_x.
\end{aligned}\tag{11}$$

Zunächst ist $\{u_1, u_1\}_{x_0} = \{u_2, u_2\}_{x_0} = 0$, weil $u_1(x)$, $u_2(x)$ dort reelle Werte haben. Weiter ist

$$\{u_1, u_1\}_x = \int_{x_0}^{x} |u_1(x)|^2 \, k(x) \, dx > 0, \tag{12}$$

$$\{u_2, u_2\}_x = \int_{x_0}^{x} |u_2(x)|^2 \, k(x) \, dx > 0. \tag{13}$$

Man leitet dies wie die Formel (9) durch zweimalige partielle Integration her, oder einfacher, man setzt in (9) für $u(x)$ das eine Mal $u_1(x)$, das andere Mal $u_2(x)$ ein. Dies ist zulässig, weil gemäß Herleitung (9) gültig ist für jede Lösung von $D_\lambda u = 0$. Daß die rechte Seite in (12), (13) jeweils positiv ausfällt, folgt daraus, daß $u_1(x)$, $u_2(x)$ in keinem Intervall, wie klein auch immer, verschwinden können. Würde man nämlich einen Punkt x' aus einem solchen Intervall hernehmen, so wäre $u_1(x') = u_1'(x')$ $= 0$, so daß $u_1(x) \equiv 0$ in $x_0 < x < m$ folgen müßte. (Bekannte Schlußweise: das Anfangswertproblem $D_\lambda u = 0$ mit $u_1(x') = 0$, $u_1'(x') = 0$ ist eindeutig lösbar und $u_1 \equiv 0$ eine solche Lösung.)

Umschreibung von (11) ergibt nun

$$\{u, u\}_x = \{u_1, u_1\}_x \left(\left(\overline{\zeta} + \frac{\{u_1, u_2\}_x}{\{u_1, u_1\}_x} \right) \left(\zeta + \frac{\{u_2, u_1\}_x}{\{u_1, u_1\}_x} \right) \right.$$

$$\left. - \frac{\{u_1, u_2\}_x \{u_2, u_1\}_x - \{u_1, u_1\}_x \cdot \{u_2, u_2\}_x}{\{u_1, u_1\}_x \{u_1, u_1\}_x} \right). \tag{14}$$

Setzen wir $\zeta_x = - \dfrac{\{u_2, u_1\}_x}{\{u_1, u_1\}_x}$, so wird $\overline{\zeta}_x = - \dfrac{\{u_1, u_2\}_x}{\{u_1, u_1\}_x}$ und (14) erscheint in der Gestalt

$$\{u, u\}_x = \{u_1, u_1\}_x \{ |\zeta - \zeta_x|^2 - r_x^2 \}, \tag{15}$$

$$r_x^2 = \frac{\{u_1, u_2\}_x \{u_2, u_1\}_x - \{u_1, u_1\}_x \{u_2, u_2\}_x}{\{u_1, u_1\}_x \{u_1, u_1\}_x} \tag{16}$$

Um nachzuweisen, daß $r_x^2 > 0$ ausfällt, verwenden wir das

Lemma 2: $[u_1, u_1]_x \, [u_2, u_2]_x - [u_1, u_2]_x \, [u_2, u_1]_x$

$$= |p(x) (u_1(x) u_2'(x) - u_2(x) u_1(x))|^2$$

$$= |p(x) W(x)|^2 = |p(x_0) W(x_0)|^2 = 1.$$

Dabei bestätigt man das erste Gleichheitszeichen durch direkte Verifikation. Die anderen Aussagen sind klar, da $p(x) W(x)$ konstant ist. Mit (4) und (5) und diesem Lemma ergibt daher (16)

$$r_x^2 = - \frac{[u_1, u_2]_x \, [u_2, u_1]_x - [u_1, u_1]_x \, [u_2, u_2]_x}{d^2 \{u_1, u_1\}_x \{u_1, u_1\}_x} = \frac{1}{d^2 (\{u_1, u_1\}_x)^2}. \tag{17}$$

Deshalb ist $r_x^2 > 0$ für alle x mit $x_0 < x < m$, und es ergibt sich

$$r_x = \frac{1}{|d|\,\{u_1, u_1\}_x}. \tag{18}$$

Wegen $\{u_1, u_1\}_x > 0$, stellt der Ausdruck $\{u, u\}_x = 0$ die Gleichung eines Kreises in der $\zeta = \xi + i\eta$-Ebene mit Mittelpunkt ζ_x und Radius r_x dar. Im Mittelpunkt des Kreises, d. h. für $\zeta = \zeta_x$ ist nach (15) $\{u, u\}_x <$ < 0. Deshalb stellt $\{u, u\}_x \leq 0$ bei festem x mit $x_0 < x < m$ die Kreisfläche $|\zeta - \zeta_x| \leq r_x$ dar.

Aus der Formel (9) entnehmen wir, daß $\{u, u\}_x$ bei festem ζ monoton wachsend in x ist für alle x mit $x_0 \leq x < m$. Daraus ergibt sich aber sofort folgendes: Sind x_1, x_2 zwei feste x-Werte mit $x_0 < x_1 < x_2 < m$ und ist $\{u, u\}_{x_2} \leq 0$ für ein festes ζ, so ist wegen des monotonen Wachsens in x auch $\{u, u\}_{x_1} \leq 0$ für dieses ζ.

Wir wissen nun bereits, daß die Gesamtheit der ζ-Werte, für die $\{u, u\}_{x_2} \leq 0$ ausfällt, eine Kreisscheibe in der ζ-Ebene ausfüllen. Nach den obigen Erörterungen ist für alle diese ζ-Werte auch $\{u, u\}_{x_1} \leq 0$. Damit ist gezeigt, daß die durch $\{u, u\}_{x_2} \leq 0$ beschriebene Kreisfläche ganz in der durch $\{u, u\}_{x_1} \leq 0$ beschriebenen Kreisfläche enthalten ist. Für $x \to m$ sind daher genau zwei Fälle möglich. Die durch $\{u, u\}_x \leq 0$ beschriebene Kreisscheibe strebt für $x \to m$ gegen eine Grenzkreisscheibe oder zieht sich auf genau einen Punkt zusammen. Diese beiden Fälle nennt man nach Weyl den Grenzkreis- und Grenzpunktfall. Damit ist Lemma 1 bewiesen.

Beweis der 2. und 3. Behauptung des Satzes:

I. Grenzkreisfall: In diesem Falle ist $\lim_{x \to m} r_x = r_0 > 0$. Aus (18) folgt dann

$$\lim_{x \to m} \{u_1, u_1\}_x = \frac{1}{|d|\,\lim_{x \to m} r_x}, \tag{19}$$

so daß sich mit (12)

$$\{u_1, u_1\}_m \equiv \lim_{x \to m} \{u_1, u_1\}_x = \int_{x_0}^{m} |u_1(x)|^2\, k(x)\, dx < \infty \tag{20}$$

ergibt.

Ferner existiert $\lim_{x \to m} \zeta_x = \zeta_0$. Der Grenzkreis hat den Mittelpunkt ζ_0 und den Radius $r_0 > 0$. Für alle ζ-Werte, die $|\zeta - \zeta_0| \leq r_0$ erfüllen, ist $\{u, u\}_x \leq 0$ für alle x mit $x_0 < x < m$. Aus (10) folgt dann

$$\int_{x_0}^{m} |u(x)|^2\, k(x)\, dx = \int_{x_0}^{m} |\zeta u_1(x) + u_2(x)|^2\, k(x)\, dx < \infty \tag{21}$$

für alle ζ mit $|\zeta - \zeta_0| \leq r_0$. Deshalb ist sogar

$$\int_{x_0}^{m} |u_1(x)|^2 \, k(x) \, dx < \infty \quad \text{und} \quad \int_{x_0}^{m} |u_2(x)|^2 \, k(x) \, dx < \infty, \qquad (22)$$

und da nun $u_1(x)$, $u_2(x)$ ein Fundamentalsystem von $D_\lambda u = 0$ war, ist gezeigt, daß im Grenzkreisfall jede Lösung $u(x)$ von $D_\lambda u = 0$ die Eigenschaft hat, daß $\int_{x_0}^{m} |u(x)|^2 \, k(x) \, dx < \infty$ ausfällt. Aus (15) erhält man durch Grenzübergang

$$\lim_{x \to m} \{u, u\}_x = \lim_{x \to m} \{u_1, u_1\}_x \{|\zeta - \zeta_0|^2 - r_0^2\}$$

$$= \int_{x_0}^{m} |u_1(x)|^2 \, k(x) \, dx \{|\zeta - \zeta_0|^2 - r_0^2\}. \qquad (23)$$

Wählt man nun in $u(x) = \zeta u_1(x) + u_2(x)$ für ζ alle Werte der Grenzkreisberandung: $|\zeta - \zeta_0| = r_0$ und setzt man für diese Wahl von ζ: $w(x) = \zeta u_1(x) + u_2(x)$, so ergibt (23)

$$\lim_{x \to m} \{w, w\}_x = 0. \qquad (24)$$

Mit (4) folgt daraus auch $\lim_{x \to m} [w, w]_x = 0$. Damit ist die 3. Behauptung des Satzes bewiesen.

II. **Grenzpunktfall:** Hier ist $\lim_{x \to m} r_x = 0$ und $\lim_{x \to m} \zeta_x = \zeta_0$, so daß der Grenzkreis zu einem Punkte entartet. Verwendet man in $u(x) = \zeta u_1(x) + u_2(x)$ nur diesen speziellen ζ-Wert und setzt $U(x) = \zeta_0 u_1(x) + u_2(x)$, so folgt, weil ζ_0 in allen Kreisscheiben $\{u, u\}_x \leq 0$ mit $x_0 < x < m$ enthalten ist, daß $\int_{x_0}^{m} |U(x)|^2 \, k(x) \, dx < \infty$ ausfällt. Aus der Relation (18) folgt $\lim_{x \to m} \{u_1, u_1\}_x = \infty$, was mit (12) dann $\int_{x_0}^{m} |u_1(x)|^2 \, k(x) \, dx = \infty$ ergibt. Weil nun für die Lösungen $U(x) \not\equiv 0$ und $u_1(x)$ von $D_\lambda u = 0$ gilt:

$$\int_{x_0}^{m} |U(x)|^2 \, k(x) \, dx < \infty \quad \text{und} \quad \int_{x_0}^{m} |u_1(x)|^2 \, k(x) \, dx = \infty,$$

müssen $U(x)$, $u_1(x)$ linear unabhängig sein. Sie bilden ein Fundamentalsystem. Jede Lösung $v(x)$, die $\int_{x_0}^{m} |v(x)|^2 \, k(x) \, dx < \infty$ erfüllt, muß daher die Darstellung $v(x) = c \, U(x)$ besitzen mit geeigneter komplexer Zahl c. Setzen wir $U(x) = \zeta_0 u_1(x) + u_2(x)$ in (15) ein, so hat man mit (18)

$$\{U, U\}_x \geq -\{u_1, u_1\}_x r_x^2 = -\{u_1, u_1\}_x \frac{1}{d^2(\{u_1, u_1\}_x)^2} = -\frac{1}{d^2\{u_1, u_1\}_x}. \tag{25}$$

Wegen $\{u_1, u_1\}_x \to \infty$ für $x \to m$ folgt

$$\lim_{x \to m} \{U, U\}_x = 0 \tag{26}$$

und damit auch $\lim\limits_{x \to m} \{v, v\}_x = 0$. Mit (4) ergibt sich daher $\lim\limits_{x \to m} [v, v]_x = 0$, was die 2. Behauptung des Satzes ist.

1.4 Die Weylsche Alternative

Definition 1: *1. Man sagt, bei $x = m$ ($x = l$) liege der Grenzkreisfall bezüglich λ vor, wenn für dieses λ*

$$\int\limits_{x_0}^{m} |u(x)|^2 k(x)\, dx < \infty \left(\int\limits_{l}^{x_0} |u(x)|^2 k(x)\, dx < \infty \right)$$

für jede Lösung $u(x)$ von $D_\lambda u = 0$ ist.

2. Man sagt, bei $x = m$ ($x = l$) liege der Grenzpunktfall bezüglich λ vor, wenn es für dieses λ wenigstens eine Lösung $u(x)$ von $D_\lambda u = 0$ gibt, für die $\int\limits_{x_0}^{m} |u(x)|^2 k(x)\, dx = \infty$ $\left(\int\limits_{l}^{x_0} |u(x)|^2 k(x)\, dx = \infty \right)$ ist.

Satz 1: *Das Vorliegen des Grenzkreis- oder Grenzpunktfalles ist unabhängig von λ.*

Beweis: Für den Grenzkreisfall sagt dies der 1. WEYLsche Satz aus. Liege für $\lambda = \lambda_0$ bei $x = m$ der Grenzpunktfall vor, für ein anderes λ, etwa λ_1, der Grenzkreisfall, so würde der 1. WEYLsche Satz ergeben, daß auch für $\lambda = \lambda_0$ der Grenzkreisfall vorgelegen hat. Mit diesem Widerspruch ist der Satz bewiesen.

Steht $\{l, m\}$ für $l \leq x \leq m$, so liegt bei $x = l$ und $x = m$ stets der Grenzkreisfall vor.

Beispiel A: $u'' + \lambda u = 0$ in $0 \leq x < \infty$. Bei $x = \infty$ liegt der Grenzpunktfall vor, weil $u = 1$ für $\lambda = 0$ Lösung ist mit $\int\limits_{1}^{\infty} 1^2\, dx = \infty$.

Beispiel B: $(x^2 u')' + \lambda x^2 u = 0$ in $0 < x < \infty$. Für $\lambda = 0$ ist $u_1 = 1$, $u_2 = \frac{1}{x}$ ein Fundamentalsystem. Es ist $\int\limits_{0}^{1} 1 x^2\, dx < \infty$, $\int\limits_{0}^{1} \frac{1}{x^2}\, x^2\, dx < \infty$, $\int\limits_{1}^{\infty} 1^2\, dx = \infty$. Deshalb Grenzkreisfall bei $x = 0$, Grenzpunktfall bei $x = \infty$.

Beispiel C: $u'' + \left(\lambda - \dfrac{c}{x^2}\right) u = 0$ in $0 < x < \infty$, c reell. Für $\lambda = 0$ und

$y = \log x$, $u(x) = u(e^y) = v(y)$ wird aus $u'' - \dfrac{c}{x^2}\, u = 0$ die Gleichung

$$v'' - v' - cv = 0.$$

Setzt man $\ w(x) = e^{-\frac{1}{2}y}\, v(y)$, so entsteht $w'' - \left(c + \dfrac{1}{4}\right) w = 0$. Deshalb hat

$u'' - \dfrac{c}{x^2}\, u = 0$ das Fundamentalsystem

$$
\begin{aligned}
u_1(x) &= x^{\frac{1}{2} + \sqrt{c + \frac{1}{4}}} \\[2mm]
u_2(x) &= x^{\frac{1}{2} - \sqrt{c + \frac{1}{4}}}
\end{aligned}
\quad \text{für } c + \frac{1}{4} > 0,
\qquad
\begin{aligned}
&= \sqrt{x}\,\cos\left(\sqrt{-c - \tfrac{1}{4}}\,\log x\right) \\[2mm]
&= \sqrt{x}\,\sin\left(\sqrt{-c - \tfrac{1}{4}}\,\log x\right)
\end{aligned}
\quad \text{für } c + \frac{1}{4} < 0
$$

und $u_1(x) = \sqrt{x}$, $u_2(x) = \sqrt{x}\,\log x$ für $c + \dfrac{1}{4} = 0$. Ergebnis: Bei $x = 0$ liegt

der Grenzkreisfall vor für $c < \dfrac{3}{4}$, der Grenzpunktfall für $c \geq \dfrac{3}{4}$. Bei $x = \infty$
liegt stets der Grenzpunktfall vor.

1.5 Ein Kriterium für den Grenzpunktfall bei $x = \infty$

Satz 1: *In $\{l, \infty\}$ wird $u'' + (\lambda - q(x))u = 0$ betrachtet. Bei $x = \infty$ liegt der Grenzpunktfall vor, wenn mit geeigneter Funktion $M(x)$ und geeigneten Konstanten $\alpha_1 > 0$, $\alpha_2 > 0$ gilt:*

1. $M(x)$, $M'(x) \in C^0(x_0 \leq x < \infty)$, $M(x) > 0$;

2. $q(x) \geq -\alpha_1 M(x)$, $|M'(x)M^{-\frac{3}{2}}(x)| \leq \alpha_2$ in $x_0 \leq x < \infty$;

3. $\displaystyle\int\limits_{x_0}^{\infty} \frac{1}{\sqrt{M(x)}}\, dx = \infty$.

Dabei ist x_0 ein fester Punkt aus $\{l, \infty\}$ [*].

Beweis: Es muß gezeigt werden, daß es wenigstens eine Lösung von

$u'' - q(x)\, u = 0$ mit $\displaystyle\int\limits_{x_0}^{\infty} |u(x)|^2\, dx = \infty$ gibt.

Widerspruchsannahme: $u_1(x)$, $u_2(x)$ sei ein Fundamentalsystem von

$u'' - q(x)\, u = 0$ mit $\displaystyle\int\limits_{x_0}^{\infty} |u_1(x)|^2\, dx < \infty$, $\displaystyle\int\limits_{x_0}^{\infty} |u_2(x)|^2\, dx < \infty$. Da $q(x)$

---

* Dieses Kriterium stammt von N. Levinson. Vgl. E. A. Coddington — N. Levinson [*].

reellwertig ist, dürfen auch $u_1(x)$, $u_2(x)$ reellwertig angenommen werden. Jede reellwertige Lösung von $u'' - q(x)\,u = 0$ läßt sich in der Form $u = c_1 u_1 + c_2 u_2$ mit reellen c_1, c_2 darstellen, und es ist $\int\limits_{x_0}^{\infty} (u(x))^2\, dx < \infty$.

Integration von $\dfrac{1}{M(x)}\,\{u'' - q(x)\,u\}\,u = 0$ ergibt

$$\int\limits_{x_0}^{x} \frac{u''\,u}{M}\, dy = \int\limits_{x_0}^{x} \frac{q\,u^2}{M}\, dy \geq -\alpha_1 \int\limits_{x_0}^{x} u^2\, dy \tag{1}$$

bei Beachtung von 2. Durch partielles Integrieren der linken Seite und Umordnen der Glieder folgt

$$-\frac{u'(x)\,u(x)}{M(x)} + \int\limits_{x_0}^{x} \frac{u'^2}{M}\, dy - \int\limits_{x_0}^{x} \frac{u'\,u\,M'}{M^2}\, dy$$

$$\leq \alpha_1 \int\limits_{x_0}^{\infty} u^2\, dy - \frac{u'(x_0)\,u(x_0)}{M(x_0)} = \alpha_3. \tag{2}$$

Die Schwarzsche Ungleichung und 2. liefert

$$\left(\int\limits_{x_0}^{x} \frac{u'\,u\,M'}{M^2}\, dy \right)^2 \leq \left(\int\limits_{x_0}^{x} \frac{\sqrt{|u'\,u|}}{M^{\frac{1}{4}}}\, \frac{\sqrt{|u'\,u|}\,|M'|}{M^{\frac{7}{4}}} \right)^2$$

$$\leq \int\limits_{x_0}^{x} \frac{|u'\,u|}{M^{\frac{1}{2}}}\, dy \int\limits_{x_0}^{x} \frac{|u'\,u|}{M^{\frac{1}{2}}}\, \frac{M'^2}{M^3}\, dy \leq \alpha_2^2 \left(\int\limits_{x_0}^{x} \frac{|u'\,u|}{M^{\frac{1}{2}}}\, dy \right)^2. \tag{3}$$

Nochmalige Anwendung der Schwarzschen Ungleichung und die Setzung $h(x) = \int\limits_{x_0}^{x} \dfrac{u'^2(y)}{M(y)}\, dy$ ergibt

$$\left(\int\limits_{x_0}^{x} \frac{u'\,u\,M'}{M^2}\, dy \right)^2 \leq \alpha_2^2\, h(x) \int\limits_{x_0}^{x} u^2\, dy \leq \alpha_2^2\, h(x) \int\limits_{x_0}^{\infty} u^2\, dy. \tag{4}$$

Deshalb ergibt nun (2)

$$-\frac{u'(x)\,u(x)}{M(x)} + h(x) \leq \alpha_3 + \int\limits_{x_0}^{x} \frac{u'\,u\,M'}{M^2}\, dy \leq \alpha_3 + \alpha_4 \sqrt{h(x)} \tag{5}$$

mit $\alpha_4 = \alpha_2 \left(\int\limits_{x_0}^{\infty} u^2 \, dy \right)^{\frac{1}{2}}$. Umschreiben von (5) erzeugt

$$\frac{u'(x)\,u(x)}{M(x)} \geq h(x) - \alpha_4 \sqrt{h(x)} - \alpha_3. \tag{6}$$

Daraus folgt die Existenz von $\lim\limits_{x\to\infty} h(x)$. Würde nämlich $h(x) \to \infty$ für $x \to \infty$ bestehen, so würde (6)

$$\frac{u'(x)\,u(x)}{M(x)} = \frac{(u^2)'}{2M} \geq \frac{h(x)}{2} \tag{7}$$

für hinreichend großes x liefern. Da $h(x) > 0$ ist würde $(u^2)' > 0$ und somit die strenge Monotonie von $u^2(x)$ für alle hinreichend großen x folgen, eine Eigenschaft also, die mit $\int\limits_{x_0}^{\infty} u^2(x)\,dx < \infty$ im Widerspruch steht.

Die Wronskische Determinante $W(x) = u_1 u_2' - u_2 u_1'$ ist konstant und $\neq 0$ in $\{l, \infty\}$. Deshalb hat man

$$\frac{u_1 u_2'}{M^{\frac{1}{2}}} - \frac{u_2 u_1'}{M^{\frac{1}{2}}} = \frac{C}{M^{\frac{1}{2}}}\,, \tag{8}$$

wobei $\int\limits_{x_0}^{\infty} \frac{|C|}{M^{\frac{1}{2}}}\,dy = \infty$ nach 3. ist.

Das entsprechende Integral der linken Seite existiert aber:

$$\int\limits_{x_0}^{\infty} \frac{|u_1 u_2'|}{M^{\frac{1}{2}}}\,dy + \int\limits_{x_0}^{\infty} \frac{|u_2 u_1'|}{M^{\frac{1}{2}}}\,dy \leq \left\{ \int\limits_{x_0}^{\infty} u_1^2\,dy \int\limits_{x_0}^{\infty} \frac{u_2'^2}{M}\,dy \right\}^{\frac{1}{2}}$$

$$+ \left\{ \int\limits_{x_0}^{\infty} u_2^2\,dy \int\limits_{x_0}^{\infty} \frac{u_1'^2}{M}\,dy \right\}^{\frac{1}{2}} < \infty. \tag{9}$$

Dies ist der gewünschte Widerspruch.

Beispiel A: $u'' - q(x)\,u = 0$ in $\{l, \infty\}$ mit $q(x) \geq -q_0$ für alle hinreichend großen x. q_0 ist eine positive Konstante. Bei $x = \infty$ liegt Grenzpunktfall vor. Man setze dazu im Satz $M(x) = 1$.

Beispiel B: $u'' - q(x)\,u = 0$ in $\{l, \infty\}$ mit $q(x) \geq -q_0 x^2$ für alle hinreichend großen x und $q_0 > 0$. Bei $x = \infty$ liegt Grenzpunktfall vor. Man setze dazu $M(x) = x^2$.

2. Die Selbstadjungiertheit des Weyl-Stoneschen Operators

2.1 Der Hauptsatz

Wir verwenden die ständigen Voraussetzungen aus 1.1. Es sei
$$\mathfrak{H} = \left\{ u(x) \mid \int\limits_l^m |u(x)|^2\, k(x)\, dx < \infty \right\}; \quad (u, v) = \int\limits_l^m u(x)\, \overline{v(x)}\, k(x)\, dx. \quad \text{Wir}$$
betrachten

$$Au = \frac{1}{k(x)} \left\{ -(p(x)\, u')' + q(x)\, u \right\} \tag{1}$$

in dem Weylschen Teilraum $\mathfrak{A} \subset \mathfrak{H}$, der so festgelegt wird:

1. Fall: Grenzpunktfall bei $x = l$, $x = m$ bezüglich der Gleichung $D_\lambda u = 0$ mit $D_\lambda u \equiv k(x)\,\{\lambda u - A u\}$:

$$\mathfrak{A} = \{ u(x) \mid u \in C^2(\{l, m\}) \cap \mathfrak{H}; \quad Au \in \mathfrak{H} \}. \tag{2}$$

2. Fall: Grenzkreisfall bei $x = l$, $x = m$ bezüglich $D_\lambda u = 0$. Es seien $v_1(x)$, $v_2(x)$ zwei Lösungen von $D_i u = 0$ mit $v_1(x) \not\equiv 0$, $v_2(x) \not\equiv 0$ und $[v_1, v_1]_l = [v_2, v_2]_m = 0$. Dabei haben wir unter anderem

$$[w, v]_l = \lim_{x \to l} p(x)\, \{ w'(x)\, \overline{v(x)} - w(x)\, \overline{v'(x)} \} \tag{3}$$

gesetzt. Nach dem 2. Weylschen Satz, Behauptung 3. ist diese Wahl möglich. $v_1(x)$, $v_2(x)$ sind überdies linear unabhängig, sie bilden demnach ein Fundamentalsystem. Aus $v_1(x) = c v_2(x)$ würde nämlich auch $[v_1, v_1]_m = 0$ folgen, und man hätte

$$0 = \int\limits_l^m \overline{v_1(x)}\, D_i v_1\, dx = \int\limits_l^m \overline{v}_1 \{ (p v_1')' + (i k - q)\, v_1 \}\, dx$$

$$= [v_1, v_1]_m - [v_1, v_1]_l + \int\limits_l^m v_1 \{ (p \overline{v}_1')' + (i k - q)\, \overline{v}_1 \}\, dx. \tag{4}$$

Nun folgt aus $D_i v_1 = 0$: $(p \overline{v}_1')' + (-i k - q)\, \overline{v}_1 = 0$, also würde (4)
$$0 = 2 i \int\limits_l^m |v_1(x)|^2\, k(x)\, dx$$
ergeben, was zu $v_1(x) \not\equiv 0$ im Widerspruch steht.

Man erklärt nun $\mathfrak{A}$ durch

$$\mathfrak{A} = \{ u(x) \mid \quad 1.\ u \in C^2(\{l, m\}) \cap \mathfrak{H}; \quad Au \in \mathfrak{H};$$
$$2.\ [u, v_1]_l = 0, \quad [u, v_2]_m = 0 \}. \tag{5}$$

Dabei ist $\mathfrak{A}$ von der Auswahl der $v_1(x)$, $v_2(x)$ abhängig.

3. Fall: Grenzpunktfall bei $x = l$, Grenzkreisfall bei $x = m$ bezüglich $D_\lambda u = 0$.

Es sei $v_2(x) \not\equiv 0$ eine Lösung von $D_i u = 0$ mit $[v_2, v_2]_m = 0$.

$$\mathfrak{A} = \{u(x) \mid u \in C^2(\{l, m\}) \cap \mathfrak{H}; \quad A u \in \mathfrak{H}; \quad [u, v_2]_m = 0\}. \tag{6}$$

Dabei ist $\mathfrak{A}$ von der Auswahl des $v_2(x)$ abhängig.

4. Fall: Grenzkreisfall bei $x = l$, Grenzpunktfall bei $x = m$ bezüglich $D_\lambda u = 0$.

Es sei $v_1(x) \not\equiv 0$ eine Lösung von $D_i u = 0$ mit $[v_1, v_1]_l = 0$.

$$\mathfrak{A} = \{u(x) \mid u \in C^2(\{l, m\}) \cap \mathfrak{H}; \quad A u \in \mathfrak{H}; \quad [u, v_1]_l = 0\}. \tag{7}$$

Dabei ist $\mathfrak{A}$ von der Auswahl des $v_1(x)$ abhängig.

Wir erklären noch in einigen Fällen die Teilräume $\mathring{\mathfrak{A}}$ und $\mathring{\mathfrak{C}}$.

Im 1. Fall:

$$\mathring{\mathfrak{A}} = \{u(x) \mid u \in C^2(\{l, m\}); \quad u \equiv 0 \text{ in } l < x < l_1, m_1 < x < m$$
$$\text{mit} \quad l_1 = l_1(u), \quad m_1 = m_1(u)\} \tag{8}$$

oder

$$\mathring{\mathfrak{C}} = \{u(x) \mid u \in C^\infty(\{l, m\}); \quad u \equiv 0 \quad \text{in} \quad l < x < l_1, \quad m_1 < x < m$$
$$\text{mit} \quad l_1 = l_1(u), \quad m_1 = m_1(u)\}. \tag{8a}$$

Im 3. Fall:

$$\mathring{\mathfrak{A}} = \{u(x) \mid u \in \mathfrak{A}; \quad u \equiv 0 \quad \text{in} \quad l < x < l_1, \quad l_1 = l_1(u)\}. \tag{9}$$

Im 4. Fall:

$$\mathring{\mathfrak{A}} = \{u(x) \mid u \in \mathfrak{A}; \quad u \equiv 0 \quad \text{in} \quad m_1 < x < m, \quad m_1 = m_1(u)\}. \tag{10}$$

Satz 1: *Es ist A in $\mathfrak{A}$, A in $\mathring{\mathfrak{A}}$ und A in $\mathring{\mathfrak{C}}$ wesentlich selbstadjungiert und reell, d. h. mit $u \in \mathfrak{A}$ (bzw. $u \in \mathring{\mathfrak{A}}$, bzw. $u \in \mathring{\mathfrak{C}}$) ist auch $\bar{u} \in \mathfrak{A}$ (bzw. $\bar{u} \in \mathring{\mathfrak{A}}$, bzw. $\bar{u} \in \mathring{\mathfrak{C}}$), und es ist $\overline{A u} = A \bar{u}$.*

Bemerkung: Im 1. Falle haben wir schon einen wichtigen Spezialfall dieses Satzes bewiesen. Dieser Spezialfall entsteht, wenn wir $p(x) = 1$, $k(x) = 1$, $q(x) \geq -q_0 x^2$ mit $q_0 > 0$ und $l = -\infty$, $m = +\infty$ setzen. Beispiel B aus 1.5 ergibt, daß bei $x = l$ und $x = m$ der Grenzpunktfall vorliegt. Der Satz 6 aus IV.3.4 für $n = 1$ zeigt, daß in den hier verwendeten Bezeichnungen A in $\mathfrak{A}$ und A in $\mathring{\mathfrak{A}}$ wesentlich selbstadjungiert ist. Deshalb wollen wir nicht alle Fälle hier beweisen, sondern uns etwa auf den 2. Fall beschränken.

Beweis des 2. Falles: 1. Schritt: A in $\mathfrak{A}$ ist reell: Durch einfaches Verifizieren bestätigt man die Identität

$$|[u, \bar{v}_1]_x|^2 = [v_1, v_1]_x [u, u]_x + |[u, v_1]_x|^2, \tag{11}$$

wobei man wieder $[w, z]_x = p(x) \{w'(x) \overline{z(x)} - w(x) \overline{z'(x)}\}$ gesetzt hat. Ist $u \in \mathfrak{A}$, so ergibt (11), da $[u, u]_x$ für $x \to l$ beschränkt bleibt*, $[u, \bar{v}_1]_l = 0$, also

$$[\bar{u}, v_1]_l = \overline{[u, \bar{v}_1]_l} = 0. \tag{12}$$

Entsprechend hat man für $u \in \mathfrak{A}$ $[u, v_2]_m = 0$. (11) liefert analog mit v_2 für v_1 $[u, \bar{v}_2]_m = 0$ und somit

$$[\bar{u}, v_2]_m = \overline{[u, \bar{v}_2]_m} = 0. \tag{13}$$

Deshalb ist mit $u \in \mathfrak{A}$ auch $\bar{u} \in \mathfrak{A}$ und ferner ergibt sich $\overline{A u} = A \bar{u}$.

2. Schritt:

Hilfssatz 1: *Zu dem Operator* $\tilde{A} = A - iE$ *in* $\mathfrak{A}$ *existiert* $\tilde{A}^{-1} = (A - iE)^{-1}$, *und der Definitionsbereich* $\tilde{\mathfrak{A}}^{-1}$ *ist gegeben durch*

$$\tilde{\mathfrak{A}}^{-1} \equiv \mathfrak{W}_{\tilde{A}} = \{f(x) \,|\, f \in C^0(\{l, m\}) \cap \mathfrak{H}\}. \tag{14}$$

Überdies gilt für alle $f \in \tilde{\mathfrak{A}}^{-1}$

$$\tilde{A}^{-1}f = \int\limits_l^m g(x, y, i)\, f(y)\, k(y)\, dy \tag{15}$$

mit

$$g(x, y, i) = \begin{cases} -\dfrac{v_2(x)\, v_1(y)}{p(x_0)\, W(x_0)} & \text{für} \quad l < y \leq x < m, \\[3mm] -\dfrac{v_1(x)\, v_2(y)}{p(x_0)\, W(x_0)} & \text{für} \quad l < x \leq y < m. \end{cases} \tag{16}$$

x_0 *ist dabei ein beliebig fest gewählter Punkt aus* $\{l, m\}$ *und* $W(x)$ *die Wronskische Determinante von* $v_1(x), v_2(x)$, *für die bekanntlich* $p(x)\, W(x) = \text{const}$ *gilt.*

---

* Dies folgt aus der Identität

$$\int\limits_{x_0}^{x_1} u\, \overline{A u} k\, d_x = [u, u]_{x_1} - [u, u]_{x_0} + \int\limits_{x_0}^{x_1} \bar{u}\, A u k\, d_x$$

mit $l < x_0 < x_1 < m$. Beide Integrale existieren nach der Schwarzschen Ungleichung auch für $x_0 = l$ und $x_1 = m$.

Beweis: $\tilde{A}^{-1}$ existiert dann und nur dann, wenn $\tilde{A}$ nicht den Eigenwert Null besitzt. Aus $\tilde{A}u \equiv Au - iu = 0$ für $u \in \mathfrak{A}$ folgt mittels partieller Integration

$$0 = \int\limits_{l}^{x_0} \{(pu')' + (ik - q)u\}v_1 \, dx = [u, \bar{v}_1]_{x_0} - [u, \bar{v}_1]_l$$

$$+ \int\limits_{l}^{x_0} \{(pv_1')' + (ik - q)v_1\}u \, dx = [u, \bar{v}_1]_{x_0}. \tag{17}$$

Analog findet man

$$0 = \int\limits_{x_0}^{m} \{(pu')' + (ik - q)u\}v_2 \, dx = [u, \bar{v}_2]_m - [u, \bar{v}_2]_{x_0}$$

$$+ \int\limits_{x_0}^{m} \{(pv_2')' + (ik - q)v_2\}u \, dx = -[u, \bar{v}_2]_{x_0}. \tag{18}$$

Ausgeschrieben erhält man damit

$$\left. \begin{aligned} 0 &= p(x_0)\, \{u'(x_0)\, v_1(x_0) - u(x_0)\, v_1'(x_0)\}, \\ 0 &= p(x_0)\, \{u'(x_0)\, v_2(x_0) - u(x_0)\, v_2'(x_0)\}. \end{aligned} \right\} \tag{19}$$

Weil $v_1(x)$, $v_2(x)$ in $\{l, m\}$ linear unabhängig sind, ist

$$W(x) \equiv v_1(x)\, v_2'(x) - v_2(x)\, v_1'(x) \neq 0.$$

Deshalb ergibt (19) $u(x_0) = u'(x_0) = 0$. $u(x)$ genügt daher dem Anfangswertproblem: $Au - iu = 0$, $u(x_0) = u'(x_0) = 0$. Ein solches Anfangswertproblem für eine lineare Differentialgleichung zweiter Ordnung besitzt genau eine Lösung. Da $u(x) \equiv 0$ eine solche Lösung ist, kann es keine weiteren geben. Also ist $u(x) \equiv 0$ und damit die Existenz von $\tilde{A}^{-1}$ in $\widetilde{\mathfrak{A}}^{-1}$ gezeigt.

Für den Nachweis, daß $\widetilde{\mathfrak{A}}^{-1}$ durch (14) gegeben ist, muß gezeigt werden, daß zu jedem solchen $f(x)$ ein $u(x) \in \mathfrak{A}$ gefunden werden kann mit $Au - iu = f$. Wir verifizieren, daß $u(x) = \int\limits_{l}^{m} g(x, y, i) f(y) k(y) dy$ diese Eigenschaften besitzt. Aus (16) folgt

$$u(x) = \quad v_2(x) \int\limits_{l}^{x} \frac{v_1(y)\, f(y)}{p(x_0)\, W(x_0)} k(y) \, dy - v_1(x) \int\limits_{x}^{m} \frac{v_2(y)\, f(y)}{p(x_0)\, W(x_0)} k(y) \, dy,$$

$$u'(x) = -v_2'(x) \int\limits_{l}^{x} \frac{v_1(y)\, f(y)}{p(x_0)\, W(x_0)} k(y) \, dy - v_1'(x) \int\limits_{x}^{m} \frac{v_2(y)\, f(y)}{p(x_0)\, W(x_0)} k(y) \, dy,$$

$$(p(x)\,u'(x))' = -(p\,v_2')' \int\limits_l^x \frac{v_1(y)\,f(y)}{p(x_0)\,W(x_0)}\,k(y)\,dy - (p\,v_1')' \int\limits_x^m \frac{v_2(y)\,f(y)}{p(x_0)\,W(x_0)}\,k(y)\,dy$$

$$- k(x)\,f(x), \tag{20}$$

woraus $(p\,u')' + (i\,k - q)u = -k\,f$ in $\{l,\,m\}$ abgelesen werden kann.

Bei Verwendung der SCHWARZschen Ungleichung und $\gamma = p(x_0)\,W(x_0)$ sowie der Ungleichung $|a + b|^2 \le 2(|a|^2 + |b|^2)$ und $k(x) = \sqrt{k(x)}\,\sqrt{k(x)}$ erhält man aus (20)

$$|u(x)|^2\,k(x) \le 2 \left\{ |v_2|^2 k \int\limits_l^m \left|\frac{v_1}{\gamma}\right|^2 k\,dy + |v_1|^2 k \int\limits_l^m \left|\frac{v_2}{\gamma}\right|^2 k\,dy \right\} \int\limits_l^m |f|^2 k\,dy,$$

was nach der Definition des Grenzkreisfalles die Existenz aller Integrale in (20) sicherstellt und woraus

$$\|u\|^2 \le \frac{4}{|\gamma|^2}\,\|v_1\|^2\,\|v_2\|^2\,\|f\|^2 \tag{21}$$

und deshalb $u \in \mathfrak{H}$ folgt. Aus $\frac{1}{k}\{-(p\,u')' + q\,u\} = f + i\,u$ ergibt sich dann aber $A\,u \in \mathfrak{H}$, so daß wir bisher $u \in C^2(\{l,\,m\}) \cap \mathfrak{H}$, $A\,u \in \mathfrak{H}$ nachgewiesen haben. Aus (20) haben wir schließlich

$$[u,\,v_1]_x = -[v_2,\,v_1]_x \int\limits_l^x \frac{v_1(y)\,f(y)}{p(x_0)\,W(x_0)}\,k(y)\,dy$$

$$- [v_1,\,v_1]_x \int\limits_x^m \frac{v_2(y)\,f(y)}{p(x_0)\,W(x_0)}\,k(y)\,dy, \tag{22}$$

woraus $[u,\,v_1]_l = 0$ folgt, da $[v_2,\,v_1]_x$ für $x \to l$ beschränkt bleibt. Analog sieht man $[u,\,v_2]_m = 0$ ein, so daß $u \in \mathfrak{A}$ gezeigt und der Hilfssatz bewiesen ist.

3. Schritt: A in $\mathfrak{A}$ ist symmetrisch: Zunächst ist $\mathfrak{A}$ dicht in $\mathfrak{H}$, weil sogar der Teilraum

$$\overset{\circ}{\mathfrak{C}} = \{u(x)\,|\,u \in C^\infty(\{l,\,m\}),\quad u \equiv 0 \quad \text{in}\quad l < x < l_1,$$

$$m_1 < x < m \quad \text{mit}\quad l_1 = l_1(u),\quad m_1 = m_1(u)\} \tag{23}$$

nach Satz 3 aus I.2.4 dicht ist.

Für beliebige $u,\,v \in \mathfrak{A}$ erhält man mit partieller Integration

$$(A\,u,\,v) - (u,\,A\,v) = -[u,\,v]_m + [u,\,v]_l. \tag{24}$$

Zu jedem $v \in \mathfrak{A}$ erklären wir ein f durch $Av - iv = f$. Mit Hilfssatz 1 läßt sich dann jedes $v \in \mathfrak{A}$ mit diesem f in der Form

$$v(x) = -v_2(x) \int_l^x \frac{v_1(y)\, f(y)}{p(x_0)\, W(x_0)}\, k(y)\, dy$$

$$- v_1(x) \int_x^m \frac{v_2(y)\, f(y)}{p(x_0)\, W(x_0)}\, k(y)\, dy \tag{25}$$

schreiben. Wir finden dann mit Zwischenrechnung

$$\overline{[u, v]_x} = -\overline{[u, v_2]_x} \int_l^x \frac{v_1(y)\, f(y)}{p(x_0)\, W(x_0)}\, k(y)\, dy$$

$$- \overline{[u, v_1]_x} \int_x^m \frac{v_2(y)\, f(y)}{p(x_0)\, W(x_0)}\, k(y)\, dy. \tag{26}$$

Für $x \to l$ erhält man $[u, v]_l = 0$. Analog findet man $[u, v]_m = 0$. Mit (24) ist die Symmetrie bewiesen.

4. Schritt: A in $\mathfrak{A}$ ist wesentlich selbstadjungiert: Es ist zu zeigen, daß $(A \pm iE)\mathfrak{A}$ dicht in $\mathfrak{H}$ ist. Nun ist $(A - iE)\mathfrak{A} = \widetilde{\mathfrak{A}}^{-1}$ dicht in $\mathfrak{H}$ nach Hilfssatz. Aus $(Au + iu) = f$ folgt $A\bar{u} - i\bar{u} = \bar{f}$. Weil mit u auch $\bar{u} \in \mathfrak{A}$ und mit f auch $\bar{f} \in \widetilde{\mathfrak{A}}^{-1}$ ist, hat man $(A + iE)\mathfrak{A} = \widetilde{\mathfrak{A}}^{-1}$, womit alles gezeigt ist.

Im 2. Fall kann noch mehr als die wesentliche Selbstadjungiertheit gezeigt werden.

Satz 2: *Im 2. Falle ist $\check{A}^{-1}$ in $\widetilde{\mathfrak{A}}^{-1}$ beschränkt, und $\check{A}^{-1}$ kann auf ganz $\mathfrak{H}$ fortgesetzt werden. Dort ist $\check{A}^{-1}$ vollstetig.*

Beweis: Mit $u = \widetilde{A}^{-1}f$, $f \in \widetilde{\mathfrak{A}}^{-1}$ folgt aus (21)

$$\|u\| = \|\check{A}^{-1}f\| \leq a\, \|f\| \qquad \text{mit} \qquad a = \frac{2}{|\gamma|}\, \|v_1\|\, \|v_2\|, \tag{27}$$

also die Beschränktheit. Die Fortsetzung $\widetilde{A}^{-1}$ in $\mathfrak{H}$ hat wieder die Gestalt

$$\check{A}^{-1}f = \int_l^m g(x, y, i)\, f(y)\, k(y)\, dy \qquad \text{für alle} \qquad f \in \mathfrak{H}. \tag{28}$$

Ferner ist mit (16) und $\gamma = p(x_0)\, W(x_0)$

$$\int\limits_l^m |g(x, y, i)|^2\, k(y)\, dy = |v_2(x)|^2 \int\limits_l^x \frac{|v_1(y)|^2}{|\gamma|^2}\, k(y)\, dy$$

$$+ |v_1(x)|^2 \int\limits_x^m \frac{|v_2(y)|^2}{|\gamma|^2}\, k(y)\, dy, \qquad (29)$$

$$\int\limits_l^m \int\limits_l^m |g(x, y, i)|^2\, k(x)\, k(y)\, dx\, dy \leq \frac{2}{|\gamma|^2}\, \|v_1\|^2\, \|v_2\|^2 < \infty, \qquad (30)$$

woraus mit III.1.5 die Vollstetigkeit folgt.

Aus (16) liest man noch ab, daß $g(x, y, i) = g(y, x, i)$ gilt.

2.2 Der Sturm-Liouvillesche Operator im $\mathfrak{R}_1$

In den ständigen Voraussetzungen aus 1.1 möge $\{l, m\}$ für $l \leq x \leq m$ stehen. Dann liegt bei $x = l$ und $x = m$ stets der Grenzkreisfall vor. Der Teilraum $\mathfrak{A}$ wird dann

$$\mathfrak{A} = \{u(x)\,|\ 1.\ u \in C^2(l \leq x \leq m);\ 2.\ [u, v_1]_l = [u, v_2]_m = 0\}. \quad (1)$$

Es sei $v_1(x)$, $v_2(x)$ ein beliebiges Fundamentalsystem von $D_i u = 0$ mit $[v_1, v_1]_l = 0$ und $[v_2, v_2]_m = 0$. Es ist dann $v_1, v_2 \in C^2(l \leq x \leq m)$. Setzt man $v_1(l) = \alpha$, $v_1'(l) = \beta$, so wird $[v_1, v_1]_l = 0$ zu

$$p(l)\,\{\beta\overline{\alpha} - \alpha\overline{\beta}\} = 0, \qquad (2)$$

so daß $\overline{\alpha}\beta$ reell ausfällt. Überdies ist $|\alpha|^2 + |\beta|^2 > 0$, weil sonst nach bekannter Schlußweise $v_1(x) \equiv 0$ sein müßte. $[u, v_1]_l = 0$ ergibt

$$p(l)\,\{u'(l)\overline{\alpha} - u(l)\overline{\beta}\} = 0. \qquad (3)$$

Ohne Beschränkung nehmen wir $\beta \neq 0$ an und setzen $p(l)\beta\overline{\beta} = -a_{11}$, $p(l)\beta\overline{\alpha} = a_{12}$, dann sind a_{11}, a_{12} reell, und $a_{11}^2 + a_{12}^2 > 0$. $[u, v_1]_l = 0$ wird dann

$$a_{11}u(l) + a_{12}u'(l) = 0. \qquad (4)$$

Eine analoge Umschreibung von $[u, v_2]_m = 0$ ergibt $a_{21}u(m) + a_{22}u'(m) = 0$ mit a_{21}, a_{22} reell und $a_{21}^2 + a_{22}^2 > 0$. Somit ist A in $\mathfrak{A}$ der Sturm-Liouvillesche Operator im $\mathfrak{R}_1$ geworden (vgl. II.1.2). Er ist daher wesentlich selbstadjungiert*.

---

* Ähnlich kann man zeigen, daß der allgemeine Sturm-Liouvillesche Operator A in $\mathfrak{A}$ aus II.2.2 wesentlich selbstadjungiert ist.

2.3 Der Entwicklungssatz

Weil A in den in 2.1 festgelegten Teilräumen $\mathfrak{A}$ wesentlich selbstadjungiert ist, kann man durch einfaches Abschließen zu einem selbstadjungierten $\bar{A}$ in $\overline{\mathfrak{A}}$ kommen. Deshalb lautet der Entwicklungssatz

$$\bar{A}u = \int\limits_{-\infty}^{+\infty} \lambda \, dE_\lambda u \qquad \text{für} \qquad \text{alle } u \in \overline{\mathfrak{A}}. \tag{1}$$

Will man die Eigenwerte und Eigenfunktionen abtrennen, so setzt man wieder $E_\lambda = T_\lambda + S_\lambda$ (IV.2.4) und erhält dann

$$Au = \int\limits_{-\infty}^{+\infty} \lambda \, dT_\lambda u + \int\limits_{-\infty}^{+\infty} \lambda \, dS_\lambda u = \sum_j (Au, \varphi_j)\varphi_j + \int\limits_{-\infty}^{+\infty} \lambda \, dS_\lambda u$$

$$= \sum_j \lambda_j a_j \varphi_j(x) + \int\limits_{-\infty}^{+\infty} \lambda \, dS_\lambda u \qquad \text{mit} \qquad a_j = (u, \varphi_j), \tag{2}$$

wobei $S_\lambda u$ sogar für jedes $u \in \mathfrak{H}$ ein Eigenpaket Φ_λ mit $\Phi_{-\infty} = \Theta$ ist. In dem hier vorliegenden einfachen Fall, daß nämlich die Eigenwertgleichung $Au = \lambda u$ eine gewöhnliche Differentialgleichung ist, läßt sich der Entwicklungssatz auch unter alleiniger Verwendung von Eigenfunktionen und Eigenpaketen darstellen. Über diese Darstellung berichten heute zahlreiche Lehrbücher (vgl. die Anmerkungen), so daß wir uns mit einer skizzenhaften Darstellung begnügen wollen.

Satz 1: *Jede Eigenfunktion und jedes Eigenpaket von $\bar{A}$ in $\overline{\mathfrak{A}}$ liegt bereits in dem Weylschen Teilraum $\mathfrak{A}$.*

Beweis: Dieser werde für den Fall der Eigenfunktionen skizziert. Tiefliegender ist Satz 4 aus IV.3.4, der die analoge Aussage für gewisse partielle Differentialoperatoren machte.

Aus $A\varphi = \lambda\varphi$ mit $\varphi \in \overline{\mathfrak{A}}$ folgt $(A - iE)\varphi = (\lambda - i)\varphi$. Da i nicht Eigenwert von $\bar{A}$ in $\overline{\mathfrak{A}}$ sein kann (Symmetrie!), folgt $\varphi = (\lambda - i)(A - iE)^{-1}\varphi$. $(A - iE)^{-1}$ kann mittels der Greenschen Funktion explizit angegeben werden, nämlich

$$\varphi(x) = (\lambda - i) \int\limits_l^m g(x, y, i)\, \varphi(y)\, k(y)\, dy, \tag{3}$$

$$g(x, y, i) = \begin{cases} -\dfrac{v_2(x)\, v_1(y)}{p(x_0)\, W(x_0)} & \text{für} \quad l < y \leq x < m, \\[2ex] -\dfrac{v_1(x)\, v_2(y)}{p(x_0)\, W(x_0)} & \text{für} \quad l < x \leq y < m. \end{cases} \tag{4}$$

Dabei bilden $v_1(x)$, $v_2(x)$ ein Fundamentalsystem von $D_i u = 0$, welches so ausgewählt ist, daß $v_1(x)$, $v_2(x)$ die Eigenschaften besitzen: $[v_1, v_1]_l = 0$,

$$\int\limits^{x_0} |v_1(x)|^2\, k(x)\, dx < \infty \quad \text{und} \quad \text{entsprechend} \quad [v_2, v_2]_m = 0 \quad \text{und}$$

$$\int\limits_{x_0}^{m} |v_2(x)|^2\, k(x)\, dx < \infty.$$ Nach dem zweiten WEYLschen Satz ist diese Wahl möglich. Dann ergibt die Darstellung (3), daß $\varphi(x) \in C^0(\{l, m\})$ gilt. Verwendet man diese Erkenntnis in der rechten Seite von (3), so erhält man sofort $\varphi(x) \in C^2(\{l, m\})$ und deshalb auch $\varphi(x) \in \mathfrak{A}$.

Das Aussehen des umgeschriebenen Entwicklungssatzes wollen wir zunächst an einem Beispiel erläutern.

Beispiel A: $Au = -u''$ in $-\infty < x < \infty$. $\mathfrak{H} = \left\{ u(x) \mid \int\limits_{-\infty}^{+\infty} |u(x)|^2\, dx < \infty \right\}$, $(u, v) = \int\limits_{-\infty}^{+\infty} u(x)\, \overline{v(x)}\, dx;$ $\mathfrak{A} = \{u(x) \mid u \in C^2(-\infty < x < \infty) \cap \mathfrak{H},\ Au \in \mathfrak{H}\}$. Weil bei $x = \pm\infty$ der Grenzpunktfall vorliegt, ist A in $\mathfrak{A}$ wesentlich selbstadjungiert. Ein Fundamentalsystem von $-u'' = \lambda u$ ist

$$\begin{aligned}
\tilde{u}_1(x, \lambda) &= e^{\sqrt{-\lambda}\,x} & \text{für } \lambda < 0, & \quad = \cos\sqrt{\lambda}\,x & \text{für } \lambda > 0, & \quad = 1 & \text{für } \lambda = 0. \\
\tilde{u}_2(x, \lambda) &= e^{-\sqrt{-\lambda}\,x} & & \quad = \sin\sqrt{\lambda}\,x & & \quad = x &
\end{aligned} \tag{5}$$

Da $\int\limits_{-\infty}^{+\infty} |\tilde{u}_1(x)|^2\, dx = \int\limits_{-\infty}^{+\infty} |\tilde{u}_2(x)|^2\, dx = \infty$ gilt, ist das Punktspektrum von A in $\mathfrak{A}$ leer. Wir beobachten, daß die Divergenz dieser Integrale im Falle $\lambda > 0$ am „harmlosesten" ist, weil für $\lambda > 0$ und nur für diese noch $|\tilde{u}_1(x)| \leq M$, $|\tilde{u}_2(x)| \leq M$ für $-\infty < x < \infty$ gilt. Deshalb versuchen wir die Einführung von Eigenpaketen durch

$$\tilde{\Phi}_\lambda^{(1)}(x) = \begin{cases} \displaystyle\int\limits_0^\lambda \cos\sqrt{\mu}\,x\, d\sqrt{\mu} = \int\limits_0^{\sqrt{\lambda}} \cos\nu x\, d\nu & 0 < \lambda < \infty, \\[2ex] 0 & \text{für} \quad -\infty < \lambda \leq 0, \end{cases}$$

$$\tilde{\Phi}_\lambda^{(2)}(x) = \begin{cases} \displaystyle\int\limits_0^\lambda \sin\sqrt{\mu}\,x\, d\sqrt{\mu} = \int\limits_0^{\sqrt{\lambda}} \sin\nu x\, d\nu & 0 < \lambda < \infty, \\[2ex] 0 & \text{für} \quad -\infty < \lambda \leq 0. \end{cases} \tag{6}$$

Es ist $\tilde{\Phi}_\lambda^{(1)}(x)$, $\tilde{\Phi}_\lambda^{(2)}(x) \in \mathfrak{H}$ und wie man nachrechnet auch $\in \mathfrak{A}$, und sie erfüllen die in IV.2.4 gegebene Definition für Eigenpakete. Um sie für den Entwicklungssatz zu verwenden, müssen sie speziell normiert sein. Dazu dient der

Satz 2: *Es seien durch* $0 \leq \alpha_1 \leq \nu \leq \alpha_2$, $0 \leq \beta_1 \leq \nu \leq \beta_2$ *zwei beliebige Intervalle $\Delta\alpha, \Delta\beta$ gegeben. Mit diesen gilt*

$$\int\limits_{-\infty}^{+\infty} \left\{ \int\limits_{\Delta\alpha} \cos\nu x\, d\nu \int\limits_{\Delta\beta} \cos\nu x\, d\nu \right\} dx = \pi \int\limits_{\Delta\alpha \cap \Delta\beta} d\nu,$$

$$\int\limits_{-\infty}^{+\infty} \left\{ \int\limits_{\Delta\alpha} \sin\nu x\, d\nu \int\limits_{\Delta\beta} \sin\nu x\, d\nu \right\} dx = \pi \int\limits_{\Delta\alpha \cap \Delta\beta} d\nu. \tag{7}$$

Dabei bedeutet $\Delta\alpha \cap \Delta\beta$ den Durchschnitt beider Intervalle.

Aufgabe 1: Man bestätige (7).

Führt man das Fundamentalsystem $u_j(x, \lambda) = \dfrac{1}{\sqrt{\pi}}\, \bar{u}_j(x, \lambda)$ und die Eigenpakete $\Phi_\lambda^{(j)}(x) = \dfrac{1}{\sqrt{\pi}}\, \bar{\Phi}_\lambda^{(j)}(x)$ ein und setzt $\varrho(\lambda) = \sqrt{\lambda}$, falls $\lambda > 0$, und $\varrho(\lambda) = 0$, falls $\lambda \leq 0$ ist, so hat man

$$\Phi_\lambda^{(j)}(x) = \int\limits_0^\lambda u_j(x, \lambda)\, d\varrho(\lambda), \quad -\infty < \lambda < \infty, \tag{8}$$

$$(\varDelta_1 \Phi_\lambda^{(j)},\ \varDelta_2 \Phi_\lambda^{(j)}) = \int\limits_{\varDelta_1 \cap \varDelta_2} d\varrho(\lambda). \tag{9}$$

Dabei sind $\varDelta_1$, $\varDelta_2$ irgend zwei Intervalle auf der λ-Achse: $-\infty < \lambda_1 \leq \lambda \leq \lambda_2 < \infty$, $-\infty < \mu_1 \leq \lambda \leq \mu_2 < \infty$ und $\varDelta_1 \Phi_\lambda^{(j)} = \int\limits_{\lambda_1}^{\lambda_2} u_j(x, \lambda)\, d\varrho(\lambda)$, $\varDelta_2 \Phi_\lambda^{(j)} = \int\limits_{\mu_1}^{\mu_2} u_j(x, \lambda)\, d\varrho(\lambda)$. Die Formel (9) bringt eine spezielle Normierungseigenschaft dieser Eigenpakete zum Ausdruck. Für alle reellwertigen $u(x) \in \mathfrak{A}$ hat dann der Entwicklungssatz das Aussehen

$$u(x) = \sum_{j=1}^{2} \int\limits_{-\infty}^{+\infty} u_j(x, \lambda)\, da_j(\lambda) \quad \text{mit} \quad a_j(\lambda) = (u, \Phi_\lambda^{(j)}). \tag{10}$$

Seine Richtigkeit kann hier sofort über das FOURIERsche Integraltheorem formal bestätigt werden. Beachtet man z. B.

$$a_1(\lambda) = \int\limits_{-\infty}^{+\infty} u(x)\, \frac{\sin \sqrt{\lambda}\, x}{\sqrt{\pi}\, x}\, dx \quad \text{für} \quad 0 < \lambda < \infty, \quad a_1(\lambda) = 0 \quad \text{für} \quad -\infty < \lambda \leq 0,$$

so ergibt (10)

$$u(x) = \int\limits_0^\infty \frac{\cos \sqrt{\lambda}\, x}{\sqrt{\pi}} \left\{ \int\limits_{-\infty}^{+\infty} u(y)\, \frac{\cos \sqrt{\lambda}\, y}{2\sqrt{\pi}\, \sqrt{\lambda}}\, dy \right\} d\lambda$$
$$+ \int\limits_0^\infty \frac{\sin \sqrt{\lambda}\, x}{\sqrt{\pi}} \left\{ \int\limits_{-\infty}^{+\infty} u(y)\, \frac{\sin \sqrt{\lambda}\, y}{2\sqrt{\pi}\, \sqrt{\lambda}}\, dy \right\} d\lambda. \tag{11}$$

Setzt man hier $\mu = \sqrt{\lambda}$, so erhält man

$$u(x) = \frac{1}{\pi} \int\limits_0^\infty \left\{ \cos \mu x \int\limits_{-\infty}^{+\infty} u(y) \cos \mu y\, dy + \sin \mu x \int\limits_{-\infty}^{+\infty} u(y) \sin \mu y\, dy \right\} d\mu, \tag{12}$$

also das FOURIERsche Integraltheorem. Mit Definition 1 aus IV.2.5 liest man ab, daß A in $\mathfrak{A}$ für $0 \leq \lambda < \infty$ ein kontinuierliches Spektrum besitzt. (10) ist in unserem Beispiel eine Umschreibung des Terms $\int\limits_{-\infty}^{+\infty} \lambda\, dS_\lambda u$ für reelle $u \in \mathfrak{A}$.

Im allgemeinen Falle des WEYL-STONEschen Eigenwertproblems normiert man oft auch noch ein Fundamentalsystem passend.

Satz 3: *Es sei $u_1(x, \lambda)$, $u_2(x, \lambda)$ ein Fundamentalsystem von $D_\lambda u = 0$ mit der Normierung*

$$\left.\begin{array}{ll} u_1(x_0, \lambda) = 1, & p(x_0) u_1'(x_0, \lambda) = 0, \\ u_2(x_0, \lambda) = 0, & p(x_0) u_2'(x_0, \lambda) = 1 \end{array}\quad l < x_0 < m, \; -\infty < \lambda < \infty. \right\} \quad (13)$$

Es gibt stetige Funktionen $\varrho_{j\sigma}(\lambda)$ in $-\infty < \lambda < \infty$ mit $\varrho_{j\sigma}(0) = 0$, $j, \sigma = 1, 2$ und Eigenpakete $\Phi_\lambda^{(j)}(x) \in \mathfrak{A}$ mit

$$\Phi_\lambda^{(j)}(x) = \sum_{\sigma=1}^{2} \int_0^\lambda u_\sigma(x, \lambda) \, d\varrho_{j\sigma}(\lambda), \qquad j = 1, 2, \qquad (14)$$

die die Normierungseigenschaft

$$(\Delta_1 \Phi_\lambda^{(j)}, \Delta_2 \Phi_\lambda^{(\sigma)}) = \int_{\Delta_1 \cap \Delta_2} d\varrho_{j\sigma}(\lambda), \qquad j, \sigma = 1, 2 \; * \qquad (15)$$

besitzen, mit denen für jedes $u \in \mathfrak{A}$ der Entwicklungssatz lautet:

$$u(x) = \sum_j a_j \varphi_j(x) + \sum_{j=1}^{2} \int_{-\infty}^{+\infty} u_j(x, \lambda) \, da_j(\lambda) \qquad (16)$$

und

$$Au = \sum_j \lambda_j a_j \varphi_j(x) + \sum_{j=1}^{2} \int_{-\infty}^{+\infty} \lambda u_j(x, \lambda) \, da_j(\lambda) \qquad (17)$$

mit

$$\left.\begin{array}{ll} a_j = (u, \varphi_j), \quad j = 1, 2, \ldots, & a_j(\lambda) = (u, \Phi_\lambda^{(j)}), \quad j = 1, 2, \\ (\varphi_j, \varphi_k) = \delta_{j,k}, \quad (\varphi_j, \Phi_\lambda^{(\sigma)}) = 0 & für \quad j = 1, 2, \ldots; \quad \sigma = 1, 2 \end{array}\right\} \quad (18)$$

λ_j sind dabei die Eigenwerte und $\varphi_j(x)$ die dazugehörigen Eigenfunktionen von A in $\mathfrak{A}$. Die Anzahl der Summanden in der ersten Summe ist jeweils in (16) und (17) die Anzahl der Eigenwerte unter Berücksichtigung ihrer Vielfachheit.

Liegt bei $x = l$ und bei $x = m$ der Grenzkreisfall vor, so gibt es nur $\Phi_\lambda^{(j)} \equiv 0$ als Eigenpaket. In diesem Falle lautet der Entwicklungssatz

$$u(x) = \sum_{j=1}^{\infty} a_j \varphi_j(x), \qquad Au = \sum_{j=1}^{\infty} \lambda_j a_j \varphi_j(x), \qquad (19)$$

und es ist $\displaystyle\lim_{j \to \infty} |\lambda_j| = \infty$.

---

* Selbstverständlich ist $(\Delta_1 \Phi_\lambda^{(j)}, \Delta_2 \Phi_\lambda^{(\sigma)}) = 0$ falls $\Delta_1 \cap \Delta_2$ leer ist. Dies ergibt bereits Satz 2 aus IV.2.4. Als skalares Produkt steht hier natürlich $(u, v) = \int_l^m u(x) \, \overline{v(x)} \, k(x) \, dx$.

Die Konvergenz ist jeweils im Sinne der Norm zu verstehen. In (16) und in der ersten Formel in (19) ist die Konvergenz bezüglich Reihe und Integral sogar gleichmäßig in jedem abgeschlossenen Intervall aus $\{l, m\}$.

Die Spektraltheorie des hier behandelten Operators wurde von H. Weyl [1], [2], [3] gegeben. Eine vereinfachte Darstellung gab M. H. Stone [*]. Es fehlte noch ein geeigneter Formelapparat, der eine effektive Berechnung des Spektrums gestattete und der hier nicht dargestellt worden ist. Diesen gab E. C. Titchmarsh [*], der auch die gesamte Theorie auf funktionentheoretischer Grundlage neu begründete. Abschließende Allgemeinheit im Entwicklungssatz, die über das hinausgeht, was hier erwähnt worden ist, erzielte O. D. Kodaira [1], [2]. Deshalb spricht man auch vom Weyl-Stone-Titchmarsh-Kodairaschen Eigenwertproblem. Bei N. I. Achieser — I. M. Glasmann [*] und bei M. A. Neumark [*] findet man eine Darstellung der Theorie, die abstrakter vorgeht und u. a. wohl naturgemäßer zur Weylschen Alternative führt.

Eine sehr elementar gehaltene Darstellung gab F. Rellich [*], Teile der Theorie finden sich ferner bei E. A. Coddington — N. Levinson [*] und bei K. Yosida [*]. In den beiden letztgenannten Büchern werden besonders elementare Beweise für den Entwicklungssatz gegeben, die von E. A. Coddington [1] bzw. K. Yosida [1] stammen.

In der hier gegebenen Darstellung, die nur skizzenhaften Charakter trägt, folgten wir weitgehend der oben genannten Darstellung von F. Rellich, die auch die E. C. Titchmarshschen Formeln zur Berechnung des Spektrums und alle hier ausgelassenen Beweise enthält.

3. Die Rellichschen Randbedingungen für Grenzkreisfall und Stelle der Bestimmtheit

3.1 Stelle der Bestimmtheit

Betrachtet wird die Differentialgleichung

$$u'' + a(z)u' + b(z)u = 0, \qquad z = x + iy. \tag{1}$$

Definition 1: $z = z_0$ *heißt eine Stelle der Bestimmtheit der Gleichung* (1), *wenn es eine Zahl* $\varrho_1 > 0$ *so gibt, daß*

$$A(z) = (z - z_0)a(z), \qquad B(z) = (z - z_0)^2 b(z)$$

in $0 \leq |z - z_0| < \varrho_1$ *analytische Funktionen sind.*

$z = z_0$ ist somit eine Stelle der Bestimmtheit von (1), wenn $a(z)$ dort höchstens einen Pol 1. Ordnung und $b(z)$ dort höchstens einen Pol 2. Ordnung besitzt. Es gelten somit in $0 < |z - z_0| < \varrho_1$ die Darstellungen

$$a(z) = \frac{1}{z - z_0} \sum_{j=0}^{\infty} a_j(z - z_0)^j, \qquad b(z) = \frac{1}{(z - z_0)^2} \sum_{j=0}^{\infty} b_j(z - z_0)^j. \tag{2}$$

Definition 2: *Die quadratische Gleichung*

$$f(r) \equiv r(r - 1) + a_0 r + b_0 = 0$$

heißt die charakteristische Gleichung von (1) *an der Stelle* $z = z_0$. *Ihre Wurzeln* r_1, r_2 *heißen charakteristische Wurzeln. Sie sind so numeriert, daß* $Re(r_1) \geq Re(r_2)$ *gilt. Ist* $Re(r_1) = Re(r_2)$, *so soll* $Im(r_1) \geq Im(r_2)$ *gelten.*

Satz 1: *Ist* $z = z_0$ *eine Stelle der Bestimmtheit von* (1), *so gibt es eine positive Zahl* $\bar{\varrho}$ *und in* $0 < |z - z_0| < \bar{\varrho}$ *ein Fundamentalsystem von* (1) *mit*

$$u_1(z) = (z - z_0)^{r_1} \omega(z),$$
$$u_2(z) = (z - z_0)^{r_2} \psi(z) + c\,u_1(z) \log(z - z_0). \tag{3}$$

Dabei sind $\omega(z) = \sum\limits_{j=0}^{\infty} \omega_j (z - z_0)^j$ *mit* $\omega_0 = 1$, $\psi(z) = \sum\limits_{j=0}^{\infty} \psi_j (z - z_0)^j$ *in* $0 \leq |z - z_0| < \bar{\varrho}$ *analytisch, und es ist überdies*

für $r_1 - r_2 \neq 0, 1, 2, \ldots$ $\psi_0 = 1$ *und* $c = 0$ (*1. Fall*),

für $r_1 - r_2 = 0$ $\psi_0 = 0$ *und* $c = 1$ (*2. Fall*),

für $r_1 - r_2 = n$, $n = 1, 2, \ldots$ $\psi_0 = 1$ *und* $\psi_n = 0$ (*3. Fall*).

Die Koeffizienten $\omega_0 = 1$, $\omega_1, \omega_2, \ldots, \psi_0, \psi_1, \ldots, c$ *sind damit eindeutig bestimmt.*

Der Beweis soll im Anhang II gegeben werden.

3.2 Die Rellichschen Anfangszahlen

Wir betrachten

$$D_\lambda u = 0 \quad \text{in} \quad \{0, m\} \quad \text{mit} \quad D_\lambda u \equiv (p(x) u')' + (\lambda\, k(x) - q(x)) u \tag{1}$$

unter den ständigen Voraussetzungen aus 1.1 mit $l = 0$ und verschärfen diese hier durch die zusätzliche Annahme, daß $x = 0$ eine Stelle der Bestimmtheit ist für (1) und alle komplexen Zahlen λ.

Satz 1: *Liegt bei* $x = 0$ *der Grenzkreisfall vor bezüglich der Gleichung* $D_\lambda u = 0$, *so sind die charakteristischen Wurzeln* r_1, r_2 *von* λ *unabhängig.*

Beweis: Eine Umschreibung von (1) liefert

$$u'' + \frac{p'(x)}{p(x)}\, u' + \left(\lambda\, \frac{k(x)}{p(x)} - \frac{q(x)}{p(x)}\right) u = 0 \quad \text{in} \quad \{0, m\}. \tag{2}$$

Nach Voraussetzung und 3.1 ist in $0 < x < \varrho_1$

$$\left.\begin{array}{l} \dfrac{p'(x)}{p(x)} = \dfrac{a_0}{x} + a_1 + a_2 x + \cdots, \\[2mm] \dfrac{k(x)}{p(x)} = \dfrac{\beta_0}{x^2} + \dfrac{\beta_1}{x} + \beta_2 + \beta_3 x + \cdots, \quad \dfrac{q(x)}{p(x)} = \dfrac{\gamma_0}{x^2} + \dfrac{\gamma_1}{x} + \gamma_2 + \gamma_3 x + \cdots, \end{array}\right\} \tag{3}$$

wobei $a_0, a_1, \ldots, \beta_0, \beta_1, \ldots, \gamma_0, \gamma_1, \ldots$ reelle Zahlen sind. Integration ergibt in $0 < x < \varrho_1$

$$p(x) = p_0 e^{a_0 \log x + a_1 x + \cdots} = x^{a_0}(p_0 + p_1 x + \cdots), \tag{4}$$

$$\left. \begin{aligned} k(x) &= p(x)\left\{\frac{\beta_0}{x^2} + \cdots\right\} = x^{a_0 - 2}(k_0 + k_1 x + \cdots), \\ q(x) &= x^{a_0 - 2}(q_0 + q_1 x + \cdots). \end{aligned} \right\} \tag{5}$$

Wieder sind alle Koeffizienten reell und $p_0 > 0$ wegen $p(x) > 0$. Wegen $k(x) > 0$ in $\{0, m\}$ gibt es eine eindeutig bestimmte Zahl σ so, daß $k_j = 0$ für $j = 0, 1, \ldots, \sigma - 1$, $k_\sigma > 0$ ist.

Da bei $x = 0$ der Grenzkreisfall vorliegt, gilt mit dem in 3.1 angegebenen Fundamentalsystem in $0 < x \leq x_0 < \varrho_1$

$$\int\limits_0^{x_0} |u_1(x)|^2 \, k(x)\, dx < \infty, \qquad \int\limits_0^{x_0} |u_2(x)|^2\, k(x)\, dx < \infty. \tag{6}$$

Deshalb ist $2\,\mathrm{Re}(r_2) + a_0 - 2 + \sigma > -1$. r_1, r_2 genügen der Gleichung

$$r(r - 1) + a_0 r + \left(\lambda\frac{k_0}{p_0} - \frac{q_0}{p_0}\right) = 0, \tag{7}$$

so daß $r_1 + r_2 = 1 - a_0$ ist. Man erhält dann

$$\sigma > 1 - a_0 - 2\,\mathrm{Re}(r_2) = r_1 + r_2 - 2\,\mathrm{Re}(r_2) = \mathrm{Re}(r_1) - \mathrm{Re}(r_2) \geq 0. \tag{8}$$

Damit ist $k_0 = 0$ gezeigt, und (7) liefert die Behauptung.

Satz 2: *Liegt bei $x = 0$ der Grenzkreisfall vor bezüglich $D_\lambda u = 0$ und ist $u_1(x), u_2(x)$ das Fundamentalsystem aus 3.1 für $D_\lambda u = 0$, so sind $\omega_0, \omega_1, \ldots, \omega_{\sigma-1}; \psi_0, \psi_1, \ldots, \psi_{\sigma-1}; c$ von λ unabhängig.*

Beweis: 1. Fall: $r_1 - r_2 \neq 0, 1, 2, \ldots$ Es ist

$$\left. \begin{aligned} u_1(x) &= \sum_{j=0}^{\infty} \omega_j x^{r_1 + j}, \qquad u_1'(x) = \sum_{j=0}^{\infty}(r_1 + j)\omega_j x^{r_1 + j - 1}, \\ u_1''(x) &= \sum_{j=0}^{\infty}(r_1 + j)(r_1 + j - 1)\omega_j x^{r_1 + j - 2}. \end{aligned} \right\} \tag{9}$$

Dieses $u_1(x)$ ist Lösung der Gleichung

$$x^{2 - a_0}\{p(x)u_1'' + p'(x)u_1' + (\lambda k(x) - q(x))u_1\} = 0. \tag{10}$$

Mit (4), (5), (9) findet man

$$x^{2 - a_0} p u_1'' = \left(\sum_{i=0}^{\infty} p_i x^i\right)\left(\sum_{j=0}^{\infty}(r_1 + j)(r_1 + j - 1)\omega_j x^{r_1 + j}\right)$$

$$= \sum_{l=0}^{\infty}\left\{\sum_{j=0}^{l}(r_1 + j)(r_1 + j - 1)p_{l-j}\omega_j\right\} x^{r_1 + l},$$

$$x^{2-a_0} p' u_1' = \sum_{l=0}^{\infty} \left\{ \sum_{j=0}^{l} (r_1 + j)(a_0 + l - j) p_{l-j} \omega_j \right\} x^{r_1 + l},$$

$$x^{2-a_0}(\lambda k - q) u_1 = \sum_{l=0}^{\infty} \left\{ \sum_{j=0}^{l} (\lambda k_{l-j} - q_{l-j}) \omega_j \right\} x^{r_1 + l}.$$

Einsetzen in (10) und Koeffizientenvergleich ergibt

$$\sum_{j=0}^{l} \{ p_{l-j}(r_1 + j)(r_1 + a_0 + l - 1) + \lambda k_{l-j} - q_{l-j} \} \omega_j = 0 \qquad (11)$$

für $l = 0, 1, 2, \ldots$ Benutzen wir die Abkürzung $p_0 f(r) = F(r)$, wobei $f(r)$ durch 3.1 gegeben ist, so finden wir für $l = 0$: $F(r_1) \omega_0 = F(r_1) = 0$ und für $l = 1, 2, \ldots$

$$F(r_1 + l) \omega_l + \sum_{j=0}^{l-1} \{ p_{l-j}(r_1 + j)(r_1 + a_0 + l - 1) + \lambda k_{l-j} - q_{l-j} \} \omega_j = 0.$$
$$(12)$$

Die Gleichung $F(r) = 0$ hat r_1, r_2 als Wurzeln mit $\mathrm{Re}(r_1) \geq \mathrm{Re}(r_2)$. Deshalb ist $F(r_1 + l) \neq 0$ für $l = 1, 2, \ldots$, und die $\omega_1, \omega_2, \ldots$ sind eindeutig berechnet. Da $k_j = 0$ ist für $j = 0, 1, \ldots, \sigma - 1$ und $k_\sigma > 0$, enthält (12) für $l = 1, 2, \ldots, \sigma - 1$ die Größe λ nicht. Deshalb sind $\omega_0 = 1, \omega_1, \omega_2, \ldots, \omega_{\sigma-1}$ von λ unabhängig.

Da $r_1 - r_2 \neq 0, 1, 2, \ldots$, ist auch $F(r_2 + l) \neq 0$ für $l = 1, 2, \ldots$ Verwendet man anstelle von r_1 die zweite Wurzel r_2, so ergibt obiges Verfahren, daß $\psi_0, \psi_1, \ldots, \psi_{\sigma-1}$ nicht von λ abhängen. Dies gilt auch für c, da $c = 0$ ist (1. Fall).

Der 2. und 3. Fall erledigt sich analog, wird aber in der Durchführung etwas umständlicher. Wir sind später meist am 1. Falle interessiert und verweisen deshalb auf die Literaturhinweise.

Bei den Gleichungen der modernen Physik liegt für $x = m$ im allgemeinen der Grenzpunktfall vor. Wir nehmen daher an, daß bei $x = 0$ der Grenzkreisfall und eine Stelle der Bestimmtheit bezüglich der Gleichung $D_\lambda u = 0$ vorliege, für $x = m$ dagegen der Grenzpunktfall. Dann ist A in

$$\mathfrak{A} = \{ u(x) \mid u \in C^2(\{0, m\}) \cap \mathfrak{H}, \, A u \in \mathfrak{H}; \, [u, v_1]_0 = 0 \} \qquad (13)$$

wesentlich selbstadjungiert. Es ist dabei $v_1(x) \not\equiv 0$, $D_\lambda v_1 = 0$ und $[v_1, v_1]_0 = 0$.

Wir setzen mit 3.1 (σ ist festgelegt durch $k_\sigma > 0$, $k_j = 0$ für $j = 1, \ldots, \sigma - 1$)

$$\omega_\sigma(x) = \sum_{j=0}^{\sigma-1} \omega_j x^j, \qquad \psi_\sigma(x) = \sum_{j=0}^{\sigma-1} \psi_j x^j, \qquad (14)$$

$$\left. \begin{aligned} u_{1,\sigma}(x) &= x^{r_1} \omega_\sigma(x), \\ u_{2,\sigma}(x) &= x^{r_2} \psi_\sigma(x) + c\, u_{1,\sigma}(x) \log x. \end{aligned} \right\} \qquad (15)$$

Dabei ist $u_1(x)$, $u_2(x)$ wieder das in 3.1 festgelegte Fundamentalsystem von $D_\lambda u = 0$.

Definition 1: *Für alle* $u(x) \in \mathfrak{A}$ *bilden wir*

$$\alpha_0 = \lim_{x \to 0} \frac{u(x)}{x^{r_2}}, \qquad \alpha_1 = \lim_{x \to 0} \frac{u(x) - \alpha_0 u_{2,\sigma}(x)}{x^{r_1}} \qquad \text{für} \quad r_1 \neq r_2 \quad \text{reell}, \qquad (16)$$

$$\alpha_0 = \lim_{x \to 0} \frac{u(x)}{x^{r_1} \log x}, \qquad \alpha_1 = \lim_{x \to 0} \frac{u(x) - \alpha_0 u_{2,\sigma}(x)}{x^{r_1}} \qquad \text{für} \quad r_1 = r_2, \qquad (17)$$

$$\alpha_0 = \lim_{x \to 0} \frac{r_1 u(x) - x u'(x)}{(r_1 - r_2) x^{r_2}}, \qquad \alpha_1 = \lim_{x \to 0} \frac{r_2 u(x) - x u'(x)}{(r_2 - r_1) x^{r_1}} \qquad (18)$$

für r_1, r_2 *nicht reell. Wir nennen* α_0, α_1 *Rellichsche Anfangszahlen, wenn obige Limites für jedes* $u(x) \in \mathfrak{A}$ *existieren und wenn die Zahlen* α_0, α_1 *von* λ *unabhängig sind*[1].

Satz 3: *Unter den gemachten Voraussetzungen existieren die Limites in (16), (17), (18) für jedes* $u \in \mathfrak{A}$. *Die Anfangszahlen* α_0, α_1 *sind unabhängig von* λ. *Sie sind durch* $u(x) \in \mathfrak{A}$, $u_1(x), u_2(x)$ *eindeutig bestimmt.*

Beweis: 1. Fall: $r_1 - r_2 \neq 0, 1, 2, \dots$ und r_1, r_2 reell.

1. Schritt: Konstruktion zweier Zahlen c_0, c_1, die durch $u(x) \in \mathfrak{A}$; $u_1(x), u_2(x)$ und λ eindeutig bestimmt sind: Es sei $u(x) \in \mathfrak{A}$ eine beliebige Funktion. In $\{0, m\}$ definieren wir eine Funktion $f(x)$ durch

$$(p u')' + (\lambda k - q) u = - k f. \qquad (19)$$

$u_1(x), u_2(x)$ ist das in 3.1 festgelegte Fundamentalsystem der homogenen Gleichung $(p u')' + (\lambda k - q) u = 0$. Deshalb hat man für dieses $u(x) \in \mathfrak{A}$ in $0 < x < \varrho$ die Darstellung

$$u(x) = c_1 u_1(x) + c_0 u_2(x) + \int_0^x \frac{u_1(x) u_2(y) - u_2(x) u_1(y)}{p(x) W(x)} f(y) k(y) \, dy^*, \qquad (20)$$

wobei $p(x) W(x)$ wieder konstant bezüglich x ist. c_1, c_0 sind zwei Konstante, die von u abhängen. c_1, c_0 sind bei gegebenem $u(x) \in \mathfrak{A}$; $u_1(x), u_2(x), \lambda$ eindeutig bestimmt. Würde (20) auch bestehen mit anderen Konstanten $\tilde{c}_1, \tilde{c}_0$, so würde durch Subtraktion

$$(c_1 - \tilde{c}_1) u_1(x) + (c_0 - \tilde{c}_0) u_2(x) = 0 \qquad (21)$$

folgen. Aus der linearen Unabhängigkeit von $u_1(x), u_2(x)$ folgt aber $c_1 = \tilde{c}_1, c_0 = \tilde{c}_0$.

---

[1] Eine Abhängigkeit von λ kann deshalb auftreten, weil $u_1(x), u_2(x)$ ein Fundamentalsystem von $D_\lambda u = 0$ ist.

* Das Integral existiert wegen $u \in \mathfrak{A}$ und somit $f \in \mathfrak{H}$, sowie wegen des Grenzkreisfalles unter Benutzung der Schwarzschen Ungleichung.

2. Schritt: Es ist $c_0 = \alpha_0$, $c_1 = \alpha_1$ und α_0, α_1 sind unabhängig von λ: Man hat

$$\lim_{x \to 0} \frac{u_1(x)}{x^{r_2}} = 0, \quad \lim_{x \to 0} \frac{u_2(x)}{x^{r_2}} = 1. \tag{22}$$

Aus (20) folgt dann $c_0 = \lim\limits_{x \to 0} \dfrac{u(x)}{x^{r_2}}$. Deshalb ist $c_0 = \alpha_0$ bewiesen. Nach Satz 1 ist r_2 unabhängig von λ. Deshalb ist α_0 unabhängig von λ.

Aus (14), (15) und 3.1 finden wir

$$u_2(x) - u_{2,\sigma}(x) = x^{r_2}(\psi_\sigma x^\sigma + \cdots) + c x^{r_1}(\omega_\sigma x^\sigma + \cdots) \log x, \tag{23}$$

$$\frac{u_2(x) - u_{2,\sigma}(x)}{x^{r_1}} = x^{r_2 - r_1}(\psi_\sigma x^\sigma + \cdots) + c(\omega_\sigma x^\sigma + \cdots) \log x, \tag{24}$$

wobei $c = 0$ ist (1. Fall). Nach (8) ist $\sigma > \mathrm{Re}(r_1) - \mathrm{Re}(r_2) \geq 0$, so daß

$$\lim_{x \to 0} \frac{u_2(x) - u_{2,\sigma}(x)}{x^{r_1}} = 0 \tag{25}$$

folgt. Da $u(x) \in \mathfrak{A}$ (vgl. (13)), ist

$$\infty > \|A u\|^2 \geq \int_0^x \frac{1}{k} \, |-(pu')' + qu|^2 \, dx = \int_0^x |f + \lambda u|^2 k \, dx. \tag{26}$$

Weil $u \in \mathfrak{A}$, ist $\int_0^x |f(x)|^2 k(x) \, dx < \infty$ erfüllt in $0 < x < \varrho$. Deshalb haben wir

$$\left| \frac{u_2(x)}{x^{r_1}} \int_0^x \frac{u_1(y) f(y)}{p W} k(y) \, dy \right|^2 \leq \mathrm{const} \left| \frac{u_2(x)}{x^{r_1}} \right|^2 \int_0^x |u_1|^2 k \, dy \int_0^x |f|^2 k \, dy$$

$$\leq \mathrm{const} \, |x^{2r_2 - 2r_1}| \int_0^x |u_1|^2 k \, dy \leq \mathrm{const} \, |x^{2r_2 + a_0 - 2 + \sigma + 1}|$$

$$= \mathrm{const} \, x^{\sigma - \mathrm{Re}(r_1 - r_2)} \quad (\text{wegen } r_1 + r_2 = 1 - a_0). \tag{27}$$

Weil $\sigma > \mathrm{Re}(r_1) - \mathrm{Re}(r_2)$ ist, folgt deshalb

$$\lim_{x \to 0} \frac{u_2(x)}{x^{r_1}} \int_0^x \frac{u_1(y) f(y)}{p W} k(y) \, dy = 0 \tag{28}$$

und entsprechend

$$\lim_{x \to 0} \frac{u_1(x)}{x^{r_1}} \int_0^x \frac{u_2(y) f(y)}{p W} k(y) \, dy = 0. \tag{29}$$

Aus (20) bekommt man nun

$$\frac{u(x)}{x^{r_1}} = c_1 \frac{u_1(x)}{x^{r_1}} + \alpha_0 \frac{u_{2,\sigma}(x) + (u_2(x) - u_{2,\sigma}(x))}{x^{r_1}} + \frac{1}{x^{r_1}} \int_0^x \dots dy \qquad (30)$$

und mit (25), (28), (29)

$$c_1 = \lim_{x \to 0} \frac{u(x) - \alpha_0 u_{2,\sigma}(x)}{x^{r_1}}. \qquad (31)$$

Deshalb ist $\alpha_1 = c_1$ bewiesen. Satz 1 und Satz 2 zeigen, daß α_1 von λ unabhängig ist.

Bezüglich der übrigen Fälle siehe die Literaturhinweise.

Satz 4: *Liegt bei $x = 0$ der Grenzkreisfall und eine Stelle der Bestimmtheit bezüglich $D_\lambda u = 0$ für jedes λ und bei $x = m$ der Grenzpunktfall vor, so kann der Weylsche Teilraum $\mathfrak{A}$, in dem A in $\mathfrak{A}$ wesentlich selbstadjungiert ist, wie folgt charakterisiert werden:*

$$\mathfrak{A} = \{u(x)| \quad 1. \quad u \in C^2(\{0, m\}) \cap \mathfrak{H},\, Au \in \mathfrak{H};$$

$$2. \quad \alpha_0 \cos \delta + \alpha_1 \sin \delta = 0,\ falls\ r_1, r_2\ reell,$$

$$\alpha_0 e^{-i\delta} + \alpha_1 e^{i\delta} = 0,\ falls\ r_1, r_2\ nicht\ reell\},$$

$$0 \le \delta < \pi. \qquad (32)$$

Beweis: Es ist lediglich der Teilraum (13) auf die Gestalt (32) zu bringen.

1. Schritt: r_1, r_2 reell, $r_1 - r_2 \ne 0, 1, 2, \dots$ $v_1(x)$ hat in (13) die Eigenschaften $v_1(x) \not\equiv 0$, $D_i v_1 = 0$, $[v_1, v_1]_0 = 0$. Es muß aber $v_1(x) \in \mathfrak{A}$ nicht gelten. Da bei $x = 0$ der Grenzkreisfall vorliegt, ist jedenfalls $\int_0^x |v_1(x)|^2 k(x) < \infty$ für $0 < x \le x_0$. Aus $D_i v_1 = 0$ folgt dann

$$\int_0^x \frac{1}{k}\, |-(p v_1')' + q v_1|^2\, dx = \int_0^x |v_1|^2\, k\, dx < \infty. \qquad (33)$$

Obgleich also v_1 nicht in $\mathfrak{A}$ liegen muß, hat es in einer Umgebung des linken Randes alle Eigenschaften, die auch alle $u \in \mathfrak{A}$ in einer solchen Umgebung besitzen. Weil im Beweis von Satz 3 nur solche Eigenschaften von $u \in \mathfrak{A}$ benutzt worden sind, steht Satz 3 auch für $v_1(x)$ zur Verfügung. Es genügt $v_1(x)$ der Gleichung

$$(p v_1')' + (\lambda k - q) v_1 = -k(i - \lambda)\, v_1 \equiv -k f_1. \qquad (34)$$

Nach (19) und (20) und Satz 3 gibt es zu $v_1(x)$ eindeutig bestimmte Anfangszahlen $\tilde{\alpha}_0, \tilde{\alpha}_1$, die nur von $v_1(x), u_1(x), u_2(x)$ abhängen und mit denen

$$v_1(x) = \tilde{\alpha}_1 u_1(x) + \tilde{\alpha}_0 u_2(x) + \int_0^x \frac{u_1(x)\, u_2(y) - u_2(x)\, u_1(y)}{p(x)\, W(x)}\, f_1(y)\, k(y)\, dy$$

$$(35)$$

gilt. Nach (20) wird dann

$$[u, v_1]_0 = \left[\alpha_1 u_1(x) + \alpha_0 u_2(x) + \int_0^x \cdots dy,\ \tilde{\alpha}_1 u_1(x) + \tilde{\alpha}_0 u_2(x)\right.$$

$$\left. + \int_0^x \cdots dy\right]_0 \tag{36}$$

Da α_0, α_1 von λ unabhängig sind, darf λ reell gewählt werden. Dann fällt auch $u_1(x)$, $u_2(x)$ reell aus. Dies bringt mit sich, daß $[u_1, u_1]_x = [u_2, u_2]_x = 0$ ist. Ferner findet man, weil $p(x)\, W(x)$ konstant ist,

$$p(x)\, W(x) = p(x)\, \{u_1(x)\, u_2'(x) - u_2(x)\, u_1'(x)\}$$
$$= -[u_1, u_2]_x = -[u_1, u_2]_0. \tag{37}$$

Deshalb wird (36) mit den Rechenregeln für $[\ldots]$ aus 1.3

$$[u, v_1]_0 = (\alpha_1 \bar{\tilde{\alpha}}_0 - \alpha_0 \bar{\tilde{\alpha}}_1)\, [u_1, u_2]_x = -(\alpha_1 \bar{\tilde{\alpha}}_0 - \alpha_0 \bar{\tilde{\alpha}}_1)\, p\, W. \tag{38}$$

In (13) ist $[v_1, v_1]_0 = 0$, also mit (38)

$$0 = [v_1, v_1]_0 = -(\tilde{\alpha}_1 \bar{\tilde{\alpha}}_0 - \tilde{\alpha}_0 \bar{\tilde{\alpha}}_1)\, p\, W, \tag{39}$$

so daß $\tilde{\alpha}_1 : \tilde{\alpha}_0 = \bar{\tilde{\alpha}}_1 : \bar{\tilde{\alpha}}_0$ gilt, also $\tilde{\alpha}_1 : \tilde{\alpha}_0$ reell ist. Da $v_1(x) \not\equiv 0$ in (13) ist, können nach (35) mit $\lambda = i$ nicht $\tilde{\alpha}_1$, $\tilde{\alpha}_0$ zugleich verschwinden. Die Forderung $[u, v_1]_0 = 0$ in (13) wird dann mit (38)

$$\tilde{\alpha}_1 \alpha_0 - \tilde{\alpha}_0 \alpha_1 = 0, \tag{40}$$

weil man hier $\tilde{\alpha}_0$, $\tilde{\alpha}_1$ reell annehmen darf. Setzt man noch

$$\cos\delta = \frac{\tilde{\alpha}_1}{\sqrt{\tilde{\alpha}_0^2 + \tilde{\alpha}_1^2}}, \qquad \sin\delta = -\frac{\tilde{\alpha}_0}{\sqrt{\tilde{\alpha}_0^2 + \tilde{\alpha}_1^2}}, \tag{41}$$

so ist der Satz bewiesen für r_1, r_2 reell, $r_1 - r_2 \neq 0, 1, 2, \ldots$ Für die anderen Fälle vergleiche man wieder die Literaturhinweise.

Die beim Vorliegen des Grenzkreisfalles zu stellenden Randbedingungen sind für konkrete Zwecke nicht eigentlich brauchbar, weil sie die explizite Kenntnis von Lösungen der Gleichung $D_i u = 0$ mit geeigneter Normierung voraussetzen. Für den Fall des Grenzkreisfalles und der Halbbeschränktheit nach unten gab deshalb K. O. FRIEDRICHS [4] eine bequem verwendbare Randbedingung an. Die Gesamtheit der möglichen Randbedingungen bei Vorliegen des Grenzkreisfalles und der sehr einschränkenden zusätzlichen Voraussetzung, daß die Gleichung $D_i u = 0$ dort eine Stelle der Bestimmtheit hat, gab F. RELLICH in [3]. Wir folgten dieser Arbeit. Dort findet man auch alle ausgelassenen Beweise. Es sei betont, daß man solche oder ähnliche Ergebnisse bereits für die ausseparatierte Gleichung des Wasserstoffatoms benötigt (vgl. V.3.3), wenn man eine unvollständige Behandlung vermeiden will. Dieses Beispiel wird in der oben genannten Arbeit angeführt, und wir werden einiges davon in V.3.3 darstellen.

3.3 Anwendungen und Beispiele

Wir nehmen an, daß bei $x = 0$ der Grenzkreisfall vorliege bezüglich der Gleichung $D_\lambda u = 0$. Es muß dann dort die Weyl-Stonesche Randbedingung $[u, v_1]_0 = 0$ gestellt werden. Von Bedeutung ist die Frage, wann diese Randbedingung in die Sturm-Liouvillesche Randbedingung $a_{11} u(0) + a_{12} u'(0) = 0$ mit a_{11}, a_{12} reell und $a_{11}^2 + a_{12}^2 > 0$ übergeht. Ein Ergebnis ist uns bekannt: Dies ist der Fall, wenn in den Voraussetzungen aus 1.1 $\{0, m\}$ für das Intervall $0 \leq x < m$ oder $0 \leq x \leq m$ steht. Interessanter ist die folgende Aussage.

Satz 1: *Liegt bei* $x = 0$ *der Grenzkreisfall und eine Stelle der Bestimmtheit bezüglich der Gleichung* $D_\lambda u = 0$ *für jedes* λ *vor, so geht die Weyl-Stonesche Randbedingung* $[u, v_1]_0 = 0$ *dann und nur dann in die Sturm-Liouvillesche Randbedingung* $a_{11} u(0) + a_{12} u'(0) = 0$ *mit* a_{11}, a_{12} *reell,* $a_{11}^2 + a_{12}^2 > 0$ *über, wenn*

$$p(x) = p_0 + p_1 x + \cdots \quad mit \quad p_0 > 0, \quad q(x) = q_2 + q_3 x + \cdots$$
$$k(x) = x^{\sigma-2}(k_\sigma + k_{\sigma+1} x^{\sigma+1} + \cdots) \quad mit \quad \sigma \geq 2, \ k_\sigma > 0 \tag{1}$$

in $0 < x \leq \varrho_1$ *gilt.*[1]

Bemerkung: Es muß also insbesondere $p(x), k(x), q(x)$ in $0 \leq x$ stetig und dort $p(x) > 0$ sein. Jedoch muß $k(x) > 0$ in $0 \leq x$ nicht gelten. Damit geht der Satz über die klassischen Ergebnisse hinaus.

Beweis: 1. Hinreichend: In den Bezeichnungen des Satzes 1 aus 3.2 hat man $a_0 = 0$, $q_0 = q_1 = 0$, $k_0 = k_1 = \cdots = k_{\sigma-1} = 0$. Deshalb ergibt die charakteristische Gleichung $r(r - 1) = 0$, also $r_1 = 1$, $r_2 = 0$. Die Anfangszahlen ergeben sich zu

$$\alpha_0 = \lim_{x \to 0} \frac{u(x)}{x^0} = u(0), \quad \alpha_1 = \lim_{x \to 0} \frac{u(x) - u(0) u_{2, \sigma}(x)}{x}. \tag{2}$$

Nun ist mit (15) aus 3.2 $u_{2, \sigma}(x) = x^0(\psi_0 + \psi_2 x^2 + \cdots \psi_{\sigma-1} x^{\sigma-1}) + c u_{1, \sigma}(x) \log x$. Nach Satz 1 aus 3.1 ist $\psi_0 = 1$, $\psi_1 = 0$ (es liegt nämlich der 3. Fall mit $r_1 - r_2 = 1$ vor) und $u_{1, \sigma} = x(1 + \omega_1 x + \cdots \omega_{\sigma-1} x^{\sigma-1})$. Für $u_1(x)$, $u_2(x)$ selbst haben wir

$$u_1(x) = x(1 + \omega_1 x + \cdots), \quad u_2(x) = (1 + \psi_2 x^2 + \cdots) + c\, x(1 + \omega_1 x + \cdots) \log x,$$

$$u_2''(x) = (2\psi_2 + \cdots) + c(\omega_1 + \cdots) + \frac{c}{x}(1 + 2\omega_1 x + \cdots) + c(2\omega_1 + \cdots) \log x. \tag{3}$$

Nun ist $0 = D_\lambda u_2 = p u_2'' + p' u_2' + (\lambda k - q) u_2$. Einsetzen der Reihen für die Koeffizienten und für $u_2(x)$ und Koeffizientenvergleich für die tiefste x-Potenz: x^{-1} ergibt

$$p_0 c + \lambda k_1 = 0 \quad und \ mit \quad k_1 = 0 \quad also \quad c = 0. \tag{4}$$

Daher gibt (2) $\alpha_1 = \lim_{x \to 0} \dfrac{u(x) - u(0)}{x} = u'(0)$. Nach Satz 4 aus 3.2 wird $[u, v_1]_0 = 0$

$u(0) \cos \delta + u'(0) \sin \delta$, was mit $\dfrac{a_{11}}{\sqrt{a_{11}^2 + a_{12}^2}} u(0) + \dfrac{a_{12}}{\sqrt{a_{11}^2 + a_{12}^2}} u'(0) = 0$ gleichwertig ist.

2. Notwendig: Soll die Weyl-Stonesche Randbedingung mit der Sturm-Liouvilleschen übereinstimmen, so muß $\alpha_0 = u(0)$ und $\alpha_1 = u'(0)$ sein. Nach (16), (17), (18) aus 3.2 müssen daher die Fälle $r_1 = r_2$ und r_1, r_2 nicht reell ausgeschlossen werden. Aus (16) folgt dann $r_1 = 1, r_2 = 0$. Deshalb muß in der

---

[1] G. Hellwig [1].

charakteristischen Gleichung $a_0 = k_0 = q_0 = 0$ sein. Da bei $x = 0$ der Grenzkreisfall vorliegt, muß

$$\int\limits_0^{x_0} |u_1(x)|^2 \, k(x) \, dx < \infty, \qquad \int\limits_0^{x_0} |u_2(x)|^2 \, k(x) \, dx < \infty \tag{5}$$

bestehen. Die letzte Bedingung verlangt $\int\limits_0^{x_0} |(1 + \cdots)|^2 \, x^{-2} (k_\sigma \, x^\sigma + \cdots) \, dx < \infty$, also $\sigma - 2 > -1$ oder $\sigma > 1$. Mit (16) aus 3.2 haben wir

$$\alpha_1 = u'(0) = \lim_{x \to 0} \frac{u(x) - u(0) \{1 + u_{2,\sigma}(x) - 1\}}{x}, \tag{6}$$

also folgt $\lim\limits_{x \to 0} \dfrac{u_{2,\sigma}(x) - 1}{x} = 0$. Nun ist

$$u_{2,\sigma}(x) = x^0 (1 + \psi_2 x^2 + \cdots) + cx(1 + \omega_1 x + \cdots) \log x. \tag{7}$$

Deshalb kann dieser Limes nur Null sein, wenn $c = 0$ ist. Durch Einsetzen von $u_2(x)$ und Koeffizientenvergleich stellt man fest, daß q_1 durch die Gleichung $cp_0 + \lambda k_1 - q_1 = 0$ bestimmt wird. Weil $k_1 = 0$ schon gezeigt ist, muß $q_1 = 0$ sein. Mit (4) und (5) aus 3.2 ist der Satz bewiesen.

Beispiel A: Einstein-Kolmogoroffsche Differentialgleichung. Sehr kleine Teilchen, die frei in einem Medium schweben, führen eine BROWNsche Molekularbewegung durch. Wir beschränken uns auf den Fall, daß die Lage des Teilchens durch eine Koordinate x beschrieben werden kann. Befindet sich das Teilchen zur Zeit t_0 im Punkte x_0, so soll die Wahrscheinlichkeit dafür, daß das Teilchen zur Zeit t in einer kleinen Umgebung Δx des Punktes x liegt, durch die Funktion $U(x, t; x_0, t_0) \Delta x$ gegeben sein. Indem man geeignete weitere physikalisch passende Annahmen für $U(x, t; x_0, t_0) \Delta x$ macht, findet man, daß dieses U der EINSTEIN-KOLMOGOROFFschen Gleichung

$$-(a(x, t) U)_{xx} + (b(x, t) U)_x + U_t = 0 \qquad \text{in} \qquad 0 < x, t < \infty \tag{8}$$

genügen muß. Falls a, b konstant sind, entsteht aus (8) die klassische *Diffusionsgleichung* $-a U_{xx} + b U_x + U_t = 0$, die für $b = 0$ in die klassische *Wärmeleitungsgleichung* $-a U_{xx} + U_t = 0$ übergeht. Diese Fälle interessieren hier natürlich nicht. Man ist heute besonders in der Biophysik und bei stochastischen Prozessen an Koeffizienten $a(x)$, $b(x)$ interessiert, die von x abhängen. Die bisher aufgetretenen Fälle lassen sich einordnen in die

Voraussetzung: 1. $a(x) \in C^2 (0 \leq x < \infty)$, $b(x) \in C^1 (0 \leq x < \infty)$; $a(x), b(x)$ reellwertig; $a(x) > 0$ in $0 < x < \infty$.

2. Für kleine x $(0 \leq x < \varrho_1)$ haben $a(x), b(x)$ die konvergenten Potenzreihenentwicklungen

$$\left.\begin{aligned} a(x) &= a_1 x + a_2 x^2 + \cdots \quad \text{mit} \quad a_1 > 0, \\ b(x) &= b_0 + b_1 x + \cdots. \end{aligned}\right\} \tag{9}$$

3. Für große x $(x \geq R)$ ist

$$\left.\begin{aligned} a(x) &= \alpha x \quad \text{mit} \quad \alpha > 0 \\ b(x) &= \beta x + \gamma. \end{aligned}\right\} \tag{10}$$

Durch Anwendung der Laplace-Transformation bezüglich t auf die Gleichung (8) mit den Anfangswerten $\lim_{t \to 0} U(x, t) = U_0(x)$ für $0 < x < \infty$ * entsteht die (8) zugeordnete Gleichung

$$-(a(x)u)'' + (b(x)u)' + su = 0, \quad 0 < x < \infty. \tag{11}$$

s ist eine komplexe Zahl. (11) kann in der Form

$$u'' + \frac{2a' - b}{a}\, u' + \frac{a'' - b' - s}{a}\, u = 0 \tag{12}$$

---

　　* Der formale Kalkül der Laplace-Transformation sieht so aus: Es sei $s = \xi + i\eta$ ein komplexer Parameter, und $\int\limits_0^\infty e^{-st} U(x, t)\, dt = u(x, s)$ sei für ein $s = s_0$ konvergent. Dann sagt man, daß u durch Anwendung des Laplaceschen Operators $L = \int\limits_0^\infty e^{-st}\{\cdots\}\, dt$ auf U entstanden sei und schreibt $LU = u$. Dann folgt bereits, daß $u(x, s)$ in der rechten Halbebene $\xi > \xi_0$ mit $s_0 = \xi_0 + i\eta_0$ analytisch in s ist. Durch den Laplaceschen Operator werden daher Funktionen $U(x, t)$ auf Funktionen $u(x, s)$ abgebildet, die in s „bestartig" sind. Durch partielles Integrieren findet man die formale Regel $LU_t = su - U_0(x)$, wobei der Term an der oberen Grenze ∞ weggelassen ist, weil man hofft, daß er für $\xi_0 > 0$ Null ergibt. Der reziproke Operator ergibt sich formal über das Fouriersche Integraltheorem zu

$$U(x, t) = L^{-1}u = \frac{1}{2\pi i} \int\limits_{\xi_1 - i\infty}^{\xi_1 + i\infty} e^{st}u(x, s)\, ds \qquad \text{mit} \qquad \xi_1 > \xi_0. \tag{*}$$

Wendet man L auf (8) mit den Anfangswerten $\lim_{t \to 0} U(x, t) = U_0(x)$ und $a = a(x)$, $b = b(x)$ an, so findet man formal mit $' = \dfrac{d}{dx}$

$$LU_t = su - U_0(x), \quad L\{(bU)_x\} = (L\{bU\})_x = (bLU)_x = (bu)_x = (bu)',$$
$$L\{(-aU)_{xx}\} = (L\{-aU\})_{xx} = (-aLU)_{xx} = -(au)_{xx} = -(au)''$$

und insgesamt

$$-(au)'' + (bu)' + su = U_0(x) \qquad \text{in} \qquad 0 < x < \infty. \tag{†}$$

Nun werden zu (8) nicht nur Anfangsbedingungen, sondern für $x = 0$ und $x = \infty$ auch „Randbedingungen" zu stellen sein. In der klassischen anschaulichen Physik findet der Physiker solche Randbedingungen im allgemeinen durch die physikalische Theorie selbst, und der Mathematiker bestätigt nachher, daß sie auch mathematisch zulässig sind. In der modernen, nicht anschaulichen Physik ist dieser Weg nicht gangbar (z. B. legt das quantenmechanische Axiom, daß die Operatoren dieser Theorie spektral zerlegbar sein sollen, die zulässigen Randbedingungen — besser, den zulässigen Definitionsbereich des Operators — fest, und dieser ist daher eine Folge des Axioms. Um zulässige Randbedingungen zu (8) zu finden, kann man so vorgehen. Setzt man in (†) $U_0(x) = 0$, so entsteht eine Eigenwertgleichung mit Eigenwertparameter s. Indem man (†) mit $U_0(x) = 0$ auf die Gestalt $Au = \lambda u$ bringt, bestimmt man dazu den Weylschen Teilraum $\mathfrak{A}$. Zulässige Randbedingungen von (8) nennt man nun solche, die nach formaler Anwendung des Laplaceschen Operators in solche des Teilraumes $\mathfrak{A}$ übergehen, also: bei Grenzpunktfall

geschrieben werden. Multiplikation mit $p(x) = e^{\int \frac{2a'(x)-b(x)}{a(x)}\,dx} = a^2(x)\, e^{-\int \frac{b(x)}{a(x)}\,dx}$
ergibt

$$(p(x)u')' + (\lambda k(x) - q(x))u = 0, \qquad 0 < x < \infty, \tag{13}$$

$$\lambda = -s, \qquad k(x) = \frac{p(x)}{a(x)}, \qquad q(x) = \frac{b'(x) - a''(x)}{a(x)}\, p(x). \tag{14}$$

Mit den Voraussetzungen hat man in $0 \leq x < \varrho_2$

$$k(x) = (a_1 x + \cdots)x^{-\frac{b_0}{a_1}} e^{-\int(\gamma_0 + \gamma_1 x + \cdots)dx} = x^{1-\frac{b_0}{a_1}}(a_1 + \delta_1 x + \cdots), \tag{15}$$

$$\frac{2a'(x) - b(x)}{a(x)} = \frac{2 - \frac{b_0}{a_1}}{x} + \varepsilon_0 + \varepsilon_1 x + \cdots, \tag{16}$$

$$\frac{a''(x) - b'(x) - s}{a(x)} = \frac{2\frac{a_2}{a_1} - \frac{b_1}{a_1} - \frac{s}{a_1}}{x} + \zeta_0 + \zeta_1 x + \cdots. \tag{17}$$

1. $x = 0$. (12) hat bei $x = 0$ eine Stelle der Bestimmtheit für jedes s. Die charakteristische Gleichung hat die Wurzeln 0, $\frac{b_0}{a_1} - 1$.

2. Angabe eines Fundamentalsystems in $0 < x < \varrho$ und Bestimmung von Grenzkreis- und Grenzpunktfall.

2_1. $b_0 \leq 0$. Es ist $r_1 = 0$, $r_2 = \frac{b_0}{a_1} - 1 \leq -1$.

$$u_1(x) = (1 + \omega_1 x + \cdots), \quad u_2(x) = x^{\frac{b_0}{a_1} - 1}(1 + \psi_1 x + \cdots) + c\,u_1(x) \log x.$$

---

keine Randbedingungen, bei Grenzkreisfall etwa $[U, v_1]_0 = 0$ mit $U = U(x, t)$ und bei Grenzkreisfall und Stelle der Bestimmtheit etwa

$$\alpha_0(t) \cos \delta + \alpha_1(t) \sin \delta = 0.$$

Dieser Weg ist offensichtlich auf Gleichungen der Gestalt

$$-(p(x)U_x)_x + q(x)U + k(x)\{\varkappa_0 U_{tt} + \varkappa_1 U_t + \varkappa_2 U\} = 0 \tag{††}$$

mit $x \in \{l, m\}$, $0 < t < \infty$ beschränkt. $\varkappa_0, \varkappa_1, \varkappa_2$ sind konstant. Die (††) zugeordnete Eigenwertgleichung lautet $Au = \lambda u$ mit $\lambda = -(\varkappa_0 s^2 + \varkappa_1 s + \varkappa_2)$, wenn man

$$LU_{tt} = s^2 u - s U_0(x) - U_1(x) \qquad \text{mit} \qquad \lim_{t \to 0} U_t(x, t) = U_1(x)$$

beachtet. Dabei ist $\lim_{t \to 0} U_t(x, t) = U_1(x)$ die zweite Anfangsbedingung, die genau dann auftritt, wenn (††) zweite Ableitungen in t enthält. Allerdings muß noch $p(x) > 0$, $k(x) > 0$ in $\{l, m\}$ und $\varkappa_0 \geq 0$, sowie $\varkappa_1 > 0$, falls $\varkappa_0 = 0$ ist, gefordert werden. Über $\varkappa_2$ braucht man keine Bedingungen, weil $k(x)\varkappa_2 U$ zu $q(x)U$ genommen werden kann.

Daher $\int\limits_0^{x_0} |u_2(x)|^2\, k(x)\, dx = \infty$, $\ 0 < x \leq x_0 < \varrho$, also Grenzpunktfall.

$2_2.\ \ 0 < b_0 < a_1.\ \ r_1 = 0,\ \ r_2 = \dfrac{b_0}{a_1} - 1,\ \ -1 < r_2 < 0.$ Wegen $r_1 - r_2 \neq 0, 1, 2, \ldots$

$$u_1(x) = (1 + \omega_1 x + \cdots),\ \ u_2(x) = x^{\frac{b_0}{a_1} - 1}\,(1 + \psi_1 x + \cdots).$$

Da $\int\limits_0^{x_0} |u_1(x)|^2\, k(x)\, dx < \infty,\ \ \int\limits_0^{x_0} |u_2(x)|^2\, k(x)\, dx < \infty,$ also Grenzkreisfall.

$2_3.\ \ b_0 > a_1,$ aber $2a_1 > b_0.$ Es ist $r_1 = \dfrac{b_0}{a_1} - 1,\ \ r_2 = 0$ und $0 < r_1 - r_2 < 1.$

$$u_1(x) = x^{\frac{b_0}{a_1} - 1}\,(1 + \omega_1 x + \cdots),\ \ u_2(x) = (1 + \psi_1 x + \cdots).$$

Da $\int\limits_0^{x_0} |u_1(x)|^2\, k(x)\, dx < \infty,\ \ \int\limits_0^{x_0} |u_2(x)|^2\, k(x)\, dx < \infty,$ Grenzkreisfall.

$2_4.\ \ b_0 > a_1$ und $2a_1 \leq b_0.$ Es ist $r_1 = \dfrac{b_0}{a_1} - 1,\ \ r_2 = 0$ und $r_1 - r_2 \geq 1.$

$$u_1(x) = x^{\frac{b_0}{a_1} - 1}\,(1 + \omega_1 x + \cdots),\ \ u_2(x) = (1 + \psi_1 x + \cdots) + c\,u_1(x)\log x.$$

Da $\int\limits_0^{x_0} |u_2(x)|^2\, k(x)\, dx = \infty,$ Grenzpunktfall.

$2_5.\ \ b_0 = a_1.$ Es ist $r_1 = r_2 = 0.$

$$u_1(x) = (1 + \omega_1 x + \cdots),\ \ \ u_2(x) = (\psi_1 x + \psi_2 x^2 + \cdots) + u_1(x)\log x.$$

Da $\int\limits_0^{x_0} |u_1(x)|^2\, k(x)\, dx < \infty,\ \ \int\limits_0^{x_0} |u_2(x)|^2\, k(x)\, dx < \infty,$ Grenzkreisfall.

3. $x = \infty.$ Für $x \geq R$ hat man bei passender Wahl der Integrationskonstanten

$$\left.\begin{aligned} p(x) &= e^{\int \frac{2\,a'(x) - b(x)}{a(x)}\, dx} = \alpha^2 x^{\left(2 - \frac{\gamma}{\alpha}\right)} e^{-\frac{\beta}{\alpha} x}, \\[2mm] k(x) &= \alpha x^{\left(1 - \frac{\gamma}{\alpha}\right)} e^{-\frac{\beta}{\alpha} x}, \qquad q(x) = \beta \alpha x^{\left(1 - \frac{\gamma}{\alpha}\right)} e^{-\frac{\beta}{\alpha} x}. \end{aligned}\right\} \tag{18}$$

Die Verhältnisse bei $x = \infty$ bleiben ungeändert, wenn wir (13) mit den Koeffizienten (18) in $0 < x < \infty$ betrachten. Anwendung der LIOUVILLEschen Transformation (Aufgabe 3 aus II.1.2) liefert:

$$y = \int\limits_{x_0}^{x} \sqrt{\frac{k(t)}{p(t)}}\, dt = \frac{2}{\sqrt{\alpha}}\,(\sqrt{x} - \sqrt{x_0}), \tag{19}$$

deshalb ist durch Grenzübergang die Wahl $x_0 = 0$ zulässig.

$$\left. \begin{aligned}
&y = \frac{2}{\sqrt{\alpha}}\,\sqrt{x}\,, \quad x = \varphi(y) = \frac{\alpha}{4}\,y^2;\ l^* = 0,\ m^* = \infty; \\[2mm]
&f(y) = \sqrt[4]{k(\varphi(y))\,p(\varphi(y))} = \sigma\,e^{\delta \log y - \varepsilon y^2} \\[2mm]
&\text{mit} \quad \delta = \frac{3}{2} - \frac{\gamma}{\alpha}, \quad \varepsilon = \frac{\beta}{8}\ \text{und konstantem}\ \sigma \neq 0. \\[2mm]
&Q(y) = \frac{f''(y)}{f(y)} + \frac{q(\varphi(y))}{k(\varphi(y))} = \frac{f''}{f} + \beta \geq 2\varepsilon^2 y^2
\end{aligned} \right\} \tag{20}$$

für hinreichend große y.

Die Differentialgleichung wird $v'' + (\lambda - Q(y))v = 0$ mit $v = u\sqrt[4]{kp}$. Nach Beispiel B aus 1.5 Grenzpunktfall, also mit leichter Zwischenrechnung auch bei der Ausgangsgleichung Grenzpunktfall.

4. Angabe des Teilraumes $\mathfrak{A}$ (3.2 (32)) mit $\delta = 0$. Für $b_0 \leq 0$ und für $b_0 > a_1$ und $2a_1 \leq b_0$:

$$\mathfrak{A} = \{u(x)\,|\,u \in C^2(0 < x < \infty) \cap \mathfrak{H}, Au \in \mathfrak{H}\}.$$

Für alle anderen Fälle:

$$\mathfrak{A} = \{u(x)\,|\,u \in C^2(0 < x < \infty) \cap \mathfrak{H}, Au \in \mathfrak{H};\quad \alpha_0 = 0\}$$

mit
$$\alpha_0 = \lim_{x\to 0} u(x)\,x^{1-\frac{b_0}{a_1}} \quad \text{für} \quad 0 < b_0 < a_1,$$

$$\alpha_0 = u(0) \quad \text{für} \quad b_0 > a_1, \quad \text{aber} \quad 2a_1 > b_0,$$

$$\alpha_0 = \lim_{x\to 0} \frac{u(x)}{\log x} \quad \text{für} \quad b_0 = a_1.$$

Aufgabe 1: Man diskutiere Grenzkreis- und Grenzpunktfall bei $x = 0$, wenn man Voraussetzung 2. in 2_a. abändert:

$$2_a.\ a(x) = a_2 x^2 + a_3 x^3 + \cdots, \quad a_2 > 0; \quad b(x) = b_1 x + b_2 x^2 + \cdots.$$

Anleitung: Wähle λ passend.

Zur Herleitung der EINSTEIN-KOLMOGOROFFschen Differentialgleichung vergleiche man etwa A. N. TYCHONOFF — A. A. SAMARSKI [*]. Den Spezialfall $a(x) = \alpha x$, $b(x) = \beta x + \gamma$ mit $\alpha > 0$ in $0 < x < \infty$ nennt man FOKKER-PLANCKsche Gleichung. Dieser wurde von W. FELLER [1], [2] durch außerordentlich angepaßte Rechnungen (LAPLACE-Transformation bezüglich x) behandelt, wobei nicht der HILBERTsche Raum, sondern der Raum $\mathfrak{L}^1 = \left\{u(x)\,|\,\int\limits_0^\infty |u(x)|\,dx < \infty\right\}$ zugrunde gelegt wird. Die dabei erzielten Randbedingungen haben vieles mit den hier erzielten Randbedingungen gemeinsam. Teile der FELLERschen Ergebnisse sind in G. DOETSCH [*] bequem zugänglich. Für Eigenwertprobleme bei gewöhnlichen Differentialgleichungen im $\mathfrak{L}^1$ vergleiche man W. FELLER [3].

Beispiel B: Separierter Wasserstoff-Operator. Die Gleichung (6) aus 1.1 mit $z(\varphi + 2\pi) = z(\varphi)$, $-\infty < \varphi < \infty$, liefert $\mu_n = n^2$, $n = 0, \pm 1, \pm 2, \ldots$ und

$z_n(\varphi) = c_n \cos n\varphi + \tilde{c}_n \sin n\varphi$. Mit diesem μ_n wird (7) aus 1.1 ein Eigenwertproblem der Gestalt $Au = vu$ mit $l = 0$, $m = \pi$, $p(\psi) = \sin\psi$, $q(\psi) = \dfrac{n^2}{\sin\psi}$ $k(\psi) = \sin\psi$, welches in einem dazu passenden Weylschen Teilraum betrachtet werden muß. Dieses Eigenwertproblem tritt in der Theorie der Kugelfunktionen auf. Sein Spektrum besteht aus den Eigenwerten $v_m = m(m+1)$, $m = 0, 1, 2, \ldots$ Wir wollen uns mit diesem Nachweis nicht aufhalten. Dann wird (8) aus 1.1, indem wir für v wieder u und für r jetzt x schreiben,

$$Au = \lambda u \qquad \text{mit} \qquad Au = \frac{1}{x^2}\{-(x^2 u')' + ((m^2 + m) - \delta x)u\} \tag{21}$$

in $0 < x < \infty$. Der dazugehörige Hilbertsche Raum ist

$$\mathfrak{H} = \left\{ u(x) \mid \int\limits_0^\infty |u(x)|^2\, x^2\, dx < \infty \right\}, \qquad (u, v) = \int\limits_0^\infty u(x)\,\overline{v(x)}\, x^2\, dx. \tag{22}$$

1. $x = 0$. Die Gleichung (21) wird

$$u'' + \frac{2}{x}\, u' + \left(\lambda + \frac{\delta}{x} - \frac{m^2 + m}{x^2}\right) u = 0, \qquad 0 < x < \infty. \tag{23}$$

$x = 0$ ist eine Stelle der Bestimmtheit für jedes λ. Die charakteristischen Wurzeln sind $r_1 = m$, $r_2 = -m - 1$ mit $r_1 - r_2 = 2m + 1$.

2. Angabe eines Fundamentalsystems in $0 < x < \varrho$ und Bestimmung von Grenzkreis- und Grenzpunktfall bei $x = 0$.

2_1. $m = 1, 2, \ldots$ Fundamentalsystem:

$$\left.\begin{aligned} u_1(x) &= x^m\{1 + \omega_1 x + \cdots\}, \\ u_2(x) &= x^{-m-1}\{1 + \psi_1 x + \cdots \psi_{2m} x^{2m} + \psi_{2m+2} x^{2m+2} + \cdots\} - \delta u_1(x)\log x. \end{aligned}\right\} \tag{24}$$

Daher $\int\limits_0^{x_0} |u_2(x)|^2\, x^2\, dx = \infty$, $0 < x \leq x_0 < \varrho$, also Grenzpunktfall.

2_2. $m = 0$. Fundamentalsystem wie in (24) mit $\psi_1 = 0$. Es ist

$$\int\limits_0^{x_0} |u_1(x)|^2\, x^2\, dx < \infty, \qquad \int\limits_0^{x_0} |u_2(x)|^2\, x^2\, dx < \infty, \quad \text{also Grenzkreisfall.}$$

3. $x = \infty$. In (23) setze man $\lambda = 0$. Dann entsteht eine sehr viel einfachere Gleichung. Führt man durch $y = (4\delta x)^{\frac{1}{2}}$ eine neue unabhängige Variable und durch $u = y^{-\frac{3}{2}} v$ eine neue Funktion $v(y)$ ein, so genügt dieses $v(y)$ der Gleichung

$$v'' + \left(1 - \frac{4(m^2 + m) + \frac{3}{4}}{y^2}\right) v = 0, \qquad 0 < y < \infty. \tag{25}$$

Für diese gilt der

Satz 2: *Ist* $\varrho(x) \in C^0(0 < x_1 \leq x < \infty)$ *reell und* $|\varrho(x)| \leq \dfrac{M}{x^2}$ *für* $0 < x_1 \leq x < \infty$, *so gibt es zu jeder reellen Lösung* $u(x) \not\equiv 0$ *von*

$$u'' + (1 + \varrho(x))u = 0, \qquad 0 < x_1 \leq x < \infty, \tag{26}$$

zwei reelle Zahlen $C \neq 0$ und ω und eine reelle, stetige, beschränkte Funktion $r(x)$, mit der die Darstellung

$$u(x) = C \sin (x + \omega) + \frac{r(x)}{x} \quad in \quad 0 < x_1 \leq x < \infty \qquad (27)$$

gilt.

Der Beweis wird im Anhang III erbracht.

Ist $u(x) \not\equiv 0$ eine reelle Lösung von (23) mit $\lambda = 0$, so hat man

$$u(x) = (4\delta x)^{-\frac{3}{4}} C \sin \left((4\delta x)^{\frac{1}{2}} + \omega \right) + r \left((4\delta x)^{\frac{1}{2}} \right) (4\delta x)^{-\frac{5}{4}}. \qquad (28)$$

Deshalb ist mit diesem $u(x)$: $\int\limits_{x_1}^{\infty} |u(x)|^2 \, x^2 \, dx = \infty$; also Grenzpunktfall bei $x = \infty$ für jedes λ.

4. Angabe des WEYLschen Teilraumes $\mathfrak{A}$:

$$\mathfrak{A} = \{u(x) \mid u \in C^2 (0 < x < \infty) \cap \mathfrak{H}, A u \in \mathfrak{H}\} \quad \text{für} \quad m = 1, 2, \ldots; \qquad (29)$$

$$\mathfrak{A} = \{u(x) \mid u \in C^2 (0 < x < \infty) \cap \mathfrak{H}, A u \in \mathfrak{H}; \ \alpha_0 \cos \vartheta + \alpha_1 \sin \vartheta = 0\} \qquad (30)$$

für $m = 0$ (siehe (32) aus 3.2). Dabei ist $\alpha_0 = \lim\limits_{x \to 0} x u(x)$. Es ist A in $\mathfrak{A}$ wesentlich selbstadjungiert. Wir behandeln in (30) nur den Fall, daß $\vartheta = 0$ gewählt wird, weiter.

5. Fundamentalsystem von $A u = \lambda u$ in $0 < x_1 \leq x < \infty$.

Satz 3: *In $0 < x_1 \leq x < \infty$ seien die Reihen*

$$a(x) = \sum_{\varkappa=0}^{\infty} \frac{a_\varkappa}{x^\varkappa}, \qquad b(x) = \sum_{\varkappa=0}^{\infty} \frac{b_\varkappa}{x^\varkappa} \quad mit \quad a_0 \neq 0, \ b_0 = b_1 = 0 \qquad (31)$$

konvergent. Dann hat die Gleichung $v'' + a(x)v' + b(x)v = 0$ in $0 < x_1 \leq x < \infty$ genau eine Lösung der Gestalt

$$u(x) = \Omega_n(x) + R_n(x) \quad mit \quad \Omega_n(x) = \sum_{j=0}^{n} \frac{\omega_j}{x^j} \quad und \quad \omega_0 = 1, \qquad (32)$$

sowie $\lim\limits_{x \to \infty} x^n R_n(x) = 0$ bei festem n. Dabei steht n für $n = 1, 2, \ldots$, und die ω_j sind eindeutig bestimmt.

Die formale Berechnung der ω_j soll im Anhang IV erbracht werden. Selbstverständlich kann man in (32) formal zu der unendlichen Reihe $\sum\limits_{j=0}^{\infty} \frac{\omega_j}{x^j}$ übergehen; doch ist diese im allgemeinen divergent.

Aufgabe 2: $v'' - v' + \dfrac{1}{x^2} v = 0$ in $0 < x_1 \leq x < \infty$. Man berechne ω_j.

Ergebnis: $\omega_{n+1} = -\left(n + \dfrac{1}{n+1} \right) \omega_n$. Der Quotient zweier aufeinander folgender Glieder ist

$$\left| \frac{\omega_{n+1}}{x^{n+1}} : \frac{\omega_n}{x^n} \right| = \frac{1}{x} \left(n + \frac{1}{n+1} \right) > 1$$

für n hinreichend groß. Mithin konvergiert die unendliche Reihe für kein zugelassenes x.

In (23) setzen wir $u(x) = e^{\alpha x} x^\varrho\, v(x)$. Für $v(x)$ entsteht die Gleichung $v'' + a(x)v' + b(x)v = 0$ mit

$$a(x) = 2\alpha + \frac{2(\varrho + 1)}{x},$$

$$b(x) = \alpha^2 + \lambda + \frac{2\alpha(\varrho + 1) + \delta}{x} + \frac{\varrho(\varrho + 1) - m(m + 1)}{x^2}. \quad\quad (33)$$

Um Satz 3 zu verwenden, hat man $\alpha^2 + \lambda = 0$ und $2\alpha(\varrho + 1) + \delta = 0$ zu setzen.

Ist $\lambda > 0$ und $\lambda = \nu^2$ mit $\nu > 0$, so erhält man $\alpha_1 = i\nu$, $\alpha_2 = -i\nu$,

$$\varrho_1 = -1 + i\frac{\delta}{2\nu}, \quad \varrho_2 = -1 - i\frac{\delta}{2\nu}.$$

$\lambda = 0$ ist auszuschließen, da man $\alpha = 0$ und in (31) $a_0 = 0$ erhalten würde.

Ist $\lambda < 0$ und $\lambda = -\mu^2$, $\mu > 0$, so erhält man $\alpha_1 = \mu$, $\alpha_2 = -\mu$,

$$\varrho_1 = -1 - \frac{\delta}{2\mu}, \quad \varrho_2 = -1 + \frac{\delta}{2\mu}.$$

Somit erhält man mit Satz 3 in $0 < x_1 \leq x < \infty$ ein Fundamentalsystem von (23) in der Form

$$w_1(x) = \frac{e^{i\left(\nu x + \frac{\delta}{2\nu}\log x\right)}}{x}(1 + R_0(x)), \quad w_2(x) = \frac{e^{-i\left(\nu x + \frac{\delta}{2\nu}\log x\right)}}{x}(1 + \widetilde{R}_0(x)) \quad (34)$$

für $\lambda > 0$ und ein weiteres mit anderen $R_0, \widetilde{R}_0$ für $\lambda < 0$

$$w_1(x) = e^{\mu x} x^{-1 - \frac{\delta}{2\mu}}(1 + R_0(x)), \quad\quad w_2(x) = e^{-\mu x} x^{-1 + \frac{\delta}{2\mu}}(1 + \widetilde{R}_0(x)). \quad (35)$$

Aus $\displaystyle\int_{x_1}^{\infty} |w_1(x)|^2\, x^2\, dx = \int_{x_1}^{\infty} |1 + R_0(x)|^2\, dx = \infty$ für $\lambda > 0$ schließt man wieder auf den Grenzpunktfall für $x = \infty$.

Weil die Koeffizienten in (33) keine unendlichen Reihen wie in (31) sind, besteht sogar schärfer $|R_0(x)| \leq \dfrac{\text{const}}{x}$, $|\widetilde{R}_0(x)| \leq \dfrac{\text{const}}{x}$ in $0 < x_1 \leq x < \infty$. Noch wesentlich bessere Resultate erhält man unter Benutzung der Theorie spezieller Funktionen der mathematischen Physik.

6. Das Punktspektrum von A in $\mathfrak{A}$. Weil A in $\mathfrak{A}$ symmetrisch ist, kommen nur die Zahlen $-\infty < \lambda < \infty$ in Frage.

6_1. $\lambda > 0$. λ sei Eigenwert und $\varphi(x) \in \mathfrak{A}$ Eigenfunktion. Nach (34) gilt mit passenden Konstanten c_1, c_2 die Darstellung

$$\varphi(x) = c_1 w_1(x) + c_2 w_2(x) \quad\quad \text{in} \quad\quad 0 < x_1 \leq x < \infty. \quad (36)$$

Setzt man

$$f(x) = c_1 \frac{e^{i\left(\nu x + \frac{\delta}{2\nu}\log x\right)}}{x} + c_2 \frac{e^{-i\left(\nu x + \frac{\delta}{2\nu}\log x\right)}}{x} \quad\quad (37)$$

und $g(x) = \varphi(x) - f(x)$, so ist $\displaystyle\int_{x_1}^{\infty} |g(x)|^2\, x^2\, dx < \infty$. Da $\varphi \in \mathfrak{H}$ gilt, hat man

$$\int_{x_1}^{\infty} |f|^2\, x^2\, dx = \int_{x_1}^{\infty} |\varphi - g|^2\, x^2\, dx \leq 2 \left\{ \int_{x_1}^{\infty} |\varphi|^2\, x^2\, dx + \int_{x_1}^{\infty} |g|^2\, x^2\, dx \right\} < \infty. \quad (38)$$

Mit $c_1 = |c_1|\, e^{2i\gamma}$, $c_2 = |c_2|\, e^{2i\varepsilon}$ hat man aus (37)

$$|f|^2 x^2 = |c_1|^2 + |c_2|^2 + 2\,|c_1|\,|c_2|\,\cos 2\left(\nu x + \frac{\delta}{2\nu}\log x + \gamma - \varepsilon\right). \qquad (39)$$

Schreibt man $h(x) = 2\left(\nu x + \dfrac{\delta}{2\nu}\log x + \gamma - \varepsilon\right)$, so findet man

$$\int\limits_{x_1}^{x}\cos h(x)\,dx = \int\limits_{x_1}^{x}\frac{h'\cos h}{h'}\,dx = \frac{\sin h}{h'}\bigg|_{x_1}^{x} + \int\limits_{x_1}^{x}\frac{\sin h}{h'^2}\,h''\,dx, \qquad (40)$$

woraus $\left|\int\limits_{x_1}^{x}\cos h\,dx\right| \leq M$ für alle $x_1 \leq x < \infty$ folgt. Weil in (39) $\int\limits_{x_1}^{\infty}|f|^2 x^2\,dx < \infty$

ist, muß auch $\left|\int\limits_{x_1}^{\infty}\{|c_1|^2 + |c_2|^2\}\,dx\right| \leq \tilde{M}$ sein. Dies besteht genau dann, wenn $c_1 = c_2 = 0$ ist. $\varphi(x) \equiv 0$ ist ein Widerspruch. Das Punktspektrum ist in $0 < \lambda < \infty$ leer.

6_2. $\lambda = 0$. Aus (23) erhält man mit den Setzungen $y = (4\delta x)^{\frac{1}{2}}$, $u = y^{-\frac{3}{2}}v$ nach 3. die Gleichung (25). Mit $v = y^{\frac{1}{2}}V$ geht diese über in

$$V'' + \frac{1}{y}\,V' + \left(1 - \frac{(2m+1)^2}{y^2}\right)V = 0, \qquad 0 < y < \infty. \qquad (41)$$

(41) ist eine BESSELsche Differentialgleichung. Sie hat mit $2m + 1 = \tilde{m}$ bekanntlich die BESSELsche Funktion

$$J_{\tilde{m}}(y) = \sum_{j=0}^{\infty}\frac{(-1)^j\left(\dfrac{y}{2}\right)^{\tilde{m}+2j}}{j!\,(\tilde{m}+j)!}\quad \text{in}\ \ 0 < y < \infty \qquad (42)$$

als Lösung[1]. Nach Satz 2 gilt für sie in $0 < y_1 \leq y < \infty$ die Darstellung

$$J_{\tilde{m}}(y) = \frac{C_{\tilde{m}}}{\sqrt{y}}\sin\,(y + \omega_{\tilde{m}}) + \frac{r(y)}{y^{\frac{3}{2}}}. \qquad (43)$$

Verfolgt man die Transformationen zurück, so ist

$$u(x) = \frac{1}{\sqrt{x}}\,J_{\tilde{m}}\left(\sqrt{4\delta x}\right)\ \ \text{in}\ \ 0 < x < \infty \qquad (44)$$

eine Lösung von (23) mit $\lambda = 0$.

Es sei $\varphi(x) \in \mathfrak{A}$ Eigenfunktion zum Eigenwert $\lambda = 0$. Weil $\mathfrak{A}$ für $m = 1, 2, \ldots$ und für $m = 0$ wesentlich verschieden ist, müssen diese Fälle gesondert behandelt werden.

---

[1] (41) hat bei $y = 0$ eine Stelle der Bestimmtheit mit den charakteristischen Wurzeln $2m + 1$, $-(2m+1)$. Deshalb besitzt (41) eine Lösung der Gestalt

$$V(y) = y^{2m+1}(1 + \omega_1 y + \cdots).$$

Die Berechnung der Koeffizienten ergibt (42), und das Quotientenkriterium zeigt, daß (42) in $0 < y < \infty$ konvergent ist.

$(i)\, m = 1, 2, \ldots$ Die Entwicklung von (44) für kleine x beginnt nach (42) mit x^m. Deshalb muß nach (24)

$$\frac{1}{\sqrt{x}} J_{2m+1}\left(\sqrt{4\delta x}\right) = \mathrm{const}\, u_1(x) \quad \text{für} \quad 0 < x < \varrho \tag{45}$$

gelten. Ist $N_{2m+1}(y)$ irgendeine zweite linear unabhängige Lösung von (41), so muß sie sich nach (24) als Linearkombination von $u_1(x)$ und $u_2(x)$ in $0 < x < \varrho$ schreiben lassen. $\varphi(x)$ läßt sich dann darstellen in der Form

$$\varphi(x) = c_1 \frac{1}{\sqrt{x}} J_{2m+1}\left(\sqrt{4\delta x}\right) + c_2 \frac{1}{\sqrt{x}} N_{2m+1}\left(\sqrt{4\delta x}\right), \quad 0 < x < \infty. \tag{46}$$

Nach 2. folgt

$$\int\limits_0^{x_0} \left| \frac{1}{\sqrt{x}} J_{2m+1}\left(\sqrt{4\delta x}\right) \right|^2 x^2\, dx < \infty, \quad \int\limits_0^{x_0} \left| \frac{1}{\sqrt{x}} N_{2m+1}\left(\sqrt{4\delta x}\right) \right|^2 x^2\, dx = \infty. \tag{47}$$

Daher hat man wegen $\varphi \in \mathfrak{A}$ $c_2 = 0$ in (46). Nach (43) findet man

$$\int\limits_{x_1}^{\infty} \left| \frac{1}{\sqrt{x}} J_{2m+1}\left(\sqrt{4\delta x}\right) \right|^2 x^2\, dx = \infty. \tag{48}$$

Deshalb hat man auch $c_1 = 0$ und $\varphi(x) \equiv 0$ zeigt, daß $\lambda = 0$ kein Eigenwert ist.

$(ii)\, m = 0$. Weil bei $x = 0$ der Grenzkreisfall vorliegt, existieren beide Integrale in (47). Wegen $\varphi(x) \in \mathfrak{A}$ muß jetzt nach (30) $\alpha_0 = \lim\limits_{x\to 0} x\varphi(x) = 0$ bestehen. Da $u_1(x)$ in (24) diese Forderung erfüllt, $u_2(x)$ in (24) aber nicht, erfüllt mit (45) auch der erste Summand in (46) diese Forderung. Der zweite Summand in (46) kann sie nicht erfüllen, weil er Linearkombination von $u_1(x)$, $u_2(x)$ ist. Deshalb folgt $c_2 = 0$ in (46). Nun besteht (48) auch für $m = 0$. Daher hat man $c_1 = 0$ in (46), und $\lambda = 0$ ist nicht Eigenwert.

$6_3.\ \lambda < 0$. Wieder sei $\lambda < 0$ Eigenwert und $\varphi \in \mathfrak{A}$ Eigenfunktion. Dann läßt sich dieses $\varphi(x)$ nach 1. und (35) in der Form

$$\varphi(x) = \begin{cases} C_1 u_1(x) + C_2 u_2(x) & \text{in} \quad 0 < x \leq x_0 < \varrho \\ c_1 w_1(x) + c_2 w_2(x) & \text{in} \quad 0 < x_1 \leq x < \infty \end{cases} \tag{49}$$

darstellen mit passenden Konstanten C_1, C_2, c_1, c_2.

Für $m = 1, 2, \ldots$ hat man $\int\limits_0^{x_0} |u_1(x)|^2\, x^2\, dx < \infty$, $\int\limits_0^{x_0} |u_2(x)|^2\, x^2\, dx = \infty$. Deshalb hat man $C_2 = 0$.

Für $m = 0$ folgt $C_2 = 0$ wegen $\lim\limits_{x\to 0} x\varphi(x) = 0$, weil $\lim\limits_{x\to 0} x u_1(x) = 0$, $\lim\limits_{x\to 0} x u_2(x) = 1$ gilt. Weiter ist nach (35) $\int\limits_{x_1}^{\infty} |w_1(x)|^2\, x^2\, dx = \infty$, $\int\limits_{x_1}^{\infty} |w_2(x)|^2\, x^2\, dx < \infty$. Deshalb verbleibt für $m = 0, 1, 2, \ldots$ für $\varphi(x) \in \mathfrak{A}$ die Darstellung

$$\varphi(x) = \begin{cases} C_1 u_1(x) & \text{in} \quad 0 < x \leq x_0 < \varrho, \\ c_2 w_2(x) & \text{in} \quad 0 < x_1 \leq x < \infty, \end{cases} \tag{50}$$

und die Existenz von Eigenwerten kann nicht ausgeschlossen werden. Um diese zu bestimmen, setzen wir in (23) bei Beachtung von (50) mit $\lambda = -\mu^2$, $\mu > 0$

$$\varphi(x) = e^{-\mu x} x^m v(x). \tag{51}$$

Dieser Ansatz ist nach (50) völlig naheliegend, denn $\varphi(x)$ muß sich für kleine x wie $C_1 u_1(x)$, für große x wie $c_2 w_2(x)$ verhalten. Mit diesem Ansatz bekommen wir die Gleichung $v'' + a(x)v' + b(x)v = 0$ mit den Koeffizienten nach (33)

$$\left.\begin{aligned} a(x) &= -2\mu + \frac{2(m+1)}{x} \\[2ex] b(x) &= \mu^2 + \lambda - \frac{2\mu(m+1) - \delta}{x} \quad \text{und} \quad \mu^2 + \lambda = 0. \end{aligned}\right\} \tag{52}$$

Die Differentialgleichung

$$v'' + \left(\frac{\beta}{x} - 1\right)v' - \frac{\alpha}{x}v = 0 \quad \text{in} \quad 0 < x < \infty \tag{53}$$

hat als einzige Lösung mit $v(0) = 1$ die konfluente hypergeometrische Funktion[1]

$$v(x) = F(\alpha, \beta, x) = 1 + \frac{\alpha}{\beta}x + \frac{\alpha(\alpha+1)}{\beta(\beta+1)}\frac{x^2}{2!} + \frac{\alpha(\alpha+1)(\alpha+2)}{\beta(\beta+1)(\beta+2)}\frac{x^3}{3!} + \cdots. \tag{54}$$

Um unsere Gleichung mit den Koeffizienten (52) auf diese Gestalt zu bringen, setzen wir noch $y = 2\mu x$. Dann erhalten wir

$$\ddot{v} + a(y)\dot{v} + b(y)v = 0, \quad \cdot = \frac{d}{dy}, \tag{55}$$

$$a(y) = \frac{2(m+1)}{y} - 1, \qquad b(y) = -\frac{m + 1 - \dfrac{\delta}{2\mu}}{y}, \tag{56}$$

und mit (51), (53), (54) wird

$$\varphi(x) = e^{-\mu x} x^m F\left(m + 1 - \frac{\delta}{2\mu}, 2m + 2, 2\mu x\right) \tag{57}$$

eine Lösung von (23), für die $\varphi(x) = u_1(x)$ für kleine x gilt. Nach (50) muß sich $\varphi(x)$ wie $c_2 w_2(x)$ für große x verhalten. Dies ist genau dann der Fall, wenn (54) nur ein Polynom ist. Dann hat man qualitativ

$$\begin{aligned} \varphi(x) &= e^{-\mu x} x^m \{1 + \gamma_1 x + \cdots + \gamma_j x^j\} \\[2ex] &= \gamma_j e^{-\mu x} x^{m+j}\left\{1 + \frac{\gamma_{j-1}}{\gamma_j x} + \cdots \frac{1}{\gamma_j x^j}\right\} \\[2ex] &= c_2 e^{-\mu x} x^{-1 + \frac{\delta}{2\mu}}(1 + \tilde{R}_0(x)). \end{aligned}$$

---

[1] (53) hat bei $x = 0$ eine Stelle der Bestimmtheit mit den charakteristischen Wurzeln $0, 1 - \beta$. Deshalb ist

$$v_1(x) = x^0(1 + \omega_1 x + \cdots)$$

die einzige Lösung, die $v(0) = 1$ erfüllt. Die Berechnung der Koeffizienten $\omega_1, \omega_2, \ldots$ liefert (54). Das Quotientenkriterium zeigt, daß (54) für alle positiven x konvergent ist.

Deshalb muß $m + j = -1 + \dfrac{\delta}{2\mu}$ gelten. Die Reihe (54) bricht aber genau dann mit der Potenz x^j ab, wenn $\alpha = -j$ ist. Mit (57) muß also $m + 1 - \dfrac{\delta}{2\mu} = -j$ bestehen. Dies ist gerade die oben gefundene Bedingung. Man findet daher alle möglichen Eigenwerte in der Form

$$\lambda = \lambda_{j,\,m} = -\mu^2 = -\frac{\delta^2}{4}\frac{1}{(m+1+j)^2}, \quad j = 0, 1, 2, \ldots, \quad m = 0, 1, 2, \ldots \quad (58)$$

Die dazugehörigen (nicht normierten) Eigenfunktionen

$$\varphi_{j,\,m}(x) = e^{-\sqrt{-\lambda_{j,m}}\,x}\, x^m\, F\left(m + 1 - \frac{\delta}{2\sqrt{-\lambda_{j,m}}}, 2m + 2, 2\sqrt{-\lambda_{j,\,m}}\,x\right) \quad (59)$$

sind $\epsilon \mathfrak{A}$. Dies ist für $m = 1, 2, \ldots$ klar. Für $m = 0$ ist tatsächlich $\lim\limits_{x \to 0} x\varphi_{j,\,m}(x) = 0$ erfüllt. A in $\mathfrak{A}$ hat daher für $m = 0, 1, 2, \ldots$ das Punktspektrum (58), und es ist $-\dfrac{\delta^2}{4} \leq \lambda_{j,\,m} < 0$.

7_1. Die Existenz eines nach $+\infty$ reichenden kontinuierlichen Spektrums. Nach II.3.4 und IV.4.2 gilt in den dortigen Bezeichnungen

$$(Au, u) = \int\limits_{\mathfrak{R}_3}\left(-\varDelta_3 u - \frac{\delta}{|x|}u\right)\bar u\, dx \geq a \int\limits_{\mathfrak{R}_3} |u|^2\, dx \tag{60}$$

für alle $u \in \overset{\circ}{\mathfrak{A}}$. Insbesondere gilt (60) für alle $u \in \overset{\circ}{\mathfrak{A}}$, die nur von $r = |x|$ abhängen. Dann wird (60) durch Einführung von Polarkoordinaten für solche $u = u(r)$

$$(Au,\, u) = 4\pi \int\limits_0^\infty -\{(r^2 u_r)_r + \delta r u\}\,\bar u\, dr \geq 4\pi a \int\limits_0^\infty |u|^2\, r^2\, dr \tag{61}$$

und erst recht für $m = 0, 1, 2, \ldots$

$$4\pi \int\limits_0^\infty -\{(r^2 u_r)_r + \delta r u - (m^2 + m)u\}\,\bar u\, dr \geq (Au,\, u). \tag{62}$$

Bezeichnen wir die unabhängige Variable r in (62) mit x und kehren zu unseren Bezeichnungen zurück, so haben wir mit (62)

$$\int\limits_0^\infty -\frac{1}{x^2}\{(x^2 u')' + \delta x u - (m^2 + m)u\}\,\bar u x^2\, dx \geq a \int\limits_0^\infty |u|^2\, x^2\, dx \tag{63}$$

erst recht in

$$\overset{\circ}{\mathfrak{A}} = \{u(x)\,|\, u \in C^2(0 < x < \infty),\ u \equiv 0 \ \text{in}\ 0 < x < l_1,\ m_1 < x < \infty$$
$$\text{mit}\ l_1 = l_1(u),\ m_1 = m_1(u)\} \tag{64}$$

für $m = 1, 2, \ldots$ und in

$$\overset{\circ}{\mathfrak{A}} = \{u(x)\,|\, u \in C^2(0 < x < \infty) \cap \mathfrak{H},\, Au \in \mathfrak{H};\, \alpha_0 = 0,\, u \equiv 0 \ \text{in}\ m_1 < x < \infty\}$$
$$\tag{65}$$

für $m = 0$. Es ist nach 2.1 unser durch (21) gegebenes A in $\overset{\circ}{\mathfrak{A}}$ wesentlich selbstadjungiert. (63) liefert die Halbbeschränktheit von A in $\overset{\circ}{\mathfrak{A}}$. Mit 2.1 gilt dann, daß auch A in $\mathfrak{A}$ (gegeben durch (29), (30)) wesentlich selbstadjungiert und halbbeschränkt nach unten ist[1]. Satz 5 aus IV.3.4 liefert mit Satz 1 aus 2.3, daß A in $\mathfrak{A}$ ein nach $+\infty$ reichendes kontinuierliches Spektrum besitzt, da A in $\mathfrak{A}$ nicht beschränkt ist.

Auf den Nachweis, daß das kontinuierliche Spektrum genau aus den Zahlen $0 \leq \lambda < \infty$ besteht, soll hier verzichtet werden. Wir verweisen (auch für zahlreiche weitere Beispiele) auf E. C. TITCHMARSH [*].

----

[1] Die Halbbeschränktheit besteht durch Abschließen sogar für $\bar{A}$ in $\overline{\mathfrak{A}}$.

Anhang I

Wir stellen hier einfache Definitionen und Sätze aus dem Gebiet der linearen Differentialgleichungen zweiter Ordnung zusammen, über die jedes Lehrbuch der gewöhnlichen Differentialgleichungen Auskunft gibt.

Wir betrachten die Gleichung

$$Du = 0 \quad \text{in} \quad \{l, m\} \quad \text{mit} \quad Du \equiv u'' + a(x)u' + b(x)u \tag{1}$$

unter den Voraussetzungen: $a(x), b(x) \in C^0(\{l, m\})$ und komplexwertig; d. h. $a(x) = a_1(x) + ia_2(x)$, $b(x) = b_1(x) + ib_2(x)$ mit reellwertigen $a_1, a_2; b_1, b_2$. $\{l, m\}$ steht für eines der Intervalle $l \leq x \leq m, l < x \leq m, l \leq x < m, l < x < m$; ist es nach links offen, ist stets $l = -\infty$, ist es nach rechts offen, $m = +\infty$ zugelassen. Gesucht werden komplexwertige Funktionen $u(x) \in C^2(\{l, m\})$, welche (1) in $\{l, m\}$ erfüllen. Solche $u(x)$ werden Lösungen genannt.

Satz 1: *x_0 sei ein beliebiger Punkt aus $\{l, m\}$, und α_0, α_1 seien zwei beliebige vorgegebene komplexe Zahlen. Dann gibt es genau eine Lösung $u(x)$ von $Du = 0$, die im Punkte x_0 die Anfangsbedingungen $u(x_0) = \alpha_0$, $u'(x_0) = \alpha_1$ erfüllt.*

Ist $\alpha_0 = 0$, $\alpha_1 = 0$, so ergibt der Satz die oft verwendete Folgerung, daß $Du = 0$ mit $u(x_0) = 0$, $u'(x_0) = 0$ als einzige Lösung $u \equiv 0$ besitzt.

Definition 1: *Die komplexwertigen Funktionen $f(x), g(x) \in C^0(\{l, m\})$ heißen in $\{l, m\}$ linear unabhängig, falls aus dem Bestehen der Relation*

$$C_1 f(x) + C_2 g(x) = 0 \quad \text{in} \quad \{l, m\}$$

$C_1 = C_2 = 0$ folgt. Im entgegengesetzten Falle, wenn also eine solche Relation besteht mit geeigneten komplexen Zahlen C_1, C_2 mit $|C_1| + |C_2| > 0$, heißen $f(x), g(x)$ in $\{l, m\}$ linear abhängig.

Definition 2: *$u_1(x), u_2(x)$ seien Lösungen von $Du = 0$ in $\{l, m\}$. $u_1(x), u_2(x)$ heißen ein Fundamentalsystem von $Du = 0$ in $\{l, m\}$, falls $u_1(x), u_2(x)$ dort linear unabhängig sind.*

Definition 3: *Sind $u_1(x), u_2(x)$ irgend zwei Lösungen von $Du = 0$, so nenn man den Ausdruck*

$$W(x) = \begin{vmatrix} u_1(x), u_2(x) \\ u_1'(x), u_2'(x) \end{vmatrix} \equiv u_1(x)\,u_2'(x) - u_2(x)\,u_1'(x) \tag{2}$$

die Wronskische Determinante bezüglich $u_1(x), u_2(x)$.

Satz 2: *$W(x)$ verschwindet entweder für alle x oder für kein x in $\{l, m\}$.*

Beweis: Man hat $Du_1 = 0$, $Du_2 = 0$ und

$$0 = u_1 Du_2 - u_2 Du_1 = u_1 u_2'' - u_2 u_1'' + a(x)\, W(x) = W' + a(x)\, W \tag{3}$$

oder

$$W(x) = W(x_0)\, e^{-\int_{x_0}^{x} a(y)\,dy}, \tag{4}$$

wobei x_0 ein beliebiger Punkt aus $\{l, m\}$ ist. Aus (4) kann die Behauptung abgelesen werden.

Ist $a(x) = \dfrac{p'(x)}{p(x)}$ mit $p(x) \in C^1(\{l, m\})$, $p(x) > 0$, so ist $p(x)W(x) = \text{const.}$

Satz 3: $u_1(x), u_2(x)$ seien Lösungen von $Du = 0$ in $\{l, m\}$. *Sie bilden dann und nur dann ein Fundamentalsystem von $Du = 0$, wenn dort $W(x) \neq 0$ ist.*

Satz 4: $Du = 0$ in $\{l, m\}$ besitzt ein Fundamentalsystem. *Sind $a(x), b(x)$ überdies reellwertig, so existiert auch ein Fundamentalsystem, welches reellwertig ist.*

Satz 5: *Ist $u_1(x), u_2(x)$ ein Fundamentalsystem und $u(x)$ irgendeine Lösung von $Du = 0$ in $\{l, m\}$, so gibt es Konstanten c_1, c_2, mit denen die Darstellung*

$$u(x) = c_1 u_1(x) + c_2 u_2(x)$$

besteht.

Satz 6: *Ist $u_1(x) \neq 0$ eine Lösung von $Du = 0$ in $\{l, m\}$, so ist durch*

$$\left\{ \begin{aligned} &u_1(x) \\ &u_2(x) = u_1(x) \int^{x} \frac{e^{-\int^{x} a(x)\,dx}}{u_1^2(x)}\,dx = u_1(x) \int^{x} e^{-\int^{x} \left\{ \frac{2u_1'(x)}{u_1(x)} + a(x) \right\}\,dx}\,dx \end{aligned} \right.$$

ein Fundamentalsystem von $Du = 0$ in $\{l, m\}$ gegeben.

Wir betrachten nun die Gleichung

$$Du = r \qquad \text{oder} \qquad u'' + a(x)u' + b(x)u = r(x) \tag{5}$$

mit $r(x)$ komplexwertig und stetig in $\{l, m\}$.

Satz 7: *Ist $u_1(x), u_2(x)$ ein Fundamentalsystem von $Du = 0$, so stellt*

$$u_I(x) = -\int_{x_0}^{x} \frac{u_1(x)\, u_2(y) - u_2(x)\, u_1(y)}{u_1(y)\, u_2'(y) - u_2(y)\, u_1'(y)}\, r(y)\, dy$$

eine Lösung von $Du = r$ dar. x_0 ist ein beliebig gewählter Punkt aus $\{l, m\}$.

Satz 8: *Ist $u(x)$ irgendeine Lösung von $Du = r$ und $u_1(x), u_2(x)$ ein Fundamentalsystem von $Du = 0$ in $\{l, m\}$, so gibt es Konstanten c_1, c_2, mit denen die Darstellung*

$$u(x) = c_1 u_1(x) + c_2 u_2(x) + u_I(x)$$

besteht.

Satz 9: *x_0 sei ein beliebiger Punkt aus $\{l, m\}$ und α_0, α_1 zwei beliebige komplexe Zahlen. Dann gibt es genau eine Lösung $u(x)$ von $Du = r$, welche im Punkte x_0 die Anfangsbedingungen $u(x_0) = \alpha_0$, $u'(x_0) = \alpha_1$ erfüllt.*

Anhang II

Man darf $z_0 = 0$ annehmen. Mit den Setzungen aus Definition 1 (V.3.1) bekommt die Ausgangsgleichung die Gestalt:

$$z^2 u'' + z A(z) u' + B(z) u = 0. \tag{1}$$

Lösungsansatz: $u(z) = \sum\limits_{k=0}^{\infty} c_k z^{k+r}$ mit $c_0 = 1$. Man hat

$$B(z) u = \left(\sum_{k=0}^{\infty} b_k z^k \right) \left(\sum_{j=0}^{\infty} c_j z^{j+r} \right) = \sum_{l=0}^{\infty} \left\{ \sum_{j=0}^{l} c_j b_{l-j} \right\} z^{l+r} ,$$

$$z A(z) u' = \left(\sum_{k=0}^{\infty} a_k z^k \right) \left(\sum_{j=0}^{\infty} c_j (j+r) z^{j+r} \right) = \sum_{l=0}^{\infty} \left\{ \sum_{j=0}^{l} c_j (j+r) a_{l-j} \right\} z^{r+l} ,$$

$$z^2 u'' = \sum_{l=0}^{\infty} c_l (l+r)(l+r-1) z^{l+r} .$$

Einsetzen in (1) ergibt

$$\sum_{l=0}^{\infty} \left\{ c_l (l+r)(l+r-1) + \sum_{j=0}^{l} c_j ((j+r) a_{l-j} + b_{l-j}) \right\} z^{l+r} = 0 ,$$

woraus $\{ \cdots \} = 0$ folgt für $l = 0, 1, 2, \ldots$ Für $l = 0$ ergibt $\{ \cdots \} = 0$ bei Beachtung von $c_0 = 1$ gerade $f(r) = 0$, so daß r als charakteristische Wurzel gewählt werden muß (Definition 2 (V.3.1)). Setzt man $l = n$, $n = 1, 2, \ldots$ und nimmt das letzte Glied in $\sum\limits_{j=0}^{n} \ldots$ zum ersten Summanden, so findet man

$$c_n[(n+r)(n+r-1) + a_0(n+r) + b_0] + \sum_{j=0}^{n-1} c_j ((j+r) a_{n-j} + b_{n-j}) = 0 \tag{3}$$

für $n = 1, 2, \ldots$; $[\ldots]$ ist gerade $f(n+r)$, so daß abschließend folgt:

$$c_n f(n+r) + \sum_{j=0}^{n-1} c_j ((j+r) a_{n-j} + b_{n-j}) = 0, \qquad n = 1, 2, \ldots \tag{4}$$

Wählen wir r als erste charakteristische Wurzel r_1, so haben wir, weil r_1, r_2 Lösungen der charakteristischen Gleichung $f(r) = 0$ sind, $r_1 + r_2 = 1 - a_0$ und weiter

$$f(n + r_1) = (n + r_1)(n + r_1 - 1) + a_0(n + r_1) + b_0$$

$$= f(r_1) + 2 n r_1 + n^2 + (a_0 - 1)n$$

$$= n(n + (r_1 - r_2)) \neq 0 \qquad \text{für} \qquad n = 1, 2, \ldots, \tag{5}$$

weil $\mathrm{Re}\,(r_1 - r_2) \geq 0$ ist. Damit sind aus (4) dann die Koeffizienten $c_1 = 1$, $c_2, c_3, \ldots$ eindeutig zu berechnen. Sobald wir gezeigt haben, daß $\sum\limits_{k=0}^{\infty} c_k z^k$ einen positiven Konvergenzradius besitzt, ist die Existenz der Lösung $u_1(z)$ des Satzes nachgewiesen. Dies geschieht so:

Weil $A(z), B(z)$ in einer Umgebung von $z = 0$ analytisch sind, gibt es zwei Konstanten $M > 0$ und $\varrho > 0$ so, daß

$$|a_n| \leq M \varrho^{-n}, \quad |b_n| \leq M \varrho^{-n} \qquad \text{für} \qquad n = 0, 1, \ldots \tag{6}$$

gilt. Wir wählen $M > 1$ und $M' = M(|r_1| + 1)$. Es ist $|c_0| = 1$. Durch vollständige Induktion beweisen wir

$$|c_k| \leq M'^k \varrho^{-k} \qquad \text{für} \qquad k = 0, 1, 2, \ldots \tag{7}$$

(7) ist richtig für $k = 0$. (7) sei richtig für $k = 0, 1, \ldots, n - 1$, so folgt aus (4) und (5)

$$
\begin{aligned}
|c_n| \, |n(n + r_1 - r_2)| &= \left| \sum_{j=0}^{n-1} c_j((j + r_1)a_{n-j} + b_{n-j}) \right| \\
&\leq \sum_{j=0}^{n-1} |c_j j a_{n-j}| + \sum_{j=0}^{n-1} |c_j(r_1 a_{n-j} + b_{n-j})| \\
&\leq \sum_{j=0}^{n-1} M'^j \varrho^{-j} j M \varrho^{-n+j} + \sum_{j=0}^{n-1} M'^j \varrho^{-j} M' \varrho^{-n+j} \\
&\leq M' \varrho^{-n} \sum_{j=0}^{n-1} (j + 1) M'^j = M' \varrho^{-n} \sum_{l=1}^{n} l M'^{(l-1)} \\
&\leq M' M'^{(n-1)} \varrho^{-n} \sum_{l=1}^{n} l = M'^n \varrho^{-n} \frac{n(n + 1)}{2}. \tag{8}
\end{aligned}
$$

Also

$$|c_n| \, n^2 \leq M'^n \varrho^{-n} \frac{n(n + 1)}{2}, \qquad |c_n| \leq M'^n \varrho^{-n}. \tag{9}$$

Deshalb hat $\sum\limits_{k=0}^{\infty} c_k z^k$ einen positiven Konvergenzradius.

1. Fall. Man wählt für r die zweite Wurzel r_2. Dies ist statthaft, weil in (4) $f(n + r_2) = n(n - (r_1 - r_2)) \neq 0$ ist, da $r_1 - r_2 \neq 0, 1, 2, \ldots$ ausfällt. Durch ganz analoge Überlegungen bekommt man dann die zweite Lösung $u_2(z) = z^{r_2}\psi(z)$.

2. und 3. Fall. Analog zu Anhang I, Satz 6, ist

$$u_2(z) = u_1(z) \int^z w(\zeta)\, d\zeta \quad \text{mit} \quad w(z) = C\, e^{-\int^z \left\{ \frac{2 u_1'(\zeta)}{u_1(\zeta)} + a(\zeta) \right\} d\zeta} \tag{10}$$

eine zweite linear unabhängige Lösung, falls man $C \neq 0$ wählt. In den weiteren Rechnungen bezeichnen wir mit $P_1(z), P_2(z), \ldots$ jeweils Potenzreihen, die in einer geeigneten Umgebung um $z = 0$ konvergent sind. Man findet dann mittels der bekannten Rechenregeln für Potenzreihen

$$\left.\begin{aligned}
-\frac{2u_1'(z)}{u_1(z)} &= -2\frac{r_1 z^{r_1-1}\,\omega(z) + z^{r_1}\,\omega'(z)}{z^{r_1}\,\omega(z)} = -\frac{2r_1}{z} + P_1(z),\\[2mm]
-\int^z \frac{2u_1'(\zeta)}{u_1(\zeta)}\,d\zeta &= -2r_1 \log z + P_2(z),\\[2mm]
e^{-\int^z \cdots\, d\zeta} &= z^{-2r_1}\, e^{P_2(z)} = z^{-2r_1} P_3(z),\qquad P_3(0) \neq 0,\\[2mm]
a(z) &= \frac{1}{z}(a_0 + a_1 z + \cdots) = \frac{1}{z}\,P_4(z),\\[2mm]
e^{-\int^z a(\zeta)\,d\zeta} &= z^{-a_0} P_5(z)\qquad \text{mit}\qquad P_5(0) \neq 0,\\[2mm]
w(z) &= C\, z^{-a_0-2r_1} P_6(z)\qquad \text{mit}\qquad P_6(0) \neq 0,\\[2mm]
&= C\, z^{-(r_1-r_2)-1} P_6(z),
\end{aligned}\right\} \tag{11}$$

wenn man $r_1 + r_2 = 1 - a_0$ beachtet.

2. Fall: $r_1 - r_2 = 0$. Man hat bei passender Wahl der Integrationskonstanten

$$\int^z w(\zeta)\,d\zeta = C \int^z \frac{1}{\zeta}(p_0 + p_1 \zeta + \cdots)\,d\zeta = C p_0 \log z + P_7(z) \tag{12}$$

mit $p_0 \neq 0$ und $P_7(0) = 0$. Somit hat man nach (10) und mit $C = \dfrac{1}{p_0}$

$$\begin{aligned}
u_2(z) &= u_1(z) \int^z w(\zeta)\,d\zeta = z^{r_1}\,\omega(z)\,(\log z + P_7(z))\\
&= z^{r_1}(\psi_1 z + \psi_2 z^2 + \cdots) + u_1(z) \log z.
\end{aligned} \tag{13}$$

3. Fall: $r_1 - r_2 = n$ (natürliche Zahl). Aus (11) folgt

$$w(z) = C\, z^{-n-1}(p_0 + p_1 z + \cdots),\qquad p_0 \neq 0, \tag{14}$$

$$\int^z w(\zeta)\,d\zeta = C\left\{\frac{p_0}{(-n)z^n} + \cdots + p_n \log z + \tilde{C} + p_{n+1} z + \cdots\right\}, \tag{15}$$

bei passender Wahl der Integrationskonstanten $\tilde{C}$

$$\begin{aligned}
u_2(z) &= u_1(z) \int^z w(\zeta)\,d\zeta = C p_n u_1(z) \log z\\
&\quad + C\, z^{r_1-n}(\psi_0 + \psi_1 z + \cdots \psi_{n-1} z^{n-1} + \psi_{n+1} z^{n+1} + \cdots)
\end{aligned} \tag{16}$$

und mit $C = \dfrac{1}{\psi_0}$ die Behauptung.

16*

Anhang III

Wir setzen zum Beweis von Satz 2 aus V.3.3 $\alpha^2(x) = u^2(x) + u'^2(x)$. Es ist $\alpha^2(x) \neq 0$ für alle x in $0 < x_1 \leq x < \infty$; denn wäre $\alpha(\xi) = 0$, so gilt dann $u(\xi) = u'(\xi) = 0$, woraus $u(x) \equiv 0$ folgen würde. Wir dürfen daher $\alpha(x) > 0$ annehmen. Man hat

$$1 = \left(\frac{u(x)}{\alpha(x)}\right)^2 + \left(\frac{u'(x)}{\alpha(x)}\right)^2 \quad \text{oder} \quad \frac{u(x)}{\alpha(x)} = \sin \psi(x), \quad \frac{u'(x)}{\alpha(x)} = \cos \psi(x),$$

$$\frac{u(x)}{u'(x)} = \operatorname{tg} \psi(x) \quad \text{und deshalb} \quad \psi(x) = \delta(x) + x \quad \text{mit} \quad \delta(x) = \operatorname{arctg} \frac{u(x)}{u'(x)} - x.$$

Es bestehen dann die Darstellungen

$$u(x) = \alpha(x) \sin(x + \delta(x)), \qquad u'(x) = \alpha(x) \cos(x + \delta(x)). \tag{1}$$

Aus (1) und $u'' + (1 + \varrho(x))u = 0$ findet man

$$u'' = -(1 + \varrho(x))\,\alpha(x) \sin(x + \delta(x)), \tag{2}$$
$$u'' = \alpha'(x) \cos(x + \delta(x)) - \alpha(x)(1 + \delta'(x)) \sin(x + \delta(x))$$

und durch Gleichsetzen[1]

$$\operatorname{tg}(x + \delta(x)) = \frac{\alpha'(x)}{\alpha(x)\,(\delta'(x) - \varrho(x))}. \tag{3}$$

Entsprechend hat man mit (1)

$$u'(x) = \alpha'(x) \sin(x + \delta(x)) + \alpha(x)(1 + \delta'(x)) \cos(x + \delta(x)) \tag{4}$$

und durch Gleichsetzen mit der zweiten Formel in (1)

$$\operatorname{tg}(x + \delta(x)) = -\frac{\alpha(x)\,\delta'(x)}{\alpha'(x)}. \tag{5}$$

Multiplikation von (3) und (5) ergibt mit $\operatorname{tg}^2 x + 1 = \dfrac{1}{\cos^2 x}$

$$\operatorname{tg}^2(x + \delta(x)) = -\frac{\delta'(x)}{\delta'(x) - \varrho(x)}, \quad \delta'(x) = \varrho(x) \sin^2(x + \delta(x)). \tag{6}$$

Aus (5) und (6) findet man

$$\frac{\alpha'(x)}{\alpha(x)} = -\frac{\delta'(x)}{\operatorname{tg}(x + \delta(x))} = -\varrho(x) \sin(x + \delta(x)) \cos(x + \delta(x)). \tag{7}$$

Aus (6) mit $x_1 \leq x \leq b < \infty$ hat man durch Integration

$$\delta(x) = \delta(b) - \int_x^b \delta'(t)\,dt = \delta(b) - \int_x^b \varrho(t) \sin^2(t + \delta(t))\,dt. \tag{8}$$

---

[1] Im folgenden setzen wir $\alpha'(x) \neq 0$ und $\delta'(x) - \varrho(x) \neq 0$ voraus. Man sieht jedoch leicht, daß die letzten Ausdrücke in (6) und (7) auch in diesen Fällen gültig sind.

Wegen $|\varrho(x)| \leq \dfrac{M}{x^2}$ existiert $\lim\limits_{b\to\infty} \delta(b) = \omega$, und es gilt

$$\delta(x) = \omega - \int\limits_{x}^{\infty} \varrho(t) \sin^2\left(t + \delta(t)\right) dt. \tag{9}$$

Setzt man $x(\delta(x) - \omega) = \eta(x)$, so findet man

$$|\eta(x)| \leq x \int\limits_{x}^{\infty} \frac{M}{t^2}\, dt = M. \tag{10}$$

Mit (7) hat man schließlich

$$\log \alpha(x) = \log \alpha(b) - \int\limits_{x}^{b} \frac{\alpha'(t)}{\alpha(t)}\, dt$$

$$= \log \alpha(b) + \int\limits_{x}^{b} \{\varrho(t) \sin(t + \delta(t)) \cos(t + \delta(t))\} dt. \tag{11}$$

Daraus liest man ab, daß $\lim\limits_{b\to\infty} \alpha(b) = C \neq 0$ existiert. Aus (11) mit $b = \infty$ findet man dann

$$\alpha(x) = C\, e^{\int\limits_{x}^{\infty} \{\ldots\} dt} \tag{12}$$

und daraus die Darstellung

$$\alpha(x) = C\left\{1 + \frac{\xi(x)}{x}\right\} \qquad \text{mit} \qquad |\xi(x)| \leq \text{const.} \tag{13}$$

Endgültig hat man mit (1)

$$u(x) = C\left(1 + \frac{\xi(x)}{x}\right) \sin\left(x + \omega + \frac{\eta(x)}{x}\right)$$

$$= C\left(1 + \frac{\xi(x)}{x}\right)\left\{\sin(x + \omega) + \frac{\zeta(x)}{x}\right\}$$

$$= C \sin(x + \omega) + \frac{r(x)}{x} \tag{14}$$

und sogar, was über die Behauptung des Satzes hinausgeht,

$$u'(x) = \alpha(x) \cos(x + \delta(x))$$

$$= C \cos(x + \omega) + \frac{\bar{r}(x)}{x}, \qquad |\bar{r}(x)| \leq \text{const.} \tag{15}$$

Anhang IV

Man hat in den Bezeichnungen von Satz 3 aus V.3.3 $v'' + a(x)v' + b(x)v = 0$,

$$a(x) = \sum_{\varkappa=0}^{\infty} \frac{a_\varkappa}{x^\varkappa}, \qquad b(x) = \sum_{\varkappa=0}^{\infty} \frac{b_\varkappa}{x^\varkappa}, \qquad a_0 \neq 0, \qquad b_0 = b_1 = 0.$$

Lösungsansatz: $v(x) = \sum_{j=0}^{\infty} \frac{\omega_j}{x^j}$ mit $\omega_0 = 1$. Damit findet man

$$v'(x) = -\sum_{j=1}^{\infty} j\omega_j x^{-j-1},$$

$$v''(x) = \sum_{j=1}^{\infty} j(j+1)\omega_j x^{-j-2} = \sum_{l=3}^{\infty} (l-2)(l-1)\omega_{l-2} x^{-l} \text{ mit } j = l - 2.$$

Einsetzen ergibt

$$a(x)v' = -x^{-1} \left(\sum_{\varkappa=0}^{\infty} a_\varkappa x^{-\varkappa} \right) \left(\sum_{j=1}^{\infty} j\omega_j x^{-j} \right)$$

$$= -x^{-1} \sum_{m=1}^{\infty} \left\{ \sum_{j=1}^{m} a_{m-j}\, j\omega_j \right\} x^{-m} \quad (\text{mit} \quad j + \varkappa = m)$$

$$= -\sum_{l=2}^{\infty} \left\{ \sum_{j=1}^{l-1} a_{l-1-j}\, j\, \omega_j \right\} x^{-l} \quad (\text{mit} \quad m + 1 = l),$$

$$b(x)v = \left(\sum_{\varkappa=2}^{\infty} b_\varkappa x^{-\varkappa} \right) \left(\sum_{j=0}^{\infty} \omega_j x^{-j} \right)$$

$$= \sum_{l=2}^{\infty} \left\{ \sum_{j=0}^{l} b_{l-j}\, \omega_j \right\} x^{-l} \quad (\text{mit} \quad j + \varkappa = l)$$

$$= \sum_{l=2}^{\infty} \left\{ \sum_{j=0}^{l-2} b_{l-j}\, \omega_j \right\} x^{-l} \quad (\text{weil} \quad b_0 = b_1 = 0).$$

Einsetzen in die Differentialgleichung liefert

$$0 = \sum_{l=3}^{\infty} (l-2)(l-1)\omega_{l-2}\, x^{-l} + \sum_{l=2}^{\infty} \left\{ \sum_{j=1}^{l-1} -a_{l-1-j}\, j\, \omega_j + \sum_{j=0}^{l-2} b_{l-j}\, \omega_j \right\} x^{-l}.$$

Koeffizientenvergleich ergibt

$$x^{-2}: \quad -a_0\, 1\, \omega_1 + b_2\, 1 = 0,$$

$$x^{-l}: \quad \sum_{j=1}^{l-1} a_{l-1-j}\, j\, \omega_j - (l-2)(l-1)\omega_{l-2} - \sum_{j=0}^{l-2} b_{l-j}\, \omega_j = 0$$

für $l = 3, 4, \ldots$, woraus sich $\omega_1, \omega_2, \ldots$ eindeutig berechnen lassen, wenn man $\omega_0 = 1$ fordert.

Literaturverzeichnis

ACHIESER, N. I., u. I. M. GLASMANN [*]: Theorie der linearen Operatoren im Hilbert-Raum, Berlin 1954 (Übersetzung aus dem Russischen).

BANACH, S. [*]: Théorie des opérations linéaires, Warschau 1932.

BAZLEY, N. W., and D. W. FOX [1]: Lower bounds for eigenvalues of Schrödinger's equation, Phys. Rev. (2) 124, 483—492 (1961).

BROWDER, F. E. [1]: On the regularity properties of solutions of elliptic differential equations, Comm. Pure Appl. Math. 9, 351—361 (1956).

[2]: On the spectral theory of elliptic differential operators, Math. Ann. 68, 22—130 (1961).

BROWNELL, F. H. [1]: Spektrum of the static potential Schrödinger equation over E_n, Ann. Math. 54, 554—594 (1961).

[2]: A note on Kato's uniqueness criterion for Schrödinger operator self-adjoint extension, Pacific J. Math. 9, 953—977 (1959).

CARLEMAN, T. [1]: Sur la théorie mathématique de l'équation de Schrödinger, Ark. f. Mat., Astr. og Fys. 24 B, N 11 (1934).

CODDINGTON, E. A. [1]: The spectral representation of ordinary self-adjoint differential operators, Ann. Math. 60, 192—211 (1954).

CODDINGTON, E. A., and N. LEVINSON [*]: Theory of ordinary differential equations, New York 1955.

CORDES, H. O. [1]: Nicht halbbeschränkte partielle Differentialoperatoren bei Randbedingungen dritter Art, Math. Nach. 15, 240—249 (1956).

COURANT, R., u. D. HILBERT [*]: Methoden der mathematischen Physik, I, Berlin 1931.

[**]: II, Berlin 1937.

[**]: Methods of mathematical physics, I, New York 1953.

[**]: II, New York 1962.

DOETSCH, G. [*]: Handbuch der Laplace-Transformation, III, Basel 1956.

DUNFORD, N., and J. T. SCHWARTZ [*]: Linear operators, I, New York 1958.

[**] II, in Vorbereitung.

FELLER, W. [1]: Two singular diffusion problems, Ann. Math. 54, 173—182 (1951).

[2]: Diffusion process in one dimension, Trans. Am. Math. Soc. 77, 1—31 (1954).

[3]: On differential operators and boundary conditions, Comm. Pure Appl. Math. 8, 203—216 (1955).

FICHERA, G.: Alcuni recenti sviluppi della teoria dei problemi al contorno per le equazioni alle derivate parziali lineari. Convegno internazionale sulle equazioni lineari alle derivate parziali, Trieste 1954, Rom 1955.

FRIEDRICHS, K. O. [1]: Spektraltheorie halbbeschränkter Operatoren mit Anwendung auf die Spektralzerlegung von Differentialoperatoren, I, Math. Ann. 109, 465—487 (1934).

[2]: II, Math. Ann. 109, 685—713 (1934).

[3]: III, Math. Ann. 110, 777—779 (1935).

[4]: Über die ausgezeichnete Randbedingung in der Spektraltheorie der halbbeschränkten gewöhnlichen Differentialoperatoren zweiter Ordnung, Math. Ann. 112, 1—23 (1935).

[5]: On the differentiability of the solutions of linear elliptic differential equations, Comm. Pure Appl. Math. 6, 299—326 (1953).

[6]: Criteria for discrete spectra, Comm. Pure Appl. Math. 3, 439—449 (1950).

GÅRDING, L. [1]: On a Lemma by H. Weyl, Kungl. Fysiograf. Sällsk. Lund Förhandl. 20, 250—253 (1950).

HEINZ, E. [1]: Beiträge zur Störungstheorie der Spektralzerlegung, Math. Ann. 123, 415—438 (1951).

HELLINGER, E. [1]: Neue Begründung der Theorie quadratischer Formen von unendlich vielen Veränderlichen, Journal reine angew. Math. 136, 210—271 (1909).

HELLINGER, E., u. O. TOEPLITZ [*]: Integralgleichungen und Gleichungen mit unendlich vielen Unbekannten, Enzyklopädie d. Math. Wiss., **II. C. 13**, Leipzig 1928.
HELLWIG, G. [*]: Partielle Differentialgleichungen, Stuttgart 1960.
[1]: Anfangs- und Randwertprobleme bei partiellen Differentialgleichungen von wechselndem Typus auf den Rändern, Math. Z. **58**, 337—357 (1953).
[2]: Über die Anwendung der Laplace-Transformation auf Randwertprobleme, Math. Z. **66**, 371—388 (1957).
Über die Anwendung der Laplace-Transformation auf Ausgleichsprobleme, Math. Nachr. **18**, 281—291 (1958).
HILBERT, D. [*]: Grundzüge einer allgemeinen Theorie der linearen Integralgleichungen, Leipzig 1912.
IKEBE, T., and T. KATO [1]: Uniqueness of the self-adjoint extension of singular elliptic differential operators, Arch. Rat. Mech. Analysis **9**, 77—92 (1962).
JOHN, F. [*]: Plane waves and spherical means applied to partial differential equations, New York 1955.
[1]: Derivatives of continous weak solutions of linear elliptic equations, Comm. Pure Appl. Math. **6**, 327—335 (1953).
KATO, T. [1]: Fundamental properties of Hamiltonian operators of Schrödinger type, Trans. Am. Math. Soc. **70**, 196—211 (1951).
[2]: On the existence of solutions of the helium wave equation, Trans. Am. Math. Soc. **70**, 212—218 (1951).
KELLOGG, O. D. [*]: Foundations of potential theory, Berlin 1929.
KEMBLE, E. C. [*]: The fundamental principles of quantenmechanics, New York 1937.
KODAIRA, K. [1]: Eigenvalue problem for ordinary differential equations of the second order and Heisenberg's theory of S-matrices, Am. Jour. Math. **71**, 921 bis 945 (1949).
[2]: On ordinary differential equations of any even order and the corresponding eigenfunction expansions, Am. Jour. Math. **72**, 502—544 (1950).
LAX, P. [1]: On Cauchy's problem for hyperbolic equations and the differentiability of solutions of elliptic equations, Comm. Pure Appl. Math. **8**, 615—633 (1955).
LUDWIG, G. [*]: Die Grundlagen der Quantenmechanik, Berlin 1954.
MICHLIN, S. G. [*]: Variationsmethoden der mathematischen Physik, Berlin 1962 (Übersetzung aus dem Russischen).
NEUMANN, J. VON [*]: Mathematische Grundlagen der Quantenmechanik, Berlin 1932.
[1]: Allgemeine Eigenwerttheorie Hermitescher Funktionaloperatoren, Math. Ann. **102**, 49—131 (1929).
NEUMARK, M. A. [*]: Lineare Differentialoperatoren, Berlin 1960 (Übersetzung aus dem Russischen).
NIRENBERG, L. [1]: Remarks on strongly elliptic partial differential equations, Comm. Pure Appl. Math. **8**, 648—674 (1955).
PETROWSKI, I. G. [*]: Vorlesungen über partielle Differentialgleichungen, Leipzig 1955 (Übersetzung aus dem Russischen).
POWSNER, A. J. [1]: Über die Entwicklung willkürlicher Funktionen nach den Eigenfunktionen des Operators $-\Delta u + cu$, Mat. Sbornik **32** (74), 109—156 (1953) (in Russisch).
RELLICH, F. [*]: Spectral theory of a second-order ordinary differential operator, Inst. for Math. and Mech., New York University, 1951.
[1]: Störungstheorie der Spektralzerlegung, I, Math. Ann. **113**, 600—619 (1936); II, Math. Ann. **113**, 667—685 (1936); III, Math. Ann. **116**, 555—570 (1939); IV, Math. Ann. **117**, 356—382 (1940); V, Math. Ann. **118**, 462—484 (1942).
[2]: Der Eindeutigkeitssatz für die Lösungen der quantenmechanischen Vertauschungsrelation, Nach. Akad. Wiss. Göttingen, Math.-Phys. Kl., 107—115 (1946).
[3]: Die zulässigen Randbedingungen bei den singulären Eigenwertproblemen der mathematischen Physik, Math. Z. **49**, 702—723 (1943/44).
[4]: Halbbeschränkte gewöhnliche Differentialoperatoren zweiter Ordnung, Math. Ann. **122**, 343—368 (1951).

Riesz, F. [1]: Untersuchungen über Systeme integrierbarer Funktionen, Math. Ann. **69**, 449—497 (1910).

Riesz, F., u. B. Sz.-Nagy [*]: Vorlesungen über Funktionalanalysis, Berlin 1956 (Übersetzung aus dem Französischen).

Schmeidler, W. [*]: Lineare Operatoren im Hilbertschen Raum, Stuttgart 1954.

Schmidt, E. [1]: Entwicklung willkürlicher Funktionen nach Systemen vorgeschriebener, Math. Ann. **63**, 433—476 (1907).

Smirnow, W. I. [*]: Lehrgang der höheren Mathematik, IV, Berlin 1958.
[**]: V, Berlin 1962 (Übersetzung aus dem Russischen).

Stone, M. H. [*]: Linear transformations in Hilbert space, New York 1932.

Stummel, F. [1]: Singuläre elliptische Differentialoperatoren in Hilbertschen Räumen, Math. Ann. **132**, 150—176 (1956).

Sz.-Nagy, B. [*]: Spektraldarstellung linearer Transformationen des Hilbertschen Raumes, Berlin 1942.
[1]: Vibrations d'une corde non homogène, Bull. Soc. Math. France **75**, 193—208 (1947).

Titchmarsh, E. C. [*]: Eigenfunction expansions associated with second-order differential equations, I, Oxford 1946.
[**]: II, Oxford 1958.

Tychonoff, A. N., u. A. A. Samarski [*]: Differentialgleichungen der mathematischen Physik, Berlin 1959 (Übersetzung aus dem Russischen).

Weyl, H. [1]: Über gewöhnliche Differentialgleichungen mit singulären Stellen und ihre Eigenfunktionen, Göttinger Nach. 37—64 (1909).
[2]: Über gewöhnliche Differentialgleichungen mit Singularitäten und die zugehörige Entwicklung willkürlicher Funktionen, Math. Ann. **68**, 220—269 (1910).
[3]: Über gewöhnliche Differentialgleichungen mit singulären Stellen und ihre Eigenfunktionen, Göttinger Nach. 442—467 (1910).
[4]: The method of orthogonal projection in potential theory, Duke Math. J. 7, 411—444 (1940).

Wienholtz, E. [1]: Halbbeschränkte partielle Differentialoperatoren zweiter Ordnung vom elliptischen Typus, Math. Ann. **135**, 50—80 (1958).
[2]: Bemerkungen über elliptische Differentialoperatoren, Arch. Math. **10**, 126—133 (1959).
[3]: Das Weylsche Lemma für Gleichungen vom elliptischen Typus, Kap. IV, § 4 in G. Hellwig [*].

Yosida, K. [*]: Lectures on differential and integral equations, New York 1960 (Übersetzung aus dem Japanischen).
[1]: On Titchmarsnh — Kodaira's formula concerning Weyl — Stone's eigenfunction expansion, Nagoya Math. J. **1**, 49—58 (1950); **6**, 187—188 (1953).

Wielandt, H. [1]: Über die Unbeschränktheit der Operatoren der Quantenmechanik, Math. Ann. **121**, 21 (1949).

Wintner, A. [*]: Spektraltheorie unendlicher Matrizen, Leipzig 1929.

Namen- und Sachverzeichnis